住房城乡建设部土建类学科专业“十三五”规划教材
“十二五”普通高等教育本科国家级规划教材
高等学校给排水科学与工程学科专业指导委员会规划推荐教材

水工艺设备基础

（第四版）

黄廷林　主编
范瑾初　主审

中国建筑工业出版社

图书在版编目（CIP）数据

水工艺设备基础/黄廷林主编. —4版. —北京：中国建筑工业出版社，2021.12（2023.4重印）
住房城乡建设部土建类学科专业“十三五”规划教材 “十二五”普通高等教育本科国家级规划教材 高等学校给排水科学与工程学科专业指导委员会规划推荐教材
ISBN 978-7-112-26702-6

Ⅰ. ①水… Ⅱ. ①黄… Ⅲ. ①污水处理设备-高等学校-教材②水处理设施-高等学校-教材 Ⅳ. ①TU991.2②X703.3

中国版本图书馆CIP数据核字（2021）第208974号

本书是依据给排水科学与工程专业四年制本科课程教学大纲和教学基本要求和专业规范修订的。

全书共11章，分为基础知识篇和水工艺设备篇，前3章为基础知识篇，主要讲述与水工艺设备的制造、设计、工艺特点、适用条件等相关的基础知识，包括水工艺设备常用材料的分类、性能，材料和设备的腐蚀防护原理，材料的保温，以及容器应力基本理论、机械传动原理、机械制造加工及热量交换理论等；后8章为水工艺设备篇，主要讲述水处理工艺中专用设备的分类、组成、特点及使用条件等，包括容器（塔）设备、搅拌设备、曝气设备、换热设备及热水器、分离设备、污泥处置设备以及计量与投药设备。

本书可作为高等工科院校给排水科学与工程专业的教材，也可供环境工程等相关专业的师生和工程技术人员参考。

为便于教学，作者特制作了与本教材配套的课件，如有需求，可发邮件（标注书名、作者名）至 jckj@cabp.com.cn 索取，或到 http://edu.cabplink.com 下载，电话（010）58337285。

责任编辑：王美玲
责任校对：张 颖

住房城乡建设部土建类学科专业“十三五”规划教材
“十二五”普通高等教育本科国家级规划教材
高等学校给排水科学与工程学科专业指导委员会规划推荐教材
水工艺设备基础
（第四版）
黄廷林 主编
范瑾初 主审
*
中国建筑工业出版社出版、发行（北京海淀三里河路9号）
各地新华书店、建筑书店经销
霸州市顺浩图文科技发展有限公司制版
北京同文印刷有限责任公司印刷
*
开本：787毫米×1092毫米 1/16 印张：19¾ 字数：490千字
2021年12月第四版 2023年4月第三次印刷
定价：**58.00**元（赠教师课件）
ISBN 978-7-112-26702-6
（38567）

第四版前言

“水工艺设备基础”是给排水科学与工程专业根据学科和行业发展需要设置的一门专业基础课程。

《水工艺设备基础》教材第一版于 2002 年 6 月出版，第二版于 2009 年 4 月出版，第三版于 2015 年 12 月出版。第二版教材作为普通高等教育“十一五”国家级规划教材，2013 年获得陕西省优秀教材一等奖。第三版教材作为高等学校给排水科学与工程学科专业指导委员会规划推荐教材、“十二五”普通高等教育本科国家级规划教材，至今也已使用 5 年多时间。根据过去 5 年的教学实践，该教材第四版结合专业标准与专业规范要求以及给水排水行业的最新发展进行了修订。

本次修订，对第 1 篇基础知识部分，更新补充了部分新型材料性能的表述。完善了机械传动的相关内容及传动技术的发展趋势；在机械制造技术与工艺部分，补充了熔模铸造、压力铸造、离心铸造等特种铸造方法和最新发展的金属增材制造（3D 打印）工艺，以及各种机械制造的发展趋势。在第 2 篇水工艺设备部分，增补了管道静态混合器、微孔曝气器、热水器、纤维转盘滤池、蠕动泵、污泥干化焚烧设备等常用的水工艺设备。结合新型水处理技术设备的研发与应用，增补了深井混合反应器、高速固液分离设备、化学结晶流化床软化设备、混合充氧强化生物净水设备、化学催化氧化过滤设备等部分新型一体化水处理设备。针对补充更新内容，相应增加了部分思考题，更新了参考文献。

修订后的教材内容包括基础知识篇和水工艺设备篇两部分，基础知识篇主要讲述与水工艺设备的制造、设计、工艺特点、适用条件等相关的基础知识，包括水工艺设备常用材料的分类、性能，材料的腐蚀原理、腐蚀破坏的形态及材料设备常用的腐蚀防护方法，材料的保温，以及容器应力基本理论、机械传动理论、机械制造工艺及热量传递与交换理论等；水工艺设备篇则主要讲述水处理工艺中专用设备的分类、组成、特点及使用条件等，包括容器（塔）设备、搅拌设备、曝气设备、换热设备及热水器、分离设备、污泥处置设备以及计量与投药设备。

本书由西安建筑科技大学黄廷林主编，同济大学范瑾初主审。参加修订的人员有：黄廷林（第 1 章，第 3 章，第 4 章，第 6 章 6.4 节，第 7 章 7.5 节，第 9 章 9.5 节，并负责全书的统稿）、卢金锁（第 2 章，第 5 章，第 7 章）、文刚（第 6 章（除 6.4 节），第 9 章，第 11 章）、熊家晴（第 8 章，第 10 章）；插图主要由胡瑞柱绘制。

因编写人员水平所限，缺点和不完善之处在所难免，恳请读者提出宝贵意见，以使本书在使用中不断更新和完善。

编　者

2021.03

第三版前言

“水工艺设备基础”是给排水科学与工程专业根据学科发展需要设置的一门专业基础课程。

《水工艺设备基础》第一版教材于2002年6月出版，第二版教材于2009年4月出版。第二版教材作为高等学校给排水科学与工程学科专业指导委员会规划推荐教材、普通高等教育“十一五”国家级规划教材，至今已使用6年时间。根据该教材在过去几年的教学实践情况，按照给排水科学与工程学科专业指导委员会通过的“水工艺设备基础”四年制本科课程教学大纲和教学基本要求，在《水工艺设备基础》（第二版）内容基础上进行了修订。

本次修订，一方面尽可能对各章节中的文字、图表错误进行了更正；另一方面，结合给排水科学与工程专业的最新发展，重视理论与实践紧密结合，进一步更新了《水工艺设备基础》教材的内容。

修订后的教材内容包括基础知识篇和水工艺设备篇两部分，基础知识篇主要讲述与水工艺设备的制造、设计、工艺特点、适用条件等相关的基础知识，包括水工艺设备常用材料的分类、性能，材料的腐蚀原理、腐蚀破坏的形态及常用的腐蚀防护方法，材料的保温，以及容器应力基本理论、机械传动理论、机械制造工艺及热量传递与交换理论等；水工艺设备篇则主要讲述水处理工艺中专用设备的分类、组成、特点及使用条件等，包括容器（塔）设备、搅拌设备、曝气设备、换热设备、分离设备、污泥处置设备以及计量与投药设备。

本书由西安建筑科技大学黄廷林主编，同济大学范瑾初教授主审。参加修订的人员有：黄廷林（第2章，第3章部分内容，第4章，第5章，第6章，第9章9.5节）、卢金锁（第7章7.4，第10章10.3节）、文刚（第1章，第2章2.1节，第6章、第9章、第11章）、熊家晴（第3章3.4节，第8章）。

因编写人员水平所限，缺点和不完善之处在所难免，恳请读者提出宝贵意见，以使本书在使用中不断更新和完善。

编　者

2015.10

第二版前言

《水工艺设备基础》（第一版）于2002年6月出版，作为高等学校给水排水工程专业指导委员会规划推荐教材至今已使用7年。根据该教材在过去几年的教学实践情况，以及2008年7月在西安召开的全国“水工艺设备基础”课程研讨会上参会代表提出的意见和建议，按照专业指导委员会通过的“水工艺设备基础”四年制本科课程教学大纲和教学基本要求，在《水工艺设备基础》（第一版）教材内容基础上进行了改编和修订。

此次改编和修订，增加了第7章曝气设备，并对其他章节中的文字、图表及公式中的错误进行了更正，修改和规范了教材中的符号和专业术语；在相应章节中更新或补充了新的内容；对部分章节结构进行了调整。

修订后的教材内容包括基础知识篇和水工艺设备篇两部分，基础知识篇主要讲述与水工艺设备的制造、设计、工艺特点、适用条件等相关的基础知识，包括水工艺设备常用材料的分类、性能，材料的腐蚀防护原理，常用的腐蚀防护方法，材料的保温，以及容器应力基本理论、机械传动原理、机械制造加工、电动机与减速器及热量交换理论等；水工艺设备篇则以讲述水处理工艺中专用设备的分类、组成、特点及使用条件等方面的内容为主，包括容器（塔）设备、搅拌设备、曝气设备、换热设备、分离设备、污泥处置设备以及计量与投药设备，对水处理工程中涉及的通用设备，本书未作介绍。

这次改编和修订，尽可能结合给水排水工程专业的需要，力求做到重点突出，层次分明，便于阅读；重视理论与实践紧密结合，既努力反映现代科学技术的新成就，又考虑到能与我国给水排水事业的发展相适应，进一步完善给水排水工程（给水排水科学与工程）专业《水工艺设备基础》教材的内容与体系。

本书由西安建筑科技大学黄廷林主编，同济大学范瑾初教授主审。参加修订的人员有：黄廷林（第1章，第2章2.1节，第3章3.2和3.3节和第4章）、卢金锁（第2章部分内容，第3章3.4节，第5章，第7章和第10章10.2节）、熊家晴（第3章3.1节，第9章，第10章10.1节）、王俊萍（第2章2.2节，第6章、第8章、第11章）。

本书修订过程中兄弟院校也提出了许多修改意见和建议，在此一并表示衷心感谢。

因编写人员水平所限，缺点和不完善之处在所难免，恳请读者提出宝贵意见，以使本书在使用中不断更新和完善。

编　者

2008.12

第一版前言

《水工艺设备基础》是给水排水工程专业根据学科发展需要新设置的一门专业基础课程。

本书是依据全国高等给水排水工程学科专业指导委员会1999年制订的专业目录调整后的新一轮教材编写计划，以及专业指导委员会2000年通过的《水工艺设备基础》四年制本科课程教学大纲和教学基本要求而编写的。

全书分为基础知识篇和水工艺设备篇，基础知识篇主要讲述与水工艺设备的制造、设计、工艺特点、适用条件等相关的基础知识，包括水工艺设备常用材料的分类、性能，材料的腐蚀防护原理，材料的保温，以及容器应力基本理论、机械传动原理、机械制造加工及热量交换理论等；水工艺设备篇则以讲述水处理工艺中专用设备的分类、组成、特点及使用条件等方面的内容为主，包括容器（塔）设备、搅拌设备、换热设备、分离设备、污泥处置设备以及投药设备，对水处理工程中涉及的通用设备及特殊设备，本书未作介绍。

本书由西安建筑科技大学主编，参加编写的人员有：黄廷林（第1章，第2章2.1节，第3章3.2和3.3节和第4章）、高羽飞（第2章2.2节，第3章3.4节，第7章和第10章，第6章和第8章部分内容）、卢四民（第3章3.1节和第5章）、熊家晴（第6章、第8章和第9章）。书中插图由史红星和熊家晴绘制。

本书由黄廷林主编，同济大学范瑾初教授主审。

本书编写提纲由重庆大学龙腾锐教授审阅，在审订会议上和编写过程中兄弟院校也提出了许多宝贵意见和建议，在此一并表示衷心感谢。

因编写人员水平所限，加之本书又是首次编写，缺点和错误在所难免，恳请读者提出宝贵意见，以使本书在使用中不断更新和完善。

编　者

2001.07

目　　录

第1篇　基础知识

第2篇　水工艺设备

第 1 篇　基础知识

第 1 章　水工艺设备常用材料

1. 材料发展与水工艺设备材料

正确地选择结构材料是保证水工艺设备和容器结构合理、使用安全及成本降低的首要前提。随着水工业的发展，水工艺设备与容器的种类越来越多，使用条件也更加复杂，温度从低温到高温；压力从真空到高压；物料具有易爆、剧毒及强腐蚀性等。在设计与选用水工艺设备与容器时，必须针对其具体的操作条件，正确地选用材料。对于设备设计人员而言，选取的材料在整个设备工作寿命期限内要满足工艺和机械两方面要求，即除了要保证所选材料对水质无污染且具有良好的耐腐蚀性能外，还必须保证所选材料具有足够的强度、良好的连接性能和其他加工性能。另外，所选用的材料还应该是考虑到维修、更新等因素在内的最经济的材料。

1.1　金属材料

金属材料是目前水工艺设备材料的主体。

金属晶体结合的特点是外层电子的共有化，即金属键结合。金属键结合的特点使得金属具有良好的塑性和韧性。金属材料由于外层共有电子在晶体中可以自由地运动，因而一般具有良好的导电性和导热性，且电阻率的温度系数为正。绝大多数金属在冷却到某一特征温度以下时，可转变为超导体。另外，金属中自由电子浓度很高，它们对入射光的吸收掩盖了晶体中的其他光吸收过程，而晶体中吸收光能量后被激发的电子容易将其所吸收的能量以光发射的形式重新放出，因而金属对光具有良好的反射性能。

1.1.1　金属材料的分类

水工艺设备常用的金属材料主要有碳钢、铸铁、合金钢、不锈钢以及部分有色金属材料等。下面着重介绍钢的分类与编号。

钢的品种很多，为了便于生产管理及使用，必须将钢加以分类与编号。

1. 钢的分类

钢的分类方法很多，通常按照其化学成分、质量及用途来分类。

（1）按化学成分分类

按照化学成分钢主要可分为碳钢和合金钢。钢在不同情况下有五种相：a. 液相 L：为铁与碳的液体溶液。$b.\delta$ 相：为碳在 $\delta-Fe$ 中的固溶体，也叫高温铁素体。$c.\gamma$ 相：是碳在 $\gamma-Fe$ 中的固溶体，又称奥氏体。$d.\alpha$ 相：是碳在 $\alpha-Fe$ 中的固溶体，又称铁素体。

e. Fe_3C 相：又称渗碳体。

碳钢按其含碳量又可分为　低碳钢（C＜0.25％）
中碳钢（C＝0.3％～0.55％）
高碳钢（C＞0.6％）

合金钢按合金元素含量又可分为　低合金钢（合金元素总量＜5％）
中合金钢（合金元素总量 5％～10％）
高合金钢（合金元素总量＞10％）。

（2）按质量分类

按照钢中硫（S）和磷（P）的含量可分为普通钢、优质钢和高级优质钢。

普通钢　　　S≤0.055％；P≤0.045％；

优质钢　　　S、P 均应≤0.040％；

高级优质钢　S≤0.030％；P≤0.035％

（3）按用途分类

根据钢的用途主要可分为结构钢、工具钢和特殊性能钢。

结构钢主要用于制造各种工程构件和机器零件。这类钢一般属于低碳或中碳的碳素钢或合金钢。

工具钢主要用于制造各种刀具、量具、模具。这类钢一般属于高碳钢或高碳合金钢。

特殊性能钢是具有特殊物理性能或化学性能的钢，如不锈钢、耐热钢、耐磨钢等，这类钢一般属于高合金钢。

2. 钢的编号

钢的品种繁多，为了便于选择和使用，必须制定科学的编号系统。编号的要求是用简明的符号将钢中所含元素的大致百分数表示出来。有时通过编号还能说明钢的性能特征。各国的钢材编号方法大致可分为两类：一类是采用字母和数字并列的系统（中国、德国、俄罗斯、日本）；另一类则只采用数字系统（美国）。二者相比，前者表达清楚，容易记忆。

（1）普通碳素结构钢

这类钢主要保证机械性能，故其牌号用 Q＋数字表示，其中“Q”为“屈”字的汉语拼音字头，数字表示屈服强度值，例如 Q275 表示屈服强度为 275MPa 的碳素结构钢。若牌号后面标注 A、B、C、D，则表示钢材质量等级不同，其中 A 级最低，D 级最高。若在牌号后标注字母“F”则为沸腾钢（脱氧不完全的钢），未加标注的为镇静钢（完全脱氧的钢）。例如 Q235－A・F 表示屈服强度为 235MPa 的 A 级沸腾钢。这类钢按其屈服强度的大小有 Q195、Q215、Q255、Q275 等牌号。

（2）优质碳素结构钢

这类钢的硫、磷含量都限制在 0.040％以下。编号方法是采用两位数字表示钢中平均含碳量为万分之几。例如含碳为 0.45％（万分之四十五）左右的优质碳素结构钢编号为 45 钢；含碳 0.08％左右的低碳钢称为 08 钢等。若钢中含锰较高则在钢号后面附以锰的元素符号 Mn，如 15Mn、45Mn 等。

优质碳素结构钢主要用于制造各种机器零件，这些零件一般都要经过热处理以提高其机械性能。

(3) 碳素工具钢

这类钢的含碳量较高，一般介于0.65%～1.35%之间。它的硫、磷含量限制得更严格些。一般的碳素工具钢均属于优质钢。当硫、磷含量分别限制在0.030%以下时则为高级优质工具钢。

碳素工具钢的编号是以“T”（碳的汉语拼音字头）开头，后面标以数字表示含碳量的千分之几。例如T8就是代表平均含碳量为0.8%的碳素工具钢；T13则代表平均含碳量为1.3%的碳素工具钢。若为高级优质碳素工具钢，则在编号最后加以“A”，例如T8A、T13A等。

(4) 合金结构钢

这类钢的编号是用“两位数字+元素符号+数字”来表示。前面的两位数字代表钢中平均含碳量的万分之几，元素符号表示钢中所含的合金元素。元素后面的数字表示该元素的平均含量的百分之几。如果平均含量低于1.5%，则不标明含量。如果平均含量大于1.5%、2.5%、3.5%……，则相应地以2、3、4……表示。例如12CrNi3钢，其平均含碳量为0.12%，平均含铬量小于1.5%，平均含镍量为3%。又如30CrMnSi钢，其平均含碳量为0.3%，铬、锰、硅三种合金元素的含量均小于1.5%。若为高级优质合金结构钢，则在钢号的最后加“A”字，例如20Cr12Ni14WA。

(5) 合金工具钢

编号与合金结构钢相似，仅含碳量的表示方法有所不同。当合金工具钢的平均含碳量大于或等于1.00%时，其含碳量不予标出。平均含碳量小于1.00%时，以千分之几表示。例如：9SiCr钢，其平均含碳量为0.9%，硅和铬的平均含量小于1.5%。

1.1.2 金属材料的基本性能

金属材料的基本性能是指它的物理性能、机械性能、化学性能和工艺性能，但这些性能一般都受其化学成分的影响。

1. 化学成分

化学成分的变化对钢材的基本力学性能如强度、塑性及韧性等有较大影响，对热处理效果也有较大影响。由于炼钢方法的限制，钢中不可避免地总要含有硫、磷、锰、硅等杂质。常用的碳钢中，含碳量一般为0.08%～1.40%。下面简要说明这些化学成分对材料性能的影响。

(1) 碳（C）

碳是钢中主要元素之一，对钢的性能影响最大。一般随碳含量增加，钢的强度和硬度将不断提高，而塑性、韧性则会随之下降。当碳的含量超过0.9%时，钢的强度反而降低。碳含量偏高也会对钢的焊接性能产生不利影响，可导致焊接热影响区出现裂纹。

(2) 硫（S）

硫是炼钢时由矿石与燃料带入钢中的杂质，是一种有害元素，钢中的硫含量必须严格控制。硫不溶于铁，而以FeS形式存在。FeS与Fe形成低熔点的共晶体（熔点只有989℃），分布于奥氏体的晶界上，使钢材在热加工时容易开裂，产生“热脆”现象。硫含量高还会使材料的断裂韧性降低。

(3) 磷（P）

一般而言，磷在钢中也是一种有害元素，是炼钢时由矿石带入钢中的。磷能全部溶于铁素体中，虽能使钢的强度和硬度增加，但同时会导致塑性和冲击韧性的显著降低，特别是在低温时使钢材显著变脆，产生“冷脆”现象。因此，钢中的磷含量必须严格控制。但有时在某些特殊用途钢中，磷又是有利元素，例如含磷的铜钢，可以提高在大气中的耐蚀性。

(4) 锰（Mn）

锰是炼钢时作为脱氧剂和合金元素加入钢中的。由于锰可以和硫形成高熔点（1600℃）的硫化锰，能减轻硫的有害作用，并能提高钢的强度和硬度，但大尺寸的硫化锰夹杂又会严重影响钢铁材料的力学性能，因此一定程度上锰在钢中是一种有益的元素，也是低合金钢中的常见元素。

(5) 硅（Si）

硅是炼钢时作为脱氧剂和合金元素加入钢中的。硅与锰一样，也是一种有益的元素，能使钢的强度、硬度、弹性提高，而塑性、韧性降低。硅作为合金元素，可以提高钢的耐蚀性和耐热性，但过量的硅会降低钢的热加工工艺性能。

2. 物理性能

物理性能主要指密度、熔点、热膨胀系数、导热性、导电性以及弹性模量等。弹性模量是材料在弹性极限内应力与应变的比值。例如换热设备的热交换会使材料产生温差，从而引起热应力。因此在热交换设备的设计与选型中，热应力作用下的热膨胀系数是一个重要的物理参数。

线膨胀系数是指材料在温度变化1℃时单位长度的伸缩变化值，其值可从机械设计手册中查取。

导热系数是指当温度梯度（温度差与器壁厚度的比值）为1K/m，每小时通过每平方米传热面积传过的热量，单位为W/(m·K)。其值可从机械设计手册中查取。导热系数越大，表示材料的导热性能越好。换热器应选用导热系数大的材料，而作为设备保温用的材料，应选用具有较小导热系数的材料。

3. 机械性能

材料的机械性能主要是指材料的弹性、塑性、强度和韧性。材料的机械性能不仅取决于化学成分，还取决于材料热处理后的组织状态，往往有一定的分散性。对于循环载荷情况，通常将材料性能的特定表现称为材料在一定条件下的“机械行为”。

(1) 材料的弹性和塑性

材料在外力作用下产生变形，当外力去除后又能够恢复其原来形状的性能，称作材料的弹性。塑性是指材料在外力作用下产生塑性变形而不破坏的能力。材料的弹性变形量有一定限度，超过这一限度，发生的变形就不能完全恢复，这种永久变形就是材料的塑性变形。在塑性变形阶段，当外力卸除后，弹性变形恢复，而塑性变形不可恢复。出现塑性变形后，继续加载超过塑性变形的限度后，就会出现裂纹或断裂。

由于容器制造中采用冷弯卷成形工艺，要求材料必须具备充分的塑性。通常用以衡量材料塑性的指标是断后伸长率（或称延伸率）δ及断面收缩率ψ，它们都可在拉伸试验中同时测得。但更能直接反映钢板冷弯性能的则是冷弯试验，即对某一厚度的钢板采用某一直径的弯芯做常温下的弯曲试验，规定在冷弯180°之后不裂方可用于制造容器。用塑性良好的材料制造压力容器，可以承受局部高应力，并允许发生小量的局部塑性变形，同时又不使整个容器丧失承载能力。

（2）材料的强度

强度是金属材料在外力作用下抵抗塑性变形和断裂的能力。工程上常用来表示金属材料强度的指标有抗拉强度和屈服强度。此外，根据不同的工况，金属材料的强度指标还有持久强度、蠕变强度和疲劳强度等。

1）抗拉强度　抗拉强度是金属材料试样在拉断前所能承受的最大应力，以 σ_b 表示，单位为“MPa”。

2）屈服极限　屈服极限是金属材料开始产生屈服现象时的应力，以 σ_s 表示，单位为“MPa”。对于没有明显屈服点的材料，规定以产生 0.2%塑性变形时的应力作为屈服强度，以 $\sigma_{0.2}$ 表示。

抗拉强度和屈服强度是压力容器设计中两个非常重要的强度指标。屈服强度和抗拉强度的比值称为屈强比。这个比值可反映材料屈服后强化能力的高低。屈强比小表示屈服后材料仍有较大的强度余量。一般高强度钢的屈强比数值较大，低强度钢的屈强比较小。

3）持久强度　持久强度是材料在某一温度下受恒定载荷作用时，在规定的持续时间内（如 10^5h）引起断裂时的应力。持久强度是高温元件设计选材的重要依据，也是高温条件下材料许用应力的强度指标之一。持久强度用 σ_t^T 表示，单位为“MPa”。例如 $\sigma_{10^5}^{550}=$ 160MPa 表示材料在 550℃时，经 10^5h 后发生断裂的应力为 160MPa。

4）蠕变强度　金属材料在高温与应力的共同作用下，会产生缓慢的不可回复的变形，称为蠕变变形，出现蠕变现象的温度，称为蠕变温度。一般金属材料的蠕变温度 $T_c>$（0.25～0.35）T_m（K），式中 T_m 为金属材料的熔点（K）。碳钢的蠕变温度 $T_c>350$℃，低合金钢 $T_c>400$℃，耐热合金钢 $T_c>600$℃，而铅在常温下即可出现蠕变。

蠕变强度是指在给定的温度下，在规定的时间内（如 10^5h），使试样产生的蠕变变形量不超过规定值（如 1%）时的最大应力，以 $\sigma_{\delta/t}^T$ 表示，单位为“MPa”。例如 $\sigma_{1/10^5}^{500}=$ 100MPa，表示材料在 500℃温度下，10^5h 后变形量为 1%的应力值为 100MPa。

5）疲劳强度　零件或构件在工作过程中受到方向、大小反复变化的交变应力的长期作用下，会在应力远小于该材料的屈服强度情况下，突然发生脆性断裂，这种现象称为疲劳破坏。

疲劳强度是指材料在经受 N 次应力循环而不断裂时的最大应力，以 σ_{-1}（纯弯曲疲劳）、τ_{-1}（扭转疲劳）表示，单位为“MPa”。N 为 10^2～10^5 次发生破坏的为低循环疲劳破坏，多发生在容器构件上，N 超过 10^5 次的为高循环疲劳破坏，多用于一般机械零件，钢铁材料 N 为 10^7，有色金属和某些超高强度钢 N 为 10^8。

6）硬度　硬度是材料抵抗其他物体刻划或压入其表面的能力。用标准试验方法测得的表面硬度是材料耐磨能力的重要指标。如果容器是用于处理有摩擦性的固体或含有可能引起磨蚀的悬浮固体的液体物料时，则应考虑材料的表面硬度。根据试验方法的不同，有不同的量值表示硬度。在压力容器行业中，多采用布氏硬度。其他硬度表示方法还有洛氏硬度、维氏硬度和肖氏硬度等。布氏硬度的测定是用一直径为 D 的标准钢球（压陷器），以一定的压力将球压在被测金属材料的表面上，经过 t 秒后，撤去压力，由于塑性变形，在材料表面形成一个凹印。用这个凹印的球面面积除以压力，由所得的数值来表示材料的硬度，这就是布氏硬度，用 HB 表示。凹印越小，硬度值越高，说明材料越硬。

(3) 材料的韧性

韧性表示材料在塑性变形和断裂过程中吸收能量的能力，是材料对缺口或裂纹敏感程度的反映，用来衡量材料的抗裂纹扩展能力。韧性好的材料即使存在宏观缺口或裂纹而造成应力集中时，也有相当好的防止发生脆性和裂纹快速失稳扩展的能力。韧性对压力容器材料是十分重要的，是压力容器用钢的必检项目。塑性好的材料一般韧性也好，但塑性并不等于韧性。描述韧性的指标有冲击韧性、断裂韧性和无塑性转变温度。

1) 冲击韧性　这是衡量材料韧性的指标之一。可用带缺口的冲击试样在冲击试验中所吸收的冲击功数值作为冲击韧性值。我国近年来采用与国外相同的夏比（Charpy）V 形缺口冲击功指标 A_{kv}(J) 作韧性值，它能更好地反映材料的韧性，而且对温度变化也很敏感。

2) 断裂韧性　材料的冲击韧性可指导选材，但冲击功不能直接用于设计计算，而且许多压力容器由于裂纹的存在也可以在塑性与冲击韧性值足够大的情况下发生脆性断裂事故。为了能更科学地判断容器是否存在较大宏观缺陷，特别是裂纹性缺陷时是否会发生低应力脆断，近年来已把断裂力学中的断裂韧性指标用于压力容器的防脆断设计或安全评定。这些断裂韧性值可以衡量材料的韧性情况，即通过断裂韧性值可看出存在裂纹时材料所具有的防断能力。

3) 无塑性转变温度（NDT）　在不同的温度下测定出一系列的冲击韧性值，可以发现材料在某一温度区间随温度降低韧性值突然下降。由此可得出该材料的无塑性转变温度，以便确定材料的最低使用温度。

4) 韧脆转变温度（DDT）　随着温度的变化，钢铁的内部晶体结构发生改变，从而钢铁的韧性和脆性发生相应的变化。韧脆转变温度要通过一系列不同温度的冲击试验来测定，根据测定方法的不同，有不同的表现方法，主要包括：能量准则法、断口形貌准则法、落锤试验法等。

(4) 温度对材料机械性能的影响

一般金属材料的机械性能，随温度的升高会发生显著的变化。

材料在高温下承受高的应力，因而材料的抗蠕变性能是关键性指标。有时零部件的总变形不能改变，但因蠕变形随时间减小，导致应力随时间降低，这种现象称应力松弛，蒸汽管道上的法兰螺栓，常因应力松弛，使其拉应力随时间增长而降低，最后引起法兰漏气。

材料在低温下，机械强度往往升高，而它的冲击韧性值则会陡降，材料由塑性转变为脆性，这种现象称为材料的冷脆性。材料的冷脆性使得设备在低温下操作时，产生脆性破裂。材料脆性破裂之前往往不产生明显的塑性变形。对于某些低温设备的设计和使用，应对冷脆现象引起重视。

4. 材料的工艺性能

材料要经过各种加工后，才能做成设备或机器的零件。材料在加工方面的物理、化学和机械性能的综合表现构成了材料的工艺性能，又叫加工性能。选材时必须同时考虑材料的使用与加工两方面的性能。从使用角度来看，即使材料的物理、化学和机械性能比较合适，但若在加工制造过程中，材料缺乏某一必备的工艺性能，那么这种材料也是不能采用的。

水工艺设备主要零部件的制造工艺过程主要是焊接、锻造、切削、冲压、弯曲和热处理。了解材料的这些加工工艺性能，对正确选材是十分必要的。

1）可焊性　金属材料的可焊性，是指被焊金属在采用一定的焊接方法、焊接材料、工艺参数及结构形式的条件下，获得优质焊接接头的难易程度。

可焊性包括两个方面：一是工艺可焊性，主要是指焊接接头产生工艺缺陷的倾向，尤其是出现各种裂缝的可能性；二是焊接接头在使用中的可靠性，包括焊接接头的机械性能及其他特殊性能（如耐热、耐蚀性能等）。

2）可锻性　金属承受压力加工的能力叫金属的可锻性。金属的可锻性决定于材料的化学组成与组织结构，同时也与加工条件有关。

3）切削加工性　材料被切削加工的难易程度。它具有一定的相对性。当刀具耐用度一定时（硬质合金车刀为 60min），切削某种材料所允许的切削速度越高，加工的表面质量越好，切削容易控制或易于断屑，所需切削力越小，则切削加工性越好。与 45 钢相比较，常用金属材料的相对加工性可分为 8 级，一般有色金属为很容易切削的材料，易切削钢为容易切削的材料，而一般经热处理调质后的中碳合金钢为较难切削的材料，高碳合金钢为难切削的材料，某些钛合金、镍基高温合金为很难切削的材料。

4）成形工艺性　成形就是金属在热态或冷态下，经外力作用产生塑性变形而成为所需形状的过程。在容器和设备的制造过程中，封头的冲压、筒体的弯卷和管子的弯曲都属成形工艺。良好的成形工艺性能要求材料具有较高的塑性。

5）热处理性能　热处理是以改善钢材的某些性能为目的，将钢材加热到一定的温度，在此温度下保持一定的时间，然后以不同的速度冷却下来的一种操作。材料采用哪种热处理操作，主要取决于材料的化学组成和所要达到的目的。

1.1.3 耐蚀金属材料及性能

金属材料的化学性能最主要的是指它的耐腐蚀性。材料抵抗周围介质对其腐蚀破坏的能力称为材料的耐腐蚀性能。耐蚀性不是材料固有不变的特性，它随材料的工作条件而改变。铁在干燥空气中的耐蚀性优于在潮湿空气中；碳钢在浓硫酸中耐蚀，而在稀硫酸中则不耐蚀；不锈钢总的来讲有较高的耐蚀性，而在盐酸中耐蚀性就差。材料抗蚀能力的这种相对性与多变性，增加了选材的复杂性。

1. 碳钢和普通铸铁的耐蚀性

（1）耐蚀性能

碳钢和铸铁虽然在淡水、大气、土壤、海水等中性介质中都不耐蚀，但是在各类干燥气体和有机溶剂等介质中耐蚀性良好；在低浓度碱溶液及浓硫酸、浓氢氟酸等介质中，碳钢和普通铸铁表面能生成稳定的膜，因而是耐蚀的。表 1.1 给出了几种金属（因铸铁耐蚀性与碳钢相近，故表中只列出碳钢）在几种典型介质中的耐蚀性。从表中可以看出，碳钢的耐蚀性能是较差的。

（2）影响耐蚀性的因素

在淡水、海水、大气或极弱酸性溶液中，钢铁腐蚀的阴极过程主要是氧去极化。溶液

几种金属材料在常见介质中的耐蚀性　　**表 1.1**

介质 ＼ 浓度(%) ＼ 温度(℃) ＼ 金属		碳钢	高硅铁	Cr17 钢	18－8 钢	铝	铜	黄铜	钛	镍	蒙耐尔	哈氏合金(B. C)
		25　100	25　100	25　100	25　100	25　100	25　100	25　100	25　100	25　100	25　100	25　100
淡水 pH＝7		※ ※	●	●	●	○	●	●	●	●	●	
硝酸	≤10 ≥90	× × × ×	● ※ ● ●	○ ○ ※	● ● ●	× ○	×	×	● ● ●	×	×	● ●
盐酸	≤10 ≥90	× × × ×	○	×	×	×	○ ×		○ ×	○	×	○ ※
磷酸	≤10 ≥90	× × × ×	● ○ ○	○ ※	○ × ×	× ○	○ ○ ○ ×	○ ○ ○	○ × ×	○ ×	※	● ● ●
碳酸	≤10 ≥90	○ ○	●	○	●	● ○ ● ●	○	×	●	○ ○	○ ● ○ ●	● ●
高氯酸	≤10 ≥90	×	○(70%) ●	×(湿) ○(干)	× ○(100% 干)	×	×	×	×	×	×	
醋酸	≤10 ≥90	× ×	● ● ● ●	● ● ※	● ● ※	○ ○ ○ ○	○ × × ×	×	●	○ ○	○ ○ ○	●
氯	干 湿	○ ×	○ ○ ○ ○	※ ×	○ ×	○ ※ × ×	○ ○ × ×	× ×	× ●	○ ○ × ×	○ ○ ×	● ○ ○
硫化氢	干 湿	○ ○ ※	○ ○ ○ ※	○ ×	※ ○ ● ○	○ ○	○ ×	○ ※	● ● ● ●	○ ×	○ ○ ●	○ ○ ○
二氧化硫	干 湿	● ○ ×	×	○ ※	○ ○ (100%) ○	×(＜ 100%) ○ (100%)	○ ○	× ※	● ●	× 干○	× ○ ○	
甲醇		○ ●	●	○ ○ ○ ※	● ● ● ※	○(干) ●(湿)	●	●	●	●	●	●
氢氧化钠	≤10 ≥90	● ○ ○ ×	× ○	○ ○ ×	● × ○ ○	× ×	● ○ ×	○ ○ ×	● ● ×	● ● ●	● ● ●	● ● ●
氢氧化氨	≤10 ≥90	● ○ ● ●	○ ○ ○	● ○ ● ●	○ ×	● ●	干● ×(＜ 100%)	×(＜ 100%) 干●	● ● ●	× ● ●	× ● ●	● ● ● ●
氯化钠	≤10 ≥90	× ○	＜70% ● ●	○ × ○	○ ○ ○	※	○	※ ※	● ● ●	● ○ ○ ●	● ○	○
硫酸	≤10 ≥90	× × ○ ×	● ○ ○ ○	※ ※	※ ○ ×	×	×	×	○ × ×	※ ×	※ ×	● ○ ● ○
海水(流速 m/s)	＜1.5 ＞1.5	○ × ×	●	○	● ●			○	●	●	● ●	●
工业大气		※	●	○	●	●	●	●	●	●	●	●

注：×——不耐蚀符号；※——可用符号；○——耐蚀符号；●——完全耐蚀符号。

中氧去极化反应的难易程度控制了他们的腐蚀速度，而铁碳合金的成分、组织对耐蚀性影响不大。但在酸中，铁碳合金的成分和组织能明显地影响耐蚀性。在非氧化性酸中，随铁合金中含碳量的增加，腐蚀速度提高。在氧化性酸中，含碳量在0.4%左右时合金腐蚀速度最大。另外，钢铁热处理条件不同也会影响碳的分布与钢铁的耐蚀性。

2. 耐蚀合金铸铁

在铸铁中加入某些合金元素可以大大提高它在一些介质中的耐蚀性。如添加硅、铬、铝等元素，可使铸铁表面形成连续、致密、牢固的表面膜；添加镍能获得耐碱性介质腐蚀性能优良的奥氏体铸铁；加稀土元素、镁，能使石墨球化，从而大大改善高硅铸铁的力学性能和工艺性能。表1.2列出了工业上常用的耐蚀铸铁如高硅铸铁、高镍铸铁、高铬铸铁、高铝铸铁等的成分与性能。

工业上常用的耐蚀铸铁及性能特点 **表1.2**

<table>
<tr><th colspan="2" rowspan="2">名称</th><th colspan="8">合金成分(%)</th><th rowspan="2">性能特点</th></tr>
<tr><th>C</th><th>Si</th><th>Re</th><th>Cu</th><th>Mo</th><th>Ni</th><th>Cr</th><th>Al</th></tr>
<tr><td colspan="2">高硅铸铁</td><td>0.5~1.1</td><td>14.5~18</td><td></td><td></td><td></td><td></td><td></td><td></td><td>见表1.1</td></tr>
<tr><td rowspan="4">高硅铸铁变种</td><td>稀土高硅铸铁</td><td colspan="8">高硅铁加稀土</td><td>耐蚀性与上相同,但提高了强度和加工性能,可进行车、钻等冷加工</td></tr>
<tr><td>稀土中硅铸铁</td><td></td><td>10~12</td><td>0.25</td><td></td><td></td><td></td><td></td><td></td><td>脆性降低,加工性能提高,可进行车、钻等冷加工</td></tr>
<tr><td>加铜高硅铸铁</td><td colspan="8">高硅铁中加6~10Cu</td><td>耐苛性钠(5%)(75℃),氯化氨母液(40℃),氨盐水(40℃)及80℃各种浓度硫酸等介质的腐蚀;不耐硝酸(45%)(40℃)的腐蚀</td></tr>
<tr><td>加钼高硅铸铁</td><td colspan="8">高硅铁中加3~3.5Mo</td><td>提高耐盐酸的腐蚀,但强度和塑性比高硅铁更差</td></tr>
<tr><td colspan="2">高镍铸铁</td><td>2.4~3.0</td><td>1~6</td><td></td><td>0.5~7.5</td><td></td><td>14~36</td><td>1~7.5</td><td></td><td>比普通铸铁耐酸蚀,特别耐碱蚀,耐高温浓碱液、熔融碱腐蚀,耐海洋大气、海水、中性盐溶液的腐蚀,在海水中抗点蚀、缝隙腐蚀优于不锈钢,耐高流速海水腐蚀</td></tr>
<tr><td colspan="2">高铬铸铁</td><td colspan="8">高硅铁中加15~30Cr</td><td>耐80℃以下硝酸(<70%)腐蚀,在中性、弱酸性水溶液中耐蚀,很耐磨</td></tr>
<tr><td colspan="2">高铝铸铁</td><td>2.8~3.3</td><td>1.2~2.0</td><td colspan="5"></td><td>4~6</td><td>耐碱性介质的腐蚀</td></tr>
<tr><td rowspan="3">低合金耐蚀铸铁</td><td>含铜铸铁</td><td colspan="8">铸铁中加0.1~1.1Cu加≤0.3Sn</td><td>耐海水腐蚀及含H_2S的海水腐蚀</td></tr>
<tr><td>低铬铸铁</td><td colspan="8">铸铁中加0.5~2.3Cr</td><td>降低了铸铁在流动海水中的腐蚀</td></tr>
<tr><td>低镍铸铁</td><td colspan="8">铸铁中加2~3Ni</td><td></td></tr>
</table>

3. 耐蚀低合金钢

耐蚀低合金钢通常是指在碳钢中加入合金元素的总量低于3%左右的合金。加入的合金元素种类、含量不同，所起的作用不同。如加入少量的铜、铬、铝等元素能使钢表面形成稳定的保护膜，从而提高钢在海水、大气等介质中的耐蚀性；加入钨、钼、钛能与碳形成稳定的碳化物，提高钢的抗氢腐蚀能力；加入镍可提高钢对酸、碱和海水的耐蚀性，同时提高钢的抗腐蚀疲劳的能力。

根据在不同介质中的耐腐蚀性能，可将耐蚀低合金钢分为耐大气腐蚀钢、耐海水腐蚀钢、耐硫化氢腐蚀钢、耐氢腐蚀钢等类型。

（1）耐大气腐蚀钢种

利用矿产资源的特点，我国发展了铜系、磷钒系、磷稀土系和磷铌稀土系钢。其中铜系列有16MnCu、09MnCuPTi、15MnVCu、10PCuRe等；磷钒系列有12MnPV等；磷稀土系列有08MnPRe、12MnPRe等；磷铌稀土系列有10MnPNbRe等。

（2）耐海水腐蚀钢种

我国研制并生产的耐海水腐蚀低合金钢有10CrMoAl、09CuWSn、08PV、10MnPNbRe等。

（3）耐硫化氢腐蚀钢种

我国试验研制的耐高温硫化氢腐蚀钢种有12AlV、12MoAlV、15Al3MoWTi、12Cr2MoAlV、40B等。

4. 不锈钢

不锈钢是铬、镍含量较高的合金钢。通常把耐大气腐蚀的合金钢称为不锈钢，把在酸中及其他强腐蚀性介质中耐腐蚀的合金钢称为耐酸钢。一般把上述不锈钢与耐酸钢统称为不锈耐酸钢或简称为不锈钢。

不锈钢的种类很多，按化学成分可分为铬不锈钢和铬镍不锈钢。按显微组织可分为马氏体不锈钢、铁素体不锈钢和奥氏体不锈钢。

（1）马氏体不锈钢

马氏体不锈钢的主要牌号有1Cr13、2Cr13、3Cr13和4Cr13。钢中加入一定量的铬会使电极电位升高。要使铬钢有高的耐蚀性，其基体中的含铬量至少要达到12%，这样就能在阳极区域基体表面上形成一层富铬的氧化物保护膜，以阻碍阳极区的反应，并提高电极电位使基体的电化学腐蚀过程减缓（钝化），从而使铬不锈钢获得一定的耐蚀性。

这类钢主要是在氧化性介质中，如大气、水蒸气中具有良好的耐蚀性，在淡水、海水、温度不超过30℃的盐水溶液、硝酸、食品介质以及浓度不高的有机酸中也具有足够的耐蚀性，但在硫酸、盐酸、热磷酸、热硝酸、熔融碱中，由于不能很好地建立钝化状态，耐蚀性很低。Cr13型不锈钢随钢中含碳量的增加耐蚀性有所下降。

1Cr13、2Cr13钢要进行高温回火以获得回火马氏体组织，常用于制作能抗弱腐蚀性介质、能承受冲击负荷的零件。3Cr13、4Cr13钢要进行低温回火以获得回火马氏体组织，可用于制作具有较高硬度和耐磨性的医疗刀具、量具等。

（2）铁素体不锈钢

1Cr17铁素体不锈钢为单相组织，在升温时不发生$\alpha \rightarrow \gamma$的相变，因而不能淬火强化。与1Cr13相比，1Cr17的耐蚀性和塑性都比较好，可用于制作抗高温氧化、耐硝酸腐蚀的设备。

（3）奥氏体不锈钢

铬镍奥氏体不锈钢共有五个牌号，即0Cr18Ni9、1Cr18Ni9、2Cr18Ni9、0Cr18Ni9Ti及1Cr18Ni9Ti。这类钢都需进行固溶处理，即将它加热至1050～1150℃，让所有的碳化物全部溶于奥氏体中，然后水淬快冷，不让奥氏体在冷却过程中析出碳化物和发生相变，以便在室温下获得单一的奥氏体组织。其强度、硬度均很低，无磁性、塑性、韧性及耐蚀性均较Cr13型不锈钢为好，并且具有良好的焊接性、冷加工性及低温韧性。可用于制作在腐蚀性介质中（硝酸、大部分有机和无机酸的水溶液、磷酸及碱等）使用的设备，如吸收塔、酸槽、管道、贮藏及运输酸类用的容器等。

铬镍不锈钢还具有一定的耐热性。但若在500～700℃范围内工作极易引起晶间腐蚀，这种腐蚀主要是由于晶界析出含铬的碳化物而降低了晶界附近的含铬量（低于抗蚀的极限含铬量12%）所引起的，为了防止晶间腐蚀，可在铬镍不锈钢中加入含量不大于0.8%的钛，使钢中形成TiC而不致形成碳化铬。

（4）不锈钢编号

不同国家采用了不同的不锈钢牌号，目前市场销售的不锈钢材料，其牌号主要采用中国牌号（GB）和美国牌号（AISI），为了便于选材和比较，表1.3列出了中国与欧美国家常用不锈钢材料的牌号对照。

常用不锈钢牌号对照表　　**表1.3**

序号	中国 GB1220	美国 AISI、ASTM	日本 JIS	英国 BS970 BS1449	德国 DIN17440DIN17224	法国NF A35－572NF A35－576－582NF A35－584
1	1Cr17Ni7	301,S30100	SUS301	301S21		Z12CN17.07
2	0Cr18Ni9	304,S30400	SUS304	304S15	X5CrNi189	Z6CN18.09
3	0Cr19Ni9N		SUS304N1	304N，S30451		
4	00Cr19Ni10	304L,S30403	SUS304L	304S12	X2CrNi189	Z2CN18.09
5	00Cr18Ni10N		SUS304LN		X2CrNiN1810	Z2CN18.10N
6	1Cr18Ni9Ti				X10CrNiTi189	
7	0Cr18Ni10Ti	321,S32100	SUS321	321S12，321S20	X10CrNiTi189	Z6CNT18.10
8	0Cr17Ni12Mo2	316,S31600	SUS316	316S16	X5CrNiMo1810	Z6CND17.12
9	0Cr18Ni12Mo2Ti			320S17	X10CrNiMoTi1810	Z6CNDT17.12
10	0Cr17Ni12Mo2N	316N,S31651	SUS316N			
11	00Cr17Ni14Mo2	316L,S31603	SUS316L	316S12	X2CrNiMo1810	Z2CND17.12
12	00Cr17Ni13Mo2N		SUS316LN		X2CrNiMoN1812	Z2CND17.12N
13	0Cr19Ni13Mo3	317,S31700	SUS317	317S16		
14	00Cr19Ni13Mo3	317L,S31703	SUS317L	317S12	X2CrNiMo1816	Z2CND19.15
15	0Cr18Ni11Nb	347,S34700	SUS347	347S17	X10CrNiNb189	Z6CNNb18.10
16	0Cr25Ni20	310S,S31008	SUS310S			

5. 有色金属及其合金

工业上钢铁称为黑色金属，除钢铁以外的金属称为有色金属。有色金属及其合金因具有良好的耐腐蚀性和耐低温性能，常用来制造水处理、化工容器及有关的设备零部件。在水处理工程、化工机械与设备制造中应用较多的有色金属，主要有铜、铝、钛、铅、镍及其合金。

(1) 铜及其合金

铜及其合金具有高的导电性、导热性、塑性、冷韧性，并且在许多介质中具有高的耐蚀性能。

1) 纯铜　也称紫铜，其标准电极电位为0.337V，化学稳定性高。铜在一般大气、工业大气、海洋性大气中比较稳定，在这些大气中，铜表面生成一层具有保护作用的膜，其成分为$CuSO_4 \cdot 3Cu(OH)_2$及少量的$CuSO_2 \cdot 3Cu(OH)_2$和$CuCl_2 \cdot 3Cu(OH)_2$。

在淡水、海水和中性盐类的水溶液中，铜的表面形成氧化膜而钝化，是耐蚀的。

铜在碱和中、弱的及中等浓度的非氧化性酸中（如HCl、H_2SO_4、醋酸、柠檬酸）都是相当稳定的，但是当上述溶液中有氧及氧化剂存在时，铜就会受到腐蚀。在盐酸中，特别是在高浓度的盐酸中，由于生成络离子$[CuCl_4]^{2-}$，因而铜所受到的腐蚀比在硫酸中剧烈。

在任何浓度的硝酸中，铜都会受到严重腐蚀。

铜在含氨、铵盐及氰化物的水溶液中，因形成$[Cu(NH_3)_4]^{2+}$或$[Cu(CN)_4]^{3-}$络合离子，加快了铜的腐蚀速度，若溶液中有氧或氧化剂存在，腐蚀将更加严重。

铜不耐硫化物（如H_2S）腐蚀。

铜具有高的导电性、导热性、塑性和良好的加工性能，常用来制造蒸发器、蒸馏塔、蛇形管等。另外，铜具有良好的冷韧性，在低温时可保持较高的塑性和冲击韧性，常用来做深度冷冻设备。

铜的强度低，铸造性能不好，且在某些介质中的耐蚀性不高，很少用做结构材料。铜的牌号用其汉语拼音首位字母T结合顺序号表示，纯度随顺序号增加而降低，如T2，表示纯铜，杂质含量为2‰。在化工及水处理工程中广泛应用的是它的合金。

2) 铜合金　常用的铜合金有黄铜和青铜。

a. 黄铜　铜与锌组成的合金称为黄铜。为改善其性能，常加入锡、铝、硅、镍、锰、铅、铁等元素，这样形成的合金称为特殊黄铜。牌号用“黄”的汉语拼音字头H加表示平均含铜量百分数的两位数字。例如H80即表示含铜80%的黄铜。特殊黄铜的编号是：代号H＋第二主加元素符号＋铜含量＋第二主加元素含量。如HSn70－1，表示含铜70%、含锡1%的锡黄铜。

黄铜的机械性能与含锌量有着极为密切的关系，含锌25%左右时延伸率为8%，延伸率达到最高值，含锌45%左右时强度可达到最高值。黄铜的铸造性能也很好，流动性好，偏析倾向小，容易形成集中缩孔，铸件比较致密。黄铜的抗蚀性较好，对大气、海水以及氨以外的碱性溶液的耐蚀性很高，但在氨、铵盐和酸类存在的介质中抗蚀性较差，特别是对硫酸和盐酸的抗蚀性极差。

含锌量大于20%的黄铜经冷加工后，在潮湿的大气、海水、高温高压水、蒸气及一切含氨的环境中都可引起应力腐蚀断裂。防止的方法有：(a) 进行260～300℃的低温退火以消除内应力；(b) 往黄铜中加入一定量的锡、硅、铝、锰等元素以降低应力腐蚀破裂倾向；(c) 表面镀锌或锡等加以保护。

黄铜在中性溶液、海水和在退火后酸洗溶液中易发生脱锌腐蚀，可在黄铜中加入0.02%的砷防止其发生。

b. 青铜　凡是铜合金中的主加元素不是锌而是锡、铝、硅等其他元素者，通称为青铜。常用的青铜有锡青铜、铝青铜和硅青铜等。牌号用Q加主加元素符号及其含量表示，如QSn4－3表示平均含锡量为4%、锌3%的锡青铜。

锡青铜的含锡量为3%～10%。锡青铜的铸造性能较黄铜差，流动性小，偏析倾向大，易于形成分散的缩孔，致使铸件的致密度较低，易引起容器的渗漏。锡青铜在大气（包括海洋大气）、海水、淡水以及蒸汽中的抗腐蚀性比纯铜和黄铜更好，但对酸类的抗蚀性较差。锡青铜尚具有无磁性、冲击时不生火花、无冷脆现象和具有很高的耐磨性等特性。

铝青铜的含铝量为8%～10%。铝青铜有很好的流动性，形成晶内偏析和分散缩孔的倾向小，易于获得质地致密的铸件，机械性能也比黄铜和锡青铜高，而且在大气、海水、碳酸及大多数有机酸中具有比黄铜和锡青铜更高的耐蚀性，此外尚有耐磨损、耐寒冷、冲击时不发生火花等特性。

硅青铜有两个牌号，即QSi1-3和QSi3-1，硅青铜具有比锡青铜高的机械性能和较低的价格，而且铸造性能和冷、热压力加工性能都很好。QSi1-3含有约3%的镍，可通过淬火时效进一步提高机械性能、耐磨性和耐蚀性。QSi3-1含有1%～1.5%的锰可以显著提高机械强度、耐磨性和耐蚀性，还有好的焊接性。

（2）铝及其合金

铝的密度小，相对密度为2.7，约为铜的1/3；导电性、导热性、塑性、冷韧性都好，但强度低，经冷变形后强度可提高；能承受各种压力加工。

1）铝　铝是电极电位很负的元素，其标准电极电位为－1.67V，但铝的钝化能力很强，在自然状态下铝表面能生成一层致密的、牢固附着的Al_2O_3保护膜。因此铝在水中，在大部分中性和许多弱酸性溶液中以及在大气中都有足够高的稳定性，铝在强氧化性介质以及在氧化性酸（如硝酸）中也是稳定的。铝在干燥的NH_3、HCl的气体中是稳定的，铝耐硫和硫化物（如SO_2、H_2S）腐蚀。

铝表面的Al_2O_3保护膜具有两性的特征，它既溶解于非氧化性的强酸中又特别容易溶解在碱中。

卤素离子对铝的氧化膜有破坏作用，所以铝在氢氟酸、盐酸、海水和其他含卤素离子的溶液中是不耐蚀的。

由于很负的电极电位，铝在电解质溶液中，可与大多数工业常用金属构成电偶电池，加速铝的腐蚀。当铝中含有正电性金属杂质时，其耐蚀性就会显著降低。

水工艺工程与化工中应用的纯铝牌号为：L2、L3和L4（编号规则同前）。编号越大，纯度越低，导电性、耐蚀性、塑性越低。

铝在许多介质中具有良好的耐蚀性、导热性、塑性，且不容易产生污染。在工业中广泛用于制造反应器、热交换器、冷却器、泵、阀、槽车、管件等，以及硝酸、含硫石油工业、橡胶硫化和含硫的药剂等生产所用设备，也用于食品和制药工业中要求耐蚀而不要求强度的用品。另外，铝不会产生火花，适宜制造贮存易燃、易爆物料的容器。

2）铝合金　纯铝的强度较低，若在铝中加入一些元素，如铜、镁、锌、锰、硅等形成铝合金，其性能将会有很大的改善。铝合金分形变铝合金和铸造铝合金两大类，在形变铝合金中 Al－Mn 系合金和 Al－Mg 系合金为防锈铝合金，牌号以 LF 加顺序号数字表示，如 LF5，LF12 等。Al－Cu－Mg 系合金为硬铝合金（代号 LY），机械性能好，耐蚀性差。Al－Cu－Mg－Zn 系合金为超硬铝合金（代号 LC），室温强度最高，但耐蚀性差。

铸造铝合金按其主要合金元素的不同，可分为 Al－Si、Al－Cu、Al－Mg、Al－Zn 等合金。牌号用 ZL 和三个数字表示。

铝和铝合金可通过阳极氧化形成的氧化膜大大提高其耐蚀性和耐磨性。

(3) 钛及钛合金

1) 纯钛　钛的标准电极电位为－1.63V，是很活泼的元素。但由于它有很好的钝化性能，在有氧或稍具氧化性的氧化剂中就可钝化。钛的钝化膜很稳定，即使介质中有 Cl^-，膜也不会破坏，因此钛在许多环境中表现出很好的耐蚀性。

钛在淡水、大气（包括潮湿的工业大气、海洋性大气）、海水中都有良好的耐蚀性能，因此有“耐海水腐蚀之王”之称。

钛在中性和弱酸性氯化物溶液中有良好的耐蚀性能，如在 100℃的 $FeCl_3$（浓度＜30%）溶液和 100℃的 $CuCl_2$（浓度＜20%）溶液中都很稳定。

钛在王水、次氯酸钠、湿氯气中耐蚀。

钛在酸中的耐蚀性与酸的种类、浓度及温度等因素有关。钛在铬酸（沸腾）、硝酸（65%，100℃左右）等氧化性酸中是耐蚀的，但在赤色发烟硝酸中发生晶间腐蚀。钛在非氧化性酸（盐酸、稀硫酸）中不耐蚀，腐蚀速度随酸的浓度、温度增高而加快。钛对氢氟酸、高温的稀磷酸、室温下的浓磷酸也不耐蚀。

钛在稀碱（浓度＜20%）中是稳定的，但随碱液温度、浓度的升高，钛的腐蚀速度增大。

高温下，钛的化学活性很高，能与卤素、氧、氮、碳、硫等元素发生剧烈反应。但在介质中加入少量水（2%左右）就可避免。

钛一般不发生孔蚀；除在几种个别介质（如发烟硝酸、甲醇溶液）中，也不发生晶间腐蚀；钛的应力腐蚀破裂敏感性小，具有抗腐蚀疲劳的性能，耐缝隙腐蚀性能良好。

2) 钛合金　钛合金的机械性能与耐蚀性都比纯钛有明显提高。工业上使用的都是钛合金，工业纯钛含有氧、氮、碳、铁等元素，可看成是低合金钛。加入铝、锡、锰、钼等合金元素可提高钛的强度；加入少量钯（0.1%～0.5%）能提高钛在盐酸、硫酸等非氧化性酸中的耐蚀性。加入3%～5%的钼，不仅使钛合金得到很高的强化效果，而且提高了钛合金对盐酸、硫酸、磷酸的耐蚀性。钛—铝合金在氯化物溶液、潮湿空气等介质中有应力腐蚀破裂倾向，加入钼和钒可提高抗应力腐蚀的能力。

常用的耐蚀钛合金主要是 Ti－Pd 合金和 Ti－Mo 合金。另外，近年研制出的 Ti－Mo－Nb－Zr 系合金对浓热硫酸、盐酸、磷酸具有很高的耐蚀性，同时还具有很好的工艺性能。

钛合金的主要腐蚀形态是氢脆和应力腐蚀破裂。

钛及其合金在有氢气环境中很容易吸氢而脆裂，且其敏感性随温度的降低而增加。钛中的杂质铁，甚至钛表面附着的铁，对吸氢有很大的促进作用。在各种加工过程中，都应采取除氢措施，尽量避免钛合金的氢脆。

钛合金在热盐、甲醇、氯化物溶液、赤色硝酸、四氧化二氮等介质中易发生应力腐蚀破裂。合金元素钼、铌、钒可降低钛合金应力腐蚀破裂的敏感性。另外采用合理的热处理工艺和在各种加工后进行应力消除处理，都有助于提高钛合金的抗应力腐蚀破裂能力，加缓蚀剂和采取阴极保护的方法也可控制钛合金的应力腐蚀破裂。

(4) 铅及其合金

铅的强度小（仅为钢的1/20）、硬度低、密度大、再结晶温度低、熔点低、导热性差，在硫酸中、大气中（特别是有二氧化硫、硫化氢的气体中）有很高的耐蚀性，在生产上多用于处理硫酸的设备上。铅有毒，且价格高，在生产上多被其他非金属材料代替。

1）铅　纯铅的牌号用铅的化学符号 Pb 加顺序号表示。由于铅不耐磨，非常软，不宜单独制作设备，只能做衬里。铅耐硫酸、亚硫酸、浓度小于85%的磷酸、铬酸、氢氟酸等介质腐蚀，不耐蚁酸、醋酸、硝酸和碱溶液等的腐蚀。Pb4 用于设备内衬，Pb6 用于管道接头。

2）铅合金　铅中加锑，可增加铅的硬度、强度和在硫酸中的稳定性。加入不同锑含量的铅锑合金称为硬铅（编号规则同前）。硬铅可制作硫酸工业用的泵、阀门、管道等。

(5) 镍及其合金

在各种温度、任何浓度的碱溶液和各种熔融碱中，镍及镍合金具有特别高的耐蚀性。在干燥或潮湿的大气中，镍都是稳定的。氨气和氨的稀溶液对镍也没有作用。它在许多介质中有很好的耐蚀性。

镍在氯化物、硫酸盐、硝酸盐的溶液中，在大多数有机酸中，以及染料、皂液、糖等介质中也相当稳定。

但镍在含硫气体、浓氨水和强烈充气氨溶液、含氧酸和盐酸等介质中，耐蚀性很差。

镍具有高强度、高塑性和冷韧的特性，能压延成很薄的板和拉成细丝。

1）镍　镍很稀贵，在水处理工程和化工上主要用于制造碱性介质设备，以及铁离子在反应过程中会发生催化影响而不能采用不锈钢的那些过程设备。牌号用字母 N 加顺序号表示。

2）镍合金　工业上主要的镍基合金有 Ni－Cu 系、Ni－Mo 系和 Ni－Cr 等。

镍合金的牌号用字母 N 加第一个主添加元素符号及除基元素镍外的成分数字组表示。

在水工艺工程和化工上应用较多的镍合金是含有31%的铜、1.4%的铁、1.5%的锰的镍铜合金，通常称为蒙乃尔合金（含镍65%～66%）。蒙乃尔合金有很好的力学性能和机械性能，易于压力加工和切削加工；在750℃以下的大气中是稳定的，在500℃时还保持足够的强度；它对中性水溶液、一定温度和浓度的苛性碱溶液及稀盐酸、硫酸、磷酸等都是耐蚀的。在各种浓度和温度的氢氟酸中特别耐蚀。但有硫化物和氧化剂存在时，其耐蚀性能显著下降。蒙乃尔合金主要用于在高温荷载下工作的耐蚀零件和设备。

Ni－Mo 合金是耐盐酸腐蚀的优异材料。最有名的哈氏合金（0Cr16Ni57Mo16Fe6W4）能耐室温下所有浓度的盐酸和氢氟酸。

在 Ni－Cr 合金中有代表性的因考尔合金（0Cr15Ni57Fe），在高温下具有很好的力学性能和很高的抗氧化能力，是能抗热浓 $MgCl_2$ 腐蚀的少数几种材料之一，不仅腐蚀速度小，而且没有应力腐蚀破裂倾向。但它一般用作高温材料，有时也作为高级的耐酸合金使用。

1.2 无机非金属材料

无机非金属材料种类繁多，如天然岩石、铸石、陶瓷、搪瓷、玻璃、水泥等。根据不同种类、用途与适用条件，在水工艺设备及化工设备中应用较多的主要有传统陶瓷、玻璃、玻璃陶瓷、特种陶瓷、金属陶瓷和搪瓷。前四种无机非金属材料，在广义上讲，又称为“陶瓷材料”。

1.2.1 陶瓷材料的分类

(1) 传统陶瓷

以黏土为主要原料的陶瓷为传统陶瓷，主要包括工业陶瓷和日用陶瓷两类，工业陶瓷又包括建筑卫生陶瓷、化工陶瓷、电器绝缘陶瓷等。

(2) 玻璃

玻璃是一种非晶态物质。狭义上的玻璃一般指由熔融物冷却、硬化而得的无机玻璃。按应用可分为工业玻璃，建筑玻璃和日用玻璃等。

(3) 玻璃陶瓷

玻璃陶瓷，即微晶玻璃，是由玻璃的受控晶化而制得的多晶固体。包括光学玻璃陶瓷，耐热、耐蚀微晶玻璃等。

以上三类均属硅酸盐，故陶瓷材料也称为硅酸盐材料。微晶玻璃与玻璃的不同之处是其大部分是晶体，而玻璃则是非晶体。

(4) 特种陶瓷

特种陶瓷是指具有某种特殊机械、物理或化学性能的陶瓷，如：耐蚀陶瓷、高温陶瓷、电容器陶瓷、压电陶瓷、电光陶瓷等。按化学成分可分为氧化物陶瓷和非氧化物陶瓷，氧化物陶瓷如 Al_2O_3、MgO、VO_3 等，熔点高于 2000℃，为很好的高耐火度结构材料；非氧化物陶瓷如 C，B，N，Si 等元素的化合物，特点是有高的耐火度、高硬度（有时接近于金刚石）和高的耐磨性（特别是对于侵蚀性介质），但脆性都很大。

(5) 金属陶瓷

以金属相结合一种或几种陶瓷相构成的复合材料称为金属陶瓷。粉末冶金包括制粉、成形和烧结三大工序，与传统陶瓷的生产方式相似。例如以氧化物和非氧化物为基体、金属为胶粘剂，其成分和性能特点接近于陶瓷的一类材料就属于金属陶瓷。按照现代的分类，这类材料应属于复合材料，但习惯上也被看作陶瓷类材料。

根据用途的不同又可将金属陶瓷分为结构陶瓷、工具陶瓷和耐热陶瓷等。金属具有热稳定性好、韧性好的优点，但易氧化，高温强度不高；陶瓷则具有硬度高、耐火度高、耐腐蚀等优点，但热稳定性差，脆性大。将两者制成复合材料，可取长补短，其中以陶瓷为主者，多用作工具材料，例如硬质合金；而金属含量较高者则常用作结构材料。

1.2.2 陶瓷的基本性能

1. 陶瓷的机械性能

(1) 刚度

陶瓷的刚度由弹性模量衡量，弹性模量反映结合键的强度，所以具有强大化学键的陶瓷都有很高的弹性模量，是各类材料中最高的，比金属材料高若干倍，比高聚物高 2～4 个数量级。

弹性模量对组织（包括晶粒大小和晶体形态等）不敏感，但受气孔率的影响很大。气孔率提高或升高温度都会降低材料的弹性模量。

（2）硬度

同刚度一样，硬度也决定于化学键的强度，所以陶瓷也是各类材料中硬度最高的，这也是陶瓷的最大特点。陶瓷的硬度随温度的升高而降低，但在高温下仍能保持较高的数值。

（3）强度

按理论计算，陶瓷的强度很高，但实际上一般只为理论值的 1/100～1/20，甚至更低，例如，窗玻璃的强度约为 70MPa，高铝瓷的强度约为 350MPa，均约为其弹性模量的千分之一的数量级。陶瓷实际强度比理论值低得多的原因，是组织中存在晶界。它的破坏作用比在金属中更大。第一，晶界上存在有晶粒间的局部分离或空隙；第二，晶界上原子间键被拉长，键强度被削弱；第三，相同电荷离子的靠近产生斥力，可能造成裂缝。所以，消除晶界的不良作用，是提高陶瓷强度的基本途径。

陶瓷的实际强度受致密度、杂质和各种缺陷的影响很大。热压氮化硅陶瓷，在致密度增大，气孔率近于零时，强度可接近理论值，刚玉陶瓷纤维因为减少了缺陷，强度提高了 1～2 个数量级；而微晶刚玉由于组织细化，强度比一般刚玉高许多倍。

陶瓷对应力状态特别敏感；同时强度具有统计性质，与受力的体积或表面有关。它的抗拉强度很低，抗弯强度较高，而抗压强度非常高，一般比抗拉强度高一个数量级。

（4）塑性

陶瓷在室温下几乎没有塑性。塑性变形是在切应力作用下由位错运动所引起的密排原子面间的滑移变形。陶瓷晶体的滑移比金属困难得多，位错运动所需要的切应力很大，比较接近于晶体的理论剪切强度。另外，共价键有明显的方向性和饱和性，而离子键的同号离子接近时斥力很大，所以主要由离子晶体和共价晶体构成的陶瓷的塑性极差。不过，在高温慢速加载的条件下，原子的扩散能促进位错的运动，以及晶界原子的迁移，特别是组织中存在玻璃相时，陶瓷也能表现出一定的塑性。塑性变形开始的温度约为 $0.5T_m$（T_m 为熔点的绝对温度，K），例如 Al_2O_3 为 1237℃，TiO_2 为 1038℃。由于开始塑性变形的温度很高，所以陶瓷都具有较高的高温强度。

（5）韧性或脆性

陶瓷受载时都不发生塑性变形，在较低的应力下就会断裂，因此韧性极低或脆性极高。冲击韧性常常在 $10kJ/m^2$ 以下；断裂韧性值也很低，大多比金属低 1 个数量级以上，是非常典型的脆性材料。

断裂是裂纹的形展和扩展的过程。陶瓷的脆性对表面状态特别敏感。陶瓷的表面和内部由于各种原因，如表面划伤、化学侵蚀、热胀冷缩不均等，很容易产生细微裂纹。受载时，裂纹尖端产生很高的应力集中，由于不能由塑性变形使高的应力松弛，所以裂纹很快扩展使陶瓷表现出很高的脆性。

陶瓷断裂时，晶体相通常沿特定晶面发生解理（断裂），玻璃相在软化温度以下则沿随机的路径断开，无结晶学特点。

脆性是陶瓷的最大缺点，是阻碍其作为结构材料广泛应用的首要问题，是当前的重要研究课题。要提高陶瓷韧性，可以从以下几个方向去努力：①避免在陶瓷中特别是表面上产生缺陷；②在陶瓷表面造成压应力；③消除陶瓷表面的微裂纹。例如，在陶瓷表面施加预压应力，能降低工作中陶瓷所承受的拉应力，而制成“不碎”的陶瓷。

2. 物理化学性能

（1）热膨胀

热膨胀是温度升高时物质原子振动振幅提高、原子间距增大所导致的体积长大现象。热膨胀系数的大小与晶体结构和结合键强度密切相关。陶瓷的线膨胀系数 [$a=(7\sim300)\times10^{-7}$/℃] 比高聚物 [$a=(5\sim15)\times10^{-5}$/℃] 低，比金属 [$a=(5\sim150)\times10^{-5}$/℃] 低得多。

（2）导热性

导热性为在一定温度梯度作用下热量在固体中的传导速率。陶瓷的热传导主要依靠原子的热振动。由于没有自由电子的传热作用，陶瓷的导热性比金属低，受其组成和结构的影响。陶瓷中的气孔对传热不利；陶瓷多为较好的绝热材料。

（3）热稳定性

热稳定性就是抗热振性，为陶瓷在不同温度范围波动时的寿命，一般用急冷到水中不破裂所能承受的最高温度来表征。它与材料的线膨胀系数和导热性等有关。线膨胀系数大和导热性低的材料的热稳定性不高；韧性低的材料的热稳定性也不高，所以陶瓷的热稳定性很低，比金属低得多。这是陶瓷的另一个主要缺点。

（4）化学稳定性

陶瓷的结构非常稳定。在以离子晶体为主的陶瓷中，金属原子为氧原子所包围，很难再同介质中的氧发生作用，甚至在千度以上的高温下也是如此，所以陶瓷具有很好的耐火性能或不可燃烧性，是很好的耐火材料。另外，陶瓷对酸、碱、盐等腐蚀性很强的介质均有较强的抗蚀能力，与许多金属的熔体也不发生作用，所以也是很好的坩埚材料。

（5）导电性

陶瓷的导电性变化范围很广。不少陶瓷既是离子导体，又有一定的电子导电性。但由于缺乏电子导电机制，大多数陶瓷是良好的绝缘体。许多氧化物，例如 ZnO、NiO、Fe_3O_4 等实际上是半导体，所以陶瓷也是重要的半导体材料。

由上可见，陶瓷性能的主要特点是，具有不可燃烧性、高耐热性、高化学稳定性、不老化性、高的硬度和良好的抗压能力，但脆性很高，对温度剧变的抵抗力很低，抗拉、抗弯性能差。

1.2.3　耐蚀无机非金属材料及其性能

一般来讲，无机非金属材料都具有优良的耐蚀性能，是腐蚀防护工程中不可缺少的耐蚀材料。

按照材料成分，大部分无机非金属材料都是硅酸盐材料。它们的耐蚀性能主要取决于二氧化硅的含量和其他金属氧化物的含量。二氧化硅含量在60%以上的硅酸盐材料具有优良的耐蚀性能，除氢氟酸和高温磷酸外，可耐所有酸的腐蚀。其缺点是不耐碱的腐蚀，但

若硅酸盐材料中的 ZrO_2 和 TiO_2 含量较高时，它就能既耐酸腐蚀，又耐碱腐蚀。

1. 陶瓷及其耐蚀性能

在腐蚀工程中主要应用的有耐酸陶瓷和氮化硅陶瓷。

(1) 耐酸陶瓷　耐酸陶瓷又称化工陶瓷，它由黏土、长石、石英等原料经过粉碎、混合、制坯、干燥和高温焙烧形成表面光滑、断面致密、类似石英的材料。其主要化学成分见表 1.4。

一般耐酸陶瓷的主要化学成分（%）　　表 1.4

成分	SiO_2	Al_2O_3	CaO	MgO	$FeO+Fe_2O_3$	Na_2O+K_2O
含量	46～50	13～16	7～11	5～11	9～17	3.5

耐酸陶瓷可耐沸腾温度下任何浓度的铬酸、96%的硫酸、沸点以下的任何浓度盐酸和任何浓度的醋酸、草酸等有机酸，但不耐氢氟酸，耐碱性也差。另外，由于其性脆、抗拉强度低，在急热、急冷变化时和硬物敲击下易碎裂。

耐酸陶瓷主要用来制作耐酸容器和塔器、泵、管道、阀门等，也用来制作耐酸瓷砖。

(2) 氮化硅陶瓷　这是一种新型的工业陶瓷材料。它热膨胀系数小，耐温度急变性好，摩擦系数小，并有自润滑性，是一种优良的耐磨材料。氮化硅陶瓷耐所有的无机酸（氢氟酸除外）和某些碱溶液的腐蚀，它在高温下的抗氧化性能也很好。

氮化硅陶瓷可用于制作机械密封环、球阀和一些耐蚀、耐磨、耐高温的精密零部件。

2. 玻璃及其耐蚀性能

玻璃是一种优良的耐蚀非金属材料。除氢氟酸、热磷酸和强碱外，它几乎耐所有酸和氧化剂的腐蚀。它表面光滑、透明度好，能保证污染条件下物料的清洁。但玻璃耐温度急变性差、质脆、不耐冲击和振动。在水质分析、化工、石油、医药、食品等部门，玻璃可用作制造容器、量具、管道、阀门、泵及金属管道的内衬等。

玻璃的化学稳定性是指玻璃抵抗水、酸、碱及其他化学试剂和气侵蚀的能力。它主要是由二氧化硅和碱金属氧化物的含量来决定的，随二氧化硅含量的增加，玻璃的化学稳定性提高。而碱金属氧化物中以 K_2O 的影响最大，其次是 Na_2O。随碱金属氧化物含量的增加，玻璃的化学稳定性降低。

用于防腐蚀的玻璃有石英玻璃、硼硅酸盐玻璃、低碱无硼玻璃。其中后两种玻璃用途最广。

硼硅酸盐玻璃和低碱无硼玻璃都具有良好的化学稳定性。前者热稳定性较高，并且具有良好的灯工熔接性能，是制作化学仪器的主要材料，用它可制作蒸馏塔、吸收塔、换热器、泵、管道和阀门等。低碱无硼玻璃灯工熔接性能差，但其成本低，主要用来制作玻璃管道。

3. 化工搪瓷及其耐蚀性能

搪瓷是将瓷釉涂搪在金属底材上，经过高温烧制而成，是金属和瓷釉的复合材料。化工搪瓷是将含硅量高的耐酸瓷釉涂敷在钢铁设备的表面，经高温焙烧，使之与金属密着，形成致密的、耐腐蚀的玻璃质薄层。因此，它兼有金属设备的力学性能和瓷釉的耐腐蚀性能双重优点。除了氢氟酸、含有氟离子的介质以及高温磷酸和强碱外，它能耐各种浓度的无机酸、有机酸、盐类、有机溶剂和弱碱的腐蚀。化工搪瓷表面光滑易清洗，并有防止金属离子干扰化学反应和玷污产品的作用，广泛用于医药、酿造、合成纤维生产中。如我国生产的D_7搪瓷就是一种ZrO_2和TiO_2含量较高、耐酸耐碱腐蚀性能优良的工业搪瓷。其化学成分见表1.5。

由表1.5中可见，D_7搪瓷因含有大量的SiO_2和B_2O_3，所以对酸具有优良的耐蚀性能；另外由于ZrO_2在碱液中能形成Na_2ZrSiO_6的耐碱保护膜，因而具有优良的抗碱蚀能力，且其组分中的CoO也是很好的耐碱成分。

D_7搪瓷的化学成分（%） **表1.5**

成分	$SiO_2+B_2O_3$	$ZrO_2+TiO_2+Al_2O_3$	$Li_2O+Na_2O+K_2O$	$Mo_2O_3+V_2O_3$	CoO
含量	66.5	14.5	13	5	1

4. 石墨及其耐蚀性能

石墨可分为天然石墨和人造石墨两种。天然石墨含有大量杂质（约10%以上），耐蚀性差。在腐蚀工程中主要应用人造石墨。由于众多的空隙影响了人造石墨的机械强度和加工性能，并造成腐蚀介质的渗漏。所以，通过利用各种浸渍剂（酚醛树脂、呋喃树脂等）或胶粘剂（水玻璃等）进行浸渍、压形和浇注等加工处理制成不透性石墨。

不透性石墨具有优良的耐蚀性，如酚醛树脂浸渍石墨，除强氧化酸和强碱外，对大部分酸类都是耐蚀的。呋喃树脂浸渍石墨具有优良的耐酸性和耐碱性，优良的导热性（导热系数是一般碳钢的2倍以上），热膨胀系数小，耐温度急变性好；不污染介质，能保证产品纯度。另外，还具有密度低、易于加工成形的特点。但其缺点是机械强度低、性脆。

在设备制造与化工防腐工程中，不透性石墨已成功地用于制造热交换器、塔及塔件、管道、管件、盐酸合成炉等。

1.3 高分子材料

1.3.1 概述

1. 基本概念

高分子材料是水工艺设备及其配件中最常用的工业材料之一。

有机高分子物质包括天然和人工合成两大类。

高分子化合物是指分子量很大的化合物。它们的分子量大多在$5\times10^3\sim1\times10^6$之间。高分子物质与低分子物质之间并没有严格的界限，一般把分子量低于1000的化合物称为低分子化合物，而分子量高于5000的化合物称为高分子化合物。但工程上认为，只有具备较好的强度、弹性和塑性等机械性能的高分子化合物才是工业用高分子化合物。

高分子化合物的分子量虽然很高，但其化学组成并不复杂，它的每个分子是由一种或几种较简单的低分子化合物（单体）连接起来组成的。高分子材料的性能主要决定于构成高分子的单体、链节结构、聚合度等。表1.6给出了几种高分子材料的组成示例。

2. 高分子化合物的合成

高分子化合物的合成就是将单体通过聚合反应聚合起来形成化合物的过程。因此，高分子化合物也称为聚合物或高聚物。最常见的聚合反应有加聚反应和缩聚反应两种。

几种高分子材料的单体和链节 **表 1.6**

材料名称	原料(单体)	重复结构单元(链节)
聚乙烯	乙 烯 $CH_2{=}CH_2$	$-CH_2-CH_2-$
腈纶 (聚丙烯腈)	丙烯腈 $CH_2{=}CH-CN$	$-CH_2-\underset{\displaystyle CN}{\underset{\vert}{CH}}-$
涤纶 (聚对苯二甲酸乙二酯)	乙二醇 $HOCH_2CH_2OH$ 对苯二甲酸 $HOOC-C_6H_4-COOH$	$-OCH_2CH_2O\ -\overset{\displaystyle O}{\overset{\Vert}{C}}-C_6H_4-\overset{\displaystyle O}{\overset{\Vert}{C}}-$

(1) 加聚反应

加聚反应是指单体中不饱和键(双键、叁键、共轭双键)相互进行加成而成高聚物的反应。它所形成的产物叫加聚物,聚合物的组成与原料单体相同,分子量是单体分子量的整数倍。

加聚反应的单体必须具有不饱和键,并能形成两个或两个以上的新键,以便在加热、光照或化学引发剂的作用下,打开不饱和键,形成两个或两个以上新键,使单体通过单键一个一个地连接起来,成为一条很长的大分子链。如果形成的新键只有一个,则单体不能加聚成高聚物,而只能成二聚物,或者低聚物。

加聚反应是当前高分子合成工业的基础,大约有 80%的高分子材料是利用加聚反应生产的。目前各国产量较大的高聚物品种,如聚乙烯、聚丙烯、聚氯乙烯、聚苯乙烯和合成橡胶等,都是加聚反应的产品。

当加聚反应的单体仅为一种时称为均加聚反应(简称均聚反应);当有两种或两种以上单体进行加聚时的反应称为共加聚反应(简称共聚反应)。顺丁橡胶就是由丁二烯单体在催化剂作用下均聚合成的,其反应如下:

$$n\ \underset{\text{丁二烯}}{CH_2{=}CH-CH{=}CH_2}\ \xrightarrow[Na]{\text{均聚}}\ \underset{\text{顺丁橡胶}}{[CH_2-CH{=}CH-CH_2]_n}$$

而丁苯橡胶则是由丁二烯和苯乙烯共聚形成的

$$n\ \underset{\text{丁二烯}}{CH_2{=}CH-CH{=}CH_2}+n\ \underset{\text{苯乙烯}}{\underset{\vert}{CH}{=}CH_2}\ \xrightarrow{\text{共聚}}\ \underset{\text{丁苯橡胶}}{[CH_2-CH{=}CH-CH_2-\underset{\vert}{CH}-CH_2]_n}$$

(苯乙烯及丁苯橡胶中 CH 下方连接苯环 C_6H_5)

虽然均聚物应用广、产量大,但由于其结构的原因,性能的开发受到限制。共聚物则可通过改变单体来改进聚合物的性能,发挥各单体的优越性,制造出新的品种。而且,对于那些自身不能进行均聚反应但可共聚的单体而言,扩大了单体的适用范围和制造共聚物的原料来源。

(2) 缩聚反应

缩聚反应是指一种或多种单体相互混合而连接成聚合物,同时析出(缩去)其他低分子物质(如水、氨、醇、卤化氢等)的反应;反应所生成的聚合物叫缩聚物,而成分则与单体的不同。这类反应比加聚反应复杂得多。

缩聚反应的单体是具有两个或两个以上反应基团（官能团）的低分子化合物。反应基团或官能团是进行反应并发生变化的部分。缩聚反应根据参加反应的单体又可分为均缩聚反应和共缩聚反应两种。当只有一种单体参与的缩聚反应称为均缩聚反应，反应产物为均缩聚物，如聚酰胺6（尼龙6）就是由氨基已酸均缩聚而成：

$$nNH_2(CH_2)_5COOH \xrightarrow{\text{均缩聚}} H[NH(CH_2)_5CO]_nOH+(n-1)H_2O$$

含有两种或两种以上不同反应基团的单体进行的缩聚反应称为共缩聚反应，产物为共缩聚物，如尼龙66就是由已二酸和已二胺共缩聚合成的：

$$nNH_2(CH_2)_6NH_2+nCOOH(CH_2)_4COOH \xrightarrow{\text{共缩聚}} H[NH(CH_2)_6NHCO(CH_2)_4CO]_nOH+(2n-1)H_2O$$

缩聚反应是制取聚合物的主要方法之一。它是目前涤纶、尼龙、聚碳酸酯、聚氨酯、环氧树脂、酚醛树脂、聚酯、有机硅树脂等高聚物的合成方法。聚酰亚胺、聚苯并咪唑、吡龙等对性能要求严格和有特殊要求的新型耐热高聚物都是由缩聚来合成的。

3. 高分子材料的分类和命名

（1）高分子材料的分类

高分子材料的种类很多，可根据各种原则进行分类。例如，按大分子链的几何形状，聚合物可分为线型、支链型和交联型三种；按大分子链的排列特点，聚合物则可分为无定型和晶态两种；按极性，聚合物也分为极性和非极性两种；按照实际用途，聚合物可分为塑料、橡胶、纤维和胶粘剂等。但最本质和最重要的是按照化学组成分类。按照大分子主链中的组成元素可将聚合物分成4类。

1）碳链有机聚合物　该类聚合物的大分子主链全部由饱和碳链或双键不饱和碳链组成（如聚烯烃、聚二烯烃等）：

—C—C—C—C—C— 或 —C—C=C—C—

2）杂链有机聚合物　该类聚合物的大分子主链中除碳原子外，还含有氧、氮、硫、磷等其他原子：

—C—C—O—C—，—C—C—N—C—，或 —C—C—S—C—

此类原子的存在能大大改变聚合物的性能。如氧原子能提高聚合物的弹性；磷和氯原子能提高耐火、耐热性；硫原子能提高不透气性；氟原子能提高化学稳定性等。聚酯、聚酰胺、聚醚、聚砜等均属于该类聚合物。

3）元素有机聚合物　该类聚合物的主链主要由硅、钛、铝、硼、氧等原子构成，如：

—O—Si—O—Si—O—

其侧基一般为有机基团，可提高聚合物的强度和弹性；无机元素则能提高其耐热性。该类聚合物都是由人工合成的，自然界中不存在，有机硅树脂和有机硅橡胶均属于此类聚合物。

4）无机聚合物　该类聚合物的主链和侧基均由无机元素或基团构成。它们具有密度大、持久耐热性强等特点。硅酸盐陶瓷、石棉、云母等都属于无机聚合物。

碳链有机聚合物和杂链有机聚合物主要包括树脂、橡胶、涤纶纤维、芳纶纤维和腈纶纤维等物质。它们的塑性好、易加工，但其强度较低，易于老化和燃烧。

（2）命名

目前关于聚合物的命名比较惯用的有以下几种。

1）由化学结构命名 就是以聚合物链节的化学组成和结构来命名。这又有两种方法：一种是按照链节的化学结构的特点命名，要求指出链中的特性基团，例如，聚苯乙烯。另一种是按照有机化合物系统命名，则聚苯乙烯称为聚苯基乙烯。

前一种命名比较直观，应用较普遍；后一种比较正统，但较复杂、麻烦。

2）由原料单体命名 就是以合成聚合物的低分子原料单体为基础来命名。对于加聚类聚合物，在其链节所含单体前加一“聚”字来取名，例如，聚对苯二甲酸乙二醇、聚己二酸己二胺、聚苯乙烯、聚甲醛等。

对于缩聚类以及某些共聚类聚合物，在其低分子原料之后习惯加“树脂”二字命名，例如，酚类和醛类的聚合物称酚醛树脂。还有醇酸树脂、脲醛树脂等。

这种命名十分简便，应用较广，但不十分确切，容易造成混乱。有缩聚物前加“聚”字的；也有一些聚合物泛称树脂的；还有一些聚合物可以用不同的原料制取，本身就难以这样命名了等。

3）采用商品名称和代表符号 有许多聚合物人们习惯使用其商品名称，例如有机玻璃（聚甲基丙烯酸甲酯）、电木（酚醛塑料）、电玉（脲醛塑料）、涤纶或的确良（聚酯纤维）、腈纶或人造羊毛（聚丙烯腈纤维）、维纶或维尼龙（聚乙烯醇纤维）、锦纶或尼龙（聚酰胺纤维）、丙纶（聚丙烯）、氯纶（聚氯乙烯）等。虽然各个国家或厂家称呼不统一，但是应用却极广。

不少聚合物常用其英文名称的第一个字母表达，例如 PS 代表聚苯乙烯，PVC 代表聚氯乙烯，EVA 代表聚乙烯—乙酸烯酯……。采用代表符号应用比较方便，但应注意，极少数聚合物可能有物质不同而代表符号相同的问题。

1.3.2 高分子材料的性能

由于高分子聚合物结构的多层次、状态的多重性，以及对温度和时间的敏感性，高聚物的许多工程性能相对不够稳定，变化幅度较大，作为结构材料，它的物理、力学性能具有某些明显的特点。

1. 重量轻

高分子聚合物是最轻的一类材料，比金属和陶瓷都要轻，一般密度在 $1.0 \sim 2.0g/cm^3$ 之间，为钢的 1/8～1/4，普通陶瓷的 1/2 以下。纯塑料聚丙烯的密度仅为 $0.91g/cm^3$，比纸还轻。有些泡沫塑料的密度甚至可低至 $0.01g/cm^3$。质量轻是高分子聚合物的显著特点之一，具有重要的实际意义。

2. 高弹性

无定形和部分晶态高聚物在玻璃化温度以上，由于有自由的链段运动，表现出很高的弹性，具有以下几个方面的特点：①弹性变形量大。高聚物的弹性变形量可达到 100%～1000%，而一般金属材料只有 0.1%～1%。②弹性模量低。高聚物的弹性模量约为 $10^2 \sim 10^4$MPa，而一般金属材料为 $7 \times 10^4 \sim 2 \times 10^5$MPa；另外，弹性模量随绝对温度的提高成比例增大，但金属材料是随温度的增高而减小的。③拉伸时温度升高。高聚物在拉伸时温度升高，金属材料则正好相反。

高聚物的高弹性和金属材料的普弹性在数量上的巨大差别，说明它们在本质上是不同的。高聚物的高弹性决定于分子链的柔顺性，与分子量和分子间交联密度紧密相关。分子量越大，则高弹区范围越宽；同时，适度的交联可防止分子链间的滑动，这在链段有足够活动性的条件下保证了高弹变形，使高聚物不致发生过早的塑性变形。

3. 黏弹性

聚合物的黏弹性是指聚合物既有黏性又有弹性的性质，实质是聚合物的力学松弛行为。在玻璃化温度以上，非晶态线型聚合物的黏弹性表现最为明显。

聚合物既有黏性又有弹性，其形变和应力，或其柔量和模量都是时间的函数。多数非晶态聚合物的黏弹性都遵从 Boltzman 叠加原理，即当应变是应力的线性函数时，若干个应力作用的总结果是各个应力分别作用效果的总和。黏弹性的主要表现有蠕变、应力松弛和内耗等。

1）蠕变　高聚物在室温下承受力的长期作用时，发生的不可恢复的塑性变形称为蠕变。如架空的聚氯乙烯电线套管，在电线和自身质量的作用下发生的缓慢挠曲变形就属于蠕变。这是聚氯乙烯分子链在外力的持久作用下逐渐产生构象的变化和位移，由原来的卷曲、缠结状态，改变为较伸直的形态，而使外形发生伸长变形。

由于高聚物的蠕变现象比其他材料严重，因此当将其作为结构材料使用时必须解决高聚物的蠕变问题。

2）应力松弛　高聚物受力变形后所产生的应力随时间而逐渐衰减的现象就是应力松弛。高聚物的应力松弛与分子链的结构有关。同蠕变一样，应力松弛也是大分子链在力的长期作用下，逐渐改变构象和发生位移所引起的。例如，连接管道或设备的法兰盘中的密封垫圈，经较长时间工作后发生的渗漏现象，就是应力松弛的表现。

3）滞后与内耗　高聚物承受周期性荷载时，出现应变落后于应力，即造成应变的滞后。例如设备的传送带或减振器工作时，产生伸—缩的循环应变，受载时伸张，卸载时回缩。回缩是平衡的，而伸张则达不到平衡，从而出现应变滞后现象。

由于应变对应力的滞后，在重复加载时，就会出现上一次的变形还未来得及恢复，或分子链的构象未跟上改变，又施加上了下一次荷载，于是造成了分子间的内摩擦，产生所谓内耗，而那部分未来得及释放、由变形所产生的弹性储能转变为热能。

内耗的存在会导致高聚物温度的升高，加速其老化；但内耗能吸收振动波，有利于改善高聚物的减振性能。

4. 塑性与受迫弹性

高聚物由许多很长的分子组成，加热时，分子链的一部分受热，其他部分不受热或少受热，因而材料不立即熔化，而先有一软化过程，所以表现出明显的塑性。

高聚物的冷拉变形以细颈扩展的方式进行，是半晶态或无定形高聚物取向强化作用的结果。高聚物缓慢拉伸时，颈缩部分变形大，分子链趋于沿受力方向拉伸并定向分布，使强度提高，即产生取向强化，因而继续受拉时细颈不会变细或拉断，而是向两端逐渐扩展。

无定形高聚物在玻璃态受拉伸，特别是应力较大时，也能产生较大的变形。这并非是分子链的黏性流动所引起的不可逆塑性变形，而在本质上仍属于高弹性。因为是外应力的作用，促进了分子链段的运动，使分子链由卷曲变为伸直，导致大的变形；而且，在玻璃化温度以下，因链段的运动被冻结，所以变形不能回复。该种变形被称为受迫高弹性。但是高聚物一旦被加热到玻璃化温度以上时，大变形随即完全恢复。

5. 强度与断裂

(1) 强度

高聚物的绝对强度比金属低得多，这是它目前作为工程结构材料使用的最大障碍之一。但由于密度小，许多高聚物的比强度还是很高的，某些工程塑料的比强度比钢铁和其他金属还高。

实际高聚物强度低的原因与金属一样，是结构中存在缺陷。主要的缺陷有微裂缝、空洞、气孔、杂质、结构的松散性和不均匀性等。材料缺陷部分是应力集中的地方或薄弱点，破坏或断裂就是从这些地方开始的。

(2) 断裂

高聚物的断裂也有脆性断裂和韧性断裂两种形式。根据拉伸过程中的断裂行为，工程高聚物的特性可大致分为五类：

1) 硬脆类高聚物　弹性模量很高，强度较高，断裂伸长率很小（约 0.2%），发生完全的脆性断裂。聚苯乙烯、酚醛树脂和脲醛树脂等热固性塑料均属此类。

2) 强硬类高聚物　弹性模量和强度较高，断裂伸长率较小（约 2%），产生脆性断裂，但局部断面有流动痕迹，例如有机玻璃、硬聚氯乙烯、韧性聚苯乙烯等。

3) 强韧类高聚物　弹性模量和强度高，断裂伸长率较大（约 100%），多发生韧性断裂。软聚氯乙烯、聚碳酸酯、聚甲醛、聚酰胺等都属于该类高聚物。

4) 柔韧类高聚物　弹性模量和屈服极限低，有一定的强度，伸长率很大，不一定发生韧性断裂。由于拉伸时分子链趋于定向分布，出现结晶化的细颈，多发生脆性断裂。如各种橡胶、高压聚乙烯等。

5) 软弱类高聚物　弹性模量和强度都很低，但有一定的伸长率，发生完全的韧性断裂，主要有天然橡胶等。

6. 韧性

高聚物的优点之一是其内在的韧性较好，即在断裂前能吸收较大的能量，但实际上这种内在韧性并非总能表现出来。

冲击韧性是材料在高速冲击状态下的韧性或对断裂的抗力，在高聚物中也被称为冲击强度。其大小为冲击断裂时断裂面单位面积所吸收的能量，等于快速拉伸试验中应力—应变曲线与纵、横轴所包围的面积。因此，冲击韧性与拉断强度和断裂伸长率都有直接关系。只有强度和塑性都高时，才可能有高的韧性。由于高聚物的塑性相对较好，因此在非金属材料中，它的韧性是比较好的。例如，热塑性塑料的冲击韧性一般为 2～15kJ/m^2；热固性塑料较低，约为 0.5～5kJ/m^2；但是，主要由于强度低，高聚物的冲击韧性比金属的小得多，仅为其百分之一。这也是高聚物作为工程结构材料使用的主要问题之一。

为了提高高聚物的韧性，可以采用提高其强度的办法。例如，不饱和聚酯树脂用玻璃纤维增强成为玻璃钢，将强度由 40～88MPa 提高到 204～340MPa 时，韧性可由 1.08～2.16kJ/m^2 提高到 27～16kJ/m^2，而断裂伸长量仍不很高（0.5%～2.0%），基本上无变化。也可以采用提高断裂伸长量的办法，例如，用橡胶与塑料机械共混，得到所谓橡胶塑料，也能使冲击韧性大幅度提高。

7. 减摩、耐磨性

摩擦是接触表面之间的机械粘接和分子粘着所引起的。大多数塑料对金属和对塑料的摩擦系数值一般在0.2～0.4倍范围内，但有一些塑料的摩擦系数很低，例如，聚四氟乙烯对聚四氟乙烯的摩擦系数只有0.04，几乎是所有固体中最低的。目前，解释的原因是：聚四氟乙烯的分子链长而且键强度高，碳原子有效地被周围的氟原子所屏蔽，使分子间的实际黏着力变得很低，因而，表面上的分子能够很容易地相互滑动或滚动。另外，分子彼此之间机械连锁，提高了材料的硬度和抗剪强度，也使摩擦抗力大大提高。

塑料（一部分）除了摩擦系数低以外，更主要的优点是磨损率低，而且可以进行一定的估计。其原因是它们的自润滑性能较好，消声、吸振能力强，同时，对工作条件及磨粒的适应性、就范性和埋嵌性好。所以是很好的轴承材料及其他耐磨件材料，在无润滑和少润滑的摩擦条件下，它们的耐磨、减摩性能是金属材料无法比拟的。

8. 绝缘性

高聚物分子的化学键为共价键，不能电离，没有自由电子和可移动的离子，因此是良好的绝缘体，绝缘性能与陶瓷相当。另外，由于高聚物的分子细长、卷曲，在受热、受声之后振动困难，所以对热、声也有良好的绝缘性能，例如，塑料的导热性就不及金属的百分之一。

9. 耐热性

高聚物的耐热性是指它对温度升高时性能明显降低的抵抗能力。此性能主要包括机械性能和化学性能两方面，而一般多指前者，所以耐热性实际常用高聚物开始软化或变形的温度来表达。这个温度值也就是高聚物使用的温度上限值。按照材料的力学状态，对于线型无定形高聚物，它应该与玻璃化温度或软化温度有关；而对于晶态高聚物则与熔点有关。

热固性塑料的耐热性比热塑性塑料高。常用热塑性塑料如聚乙烯、聚氯乙烯、尼龙等，长期使用温度一般在100℃以下；热固性塑料如酚醛塑料的使用温度为130～150℃；耐高温塑料如有机硅塑料等，可在200～300℃使用。同金属相比，高聚物的耐热性是较低的，这是高聚物的一大不足。

提高高聚物耐热性的途径有三条。①增大主链的刚性。例如，引进庞大的侧基，增大链的内旋阻力，引进环状结构或共轭双键；引进芳杂环或使主链成双链梯形结构等。②增强分子间的作用力，例如，形成交联、氢键；引入强的极性基团等。③提高聚合物的结晶度，以及加入填充剂、增强剂等。

10. 耐蚀性

耐蚀性是材料抵抗介质化学和电化学破坏的能力。耐蚀性好是高分子材料的优点之一。高聚物都是绝缘体，不容许电子或离子通过，不发生电化学过程，所以不存在电化学腐蚀，而只可能有化学腐蚀问题。但是，高聚物分子链长、卷曲、缠结，链上的基团多被包围在内部，受介质作用时，只有少数暴露在外面的基团才可能与介质中的活性成分起反应。同时，高聚物大分子链都是强大的共价键结合，链上能发生反应的官能团较少，不容易与其他物质进行化学反应，所以高聚物的化学稳定性很高。它们耐水和无机试剂、耐酸和碱的腐蚀。尤其是被誉为塑料王的聚四氟乙烯，不仅耐强酸、强碱等强腐蚀剂，甚至在沸腾的王水中也很稳定。

11. 老化

老化是指高聚物在长期使用或存放过程中，由于受各种因素的作用，性能随时间不断恶化，逐渐丧失使用价值的过程。其主要表现为：对于橡胶为变脆、龟裂或变软、发黏；对于塑料是褪色，失去光泽和开裂。这些现象是不可逆的，所以老化是高聚物的一个主要缺点。

老化的原因主要是分子链的结构发生了降解或交联。降解是大分子发生断链或裂解的过程，降解使分子量降低，高聚物碎断为许多小分子，或甚至分解成单体。因此，机械强度、弹性、熔点、溶解度、黏度等降低。交联则是分子链之间生成化学键，形成网状结构，使聚合物变硬、变脆。

影响老化的内在因素主要是化学结构、分子链结构和聚集态结构中的各种弱点。外在因素有热、光、辐射、应力等物理因素；氧和臭氧、水、酸、碱等化学因素；微生物、昆虫等生物因素。例如，高聚物受离子化辐射时，产生离子化，激发化学键的破坏，生成游离基，引起交联或降解。通常只含有碳氢元素的高聚物的辐射稳定性比较高；分子链中有芳香族基团时，还能进一步增大稳定性，因为辐射能很快地在整个分子上散射，而不至引起化学反应。常用高聚物的辐射稳定性次序是：聚苯乙烯＞聚乙烯＞聚氯乙烯＞聚丙烯腈＞聚三氟氯乙烯＞聚四氟乙烯。

改进高聚物的抗老化能力，应从其具体问题出发。主要措施有三个方面。①表面防护。在表面涂镀一层金属或防老化涂料，以隔离或减弱外界中的老化因素的作用。②改进高聚物的结构，减少高聚物各级层次结构上的弱点，提高稳定性，推迟老化过程。③加入防老化剂，消除在外界因素影响下高聚物中产生的游离基，或使活泼的游离基变成比较稳定的游离基，以抑制其链式反应，阻碍分子链的降解和交联，以达到防止老化的目的。

1.3.3 常用塑料

高分子材料主要包括合成树脂、合成橡胶和合成纤维三大类。其中以合成树脂的产量最大，应用最广，由它制成的塑料，几乎占全部三大合成材料的68%，同时它也是最主要的工程结构与设备材料。

大多数塑料具有良好的化学稳定性，在酸、碱、盐等化学介质中相当稳定，有些塑料的耐腐蚀性甚至优于金属材料。塑料易于加工成形，具有良好的耐腐性和自润滑性，具有优良的电绝缘性。但塑料耐热性低，热膨胀系数大，机械强度低，刚性差，易老化。

1. 塑料的组成

塑料是指以有机合成树脂为主要组成材料，与其他配料混合，通过加热、加压塑造成一定形状的产品。塑料的性能主要取决于树脂，但在合成树脂中加入添加剂可对塑料进行改性。

随改性的目的不同，添加剂的类型变化很大，因此塑料的组成也就变得较为复杂。一般来讲，组成塑料的物质主要包括：

1）合成树脂　由低分子化合物通过聚合或缩聚反应合成的高分子化合物。

2）增强剂和填充剂　是塑料改性最重要的成分，主要起增强性能的作用。如在塑料中加入石墨、二硫化钼、石棉纤维和玻璃纤维等，可改善塑料的机械性能。填料用量可达20%～50%。

3）固化剂　其作用是通过交联使树脂具有体型网状结构，硬化和稳定塑料制品。

4）增塑剂　用以提高树脂可塑性和柔性的添加剂。如在聚氯乙烯树脂中加入邻苯二甲酸二丁酯可制成像橡胶一样的软塑料。

5）稳定剂　其作用主要是延迟塑料在环境中的老化过程。例如能抗氧化的酚类和胺类有机物以及能吸收紫外线的炭黑等。

6）润滑剂　可防止塑料成形过程中产生的粘模问题。常用润滑剂多为硬脂酸及其盐类。

7）着色剂　其作用是使塑料着色，可为有机颜料或无机颜料。

8）阻燃剂　作用是遏止燃烧或造成自熄。常用的阻燃剂有氧化锑等无机物或磷酸酯类等有机物。

加入一些其他添加剂，可制成导电、导磁塑料。另外把不同品种和不同性能的塑料融合起来，或者将不同单体通过化学共塑或接枝等方法结合起来，可制成不同性能的新的塑料品种。如ABS塑料就是由苯乙烯、丁二烯、丙烯腈三种化合物经接枝和混合而制成的三元“合金”或复合物。

2. 常用塑料的分类及特性

（1）按照热性能分

根据塑料受热后的性能变化，塑料可分为两类：热塑性塑料和热固性塑料。

1）热塑性塑料　这类塑料的特点是：加热时软化，可塑造成形，冷却后则定型。此过程可反复进行。这一类塑料为线型聚合物，典型的品种有聚乙烯、聚丙烯、聚氯乙烯、聚苯乙烯、三元共聚物ABS、聚酰胺、聚甲醛、聚碳酸酯、聚苯醚、聚砜等。它们的优点是加工成形简便，具有较高的机械性能。缺点是耐热性和刚性比较差。较后开发的氟塑料、聚酰亚胺、聚苯并咪唑等，都各自具有突出的特殊性能，如优良的耐蚀性、耐热性、绝缘性、耐磨性等，是塑料中性能较好的高级工程塑料。

2）热固性塑料　这类塑料的特点是，固化前“可溶可熔”，固化后“不溶不熔”。这一类塑料为体型聚合物，典型的品种有酚醛、环氧、氨基、不饱和聚酯、呋喃，以及聚邻苯二甲酸二丙烯树脂制成的塑料等。它们具有耐热性高，受压不易变形等优点。缺点是机械性能不好，但可加入填料，制成层压塑料或模压塑料，以提高强度。

（2）按照使用范围分

根据使用范围可将塑料分为通用塑料、工程塑料及耐热塑料等。

1）通用塑料　指应用范围广，生产量大的塑料品种。主要有聚氯乙烯、聚苯乙烯、聚烯烃、酚醛塑料和氨基塑料等，是一般工农业生产和日常生活不可缺少的廉价材料。

2）工程塑料　主要指综合工程性能（包括机械性能、耐热耐寒性能、耐蚀性、绝缘性能等）良好的各种塑料。最重要的有聚甲醛、聚酰胺、聚碳酸酯、ABS等四种。它们是制造工程结构、机器零部件、工业容器和设备等的一类新型工程结构材料。

工程塑料一般还可进一步按所造零件的功能进行分类，分为一般结构件用、传动结构件用、摩擦件用、绝缘件用、耐蚀件用、高强度高弹性模量结构件用塑料等。

3）耐热塑料　指能在较高温度下工作的各种塑料。常见的有聚四氟乙烯、聚三氟氯乙烯、有机硅树脂、环氧树脂等。它们可在100～200℃以上的温度下工作。

3. 常用塑料及性能

工程上常用的塑料主要包括聚烯烃、聚氯乙烯（PVC）、聚苯乙烯（PS）、ABS塑料、聚酰胺（PA）、聚甲醛（POM）、聚碳酸酯（PC）、氟塑料、聚甲基丙烯酸甲酯（PMMA）、酚醛塑料（PF）、环氧塑料（EP）等。这些塑料的组成结构、性能及适用条件与用途见表1.7。

常用工程塑料及性能一览表 **表 1.7**

序号	塑料名称及其化学结构式	性能及特点	使用条件与用途
1	聚乙烯(PE) $\lbrack CH_2-CH_2 \rbrack_n$	1. 低压聚乙烯 (1)分子量、密度和结晶度较高 (2)比较刚硬,耐磨、耐蚀 (3)绝缘性能良好 2. 高压聚乙烯较柔软	1. 低压聚乙烯可制造 (1)塑料管、塑料板、塑料绳等 (2)承载不高的零件:如齿轮、轴承 2. 高压聚乙烯可制造:日用工业中的塑料薄膜、软管和塑料瓶等,食品、药品包装及电缆和金属表面包覆等
2	聚丙烯(PP) $\lbrack CH(CH_3)-CH_2 \rbrack_n$	1. 分子链上的侧基 CH_3 降低规整度与柔性,使刚性增大 2. 质量较轻,耐热性能良好,加热至150℃不变形 3. 强度、弹性模量、硬度等性能均高于低压聚乙烯 4. 绝缘性能优越	1. 制造机器、设备的某些零部件,如法兰、齿轮、风扇叶轮、泵叶轮、接头、把手等 2. 制作各种化工及水工艺容器、管道、阀门配件、泵壳等 3. 制造各种家用电器设备外壳 4. 织成纺织产品
3	聚氯乙烯(PVC) $\lbrack CH_2-CH(Cl) \rbrack_n$	1. 分子链中的极性氯原子使分子间的作用力增大,阻碍了单键内旋,使其刚度和强度均高于聚乙烯 2. 硬聚氯乙烯具有 (1)相对密度很小,抗拉强度较好 (2)耐水性、耐油性和耐化学品侵蚀性良好	1. 硬聚氯乙烯(不加增塑剂) (1)制作化工、纺织等工业的废气排污排毒塔,流体输送管道等 (2)板材常温下易于加工,具有良好的热成形性能,工业用途广 2. 软聚氯乙烯(加入增塑剂)制作成薄膜,用于工业包装、农业育秧及日用塑料制品,但不能包装食品(增塑剂有毒)
4	聚苯乙烯(PS) $\lbrack CH(C_6H_5)-CH_2 \rbrack_n$	1. 含有苯环,位阻大,结晶度降低,刚度提高 2. 相对密度小,常温下较透明,几乎不吸水,耐蚀性能优良 3. 电阻高,是很好的高频绝缘和隔热、防振、防潮材料 4. 耐冲击性差,不耐沸水;耐油性较差,但可改性	1. 制作化工及水工程中的贮槽、管道及弯头等 2. 电子工业中的仪器零件、设备外壳;车辆灯罩、透明窗等 3. 纺织工业中的纱管、纱锭等 4. PS泡沫塑料相对密度仅为0.033,是隔声、包装、打捞、救生等的极好材料
5	ABS塑料 由丙烯腈(A)、丁二烯(B)和苯乙烯(S)合成 $\lbrack (CH_2-CH(CN))_x (CH_2-CH=CH-CH_2)_y (CH(C_6H_5)-CH_2)_z \rbrack_n$	1. 具有"硬、韧、刚"的混合特性,综合机械性能良好 2. 尺寸稳定,易于电镀和成形 3. 耐热、耐蚀性较好,零下40℃下仍有一定的机械强度 4. 性能可由单体含量来调整 a. 丙烯腈可提高塑料的耐热、耐蚀性能和表面硬度 b. 丁二烯提高塑料的弹性和韧性 c. 苯乙烯改善塑料电性能和成形能力 5. ABS的原料易得、综合性能良好、价格便宜	1. 作为容器、贮槽内衬及设备外壳等,如贮液槽、水箱、水工艺设备的内衬以及蓄电池槽、水箱、电机、仪表等的外壳 2. 机械零件(如泵叶轮、齿轮、轴承、管道、把手等),以及纺织器材、电信器件 3. 汽车工业中的零部件,如作为挡泥板、扶手、热空气调节导管,以及轿车车身等

续表

序号	塑料名称及其化学结构式	性能及特点	使用条件与用途
6	聚酰胺(尼龙,锦纶)(PA) 尼龙6(卡普隆) 由己内酰胺均聚而成 $\left[NH-(CH_2)_5CO\right]_n$ 由氨基己酸均聚而成 $H\left[NH-(CH_2)_5-CO\right]_nOH$ 尼龙66(耐纶)(己二胺和己二酸缩聚而成) $H\left[NH-(CH_2)_6-NH-CO-(CH_2)_4-CO\right]_nOH$ 尼龙1010(癸二胺和癸二酸缩聚而成) $H\left[NH-(CH_2)_{10}-NH-CO-(CH_2)_8-CO\right]_nOH$	1. 耐磨性和自润滑性能突出 2. 韧性很好、强度较高 3. 耐蚀性好,如耐水、油、一般溶剂及许多化学药剂 4. 抗霉,抗菌,无毒;成形性能良好 5. 耐热性较差,工作温度不能超过100℃;蠕变值较大 6. 导热性较差(约为金属1%) 7. 吸水性高、成形收缩率较大	在机械工业设备制造中生产具有耐磨、耐蚀要求的某些承载和传动部件 a. 尼龙6可制造弹性好、抗拉强度和冲击韧性要求高的零件 b. 尼龙66可做强度较高、刚度要求更高的零件 c. 尼龙9制作耐热性较高的零件 d. 尼龙1010适于做冲击韧性要求高和加工困难的零件
7	聚甲醛(POM) 共聚甲醛 $\left[(CH_2O)_x\right.$ $\left.(CH_2O-CH_2O-CH_2)_y\right]_n$ 均聚甲醛 $CH_3-\overset{O}{\overset{\Vert}{C}}-O\left[CH_2O\right]_n\overset{O}{\overset{\Vert}{C}}-CH_3$	1. 摩擦系数低且稳定,在干摩擦条件下尤为突出 2. 弹性模量和硬度较高,抗蠕变性能良好 3. 分子链上的醚键,使韧性好 4. 耐疲劳性能极好,为热塑性工程塑料中最好的 5. 耐有机溶剂性能优良 6. 电性能好 7. 耐热性较差,收缩率较大	1. 共聚甲醛耐热性、耐酸碱能力较均聚甲醛强,但在结晶度、机械强度较后者为差;工业上常用的主要是共聚甲醛 2. 在化工、机械加工、仪表等部门制作各类耐磨零件,如轴承、齿轮、辊子、阀杆等 3. 制作容器、管道、仪表盘、设备外壳,配电盘等,以及垫圈、垫片、法兰、弹簧等结构件
8	酚醛塑料(电木)(PF) (苯酚和甲醛缩聚而成) $\left[\overset{OH}{\bigcirc}-CH_2\right]_n$	1. 有一定机械强度和硬度,耐磨性好 2. 耐热性好、耐蚀性优良 3. 绝缘性能良好,击穿电压在10kV以上 4. 性脆,不耐碱	1. 制作各种电信器材和电木制品 2. 制造化工用耐酸泵 3. 制造刹车片、内燃机曲轴、皮带轮、纺织机和仪表中的无声齿轮 4. 日用工业中的各种用具
9	环氧塑料(EP) $\underset{\diagdown O\diagup}{CH_2-CH}-CH_2-O-\bigcirc-\underset{CH_3}{\overset{CH_3}{\underset{\vert}{\overset{\vert}{C}}}}-\bigcirc$ $\left[O-CH_2-\underset{OH}{\underset{\vert}{CH}}-CH_2-O-\bigcirc-\underset{CH_3}{\overset{CH_3}{\underset{\vert}{\overset{\vert}{C}}}}-\bigcirc\right]_n$	1. 强度较高,韧性较好 2. 尺寸稳定性高、耐久性好 3. 具有优良的绝缘性能 4. 耐热、耐寒,可在−80～155℃温度范围内长期工作 5. 化学稳定性很高,成形工艺性能好,缺点是有一定毒性	1. 环氧树脂是很好的胶粘剂,对金属非金属都有很强的胶粘力 2. 制作塑料模具、精密量具 3. 灌封电器和电子仪表装置 4. 配置油漆、涂料 5. 制备各种复合材料
10	氟塑料(俗称塑料王) 聚四氟乙烯(F−4) $\left[CF_2-CF_2\right]_n$ 聚三氟氯乙烯(F−3) $\left[CF_2-CFCl\right]_n$ 聚偏氟乙烯(F−2)	与其他塑料相比其优越性为 1. 非常优良的耐高、低温性能,可在−180～260℃温度范围内长期使用 2. 耐蚀性极强,在王水中煮沸也不起变化,几乎耐所有的化学药品的侵蚀	1. 加工制作容器及化工设备的耐蚀零部件 2. 制造热交换器 3. 制作机器、设备的减摩密封零部件 4. 作为高频或潮湿条件下的绝缘材料

续表

序号	塑料名称及其化学结构式	性能及特点	使用条件与用途
10	$-[CH_2-CF_2]-_n$ 聚氟乙烯(F-1) $-[CH_2-CHF]-_n$ 聚全氟乙丙烯(F-46) $-[(CF_2-CF_2)_x-(CF_2-CF(CF_3))_y]-_n$	3. 摩擦系数极低,仅为0.04 4. 不粘,不吸水,电性能优异,为目前介电常数和介电损耗最小的固体绝缘材料 5. 强度低,冷流性强	其他氟塑料的性能与聚四氟乙烯基本相似
11	聚碳酸酯(PC) 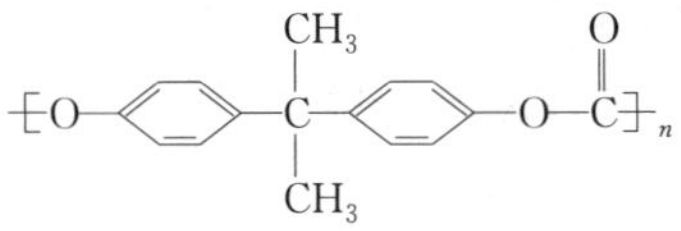 $-[O-C_6H_4-C(CH_3)_2-C_6H_4-O-C(=O)]-_n$	1. 综合性能优良;冲击韧性突出,在热塑性塑料中最好 2. 弹性模量较高,抗蠕变性能好,尺寸稳定性高 3. 透明度高,可染成各种颜色 4. 吸水性小;绝缘性能优良,介电常数和介电损耗恒定 5. 比尼龙和聚甲醛耐磨 6. 不受温度的影响;可在$-60\sim120$℃温度下长期工作 7. 不耐碱、氯化烃、酮和芳香烃;疲劳抗力较低;有应力开裂倾向,长时间浸在沸水中会发生水解或破裂	1. 制造受载不大但冲击韧性和尺寸稳定性要求较高的零部件,如轻载齿轮、心轴、凸轮、螺栓、螺母,以及小模数的精密齿轮、涡轮、涡杆、齿条等 2. 绝缘性能要求高的垫圈、垫片、套管、电容器等绝缘器件 3. 电子仪器与仪表的外壳、防护罩等 航空及宇航工业中,制造透明度要求高的信号灯、挡风玻璃、座舱罩、帽盔等
12	聚甲基丙烯酸甲酯 (有机玻璃)(PMMA) $-[CH_2-C(CH_3)-COO-CH_3]-_n$	1. 透明度高(高于无机玻璃),透光率达92% 2. 相对密度小,仅为1.18g/cm^3 3. 机械性能大大高于普通玻璃:拉伸强度50~80MPa,冲击韧性为1.6~27kJ/m^2 4. 抗稀酸、稀碱、润滑油和碳氢燃料的作用;老化缓慢 5. 在80℃开始软化,105~150℃塑性良好,可成形加工 6. 表面硬度不高,易擦伤 7. 导热性差、膨胀系数大,易溶于有机溶剂中	1. 水工艺工程中小型试验设备与装置的加工与制作 2. 广泛应用于航空、汽车制造、仪器仪表、光学等工业中,作为风挡玻璃、舷窗以及电视、雷达的屏幕,仪表护罩、外壳、光学元件、透镜等

1.3.4 橡胶

橡胶具有良好的物理、力学性能和耐腐蚀性能，可作为金属设备的衬里或复合衬里中的防渗层。橡胶和盐酸生成固有的保护膜，许多年来橡胶衬里的钢管、容器已成为盐酸输送、贮运的“标准”设备。

橡胶分为天然橡胶和合成橡胶两大类。一般来说；天然橡胶弹性和抗切割性比合成橡胶好，但合成橡胶有较好的耐蚀性。

1. 天然橡胶

天然橡胶是橡胶树的树汁经过炼制的高弹性固体。它是不饱和异戊二烯（C_5H_8）高

分子聚合物，其结构式为

$$\left[CH_2-\underset{\displaystyle CH_3}{\underset{|}{C}}=CH-CH_2 \right]_n$$

相对来说，天然橡胶的力学性能较差，但通过硫化处理，可改善其性能。根据硫化程度的高低（含硫量的多少）又分为软橡胶和硬橡胶。软橡胶的耐腐蚀性和抗渗性比硬橡胶差；硬橡胶的耐腐蚀性、耐热性和机械强度均较好，但耐冲击性能不如软橡胶。

天然橡胶的化学稳定性较好，可耐一般非氧化性强酸、有机酸、碱溶液和盐溶液的腐蚀，但不耐强氧化性酸和芳香族化合物的腐蚀。

在水工艺设备、化工设备等的防腐处理中，软橡胶主要用作各种设备的衬里；硬橡胶还可制成整体设备，如泵、管道、阀门等。

2. 合成橡胶

合成橡胶的主要原料是石油、煤和天然气。加入增塑剂、填料和硬化剂可得到具有弹性、耐热性、耐蚀性等不同性能的合成橡胶。氯丁和丁腈橡胶对油和汽油的耐蚀性良好，可用于制造汽油软管。丁基橡胶的突出特点是不透气性，对氧化性环境如空气和稀硝酸具有较好的耐蚀性。硅橡胶无味、无毒，其最大的特点是耐热性好，可耐300℃高温，在−90℃时也不丧失弹性。可用作垫圈、密封件材料和隔热材料，也可用于食品和医药工业。氟橡胶具有优良的耐高温、耐油、耐强氧化剂和耐酸碱性能，主要用于高温、强氧化环境。

1.4　复合材料

随着科学技术的进步，对材料性能的要求越来越高，单一材料已很难满足这些要求。于是人们通过一定的工艺方法把两种或两种以上性能不同的材料结合在一起，就构成了复合材料，从而能够获得单一材料无法具备的综合性能。

1.4.1　概述

1. 特点

复合材料就是由两种或更多种的物理和化学本质不同的物质人工合成的一种多相固体材料。复合材料的最大优越性体现在其性能比其组成材料好得多。

1）它可改善或克服组成材料的弱点，充分发挥它们的优点。如玻璃和树脂的韧性和强度都不高，可是它们组成的复合材料——玻璃钢却有很高的强度和韧性，而且质量也轻；由石英砂和树脂组成的复合材料制成的玻璃钢夹砂管，亦具备同样的性能。

2）它可按照零部件、构件的结构和受力要求，给出预定的、分布合理的配套性能，进行材料的最佳设计。例如用缠绕法制造容器或火箭发动机壳体，使玻璃纤维的方向与主应力方向一致时，可将这个方向上的强度提高到树脂的20倍以上，最大限度地发挥了材料的潜力，并减轻了构件的质量。

3）它可造成单一材料不易具备的性能或功能，或在同一时间里发挥不同功能的作用。例如，由黄铜片和铁片组成的双金属片复合材料，就具有控制温度开关的功能（图1.1）。

由两层塑料和中间夹一层铜片所构成的复合材料，能在同一时间、不同方向上具有导电和隔热的双重功能（图 1.2）。这些功能是单一材料所无法实现的。所以，复合材料开拓了一条制造新材料的重要途径。

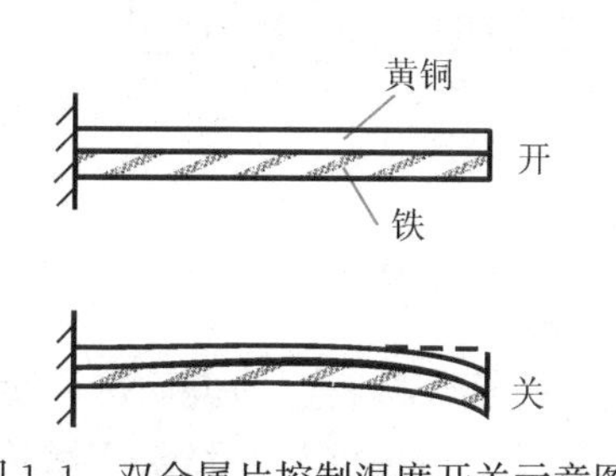

图 1.1 双金属片控制温度开关示意图

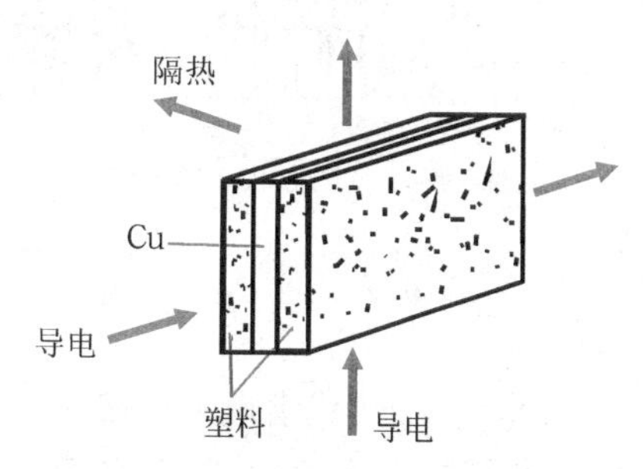

图 1.2 复合材料的多功能示意图

2. 分类

复合材料为多相或多组成体系，全部相可分为两类，一类为基体相，主要起胶粘剂作用；另一类为增强相，起提高强度或韧性的作用。复合材料可由金属、高聚物和陶瓷中任意两者人工合成，也可由多种金属、高聚物或陶瓷来制备。

复合材料种类很多（表 1.8），分类也不统一。总的分为结构复合材料和功能复合材料两大类。功能复合材料研究较少；结构复合材料研究开发的品种较多，而其中又以高聚物为基体的复合材料应用较多、发展较快，以金属或陶瓷为基体的复合材料相对少些。

复合材料的种类 **表 1.8**

基体 / 增强体		金属	无机非金属				有机材料		
			陶瓷	玻璃	水泥	碳素	木材	塑料	橡胶
金属		金属基复合材料	陶瓷基复合材料	金属网嵌玻璃	钢筋水泥	—	—	金属丝增强塑料	金属丝增强橡胶
无机非金属	陶瓷{纤维、粒料}	金属基超硬合金	增强陶瓷	陶瓷增强玻璃	增强水泥	—	—	陶瓷纤维增强塑料	陶瓷纤维增强橡胶
	碳素{纤维、粒料}	金属基增强合金	增强陶瓷	增强玻璃	增强水泥	碳纤维增强碳复合材料	—	碳纤维增强塑料	碳纤维增强橡胶
	玻璃{纤维、粒料}	—	—	—	增强水泥	—	—	玻璃纤维增强塑料	玻璃纤维增强橡胶
有机材料	木材	—	—	—	水泥木丝板	—	多层胶合板	纤维板	—
	高聚物纤维	—	—	—	增强水泥	—	塑料合板	高聚物纤维增强塑料	高聚物纤维增强橡胶
	橡胶胶粒	—	—	—	—	—	橡胶合板	高聚物合金	高聚物合金

按照增强相的性质和形态，可将复合材料分为细粒复合材料、短切纤维复合材料、连续纤维复合材料、层叠复合材料、骨架复合材料以及涂层复合材料等（图 1.3）。

在这里将着重讨论最重要的、用于制造机器设备构件的纤维复合材料。

（1）玻璃纤维复合材料

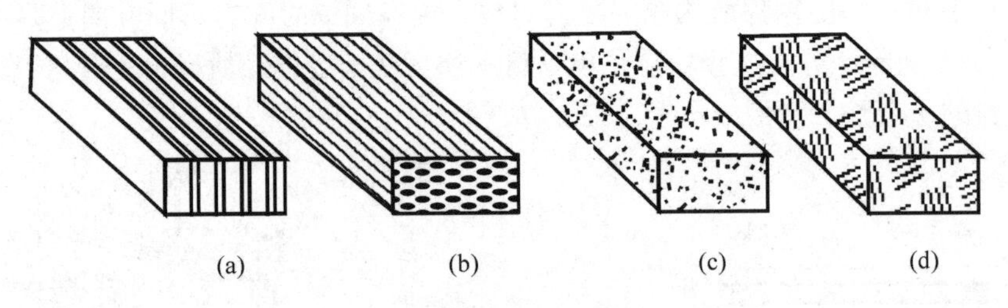

图1.3　复合材料的复合结构示意图

(a) 层叠复合结构；(b) 连续纤维复合结构；(c) 细粒复合结构；(d) 短切纤维复合结构

在20世纪40年代出现了用玻璃纤维增强工程塑料的复合材料，即玻璃钢，使机器构件不用金属成为可能。此后，玻璃钢开始迅速发展，并以25％～30％年增长率增长，现在已成为一种重要的工程结构材料。玻璃钢分热塑性和热固性两种。

1）热塑性玻璃钢　热塑性玻璃钢是以玻璃纤维为增强剂和以热塑性树脂为胶粘剂制成的复合材料。

制作玻璃纤维的玻璃主要是二氧化硅和其他氧化物的熔体，含 Na_2O 和 K_2O 的量很少（低于1％）。纤维的比强度和比模量高，耐高温，化学稳定性好，电绝缘性能好。

应用较多的热塑性树脂是尼龙、聚烯烃类、聚苯乙烯类、热塑性聚酯和聚碳酸酯五种，尤其是前三种应用最多。这些树脂都具有高的机械性能、介电性能、耐热性和抗老化性能，工艺性能也好。

热塑性玻璃钢同热塑性塑料相比，基本材料相同时，强度和抗疲劳性能可提高2～4倍，冲击韧性提高2～4倍，蠕变抗力提高2～5倍，达到或超过了某些金属的强度。例如，40％玻璃纤维增强尼龙的强度超过了铝合金而接近于镁合金的强度。因此可以用来取代这些金属材料。

玻璃纤维增强尼龙的刚度、强度和减磨性好，可代替有色金属制造轴承、轴承架、齿轮等精密机械零件；还可以制造电工部件和汽车上的仪表盘、前后灯等。玻璃纤维增强苯乙烯类树脂，广泛应用于汽车内装制品、收音机壳体、磁带录音机底盘、照相机壳、空气调节器叶片等部件。玻璃纤维增强聚丙烯的强度、耐热性和抗蠕变性能好，耐水性优良，可以作转矩变换器、干燥器壳体等。

2）热固性玻璃钢　热固性玻璃钢是以玻璃纤维为增强剂和以热固性树脂为胶粘剂制成的复合材料。常用的热固性树脂为酚醛树脂、环氧树脂、不饱和聚酯树脂和有机硅树脂等四种。酚醛树脂出现最早，环氧树脂性能较好，应用较普遍。

热固性玻璃钢集中了其组成材料的优点，是质量轻、比强度高、耐腐蚀性能好、介电性能优越、成形性能良好的工程材料，它们的比强度比铜合金和铝合金高，甚至比合金钢还高，但刚度较差，只为钢的1/10～1/5，耐热性不高（低于200℃），容易老化和蠕变。

玻璃钢的性能主要取决于基体树脂的类型，玻璃钢的应用极广，从石油化工、水处理工程中的耐蚀耐压容器、管道到电机电器的绝缘抗磁仪表、器件，从各种机器设备的护罩到形状复杂的构件；从各种车辆的车身到不同用途的配件等；都有越来越多的、不可取代的用途，并且节省了大量金属材料，大大提高了材料的性能水平。

（2）碳纤维复合材料

碳纤维复合材料是20世纪60年代迅速发展起来的。碳以石墨的形式出现，晶体为六方结构，六方体底面上的原子以强大的共价键结合，所以碳纤维比玻璃纤维具有更高的强度和高得多的弹性模量；并且在达2000℃以上的高温下强度和弹性模量基本上保持不变；在−180℃以下的低温下也不变脆。当石墨晶体底面趋向接近或平行于纤维的轴向时，碳纤维的强度和模量极高。所以，碳纤维是比较理想的增强材料，可用来增强塑料、金属和陶瓷。

1）碳纤维复合材料　作基体的树脂，目前应用最多的是环氧树脂、酚醛树脂和聚四氟乙烯。这类材料的密度比铝轻，强度比钢高，弹性模量比铝合金和钢大，抗疲劳强度和冲击韧性高，同时耐水和湿气，化学稳定性高，摩擦系数小，导热性好，受X线辐射时强度和模量不变化等，总之比玻璃钢的性能普遍优越，因此可以用作宇宙飞行器的外层材料，人造卫星和火箭的机架、壳体、天线构架；作各种机器中的齿轮、轴承等受载磨损零件，活塞、密封圈等受磨件；也可用于制作化工容器和设备部件。这类材料的问题是，碳纤维与树脂的粘结力不够大，各向异性程度高，耐高温性能差等。

2）碳纤维增强碳复合材料　这种材料或制品的制备方法是，用有机基体浸渍纤维坯块，固化后再进行热解，或纤维坯型经化学气相沉积，直接填入碳。这是一种新型的特种工程材料，除了具有石墨的各种优点外，强度和冲击韧性比石墨高5～10倍，刚度和耐磨性高，化学稳定性好，尺寸稳定性也好，目前已用于高温技术领域（如防热），化工和热核反应装置中。在航空中用于制造导弹鼻锥、飞船的前缘、超音速飞机的制动装置等。

3）碳纤维金属复合材料　碳不易被金属润湿，在高温下容易生成金属碳化物，所以这种材料的制作比较困难。现在主要用于熔点较低的金属或合金。在碳纤维表面镀金属，制成了碳纤维铝基复合材料。这种材料直到接近于金属熔点时仍有很好的强度和弹性模量。用碳纤维和铝锡合金制成的复合材料，是一种减摩性能比铝锡合金更优越，强度很高的高级轴承材料。

4）碳纤维陶瓷复合材料　我国研制了一种碳纤维石英玻璃复合材料。同石英玻璃相比，它的抗弯强度提高了约12倍，冲击韧性提高了约40倍，热稳定性也非常好，是一种有前途的新型陶瓷材料。

（3）硼纤维复合材料

1）硼纤维树脂复合材料　基体主要为环氧树脂、聚苯并咪唑和聚酰亚胺树脂等。是20世纪60年代中期发展起来的新材料。

硼纤维是由硼气相沉积在钨丝上来制取的。由于高温下硼和钨的相互扩散，所以纤维的外层为金属硼，心部为变成分的硼化钨晶体。硼纤维的直径$d=9\sim150\mu m$，弹性模量为玻璃纤维的5倍。硼纤维与基体的粘结性能一般都很好。硼纤维树脂复合材料的特点是，压缩强度（为碳纤维树脂复合材料的2～2.5倍）和剪切强度很高，蠕变小，硬度和弹性模量高。硼纤维树脂复合材料有很高的抗疲劳强度，耐辐射，对水、有机溶剂和燃料、润滑剂都很稳定。由于硼纤维是半导体，所以它的复合材料的导热性和导电性很好。

硼纤维树脂材料主要应用于航空和宇航工业，制造翼面、仪表盘、转子、压气机叶片、直升机螺旋桨叶和传动轴等。

2）硼纤维金属复合材料　常用的基体为铝，镁及其合金，还有钛及其合金等，硼纤维的体积含量为30%～50%。用高模量连续硼纤维增强的铝基复合材料的强度、弹性模量和疲劳极限，一直到500℃都比高强铝合金和高耐热铝合金的高。它在400℃时的持久强度为烧结铝的5倍，它的比强度比钢和钛合金还高，所以在航空和火箭技术中很有发展前途。

（4）金属纤维复合材料

作增强纤维的金属主要是强度较高的高熔点金属钨、钼、钢、不锈钢、钛、铍等，它们能被基体金属润湿，也能增强陶瓷。

1）金属纤维金属复合材料　研究较多的增强剂为钨钼丝，基体为镍合金和钛合金。这类材料的特点是除了强度和高温强度较高外，主要是塑性和韧性较好，而且比较容易制造。但由于金属与金属的润湿性好，在制造和使用中应避免或控制纤维与基体之间的相互扩散、沉淀析出和再结晶等过程的发生，防止材料强度和韧性的下降。

用钼纤维增强的钛合金复合材料的高温强度和弹性模量，比未增强的高得多，有望用于飞机的许多构件。

用钨纤维增强，可大大提高镍基合金的高温强度。例如，W－ThO_2合金纤维增强的镍基合金在1093℃时100h和1000h的持久强度，分别为最好的铸造镍基合金的4倍和6倍。用这种材料制造涡轮叶片，在提高工作温度的同时，可以大大提高工作应力。

2）金属纤维陶瓷复合材料　陶瓷材料的优点是压缩强度大，弹性模量高，耐氧化性能强，因此是一种很好的耐热材料，但严重的缺点是脆性太大和热稳定性太差。改善脆性显然是陶瓷作为高温结构材料的一个最突出的问题。改善脆性的重要途径之一，就是采用金属纤维增强，充分利用金属纤维的韧性和抗拉能力。

1.4.2　复合材料的性能特点

由于复合材料能集中和发扬组成材料的优点，并能实行最佳结构设计，所以具有许多优越的特性。

（1）比强度和比刚度高

复合材料多数情况是，或者增强剂为密度不大的材料（如玻璃、碳和硼纤维），或者基体为密度小的物质（如高聚物），或者两者的密度都不高（如碳纤维增强树脂）。增强剂和基体密度都大的情况不多，而且这类材料都不是完全致密的，这是一方面。另一方面，增强剂多是强度很高的纤维。所以复合材料的比强度和比弹性模量都很高，是各类材料中最高的。

（2）抗疲劳性能好

复合材料抗疲劳的性能比较好。首先，缺陷少的纤维的疲劳抗力很高；其次，基体的塑性好，能消除或减小应力集中区的大小和数量，使疲劳源（纤维和基体中的缺陷处、界面上的薄弱点）难以萌生出微裂纹；即使微裂纹形成，塑性变形也能使裂纹尖端钝化，减缓其扩展。在裂纹缓慢扩展的过程中，基体的纵向拉压会引起其横向的缩胀，而在裂纹尖端的前缘造成基体同纤维的分离，所以经过一定的应力循环之后，裂纹由横向改沿纤维—基体界面纵向扩展。由于基体中密布着大量纤维，疲劳断裂时，裂纹的扩展常要经历非常曲折和复杂的路径，因此复合材料的疲劳强度都很高。碳纤维增强树脂的疲劳强度为拉伸强度的70％～80％，而一般金属材料仅为30％～50％。

（3）减振能力强

构件的自振频率与结构有关，并且同材料弹性模量与密度之比（即比模量）的平方根成正比。复合材料的比模量高，所以它的自振频率很高，在一般加载速度或频率的情况下，不容易发生共振而快速脆断，另外，复合材料是一种非均质多相体系，其中有大量（纤维与基体之间的）界面。界面对振动有反射和吸收作用；一般基体的阻尼也较大，因此在复合材料中振动衰减都很快。复合材料的减振能力比钢强得多。

（4）高温性能好

增强纤维多有较高的弹性模量，因而常有较高的熔点和较高的高温强度。玻璃纤维增强树脂可以工作到200～300℃。铝在400～500℃以后完全丧失强度，但用连续硼纤维或氧化硅纤维增强的铝复合材料，在这样的温度下仍有较高的强度。用钨纤维增强钴、镍或它们的合金时，可把这些金属的使用温度提高到1000℃以上。

此外，由于复合材料高温强度好，耐疲劳性能好、纤维和基体的相容性好，热稳定性也是很好的。

（5）断裂安全性高

纤维增强复合材料每平方厘米截面上有成千上万根隔离的细纤维。过载会使其中部分纤维断裂，但随即迅速进行应力的重新分配，而由未断纤维将载荷承担起来，不至于造成构件的瞬间完全丧失承载能力而断裂，所以工作的安全性高。

除上述几种特性外，复合材料的减摩性、耐蚀性以及工艺性能也都较好。但是，复合材料为各向异性材料，横向拉伸强度和层间剪切强度是不高的，同时伸长率较低，冲击韧性有时也不很好，尤其是成本太高，所以目前应用还很有限。

1.5 材料选取的基本原则

正确合理地选取材料是保证设备正常、高效和长期运行的重要环节，选材过程是一个调查研究、综合分析与比较鉴别的复杂而细致的过程。材料的选取应遵循如下几条基本原则。

（1）材料的物理、机械和加工工艺性能要满足要求

作为整体的工程结构材料，一般要有一定的强度、抗冲击韧性、弹性和塑性，即所选材料的物理、机械和加工工艺性能要满足设备设计与加工制造的要求。强度小的铅、铝及一些非金属材料，往往只可作为设备的衬里。作为铸件的材料必须具有良好的铸造工艺性，制作热交换器、散热器、水冷器和加热器的材料必须有良好的导热性，大型设备的材料往往要有良好的焊接性能等。

（2）材料的耐蚀性能要满足要求

根据设备所处的环境条件，选择耐蚀性能好、能满足生产要求的材料。在选材时要作认真的调查研究，了解各种材料的性能才能做到合理的选材。

（3）要力求最好的经济效益

要优先选用国产、便宜的材料。在可以用普通结构材料（如钢铁、非金属材料等）时，不采用昂贵的贵金属。在可能的情况下，用资源比较丰富的铝、石墨、玻璃、铸石等代替不锈钢、铜、铅等。但同一设计，选用的材料品种、规格应尽量少而集中，利于采购和管理。

思　考　题

1. 金属材料的基本性能包括哪几个方面的内容？你认为水工艺设备对金属材料的哪些性能要求更高？怎样才能满足这些要求？

2. 影响钢材性能的因素主要有哪些？

3. 合金钢有哪些类型？何谓耐蚀低合金钢？耐大气腐蚀、海水腐蚀的低合金钢中各含哪些主要合金元素？

4. 不锈钢有哪些类型？在酸性介质、碱性介质及中性水溶液中是否可以选用同一种不锈钢？简述理由。

5. 铝、铜及其合金的主要性能特点是什么？主要用于什么场合？

6. 钛及钛合金最突出的性能特点是什么？

7. 简要说明无机非金属材料的性能特点，以及主要用于哪些场合。

8. 高分子材料主要有哪些类型？常用于水工程及水工艺设备中的高分子材料有哪些？耐蚀有机高分子有哪些类型？各有什么特点？

9. 复合材料主要有哪些性能特点？你认为在水工艺设备中复合材料最突出的性能特点是什么？请列举在水工业领域应用复合材料的几个事例。

10. 给水排水工程设备常用材料的选取原则是什么？

第2章　材料设备的腐蚀、防护与保温

2.1　材料设备的腐蚀与防护

2.1.1　概述

腐蚀是材料与它所处环境介质之间发生作用而引起材料的变质和破坏。这一概念将腐蚀的范畴和内容大大扩展和深化：不仅金属材料有腐蚀问题，各种非金属材料，诸如陶瓷、玻璃、塑料、混凝土等也存在着腐蚀；不仅大气、土壤、海水、酸、碱、盐等各种电解质溶液是腐蚀性环境，非电解质溶液，甚至苯、醚等非极性的有机溶剂也可能成为腐蚀的介质；不仅化学和电化学作用能引起腐蚀，物理作用、生物作用以及机械载荷也可能成为致蚀的因素。无论是人们的日常生活用具，还是水工艺设备与设施等都普遍地存在着腐蚀问题。

1. 腐蚀的危害

腐蚀所造成的危害非常严重：腐蚀不仅会带来巨大的经济损失、造成资源和能源的严重浪费，而且还会污染人类生存的环境、引发灾难性事故。

1）经济损失巨大　腐蚀造成的经济损失可分为直接经济损失和间接经济损失。直接经济损失是指更换被腐蚀设备装备和构件、采用耐蚀材料，以及采取防腐措施等项目的费用；间接经济损失则包括设备停产、腐蚀泄漏造成的产品损失、腐蚀产物积累或腐蚀破损引起的设备效能降低、腐蚀产物导致的产品污染等所带来的损失。根据各个国家的统计情况，腐蚀造成的直接经济损失约占国民经济生产总值的3.0%～4.2%，有的国家甚至高达5%，而且这种损失还以迅猛的势头继续增长。至于腐蚀所造成的间接经济损失更是远远超过其直接损失。

2）资源和能源浪费严重　据估计，全世界每年冶炼的金属中，约有1/3由于腐蚀而报废。即使其中2/3可以通过重新冶炼而回收，但仍有占总量10%以上的金属由于腐蚀白白耗费了，其数量在1亿吨以上。另外，金属的重新冶炼，还要耗费电力、石油、煤炭等大量的能源。

3）引发灾难性事故　腐蚀引发的灾难性事故屡见不鲜，如生产设备爆炸、油田起火、桥梁断裂、舰船沉没、飞机坠毁等不胜枚举。这种损失是无法单纯用经济损失来衡量的。

4）造成环境污染　腐蚀造成生产过程中的“跑、冒、滴、漏”可能会使许多易燃、易爆、有害、有毒物质泄漏，即使没有引发爆炸、起火、急性中毒等恶性事故，也会污染水体、大气和土壤，造成环境的严重污染。

2. 腐蚀与防护科学的发展

人类差不多在使用材料的同时就开始了对腐蚀现象的考察及其防护措施的探索。远在5000年前我们的祖先就采用火漆作为木、竹器的防腐涂层。出土的春秋战国时期的武器，有的至今毫无锈蚀，原因是其表面有一层致密的含铬的黑色氧化物保护层。

18世纪下半叶开始的工业革命，促进了腐蚀与防护科学理论研究的发展。其中法拉第（Faraday）电解定律、德·拉·李夫（De. La. Rive）的电化学腐蚀等经典理论成为这一方面的典型代表。第一次世界大战期间由于海水的严重腐蚀，英国军舰几乎丧失了战斗力，促使战后对海水腐蚀进行了大量研究，促进了阴极保护法的发展。20世纪30年代美国石油工业的迅速发展，推动了不锈钢和耐蚀合金以及缓蚀剂的研究与应用。腐蚀与防护科学研究方面在这一时期也取得了显著成就。之后，腐蚀电池存在于金属表面的实验证明、混合电极概念的提出、腐蚀电流与极化电阻反比关系的建立等一系列重要而杰出的研究成果奠定了现代腐蚀与防护科学的基本理论，使它逐步形成了一门独立的学科。

近30多年来，随着核能技术、海洋工程、航空航天、环境科学与工程技术等现代工业的崛起以及设备运行向高速、高温、高压方向的发展，使原来大量使用着的不锈钢和高强度合金构件不断出现严重的腐蚀问题，从而促使许多相关学科展开了对腐蚀问题的综合研究，使今日的腐蚀与防护科学发展成为一门融合了多种学科的新兴边缘学科，并形成了包含腐蚀电化学、腐蚀金属学、环境敏感断裂力学、生物腐蚀学和防护系统工程学等许多学科分支。

现在电化学保护技术已在我国的海洋开发，石油化学工业，地下结构和装置等方面获得了极广泛的应用，并逐步走向规范化、法令化阶段；缓蚀剂的理论研究与实际应用，正在建立我国自己的体系；各种耐蚀材料和表面保护技术的开发及推广应用获得了很大的发展；防腐蚀设计和防腐蚀技术管理日益受到普遍的重视。在腐蚀理论研究方面，关于钝化膜破坏过程的电化学特性、稀土元素在高温气体腐蚀防护层中的作用机理以及氢致开裂机理等方面都取得了令人瞩目的成果。

2.1.2　腐蚀与防护基本原理

1. 金属的化学腐蚀

金属的化学腐蚀是指金属与环境介质发生化学作用，生成金属化合物并使材料性能退化的现象。在这种化学反应中金属的氧化和环境介质的还原是同时发生的，它们之间的电子交换是直接进行的。

化学腐蚀的范围很广，包括干燥气体介质的腐蚀（氧化、硫化、卤化、氢蚀等）、液体介质的腐蚀（非电解质溶液的腐蚀、液态金属的腐蚀、低熔点氧化物的腐蚀等）等。

（1）金属氧化及其氧化膜

空气中氧的分压为0.022MPa。在一定温度下，金属氧化反应的进行取决于金属氧化物的分解压与环境中氧的分压的相对大小。若金属氧化物的分解压低于0.022MPa，该金属就可能在空气中氧化。大多数金属从室温到高温都有自发氧化的倾向。

自然界中除金、铂等金属在一般情况下不氧化而呈单质形式外，大多数金属都以氧化物（矿石）形式存在。要从矿石中提炼金属，一般总是在高温、低氧分压的条件下进行。

除少数金属（如钼、钨）高温氧化所生成的氧化物具有挥发性外，大多数金属氧化的结果都是在其表面上形成一层氧化物固相膜。金属在常温空气中生成的自然氧化膜，只有几个分子那样薄，且对金属的光泽性没有影响。随温度升高，氧化膜增厚，呈现出一定的色彩（表2.1）。

某些金属表面上氧化膜的厚度 **表 2.1**

膜的类别	金属	生成条件		膜的厚度(nm)
薄膜	铁	室温时在干燥空气放几天		1.5～2.5
	不锈钢	在空气中		1.0～2.0
	锌	室温时在干燥空气中放 500h		0.5～0.6
	铝	室温时在干燥空气中放几天		10
中等厚度膜	铁	400℃时在空气中加热		
		加热时间(min)	膜的颜色	
		1	黄色	40
		1.5	棕色	52
		2	红色	58
		2.5	紫色	68
		3	蓝色	72
	铝	600℃时在空气中加热 600h		200
厚膜	铁	900℃时在空气中加热 7d		6×10^5
	铝	化学氧化		$(0.5\sim1)\times10^3$

金属表面上的氧化膜阻隔了金属与介质之间的物质传递，将减慢金属继续氧化的速度。但金属氧化膜要对金属起到良好的保护作用，还必须满足以下条件：

1）生成的金属膜必须致密、完整，能把金属表面全部遮盖住。

2）金属氧化物本身是稳定、难熔和不挥发的，且不易与介质作用而被破坏。

3）氧化膜与基体结合良好，有相近的热胀系数，不会自行或受外界作用而剥离脱落。

4）氧化膜有足够的强度、塑性，足以经受一定的应力、应变的作用。

(2) 钢铁的气体腐蚀

钢铁在高温气体环境中很容易受到腐蚀，常见的腐蚀类型有高温氧化、脱碳、氢蚀和铸铁肿胀。

1）高温氧化　钢铁在空气中加热，在较低温度（200～300℃）表面便出现可见的氧化膜。随温度升高，氧化膜厚度增厚。钢铁氧化膜的结构比较复杂，在 570℃以下时，生成的氧化物结构致密，保护作用较好，此时钢铁的氧化速度较低。

2）脱碳　脱碳是指在腐蚀过程中，除了生成氧化皮层外，与氧化皮层相连的内层将发生渗碳体减少的现象，它通常伴随着钢的气体腐蚀而出现。这是由于渗碳体 Fe_3C 与介质中的氧、氢、二氧化碳、水等作用的结果。

3）氢蚀　氢气在常温常压下对碳钢不会产生明显的作用。温度超过 200～300℃，压力高于 30.4MPa 时，氢将对钢产生显著作用，使钢剧烈脆化，造成氢蚀。

4）铸铁的肿胀　铸铁的肿胀实际上是一种晶间气体腐蚀。腐蚀性气体沿晶界、石墨夹杂物和细微裂缝渗入到铸铁内部，发生氧化作用。由于氧化物的生成，铸铁体积变大，产生肿胀，其强度大大降低。

(3) 防止钢铁气体腐蚀的方法

防止钢铁气体腐蚀的方法主要有合金化、改善介质和应用保护性覆盖层三种方法。

1）合金化　元素 Cr、Al、Si 是改善钢铁材料抗氧化性能最有效的合金元素，它们与氧的亲和力比铁强，在氧化性介质中首先与氧结合形成极稳定的 Cr_2O_3、Al_2O_3、SiO_2，这些氧化物结构致密，能够牢固地与金属基体结合，形成有效的保护层，阻滞金属离子和阳离子的扩散，大幅度提高钢的抗氧化性。

2）改善介质　通过设法改善介质成分，可以减轻乃至消除某些特定环境条件下的腐蚀危害。例如炼油设备中，通过减少或清除介质中的含硫气体，可大大减轻设备的腐蚀程度，延长其使用寿命；应用可控的保护气，可以有效地控制钢铁热加工过程中工件的氧化、脱碳等腐蚀过程。

3）应用保护性覆盖层　利用金属或非金属涂层将金属和气体介质隔离开来，是防止气体腐蚀的有效途径。其中最常用的是热扩散法，它是将可以形成抗氧化保护膜的元素渗入被保护金属的表面，使之形成具有优良热稳定性能的渗镀层，如钢铁材料渗铬、渗铝、渗硅及铬－铝共渗等，其实质是抗氧化合金元素的表面合金化。

另外，采用热喷涂或等离子喷涂的方法，可以将耐热氧化物喷涂在金属表面形成耐高温氧化的陶瓷覆盖层，达到抗高温氧化的目的。

近年来采用物理气相沉积法（PVD）和化学气相沉积法（CVD），也获得了多种性能优异的耐热耐蚀涂层。

2. 金属的电化学腐蚀

金属在电解质介质中所发生的腐蚀，称为电化学腐蚀。电化学腐蚀是一种最普遍的金属腐蚀现象。

（1）金属的电化学腐蚀及发生条件

金属的电化学腐蚀原理在本质上与熟知的铜－锌原电池（图2.1）是一样的，所不同的是原电池是一个将化学能直接转化为电能的装置；而金属的电化学腐蚀则是一个短路的原电池发生的电化学过程，其反应释放出的化学能全部以热的形式放出，不能对外界做有用功。这种引起金属腐蚀的短路原电池，叫做腐蚀原电池。如同化学原电池一样，腐蚀原电池也包含有阳极反应、阴极反应、电子流动和离子传递四个基本过程，如图2.2所示。腐蚀原电池之所以会产生腐蚀电流，是因为构成原电池的两个电极具有不同的电极电位。

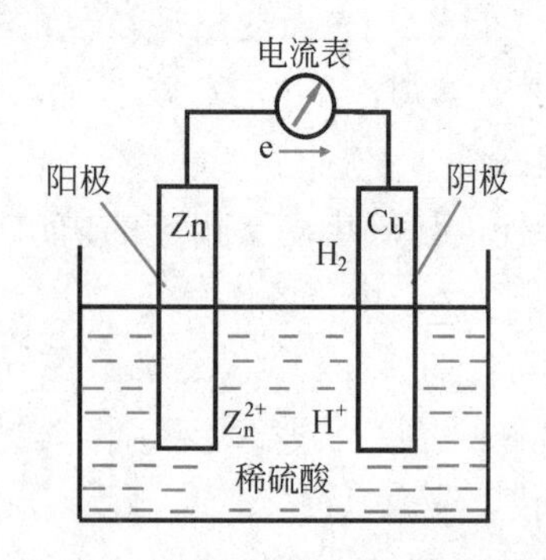

图2.1　铜—锌原电池示意图

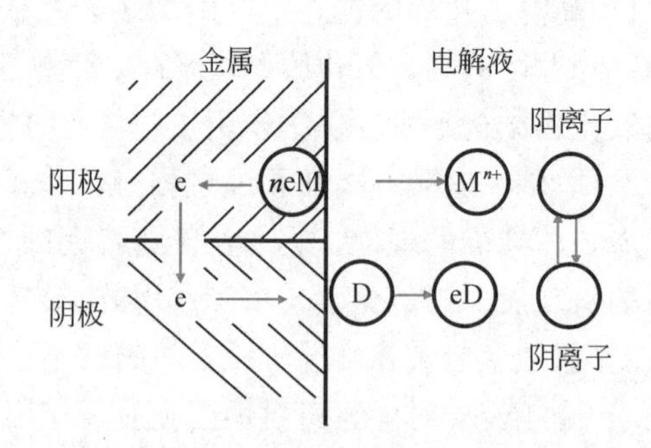

图2.2　腐蚀原电池工作示意图

工业上应用的金属或合金常常是化学成分不均一，含有各种杂质和合金元素，它们和基体金属的电极电位不同；另外，还存在组织结构不均一（如钢铁中存在的铁素体、渗碳体和石墨、晶粒和晶界等）、物理状态不均一（受力、变形不均匀等）、表面氧化（保护）膜不完整等，这些都会引起金属表面电极电位的不同。由于电极电位的不同，在电解质溶液中就形成了腐蚀原电池。

一般金属的电极电位比非金属的电极电位低，而铁、铝、钛、锰、锌等活泼金属的电极电位要比金、银、铜、铅、锡、汞等的电极电位低；铁素体相对渗碳体的电极电位低；高应力区比低应力区的电极电位低；表面保护膜不完整时，无保护膜的区域比有保护膜的区域的电极电位低；液体存在温差时也会形成腐蚀原电池，一般温度较高的部位为阳极，温度较低的部位为阴极。电极电位较低的金属形成阳极，不断溶解（腐蚀）。在阳极上多出的电子，通过金属内部流向电极电位较高的阴极。

根据化学热力学原理，可以将金属、金属离子及金属氧化物或氢氧化物在水中的氧化—还原电位（E）与溶液的 pH 构成电位（E）-pH 图，来表示金属与水的电化学反应和化学反应平衡关系的图式，以此判断金属在水溶液中的腐蚀倾向、腐蚀产物以及指示防止腐蚀的可能途径。

表 2.2 列出了金属 Fe 与 H_2O 构成的体系中的化学和电化学平衡反应及平衡关系式，其中前两个反应是金属腐蚀过程中所涉及的氢的逸出和氧的还原两个重要反应。根据表中的关系式，可以绘制出金属铁的电极电位与水的 pH 的关系图，即如图 2.3 所示的 Fe-H_2O 体系的简化电位（E）-pH 图。

Fe-H_2O 体系中重要的化学和电化学平衡反应及其平衡关系式（25℃）　　**表 2.2**

序 号	重要的平衡反应	平衡电位 E_e 与水 pH 平衡关系式
1	$2H^+ + 2e = H_2$	$E_e = 0.000 - 0.0591pH - 0.0296lgP_{H_2}$
2	$O_2 + 4H^+ + 4e = 2H_2O$	$E_e = 1.229 - 0.0591pH + 0.0148lgP_{O_2}$
3	$Fe^{2+} + 2e = Fe$	$E_e = -0.440 + 0.0296lg\alpha_{Fe^{2+}}$
4	$Fe^{3+} + e = Fe^{2+}$	$E_e = 0.771 + 0.0591lg(\alpha_{Fe^{3+}}/\alpha_{Fe^{2+}})$
5	$Fe_2O_3 + 6H^+ = 2Fe_3 + + 3H_2O$	$lg\alpha_{Fe^{3+}} = -0.72 - 3pH$
6	$Fe_2O_3 + 6H^+ + 2e = 2Fe^{2+} + 3H_2O$	$E_e = 0.728 - 0.1773pH - 0.0591lg\alpha_{Fe^{2+}}$
7	$Fe_3O_4 + 8H^+ + 2e = 3Fe^{2+} + 4H_2O$	$E_e = 0.980 - 0.2364pH + 0.0886lg\alpha_{Fe^{2+}}$
8	$Fe_3O_4 + 8H^+ + 8e = 3Fe + 4H_2O$	$E_e = -0.085 - 0.0591pH$
9	$HFeO_2^- + 3H^+ + 2e = Fe + 2H_2O$	$E_e = 0.493 - 0.886pH + 0.0296lg\alpha_{HFeO_2^-}$
10	$Fe_3O_4 + 2H_2O + 2e = 3HFeO_2^- + H^+$	$E_e = -1.819 + 0.0295pH - 0.0886lg\alpha_{HFeO_2^-}$
11	$3Fe_2O_3 + 2H^+ + 2e = 2Fe_3O_4 + H_2O$	$E_e = 0.221 - 0.0591pH$

由图 2.3 可见，要想避免铁的腐蚀，其状态点就不能落入腐蚀区，可采取以下几种措施：

1）将铁的电极电位降至非腐蚀区。这就要对铁施行阴极保护。

2）将铁的电极电位升高，进入钝化区。这可使用阳极保护法或在溶液中添加阳极型缓蚀剂来实现。

3）调整溶液 pH 范围使 pH＝8～13，可使铁进入钝化区。

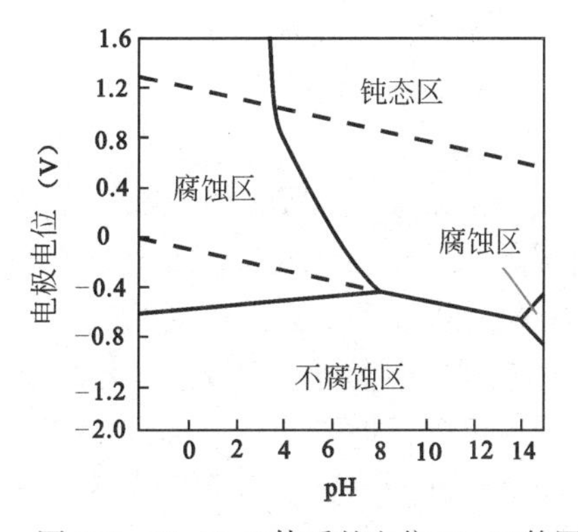

图 2.3　Fe-H_2O 体系的电位 E-pH 简图

（2）极化

腐蚀原电池电极过程中的极化现象是控制金属电化学腐蚀速度的一个重要因素。通过电极电位和电位 E-pH 图只能判断腐蚀能否发生及腐蚀倾向，但不能判别腐蚀速度的快慢。

极化是指原电池由于电流通过，使其阴极和阳极的电极电位偏离其起始电位值的现象。电流流过阴极使阴极电位降低的现象，称为阴极极化。显然，极化减小了电池两极之间的电位差，导致金属腐蚀速度的降低。通常可以将极化的机理分为活化极化（电化学极化）、浓差极化和电阻极化。

1）活化极化　当电流通过电极时，因电化学反应迟缓而造成电极电位偏离平衡电位的现象称为活化极化或电化学极化。

2）浓差极化　当电流流过电极时，因电极反应物（或反应生成物）输运迟缓而造成电极电位偏离平衡电位的现象称为浓差极化。

3）电阻极化　电阻极化是由于在电极表面上生成了具有保护作用的氧化膜或不溶性的腐蚀产物等引起的。

（3）钝化

钝化能千百倍地提高金属的耐蚀性。

一般来说，钝化就是金属与介质作用后，失去其化学活性，变得更为稳定的现象。

使金属发生钝化的物质称为钝化剂。硝酸、硝酸银、重铬酸钾、高锰酸钾以及氧等氧化剂都属于钝化剂。但有些金属在非氧化性介质中也会发生钝化。例如镍在醋酸、柠檬酸中，钼和铌在盐酸中，镁在氢氟酸中都会发生钝化。这些钝化现象都是金属受介质作用而自发发生的，通常称为化学钝化或者自动钝化。不过大多数情况下可钝化金属在介质中的钝化（化学钝化），可以归结为介质的氧化作用。

除铁外，铬、镍、钼、钽、铌、钨等许多金属在适当条件下都可以钝化，不过有的金属容易钝化，有的较难钝化。

产生钝化的原因较为复杂，目前较为普遍接受的理论是成相膜理论和吸附理论。

1）成相膜理论　这种理论认为，当金属溶解时，可在金属表面生成一层致密的、覆盖性良好的固体产物。这些产物作为一个独立的相存在，把金属和溶液机械地隔离开来，从而使金属的溶解速度大大降低，使金属转入钝态。

2）吸附理论　吸附理论认为，引起金属钝化并不一定要形成固相膜，而只要在金属表面或部分表面上形成氧或含氧离子的吸附层就可以了。这种吸附层改变了金属/溶液表面的结构，使金属反应的活化能显著升高，故金属同腐蚀介质的化学反应速度将显著减小。

虽然成相膜理论和吸附理论都能较好地解释相当一部分的实验事实，但它们至今还不能各自圆满地解释已有的全部实验事实，钝化理论还有待于进一步发展和完善。

（4）氢去极化和氧去极化腐蚀

电化学腐蚀中金属的阳极溶解与介质中氧化剂的还原是一对共轭反应。促进或抑制阴极过程，便可以促进或抑制金属的阳极溶解。

电化学腐蚀的阴极过程是溶液中各种氧化剂（去极化剂）在腐蚀电池阴极上被还原的过程。在阴极过程反应中，最常遇到的是氢离子的还原和氧分子的还原。

1）氢去极化腐蚀　以氢离子还原反应为阴极过程的腐蚀称为氢去极化腐蚀，简称析氢腐蚀。显然，只有当金属的电极电位较氢电极的平衡电位为负时，才有可能发生析氢腐蚀。氢电极的平衡电位 $E_{e,H}$ 可由能斯特方程计算。在 25℃时

$$E_{e,H}=-0.059\text{pH}$$

在 pH=7 的中性溶液中，$E_{e,H}$ 为−0.413V，电极电位比−0.413 更负的金属，便可能发生析氢腐蚀。

一般负电性金属在非氧化性酸和氧化性较弱的酸中，以及电极电位很负的碱金属和碱土金属在中性和弱碱性溶液中的腐蚀都属于氢去极化腐蚀。

氢去极化过程包括以下几个步骤：

a. 水化氢离子脱水　$H^+\cdot nH_2O \longrightarrow H^+ + nH_2O$

b. 形成吸附氢原子　$H^+ + M(e) \longrightarrow MH$

c. 吸附氢原子脱附　$MH + MH \longrightarrow H_2 + 2M$

d. 氢分子形成气泡，从表面逸出。

如果这几个步骤中有一个步骤进行得较迟缓，整个氢去极化过程就将受阻，在氢电极的平衡电位下将不能发生析氢过程。只有克服了这一阻力才能进行氢的析出。因此，氢的实际析出电位 E_H 要比氢电极的平衡电位 $E_{e,H}$ 更低一些。

影响氢去极化腐蚀的因素主要有：金属材料的形状、溶液的 pH、阴极面积和温度。

金属材料的本质、表面状态及金属阴极相杂质都会影响到金属的氢去极化腐蚀。材料与表面状态不同其氢过电位值不同，氢过电位值越大，氢去极化腐蚀速度越小，反之亦然。若杂质相的氢过电位很小，就会加速金属的腐蚀。

pH 减小，氢离子浓度增大，氢电极电位变得更正，加速了金属的腐蚀。

阴极区的面积增加，氢过电位减小，阴极极化率降低，析氢反应加快，从而导致腐蚀速度增大。

温度升高也使氢过电位减小，而且温度升高，阳极反应和阴极反应都将加快，所以腐蚀速度随温度的升高而增大。

2）氧去极化腐蚀　在中性和碱性溶液中，由于氢离子的浓度较低，析氢反应的电位较负，一般金属腐蚀过程的阴极反应往往不是析氢反应，而是溶液中的氧的还原反应，此时腐蚀去极化剂是氧分子。这类腐蚀称为氧去极化腐蚀，简称吸氧腐蚀。只有当金属的电极电位较氧电极的平衡电位为负时，才有可能发生吸氧腐蚀。

对 pH=7 的中性水溶液，大气压下氧的分压为 21.278kPa，则根据能斯特方程，氧电极的平衡电位为

$$E_{e,O}=E^0_{e,O}+\frac{RT}{nF}\ln\frac{P_{O_2}}{[OH^-]^4}=0.401+\frac{0.059}{4}\ln\frac{0.21}{[10^{-7}]^4}=0.804\text{V}$$

对于那些电极电位低于 0.804 V 的金属，便有可能发生吸氧腐蚀。由此也可看出，氧去极化腐蚀的范围要比氢去极化腐蚀的范围大。大多数金属和合金在中性和碱性溶液中，以及少数正电性金属在有溶解氧的酸性溶液中的腐蚀都属于氧去极化腐蚀。

氧去极化过程有以下几个步骤组成：

a. 氧通过气/液界面传质，由空气进入溶液；

b. 溶解氧通过对流扩散均布在溶液中；

c. 氧以扩散方式通过电极表面的扩散层，到达金属的表面；

d. 氧在金属表面进行还原反应。

影响氧去极化腐蚀的因素主要有阳极材料、溶液中溶解氧的浓度、溶液流速、溶液中盐的浓度及温度。

阳极材料的电极电位　一般情况下，氧去极化腐蚀的速度随阳极材料电极电位的降低而增大。

溶解氧浓度　溶解氧浓度增大，氧的平衡电位升高，极限扩散电流密度增大，氧的去极化腐蚀速度随之增大。但当溶解氧浓度提高到使腐蚀电流密度达到该金属的临界钝化电流密度时，金属将由活化溶解态向钝化态转化，其腐蚀速度就会显著降低。

溶液流速　一定条件下，极限扩散电流密度与扩散层的厚度成反比。溶液流速越大，扩散层厚度越小，腐蚀速度也就越大。但当流速增大到氧的还原反应不再受浓差极化控制时，腐蚀速度便与流速无关。对于可钝化金属，若流速增大导致极限扩散电流密度达到该金属的临界钝化电流密度时，金属便转入钝态。

盐浓度　随盐浓度的增大，溶液的电导率增大，腐蚀速度将有所提高。但当盐浓度高到一定程度后，由于氧的溶解度显著降低，腐蚀速度反而会随盐浓度的提高而减慢。

温度　温度升高氧的扩散和电极反应速度加快，因此在一定温度范围内，随温度升高腐蚀速度加快。但温度升高又会降低氧的溶解度（敞口系统），使金属的腐蚀速度减小。对于封闭系统而言，不存在氧的溶解度降低问题，所以随温度升高，腐蚀速度单调增大。

3. 金属腐蚀破坏的形态

金属腐蚀按其形态可以分为全面腐蚀和局部腐蚀。局部腐蚀又可分为电偶腐蚀、小孔腐蚀、缝隙腐蚀、晶间腐蚀和选择性腐蚀等。微生物和水生物作用下的生物腐蚀也属于局部腐蚀。此外，当有应力存在时，腐蚀和应力协同作用，将引起应力腐蚀、腐蚀疲劳及磨损腐蚀等的腐蚀断裂问题。

（1）全面腐蚀

全面腐蚀的特征是腐蚀分布在整个金属表面，结果使金属构件截面尺寸减小，直至完全破坏。纯金属及成分组织均匀的合金在均匀的介质环境中表现出该类腐蚀形态。水工艺设备发生的腐蚀多属于这种情况，如钢铁设备在水溶液和普通大气中所发生的腐蚀。

全面腐蚀的电化学过程特点是腐蚀电池的阴极和阳极面积尺寸非常微小且紧密相连，甚至用微观手段也难以分辨。同时金属表面由于能量起伏，各点的势能随时间变化，使微阴极和微阳极处于不断的变动之中，从而导致整个金属表面都受到腐蚀。

全面腐蚀容易观察和测量。设计时可根据材料的耐蚀性能和构件寿命要求，预留足够的腐蚀余量，以保证其使用的安全性。根据使用条件，选用合适的材料或保护性覆盖层、使用缓蚀剂以及采取电化学保护措施均可有效地控制金属的全面腐蚀。

（2）局部腐蚀

如果腐蚀集中在金属表面局部区域，而其他大部分表面几乎不腐蚀，称为局部腐蚀。局部腐蚀是设备腐蚀破坏的一种重要形式。在化工、机械行业的腐蚀破坏事例中，局部腐蚀占了80%以上。虽然材料的局部腐蚀的平均腐蚀量不很大，但是它常常酿成设备的失效，有时在没有明显预兆迹象的情况下导致设备的突发性破坏。

局部腐蚀通常具有以下几个特征：a. 存在着可以明确辨识的和比较固定的宏观或微观

腐蚀电池的阳极区和阴极区；b. 通常这种腐蚀电池的阳极区的面积相对较小，如显微晶界、微细夹杂物或第二相、裂纹、结构裂缝等。虽然平均腐蚀量小，但局部受蚀可能非常严重；c. 电化学反应过程往往具有自催化性，使局部腐蚀能够持续地加速进行。

按照局部腐蚀的发生条件、机理及形态特征，可以将其分为电偶腐蚀、小孔腐蚀、缝隙腐蚀、晶间腐蚀、选择性腐蚀、应力腐蚀、腐蚀疲劳、磨损腐蚀和细菌腐蚀等主要类型。

1）电偶腐蚀　两种金属在同一介质中接触，由于腐蚀电位不相等，因而它们之间便有电偶电流流动，使电位较低的金属溶解速度增加，造成接触处的局部腐蚀；而电位较高的金属，溶解速度反而减小，这就是电偶腐蚀，亦称接触腐蚀或双金属腐蚀。如黄铜零件和纯铜管接触、铜与铝等轻金属接触、碳钢和不锈钢接触等都会形成电偶腐蚀。

要避免电偶腐蚀首先要正确选取材料，并尽可能消除面积效应。

a. 正确选材　电偶腐蚀的推动力是互相接触的金属之间存在电位差。显然这种电位差越大，电偶腐蚀就越严重。因此，设备设计时应尽量避免异种合金互相接触。难以避免接触时，应尽可能选取电偶序中相距较近（一般两者的电位差不应超过 50mV）的合金，或者对相异合金施以相同的镀层。此外，采用绝缘性的表面保护层以及绝缘材料垫圈等都是防止电偶腐蚀的有效方法。

b. 消除面积效应　电偶对中阴极金属与阳极金属面积比，对电偶腐蚀影响极大。大阴极、小阳极的电偶，将使阴极电流密度剧增，造成严重腐蚀，结构设计上必须避免这种情况。为控制电偶腐蚀而使用涂料时，应将涂料涂敷在阴极金属上，这样可以显著减小阴极面积。

另外，添加适当的缓蚀剂，也可以有效地控制电偶腐蚀。

2）小孔腐蚀　在金属表面局部地区出现向深处发展的腐蚀小孔，而其余地区不被腐蚀或者只有很轻微的腐蚀，这种腐蚀形态称为小孔腐蚀，简称孔蚀或点蚀。

孔蚀是一种常见的局部腐蚀。大多数金属，尤其是易钝化金属，如不锈钢、铝及铝合金、钛及钛合金，以及表面防护层中有孔隙的碳钢，在含氯离子的大多数介质中都有发生孔蚀的可能。Br^-、F^-、I^- 等阴离子以及过氯酸盐或硫酸盐等也都是发生孔蚀的环境条件。

孔蚀一旦形成，具有“深挖”的动力，可沿重力方向或横向加速进行，直至穿孔。通常孔蚀小而深，孔径只有几十微米，小于其深度尺寸，孔蚀的形状有多种，分布也不均匀。大多数孔蚀有腐蚀产物覆盖，但也有孔蚀无腐蚀产物覆盖而呈开放式。

孔蚀常常还会诱发其他形式的局部腐蚀，如应力腐蚀和腐蚀疲劳等。

孔蚀的初始阶段，是金属钝态的局部破坏。当介质中活性阴离子（如 Cl^-）吸附在钝态表面的薄弱处，由于 Cl^- 取代了 O^{2-}，使金属钝态破坏，而生成了小蚀坑（孔蚀核）。孔蚀核形成后仍具有再钝化的可能，孔蚀就不会进行下去。但在多数情况下，当孔蚀核达到一定临界尺寸（10～30μm 左右）时，就会进一步自发成长，孔蚀核便演变成为孔蚀源，孔蚀就会持续下去。

孔蚀的“深挖”过程可结合图 2.4 不锈钢在充气的含氯离子介质中的腐蚀过程加以说明。

孔蚀源形成后，孔蚀内的金属表面处于活态，电位较负，孔蚀外的金属表面处于钝

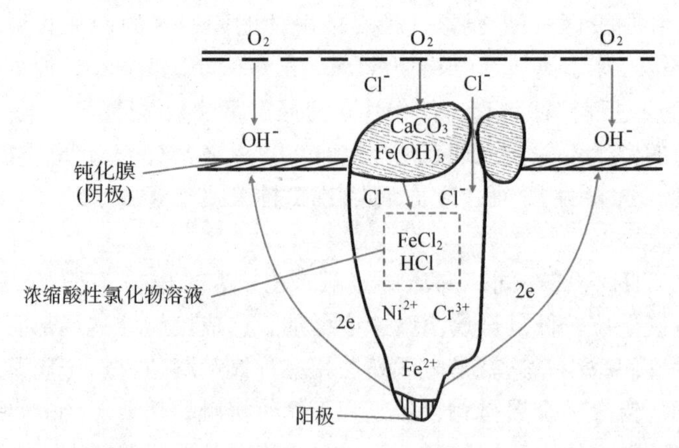

图 2.4　OCr18Ni9（304）不锈钢在充气 NaCl 溶液中孔蚀的闭塞电池示意图

态，电位较正，于是孔内和孔外构成了一个活态-钝态腐蚀电池。具有大阴极、小阳极面积比的结构特征，阳极电流密度很大；而溶解生成的 Fe^{2+}，Cr^{3+} 等金属离子产生水解，形成氧化物和氢氧化物，留下过剩的氢离子，蚀孔内溶液进一步酸化，pH 可降至 0～1；由于受正离子的吸引，Cl^- 从孔外向孔内迁移，使孔内溶液的 Cl^- 含量高于本体溶液。所有这些因素都促使孔内腐蚀大大加快，而孔外金属表面受到阴极保护，继续维持钝态。阴极反应主要是氧的还原。在中性或弱碱性介质中，阴极反应产物为 OH^- 离子，它与阳极溶解生成的金属离子 Me^{n+} 在孔口处发生反应，形成不溶性的 $Me(OH)_n$ 腐蚀产物沉积层。该沉积层逐渐堆积阻碍了介质的扩散和对流，形成了闭塞腐蚀电池。这使得孔内金属氯化物更加浓缩，溶液酸度进一步提高，阳极溶解（腐蚀）速度进一步加快，孔蚀不断向深处发展，直至完全穿孔，这就是所谓的闭塞电池的自催化作用。

孔蚀的影响因素及其控制主要包括以下几方面的内容：

a. 合金的成分和组织　孔蚀的敏感性与合金的成分、组织以及冶金质量有密切的关系。含钼、氮及较高铬量的不锈钢具有良好的耐孔蚀性能；奥氏体不锈钢比铁素体不锈钢和马氏体不锈钢耐孔蚀性能好；通过减少碳含量和硫化物夹杂，可以进一步提高钢的耐孔蚀性能。通常，对于具体介质条件下的耐孔蚀合金，应进行必要的孔蚀倾向试验。

b. 介质的组成和状况　大多数的孔蚀是在含有卤族元素化合物的介质中发生的。例如含有氧化性金属阳离子的氯化物如 $FeCl_3$、$HgCl_2$ 等就属于强烈的孔蚀促进剂。因此，为预防孔蚀应尽量降低介质中卤素，特别是 Cl^- 离子浓度。在碱性介质中，随着 pH 升高，金属对孔蚀的抗力增强。此外，对溶液进行搅拌、循环或通气也有利于预防和减轻孔蚀。

c. 缓蚀剂　硝酸盐、铬酸盐、硫酸盐及碱等能增加钝化膜的稳定性或有利于受损的钝化膜的再钝化，因而都是有效防止孔蚀的缓蚀剂。其中以亚硝酸钠的作用效果最显著。例如，在 10%$FeCl_3$ 溶液中加入 3%$NaNO_2$ 便可长期防止 18－8 型不锈钢的孔蚀。

d. 阴极保护　利用阴极保护法，使金属的电极电位控制在孔蚀保护电位以下，就可以抑制孔蚀。

3）缝隙腐蚀　金属部件在介质中，由于金属与金属或金属与非金属之间形成特别小的缝隙（一般在 0.025～0.1mm 之间），使缝隙内介质处于滞流状态，引起缝内金属的加速腐蚀，这种局部腐蚀称为缝隙腐蚀。

许多设备与金属构件，由于不合理的设计或加工等都会造成缝隙。如法兰连接面、螺母压紧面及焊缝等。

几乎所有的金属和合金在各种介质中都会形成缝隙腐蚀。但不同的金属在不同的介质中对腐蚀的敏感性不同，具有自钝化特性的金属和合金在充气的含有活性阴离子的中性介质中最易引起缝隙腐蚀。

缝隙腐蚀是比孔蚀更为普遍的局部腐蚀。遭受腐蚀的金属，在缝内呈现深浅不一的蚀坑或深孔。缝口常有腐蚀产物覆盖，形成闭塞电池。同孔蚀一样，闭塞电池的形成，进一步加速了缝隙腐蚀。图 2.5 给出了碳钢在中性海水中发生缝隙腐蚀的情形。

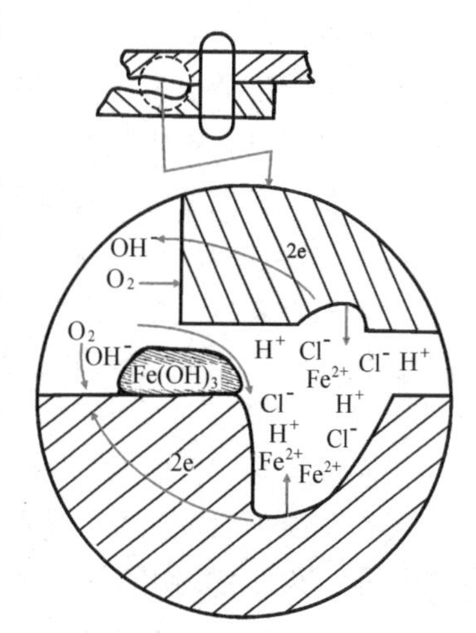

图 2.5　碳钢在中性海水中缝隙腐蚀示意图

缝隙腐蚀的机理与孔蚀很相似，其区别主要在于腐蚀的初始段。孔蚀起源于自己开掘的蚀孔内，而缝隙腐蚀则发生在金属表面既存的缝隙中。在含有活性阴离子的介质中，带有孔隙的易钝化合金或镀层的构件上，通常易于发生孔蚀；而几乎所有的合金只要在含有氧的各种介质中都可能发生缝隙腐蚀。在腐蚀形态上，孔蚀的蚀孔窄而深，而缝隙腐蚀的蚀坑则相对地广而浅。

缝隙腐蚀的影响因素与孔蚀的相似。控制缝隙腐蚀除可以采取防止孔蚀的相似措施外，在设备、容器设计中还应尽量注意结构的合理性，尽可能避免形成缝隙和积液的死角。对不可避免的缝隙，要采取相应的保护措施。另外，尽量控制介质中溶解氧的浓度，使其低于 5×10^{-6}mol/L，这样在缝隙处就很难形成氧浓差电池，缝隙腐蚀则难以启动。

4）晶间腐蚀　腐蚀沿着金属或合金的晶粒边界区域发展，而晶粒本体的腐蚀很轻微，称为晶间腐蚀。

晶间腐蚀对材料的外表不产生明显改变，却使晶粒间的结合力大大削弱，严重时可使材料的强度完全丧失。不锈钢、镍基合金、铝合金、镁合金等都是对晶间腐蚀敏感的材料。

晶间腐蚀是一种由材料微观组织电化学性质不均匀引发的局部腐蚀。由于各种合金成分和组织的差别，发生腐蚀的介质条件不同，晶间腐蚀的机理也多种多样，其中最为普遍接受的是贫化理论。

贫化理论认为，由于某种合金相在晶界析出，造成晶界区某一成分的贫化，致使晶界与晶内的电极电位发生变化，形成以晶界区为阳极，晶粒本体为阴极的微观腐蚀电池。晶界区的金属便以较快的速度发生溶解，从而引发晶间腐蚀。

晶间腐蚀的控制应着眼于材料本身的成分和组织。以奥氏体不锈钢晶间腐蚀为例，根据贫铬机理，其晶间腐蚀可以采取以下几项措施来控制：

a. 降低钢的含碳量　钢的含碳量低于 0.08%时，其对晶间腐蚀就不具敏感性。

b. 稳定化处理　将固溶处理后的 1Cr18Ni9Ti 不锈钢加热至 850～880℃保温后缓冷，这样碳几乎全部稳定在 TiC 中，而使 $(Cr、Fe)_{23}C_6$ 不会再在晶界析出，从而提高了固溶体中的含铬量，以便彻底清除晶间腐蚀倾向。

c. 重新固溶处理 将已发生晶间腐蚀的零部件加热至1050～1150℃，使晶界上铬的碳化物重新溶于奥氏体中，然后淬火，防止铬的碳化物再次析出，以抑制晶间腐蚀。

5）选择性腐蚀 多元合金在电解质溶液中，由于组元（或合金相）之间电化学性质的不均匀，而构成腐蚀电池，电位较正的组元为阴极，电位较负的组元成为阳极而被优先溶解，这类腐蚀称为选择性腐蚀。这类腐蚀的典型例证就是黄铜脱锌和灰口铸铁的石墨化腐蚀。

（3）应力作用下的腐蚀

结构和零件的受力状态是多种多样的，如拉伸应力、交变应力、冲击力、振动力等。不同应力状态与介质协同作用所造成的环境敏感断裂形式各不相同，据此可将它们分为应力腐蚀开裂、腐蚀疲劳和磨损腐蚀等。

1）应力腐蚀开裂 材料在静应力和腐蚀介质共同作用下发生的脆性开裂破坏现象称为应力腐蚀开裂，简称应力腐蚀。应力腐蚀是危害最大的腐蚀形态之一。它可以在腐蚀性相当缓和的介质和不大的应力状态下发生，而且往往事先没有明显的预兆，因而常酿成灾难性事故。

敏感的合金、特定的介质和一定的静应力是发生应力腐蚀的三个必要条件。对于一定的材料，其应力腐蚀只在特定的介质中发生。这种材料与敏感介质的组合关系，称为应力腐蚀体系。表2.3列出了一些典型的应力腐蚀体系。

应力腐蚀所需的静应力，一般都远低于材料的屈服强度，并且通常是拉应力。压应力也会产生应力腐蚀，但它所需的应力值要比拉应力状态大几个数量级，且腐蚀裂纹扩展也缓慢得多，由压应力引发的应力腐蚀情况较少。因此，就应力腐蚀而言，最危险的是拉应力状态。

应力腐蚀应是电化学腐蚀和应力机械破坏互相促进裂纹的生成和扩展的过程。由此，应力腐蚀的机理分为阳极溶解和氢脆机理两种。

部分典型的应力腐蚀体系 **表2.3**

金属材料	环境介质*	金属材料	环境介质*
低碳钢	$Ca(NO_3)_2$，NH_4NO_3，NaOH	黄铜	NH_4^+
低合金结构钢	NaOH	高强度铝合金	海水
高强度钢	雨水，海水，H_2S	钛合金（6%Al，4%V）	液态 N_2O_4
奥氏体不锈钢	热浓的含 Cl^- 溶液		

* 除液态 N_2O_4 外，其他都是水溶液。

阳极溶解机理 该机理认为应力腐蚀裂纹的形成与扩展是阳极通道的形成与其延伸的过程。阳极通道形成有两种途径：一种是加载之前已存在于合金内部的易腐蚀区，如晶界、阳极性的合金相或夹杂物；另一种是应变诱发的，如裂尖前沿的高度塑性变形区。不锈钢和高强度铝合金在含有 Cl^- 水溶液中的腐蚀等属于此类机理。

氢脆机理 该机理认为阴极析氢反应在金属表面形成的吸附氢原子渗入内部引起氢脆，是导致应力腐蚀的主要原因。高强度钢在雨水、海水以及 H_2S 水溶液中的腐蚀，钛合金在海水中的应力腐蚀均属于此类机理。

但近年来也发现了若干不存在电化学反应的应力腐蚀现象。如钛合金在甲醇中的应力腐蚀。

要避免应力腐蚀或对应力腐蚀加以控制，应主要考虑以下几方面的措施。

a. 正确选材　根据介质情况正确选材，避免构成应力腐蚀体系，或者减轻材料对应力腐蚀的敏感性。如在含氨环境中避免使用铜合金、在海水中避免使用含钼不锈钢等。

b. 合理设计、改进制造工艺　结构设计应尽量减小应力集中效应，制造工艺应避免造成残余拉应力，采取表面强化方法，使零件表面产生残余压应力，以期抵消或削弱拉应力的作用。

c. 改善环境介质　一方面设法消除或减少介质中促进应力腐蚀的有害物质（例如可通过降低冷却水与蒸汽中 Cl^- 含量来避免不锈钢的氯脆）；另一方面可以向介质中加入适当的缓蚀剂。

d. 电化学保护　外加电流极化，使金属的电位远离应力腐蚀敏感区。但对氢脆敏感的材料则不能采取阴极保护。

2）腐蚀疲劳　腐蚀介质和交变应力协同作用所引起的材料破坏的现象，称为腐蚀疲劳。

同应力腐蚀和机械疲劳相比，腐蚀疲劳的特点主要表现在：a. 腐蚀疲劳没有真实的疲劳极限。即使交变应力很小，只要循环载荷周次足够大，材料终究要发生断裂。通常规定，交变载荷循环周次达到 10^7 时，材料所承受的交变应力为其条件疲劳极限。b. 腐蚀疲劳在任何腐蚀介质中都可能发生，但必须在交变应力和腐蚀介质同时作用的条件下，才能产生腐蚀疲劳。c. 腐蚀疲劳性能与载荷频率、应力以及载荷波形有密切关系。载荷频率越低、应力比越大，腐蚀疲劳性能就越低；三角波、正弦波和正锯齿波的载荷波形对腐蚀疲劳性能的损害较显著。d. 腐蚀疲劳裂纹往往是多源的；与应力腐蚀相比，腐蚀疲劳裂纹的扩展很少有分叉的情况。

腐蚀疲劳的控制主要采取以下几方面的措施。

a. 正确选材　一般来讲，耐孔蚀的材料腐蚀疲劳性能好；对应力腐蚀敏感的材料，其腐蚀疲劳性能则较差；而材料的机械疲劳强度与其腐蚀疲劳强度之间没有直接的关系。钢中硫化锰杂质对腐蚀疲劳裂纹的形成最为有害，须严格控制。

b. 合理设计、改进制造工艺　结构设计应避免应力集中。表面强化处理和表面合金化可以显著提高腐蚀疲劳性能。

c. 改善介质条件　如封闭体系中水中的除氧以及水中添加铬酸盐等缓蚀剂均可延长钢材的腐蚀疲劳寿命。

d. 电化学保护　阴极保护常用于海洋环境金属结构的腐蚀疲劳控制，效果良好。但不宜用于酸性介质以及有发生氢脆危险的情况。

3）磨损腐蚀　流体介质与金属之间或金属零件间的相对运动，引起金属局部区域加速腐蚀破坏的现象称为磨损腐蚀，简称磨蚀。工作在水体等运动流体中的管道系统、推进系统，特别是弯头、三通、阀门、桨叶等常发生磨蚀破坏。根据介质的运动特征和构件的破坏特征，磨蚀又可分为湍流腐蚀、空泡腐蚀和摩振腐蚀。

a. 湍流腐蚀　在设备或部件的某些特定部位，介质流速急剧增大形成湍流，由此造成的腐蚀称为湍流腐蚀。湍流加速了阴极去极化剂的供应量，同时也增加了流体对金属表面的切应力，若流体中含有固体颗粒，则金属表面的磨损腐蚀将更加严重。遭受湍流腐蚀的金属表面，常呈现深谷或马蹄形的凹槽，一般按流体流动方向切入金属表面层（图2.6）。

湍流腐蚀的控制可采取合理选材、改善设计、降低流速、去除介质中的有害成分、覆盖防护层和电化学保护等多种方法。其中以合理选材、改善设计最为重要和最为有效。此外，改善介质条件、添加缓蚀剂、降低操作温度等也可以减轻湍流腐蚀。

b. 空泡腐蚀 流体与金属构件作高速相对运动，在金属表面局部区域产生湍流，且伴随有气泡在金属表面生成和破灭，使金属呈现与孔蚀类似的破坏特征，这种腐蚀称为空泡腐蚀，也称气蚀。

空泡腐蚀常出现在高压水泵叶轮、水轮机叶片及船用搅拌桨等的后缘上。这是由于桨片、叶轮工作时，在其前后缘之间存在一个压力突变区，在前缘低压（或负压）生成的气泡，进入高压区后会迅速破灭，在瞬间产生巨大的冲击波，由此对金属表面作用的压力可达140MPa以上，足以使金属表面的保护膜破裂，并使裸露出的新鲜金属表面发生腐蚀(图2.7)，在金属表面上形成紧密相连的空穴。

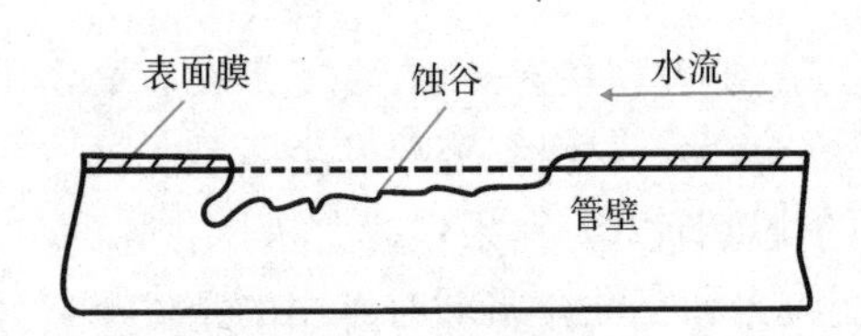

图2.6 冷凝管内壁湍流腐蚀示意图

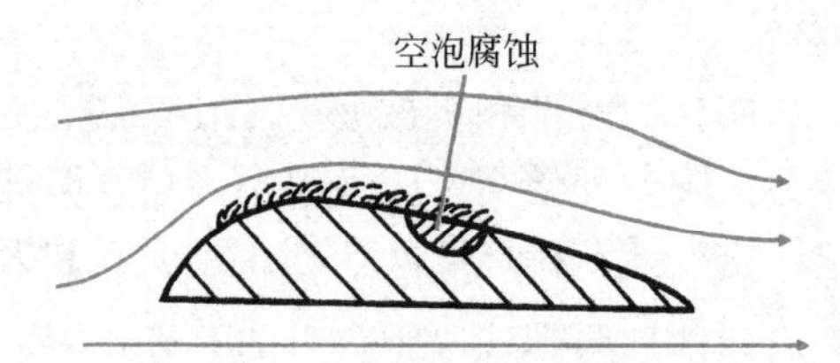

图2.7 空泡腐蚀示意图

控制空泡腐蚀的有效方法首先是合理选材，要选取如青铜、钛合金和不锈钢等具有优良耐空泡腐蚀性能的材料，或在构件上涂加保护层，减弱或吸收气泡破裂时的高压冲击波。提高构件表面的光洁度，也可以降低气泡形成的概率。另外，在构件设计时应根据水力学原理，尽可能避免造成压力突变区，防止气泡的生成，这一点也是极其重要的。

c. 摩振腐蚀 摩振腐蚀是指在加有载荷的互相紧密接触的两构件表面之间，由于微小振动和滑动，使接触面出现麻点或沟纹，并在其周围存在着损伤微粒（腐蚀产物）的腐蚀破坏现象。摩振腐蚀也叫微动腐蚀、磨损氧化。摩振腐蚀发生的必要条件是接触表面之间的反复相对运动。摩振腐蚀不但使金属不断地被损耗，也可能会诱发疲劳裂纹和引起表面接触性能改变。

摩振腐蚀的机理主要有磨损—氧化和氧化—磨损两种理论。磨损—氧化理论认为，受压条件下金属构件表面上某些微小突起部分发生冷焊，在相对运动和微振作用下这些冷焊接触点被破坏而形成金属碎屑。这些小颗粒碎屑在摩擦热作用下迅即氧化。该过程的反复进行，导致金属不断磨损，氧化锈屑也随之积聚。氧化—磨损理论则认为，大气中的多数金属表面都生成一层薄而牢的氧化膜，在荷载作用下相互接触的两金属表面，由于反复相对运动，使突出点的氧化膜破裂成碎片，而新显露的金属则重新被氧化，这种过程反复进行就造成摩振腐蚀。

减少或抑制摩振腐蚀，可采取以下几方面的措施：

阻止接触面的相对微动　在构件设计时通过增大接触面的法向应力，可阻止相对微动，并添加垫圈以吸收振动。另外在安装与检修时，要尽量紧固相接触的工件。

使用润滑剂　通过润滑作用减小摩擦系数，减少磨损。

表面电镀　在金属表面电镀镉、锌等低熔点金属，能减小摩擦系数；若电镀铬等高熔点金属，则不易发生冷焊。

提高接触金属的硬度　通过合理选材、表面氮化、表层冷变形强化等措施，均可提高接触面的硬度，从而减轻摩振腐蚀。

（4）微生物腐蚀

由于介质中存在着某些微生物而使金属的腐蚀过程加速的现象，称为微生物腐蚀，也简称为细菌腐蚀。微生物可以在许多环境中生存，因此微生物腐蚀现象十分普遍。循环水系统的金属构件和设备、地下管道、采油注水设备的腐蚀过程往往都和这些微生物的活动有关。近年来微生物腐蚀控制问题日益引起各方面的重视。

微生物腐蚀并非微生物本身对金属具有侵蚀作用，而是它们生命活动的结果直接或间接地对金属腐蚀过程产生的影响。

微生物对金属腐蚀过程的影响主要体现在以下几个方面：a. 代谢产物具有腐蚀作用。细菌能产生某些具有腐蚀性的代谢产物，如硫酸、有机酸和硫化物等。b. 改变环境介质条件。生物代谢改变溶液的 pH、溶解氧浓度、盐浓度等，产生的某些沉积物可能造成有利于金属缝隙腐蚀发展的条件。c. 影响电极极化过程，如硫酸盐还原菌的代谢会降低腐蚀过程阴极的极化率。d. 破坏非金属保护覆盖层或缓蚀剂的稳定性。

常见的细菌腐蚀可分为厌氧性细菌腐蚀、好氧性细菌腐蚀和厌氧与好氧细菌联合作用下的腐蚀。表 2.4 列出了一些较重要细菌的生存条件、生化过程特点等。

1）厌氧性细菌腐蚀　厌氧细菌是指适于并仅能在缺乏游离氧或几乎不含游离氧的环境中繁殖生存的一类微生物，表 2.4 列出了对金属腐蚀较为重要的细菌及其特性。其中，影响地下钢铁设备、构件腐蚀性最为重要的厌氧菌是硫酸盐还原菌（SRB）。这种菌能使硫酸盐还原成硫化物，而硫化物与介质中的碳酸等物质作用生成硫化氢，进而与铁反应形成硫化亚铁，加速了钢铁的腐蚀，过程如下

$$Na_2SO_4 + 4H_2 \xrightarrow{\text{硫酸盐还原菌}} Na_2S + 4H_2O$$

$$Na_2S + 2H_2CO_3 \longrightarrow 2NaHCO_3 + H_2S$$

$$Fe + H_2S \longrightarrow FeS + H_2$$

2. 排水管道微生物腐蚀

同时还阻止阴极上析氢反应所生成氢原子的复合，促进氢向金属内部的渗入，增加设备氢脆破坏的可能性。

硫酸盐还原菌普遍存在于缺氧的环境中，如深层地下水、湿黏土、湖泊、水库和海洋的底泥中等，也可存在于金属表面附着物或腐蚀产物层下。硫酸盐还原菌生成的腐蚀产物是黑色带有难闻气味的硫化物。

2）好氧性细菌的腐蚀　好氧细菌是指适于并仅能在含有游离氧的环境中繁殖生存的一类微生物，如硫氧化菌、铁细菌、硫代硫酸盐氧化菌等。以硫氧化菌为例，它可将元素硫和含硫化合物氧化成硫酸

$$2S + 3O_2 + 2H_2O \xrightarrow{\text{硫氧化菌}} 2H_2SO_4$$

对金属腐蚀较重要的细菌及其特性　　表2.4

类型	细菌名称	参与生物代谢的物质	主要最终产物	生物代谢的场所	生化反应pH范围	温度范围(℃)
厌氧型	硫酸盐还原菌	硫酸盐，硫代硫酸盐，亚硫酸盐，硫	硫化氢	水，污泥，污水，油井，土壤，器底沉积物，混凝土	范围：5.0～9.0 最佳：6.0～7.5	范围：25～65 最佳：25～30
好氧型	硫氧化菌	硫，硫化物，硫代硫酸盐	硫酸	硫及磷酸盐矿石，施肥土壤，含有氧化不完全的硫化物土壤	范围：0.5～6.0 最佳：2.0～4.0	范围：18～37 最佳：28～30
	硫代硫酸盐氧化菌	硫代硫酸盐，硫	硫酸盐，硫	地表水，污水，海水，土壤	范围：7.0～9.0 最佳：中性	最佳：30
	铁细菌	碳酸亚铁，重碳酸亚铁，重碳酸锰	氢氧化铁	含铁盐和有机物的静止和流动水体	范围：1.4～7.0	范围：5～40 最佳：24

这类细菌在低pH环境中繁殖最为有利，它能产生局部浓度达5%的硫酸，造成腐蚀性极强的环境，导致材料的快速腐蚀。由于需要元素硫或化合态硫来维持生存，所以硫氧化菌常出现在硫矿区、地热利用、油田以及含硫有机废物处理等场合，并引起工作设备、设施、管道的腐蚀；高含硫废水排入下水道，在硫氧化菌作用下将导致排水管道的迅速腐蚀。

3）厌氧与好氧联合作用下的腐蚀　在实际环境中，由于好氧菌的腐蚀往往会造成厌氧的局部环境，使厌氧菌也得到繁殖，这样，两类细菌的腐蚀与繁衍相辅相成，更加速了金属的腐蚀。

细菌联合作用腐蚀的情况很普遍。输水管内壁的锈瘤腐蚀是细菌联合作用腐蚀的一种现象。它是铁细菌把管道腐蚀溶解的Fe^{2+}氧化为Fe^{3+}，并形成$Fe(OH)_3$沉积物附着在管壁上，生成锈瘤。瘤下金属表面成为缺氧的阳极区，瘤外金属表面成为富氧的阴极区。在缺氧区，由于硫酸盐还原菌的生物化学作用，加速了瘤下金属的腐蚀。另外，在地下水位波动区域，由于水位升降造成充氧和缺氧条件的交替发生，使硫氧化菌和硫酸盐还原菌在该区域的活动十分活跃。

细菌腐蚀的控制。理论上凡能够抑制细菌繁殖或电化学腐蚀的措施，都有助于防止或削弱金属的细菌腐蚀。采取的措施主要包括：

a. 使用杀菌剂或抑菌剂　根据细菌种类及介质选择高效、低毒和无腐蚀性的药剂。

b. 改变环境条件　提高介质的pH及温度（pH>9.0，温度T>50℃）、排泄积水、改善通气条件、减少有机物营养源等。

c. 覆盖防护层　采用涂覆非金属覆盖层或金属镀层使构件表面光滑、在有机涂层中加入适量杀菌剂等方法，可避免细菌的附着，减少细菌成垢机会，防止细菌对涂层的破坏。

d. 阴极保护　阴极保护使构件表面附近形成碱性环境，抑制细菌活动。

4. 非金属材料的腐蚀

非金属材料与环境介质作用，性能发生蜕化，甚至完全丧失使用功能的现象，称为非金属材料的腐蚀。

非金属材料的组成和结构与金属完全不同，两者的腐蚀原理也有着本质的区别。除石墨外，非金属材料的导电性很差或完全不导电，所以即使将其置于电解质溶液中，也不会发生电化学腐蚀。非金属材料的腐蚀主要是由物理作用和化学作用引起的。

（1）非金属无机材料的腐蚀

无机非金属材料在工业上应用广泛，种类繁多（本书1.2节），但在设备腐蚀防护方面涉及的耐蚀无机非金属材料，大多属于硅酸盐材料。下面以硅酸盐搪瓷材料为例，说明其腐蚀原理。

硅酸盐搪瓷的腐蚀实质上是搪瓷釉的腐蚀。

硅酸盐搪瓷釉的主要成分为SiO_2，并含有多种碱金属或碱土金属氧化物。它具有很好的耐酸性，而耐碱性相对较差。当搪瓷釉置于碱、氢氟酸、高温磷酸等介质中时，它们能直接与搪瓷釉中的SiO_2发生作用，生成可溶性硅酸盐、氟硅酸、焦磷酸硅，其反应为

$$SiO_2 + 2NaOH \longrightarrow Na_2SiO_3 + H_2O$$

$$SiO_2 + 4HF \longrightarrow SiF_4\uparrow + 2H_2O$$

$$SiF_4 + 2HF \longrightarrow H_2SiF_6\ \text{（氟硅酸）}$$

$$H_3PO_4 \xrightarrow{\text{高温}} HPO_3 + H_2O$$

$$2HPO_3 \longrightarrow P_2O_5 + H_2O$$

$$SiO_2 + P_2O_5 \longrightarrow SiP_2O_7\ \text{（焦磷酸硅）}$$

所以它们不仅能破坏瓷釉中的非化学稳定区，而且还能与化学稳定区发生作用，使硅氧四面体的牢固骨架及脆弱网架均遭到破坏。

水和酸对硅酸盐材料的侵蚀起源于介质中的H^+与材料中网络外阳离子的交换（主要是碱金属离子），进而导致脆弱网络溶解。随着SiO_2含量的增加和碱金属氧化物含量的减少，H^+与网络外阳离子交换变得困难，便可进一步提高硅酸盐材料耐水、耐酸侵蚀性能。碱的侵蚀过程主要由OH^-破坏网络的过程来控制。如果OH^-接近和进入硅氧网络容易，就会使材料的耐碱性降低，而如果OH^-接近和进入硅氧网络困难，就会使材料的耐碱性提高。

（2）有机非金属材料（高分子材料）的腐蚀

有机非金属材料的腐蚀与金属的腐蚀完全不同，其腐蚀过程主要是物理的或化学的作用，而不是电化学过程。

1）物理腐蚀　高分子材料的物理腐蚀就是其在介质中的溶解。整个溶解过程分为溶胀和溶解两个阶段。溶胀和溶解过程与高分子材料的结构是晶态还是非晶态，分子排列是线形还是网状有密切关系。

非晶态高分子材料的结构比较松散，分子间隙大，分子间相互作用力较弱，介质分子容易渗入材料内部。当介质分子与高分子间亲和力较大时，就会产生溶剂化作用，使高分子链段间距增大，并与介质分子融为一体。

当高分子材料在溶剂作用下发生溶胀之后，是否发生溶解，则取决于高分子材料的分子结构。若为线形结构，则溶剂化和溶胀过程可以继续下去，溶胀度继续变大，直到高分子充分溶剂化之后，从材料表面开始逐渐溶入介质中，形成均匀的溶液，完全溶

解。若高分子材料是网状结构，则溶胀只能使交联键伸直，很难使其断裂，因而不能溶解。

结晶态高分子材料，由于结构紧密，分子间的作用力强，很难发生溶胀和溶解。例如，聚四氟乙烯和聚苯硫醚等结晶态高分子材料都几乎不溶于任何溶剂，具有极好的耐溶剂性。

要避免高分子材料因溶胀和溶解而受到介质的腐蚀，合理选材最为重要。高分子材料的选择，需要针对具体的介质（溶剂）条件，依据极性和溶解度参数原则来进行。

极性原则　非极性的高分子材料不易溶于极性溶剂中；极性的高分子材料不易溶于非极性溶剂中。如未经硫化处理的天然橡胶、聚乙烯和聚丙烯等非极性高分子材料易溶于汽油和苯等非极性溶剂中；而对水和酸、碱、盐的水溶液等极性介质的耐蚀性较好；对中等极性溶剂如有机酸等具有一定的耐蚀性。

溶解度参数原则　溶解度参数是一个近似描述溶剂分子之间或高分子材料大分子链间作用力大小的参数。若溶剂的溶解度参数为 δ_1，高分子材料的溶解度参数为 δ_2，当 $\Delta\delta$（$=\delta_1-\delta_2$）<1.7 时，为不耐溶剂腐蚀；$\Delta\delta>2.5$ 时，为耐溶剂腐蚀；$\Delta\delta=1.7\sim2.5$ 时，为有条件的耐溶剂腐蚀。表 2.5 和表 2.6 给出了常用溶剂的溶解度参数和高分子材料的溶解度参数。

常用溶剂的溶解度参数 δ_1　　**表 2.5**

溶　剂	$\delta_1(4.18J/cm^3)^{1/2}$	溶　剂	$\delta_1(4.18J/cm^3)^{1/2}$
苯	9.15	四氟呋喃	9.9
甲苯	8.9	丙三醇	16.5
水	23.4	环己醇	11.4
苯酚	14.5	甲醇	14.5
乙二醇	15.7 (14.2)	乙醇	12.7
氯乙烷	8.5	正丙醇	11.9
1,1—二氯乙烷	9.1	正丁醇	11.4
1,2—二氯乙烷	9.8	异丁醇	10.7 (11.0)
1,1,1—三氯乙烷	8.5	正戊醇	10.9～10.55
四氯乙烷	10.4 (9.5)	硝基苯	10.0 (9.58)
正辛醇	10.3	二硫化碳	10.0
醋酸	12.5 (9.24)	二甲砜	14.6
甲酸	13.5	二甲亚砜	13.4
甲酸甲酯	10.7	苯乙烯	8.66 (9.2)
甲酸乙酯	9.4 (9.65)	二氯甲烷	9.7 (10.04)
乙酸甲酯	9.5	氯仿	9.7
乙酸乙酯	9.1	四氯化碳	8.6
甲基丙烯酸甲酯	8.7	醋酸丁酯	8.5
丙酮	10.0 (9.8)	异丙醇	11.15
甲乙酮	9.3	一氯甲烷	10.2
环己酮	9.9	氨水	12.23
二氧六环	10.0		

2）化学腐蚀　高分子材料的大分子中总含有一些具有一定活性的极性基团。这些极性基团与特定的介质发生化学反应，导致了材料性能的改变，从而造成了材料的老化或者裂解破坏，即为高分子材料的化学腐蚀。

高分子材料的溶解度参数 δ_2 **表 2.6**

高分子材料	δ_2 $(4.18\ J/cm^3)^{1/2}$	高分子材料	δ_2 $(4.18\ J/cm^3)^{1/2}$
氯四氟乙烯	6.2	聚甲醛	10.2～11.0
聚乙烯	7.7～8.3	尼龙 66	13.6
天然橡胶	7.9(8.15)	聚丙烯腈	12.5～15.4
聚异丁烯	7.9～8.1	聚乙烯醇	23.4(12.6)
聚丙烯	8.1～8.3	乙丙橡胶	7.9
聚丁二烯	8.1～8.6	酚醛树脂	11.5
聚氧化丙烯	7.5～7.9	聚三氟氯乙烯	7.2～7.9
醋酸纤维素	10.9～11.4	聚二甲基硅氧烷	7.3～7.6
氯丁橡胶	8.2～9.2	聚甲基丙烯酸甲酯	9.1(12.8)
丁苯橡胶	8.1～8.6	聚丙烯酸甲酯	9.7～10.4
聚苯乙烯	8.5～9.3	聚偏二氯乙烯	9.4～12.2
聚硫橡胶	9.0～9.4	聚醋酸乙烯酯	9.4(11.0)
聚碳酸酯	9.5～9.8	聚甲基丙烯腈	10.6(10.7)
聚氯乙烯	9.4～9.7	二硝基纤维素	10.5(11.5)
丁基橡胶	7.7	聚乙基丙烯酸酯	9.7
环氧树脂	9.7～11.0	聚氨基甲酸酯	10.0
丁腈橡胶	9.5(9.25)	氯磺化聚乙烯	8.0～10.0
聚硅氧烷	9.4	聚对苯二甲酸乙二醇酯	10.7(9.7)

最常见的引起高分子材料化学腐蚀的反应为高分子在酸、碱、盐等介质中的水解反应，在空气中由于氢、臭氧等作用而发生的氧化反应，此外还有侧基的取代反应和交联反应等。

a. 水解反应　由于高分子链中除碳原子外，还有 O、N、Si 等原子，这些原子与碳原子之间构成极性键（如醚键、酯键、酰胺键等），水能与这些键发生作用，从而使高分子材料降解，这个过程称为高分子的水解。高分子材料在酸和碱的作用下，容易发生水解反应，从而使高分子材料受到腐蚀。

各种高分子材料由于所含的极性基团不同，其耐水解能力不同，水解反应的活化能也不同。水解活化能越大，则耐水解性越好。耐酸性介质水解的能力以醚键最强，而以硅氧键最差，所以含有醚键的环氧树脂和氯化聚醚耐水解性能最好，只有在强酸性介质中才会发生水解反应。酰胺和亚酰胺的耐碱性介质水解的能力比醚键强，所以聚酰胺和聚酰亚胺树脂在碱性介质中不易水解，但在酸性介质中易水解，而含有酯键的不饱和聚酯和用酸固化的环氧树脂在碱性介质中很容易水解。

b. 氧化反应　聚烃类高分子材料，如天然橡胶、聚丁二烯、聚氯乙烯等，因为这些高分子在其大分子链上存在着易被氧化的薄弱环节（如叔碳原子、双链和支链等），当受辐射或紫外光等外界因素作用时，能与氧发生作用，使高分子被氧化降解。

高分子材料的氧化速度与许多因素有关。键能的强弱对抗氧化能力有很大影响，高分子材料的结晶度越大，密度越大，则键能越强，越不容易氧化；反之，密度低或具有不饱和键等，键能就低，就易于氧化。在大分子上引入卤素之后可提高抗氧化性，如聚氯乙烯比聚乙烯有更好的抗氧化性，聚四氟乙烯具有极好的抗氧化性能等。具有杂链的高分子材料比只有碳链的高分子材料抗氧化性好。

c. 取代反应　当饱和的碳链高分子化合物中不含杂原子时，其比较稳定。但是，在光和热的作用下，它们除了可能被氧化之外，还可能与氯和氟等发生取代反应。例如，乙烯和聚氯乙烯都能在光和热的作用下与氯反应而被氯化，所形成的反应生成物随着含氯量的增加，其大分子间作用力增强，结晶性能改善，耐溶剂性提高，但是这种取代基却可能和强碱性介质发生作用，从而造成高分子材料的腐蚀。

又如，聚四氟乙烯是聚乙烯中的氢原子全部被氟原子取代，氟原子像一个紧密的保护层将长碳链保护起来，使之不受介质分子的作用，因此它耐各种介质的腐蚀。但在熔融态金属钠的作用下，其表面大分子中的氟原子被夺走，也会使聚四氟乙烯发生腐蚀。

d. 交联反应　有些高分子材料在使用过程中常会由于发生交联反应而使其硬化变脆。

高分子材料的化学腐蚀往往是氧化、水解、取代和交联等反应的综合结果。随着材料组成和环境条件的不同，其中可能某一类型的反应起着主要的作用。

3）微生物腐蚀　高分子材料除上述各种物理、化学作用引起的腐蚀外，还应注意微生物（包括真菌、霉菌及细菌）作用引起的腐蚀。许多高分子材料，如天然橡胶、大部分的含有增塑剂的热固性塑料和热塑性塑料等都含有微生物所必需的养分，因此只要有合适的温度和湿度，微生物便会在这些材料上生活与繁殖，导致设备的腐蚀。

微生物对设备的损害，不仅表现在其新陈代谢所产生的酸性产物具有腐蚀作用，而且往往反映在其会使密封圈失去密封性，绝缘件丧失绝缘性，有时潮湿霉菌跨接在两相互绝缘构件表面繁殖时，还会直接引起电流短路。

控制微生物腐蚀，要注意清洁环境，保持干燥，以清除微生物生活和繁殖所必要的条件。就材料本身而言，不含增塑剂的塑料具有较好的抗微生物腐蚀能力。

4）应力腐蚀　高分子材料的应力腐蚀是高分子材料在受力状态下所发生的物理或化学腐蚀，并使材料在低于正常断裂应力下产生银纹、裂纹，直至断裂的现象。

应力腐蚀不仅与介质有关，也与高分子材料的性质有关。不同的材料与各种介质发生作用的能力不同，所以对应力开裂的敏感性不同。同一种材料由于分子量、结晶度、存在残余应力等的不同，也对应力腐蚀有着不同的影响。一般说，分子量小的发生开裂所需时间短，结晶度高的容易产生应力集中，晶区与非晶区的过渡交界处容易受到介质的作用，因此易于产生应力开裂。

另外，应力还可加速高分子材料的腐蚀。拉伸应力使材料的大分子间距增大，空隙增多，使介质更容易进行渗透扩散，使进入材料内部的介质增多，因而导致腐蚀加速和材料在介质中的增重明显加大。

2.1.3　设备腐蚀防护技术

为保证水工艺设备安全、连续高效地运行，除了针对设备工艺要求、材料性能与使用的环境介质条件合理选取材料外，还必须对水工艺设备从设计、加工、装配、维护等方面采取一整套的防腐措施和防护技术。

1. 腐蚀防护设计

腐蚀防护设计除正确选材外，具体还包括防蚀材料的选择、防蚀结构设计、防蚀强度设计以及满足防蚀要求的加工方法。

（1）防蚀材料的选取

1）设备或构件的工作环境是选材必须明确的条件，使用者与设计者应密切配合，详细列出环境介质参数。

2）参考已有的腐蚀数据资料，选出在相应腐蚀环境下的耐蚀材料。例如，由 NACE（美国腐蚀工程师学会）出版的 Corrosion Data Survey 和 Rabald 著的《金属腐蚀手册》等都收集了丰富的数据。这些资料的积累为正确选材提供了宝贵的经验。

3）从事故调查的分析记录中吸取教训。许多国家都比较重视腐蚀事例的调查，如 1971 年美国 M. G. Fontana 发表了 Du Pout（杜邦）的 1968 年～1969 年两年间金属材料损伤 313 例调查。日本工业（株）发表了 1964 年～1973 年 10 年间研究处理不锈钢腐蚀事故 985 例的详细讨论。从这些资料的积累中吸取教训，可以使我们避免重蹈覆辙。

4）腐蚀试验。虽然材料的腐蚀性能已有许多资料可供查阅，但有些时候往往和实际使用条件并不完全一致，当选用一种新型材料时，必须预先进行腐蚀试验。例如，进行接近于实际环境下的浸泡试验，或在类似实际情况下的模拟实验，在条件许可时则应进行现场试验，以得到选材的可靠数据和依据。

（2）防蚀结构设计

在设备的结构设计中，应同时考虑腐蚀防护方面的要求，以避免或减轻设备在使用过程中的腐蚀危害。主要包括下述原则：

1）构件形状尽量简单、合理。形状简单的构件易于采取防腐措施、排除故障，便于维修、保养和检查；可能情况下，尽量采用球形、圆柱形结构；避免或减少形成死角、缝隙、接头等，减少腐蚀性介质的积存和浓缩。

2）避免残留液和沉积物造成腐蚀。设备、容器出口管及底部的结构设计，应力求将其内部的液体排净（图 2.8），避免滞留的液体、沉积物造成浓差腐蚀或沉积物腐蚀。

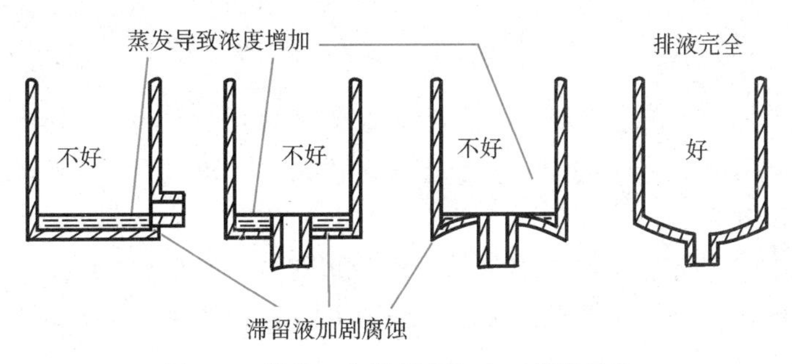

图 2.8 设备、容器底部与出口管的结构

构件布置要合理，避免水分积存，且要易于防腐和维修。在可能的情况下，贮液容器内部应尽量设计成流线形。

3）防止电偶腐蚀。在同一结构中应尽量采用相同的材料；在必须采用不同金属组成同一设备时，选用在电偶序中相近的材料。不同金属连接时，尽量采用绝缘措施，加绝缘垫片（如合成橡胶、聚四氟乙烯等）。也可以在两异种金属材料偶接处加入第三种金属，使两种金属间电位差降低。在不同金属相连接时，应尽量采用大阳极小阴极的有利结合，避免大阴极小阳极的危险连接，如图 2.9 所示。

4）防止缝隙腐蚀。在设备装置上总是有各种各样部件的连接，除焊接外还有铆接、销钉连接、螺栓连接、法兰连接等。这些连接都带来了大量的缝隙，这些缝隙的存在，对

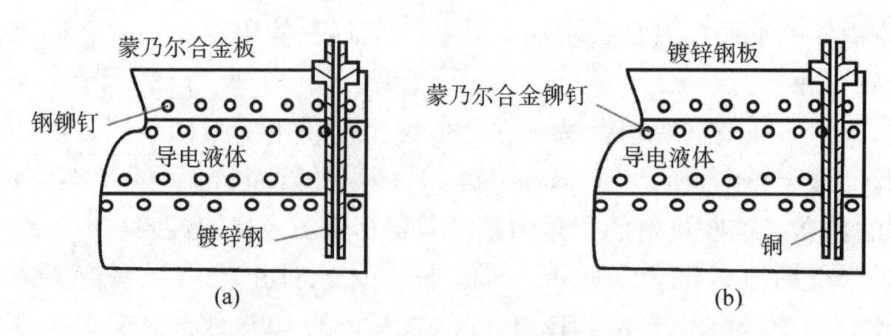

图 2.9　不同金属连接时结构设计对比图

（a）不好（大阴极小阳极）；（b）较好（大阳极小阴极）

构件的防蚀不利。因为缝隙将产生氧浓差电池，同时缝隙内常因酸化导致腐蚀速度加快。特别像不锈钢和钛等材料，它们的耐蚀性是依靠金属钝化，因而对缝隙腐蚀尤为敏感。为了防止缝隙腐蚀，可采用如下措施：

a. 尽可能以焊接代替铆接。在采用焊接时，用双面对焊和连续焊比搭接焊和点焊好，如图 2.10 所示。

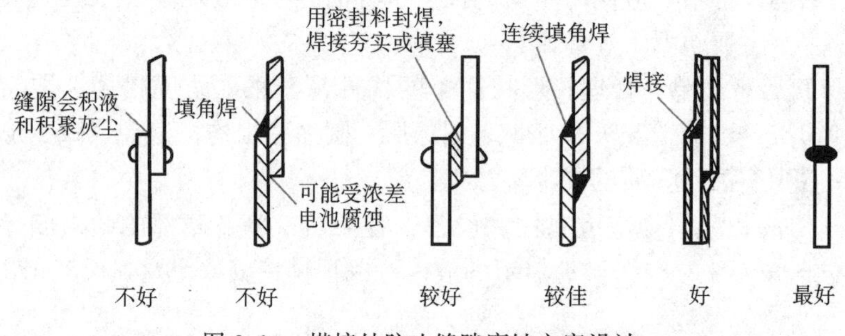

图 2.10　搭接处防止缝隙腐蚀方案设计

b. 改善铆接状况，在铆缝中可填入一层不吸潮的垫片。

c. 容器底部的处置。容器底部不要直接与多孔基础（如土壤）接触，要用支座等与之隔离开。

d. 法兰连接处垫片不宜过长，尽量采用不吸湿的材料作垫片。

e. 避免加料时溶液飞溅到器壁，引起沉积物下的缝隙腐蚀。因此加料口应尽量接近容器内的液面。

5）防止液体的湍流腐蚀。设计时应注意避免过度的湍流、涡流。

a. 设计外形和形状的突变会引起超流速与湍流的发生，在设计中应尽可能避免。

b. 管线的弯曲半径应尽可能大，尽量避免直角弯曲。通常管子的弯曲半径应为管径的 3 倍。材料不同这个数值亦不同，如软钢和铜管线取弯曲半径为管径的 3 倍，强度特别小或高强钢取管径的 5 倍。流速越高则弯曲半径也应越大。

c. 在高流速接头部位，不要采用 T 形分叉结构，应采用曲线逐渐过渡的结构。

为避免高速流体直接冲击设备器壁，可在需要的地方安装可拆卸的挡板或折流板以减轻冲击腐蚀。

6）避免应力过分集中　设计中要避免应力过分集中，应注意以下三方面问题：

a. 零件在改变形状或尺寸时，不应有尖角而应以圆角过渡；当设备的筒体与容器底的厚度不等而施焊时，应当把焊口加工成相同的厚度。

b. 设备上尽量减少聚集的、交叉的和闭合的焊缝，以减少残余应力。施焊时应保证被焊接金属结构能自由伸缩。

c. 热交换管的管子与花板的连接采用内孔焊接法比涨管法好，这样既减少缝隙，又减小应力腐蚀破裂的危险性。

7）设备和构筑物的位置要合理

a. 设备装置的布置应尽量避免相互之间可能产生的不利或有害影响，如贮液设备、液体输送设备或排泄设备应与电控设备留有一定的安全距离。

b. 电气控制等设备应尽可能避开具有腐蚀性的环境，如在含有或可能泄漏 Cl_2、HCl、H_2S 等腐蚀性和有毒性气体的局部环境中，要尽量避免布置电气设备或未做防腐处理的其他设备。

（3）防蚀强度设计

防蚀强度设计中主要应考虑到材料的腐蚀余量、局部腐蚀强度以及材料腐蚀强度变化 3 个方面的因素。

1）腐蚀余量的选择　对于全面腐蚀的情况，在未考虑环境腐蚀算出构件材料尺寸时，应根据这种材料在使用的介质中的腐蚀速度留取恰当的余量，这样就可以保证原设计的寿命要求。腐蚀余量的考虑要根据构件使用部位的重要性及使用年限来决定。

2）局部腐蚀的强度设计　局部腐蚀类型是多种多样的，而且因材料、环境、条件不同而不同，目前还很难根据局部腐蚀的强度降低，采用强度公式对腐蚀余量进行估计，对于晶间腐蚀、孔蚀、缝隙腐蚀等只有采取正确选材或控制环境介质，注意结构设计等措施来防止。对于应力腐蚀断裂、腐蚀疲劳，如果材料的数据资料齐全，就有可能做出合适可靠的设计。例如，只要能确定材料在实际应用环境中的应力腐蚀临界应力，在设计时构件承载的应力（包括内应力）低于此值便不会导致应力腐蚀断裂。对于腐蚀疲劳，可以根据腐蚀疲劳寿命曲线 σ（应力）—N（循环次数）中的表观疲劳极限，使设计的设备在使用期限内安全运行。

3）材料耐蚀强度特性的变化　在加工及施工处理时，可能会引起材料耐蚀强度特性的变化，应加以注意。如某些不锈钢在焊接时，可能会造成不锈钢的晶间腐蚀，使材料强度下降，可能会在使用中造成断裂事故。

（4）其他防蚀设计

在设计中，除上述几方面应当考虑外，在选用材料时，从经济方面考虑常常推荐各种防蚀保护措施，如使用防蚀涂料、电化学保护、缓蚀剂或电镀、化学镀、化学转化膜等其他工艺性防腐蚀措施等。

2. 设备的电化学保护

电化学保护是根据金属电化学腐蚀原理对金属设备进行保护的一种有效方法。在石油、化工、地下管道、舰船、码头等方面被广泛地使用。可使设备的使用寿命延长数倍至数十倍，而投资不到工程总费用的 1%。

按照作用原理不同，电化学保护分为阴极保护和阳极保护两类。

（1）阴极保护

用一定的方法使被保护的金属设备发生阴极极化以减小或防止其腐蚀的方法称为阴极

保护。

实现阴极保护的方法通常有两种：

1）外加电流的阴极保护　将被保护的金属设备与直流电源的负极相接，进行阴极极化，如图2.11所示。这种方法称为外加电流阴极保护。

外加电流阴极保护法的优点是可以调节电流和电压，适用范围广，可用在要求大保护电流的条件下，当使用不溶性阳极时，其装置耐用。缺点是必须经常进行维护、检修，要配备直流电源设备；附近有其他金属设备时可能产生干扰腐蚀，需要经常的操作费用。

2）牺牲阳极的阴极保护　在被保护的金属设备上连接一个电位更负（相对于被保护的金属设备而言）的金属（如钢铁设备上连接锌等），使被保护金属设备发生阴极极化，这种方法称为牺牲阳极的阴极保护（也称牺牲阳极保护），如图2.12所示。

牺牲阳极保护的优点是不用外加电流；施工简单，管理方便，对附近设备没有干扰，因此，适用于安装电源困难、需要局部保护的场合。缺点是能产生的有效电位差及输出电流量都是有限的，只适于需要小保护电流的场合。且电流调节困难，阳极消耗大，需定期更换。

阴极保护效果好，且简单易行，地下管线、电缆，海洋平台、舰船等防腐常采用此方法。它不仅能减缓金属设备的腐蚀，而且能防止某些材料的应力腐蚀、腐蚀疲劳等局部腐蚀破坏。但并非所有金属设备在任何条件下都适于采用阴极保护法，使用阴极保护时应考虑以下几方面的问题：

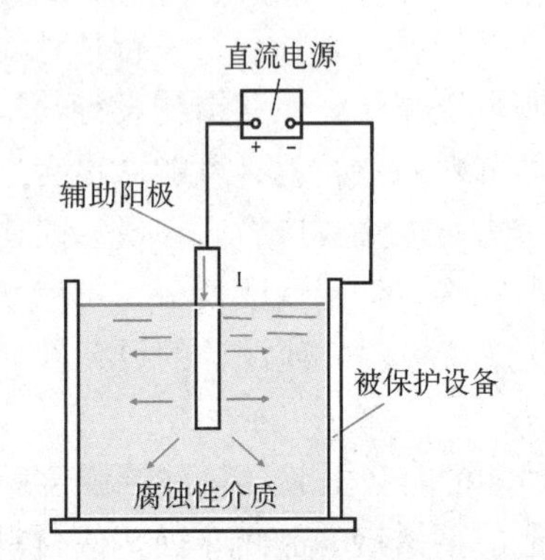

图2.11　外加电流阴极保护示意图
（箭头表示电流方向）

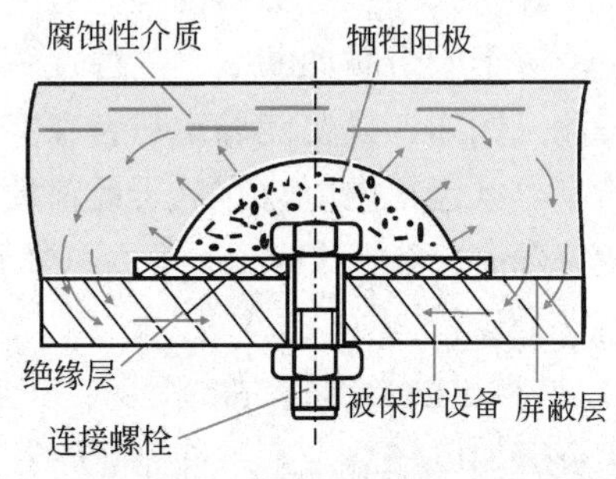

图2.12　牺牲阳极保护示意图
（箭头表示电流方向）

a. 腐蚀介质必须是电解质溶液，能够离子导电。中性盐溶液、潮湿土壤、江水、海水、弱酸、弱碱等介质对金属设备的腐蚀防护常采用阴极保护法。

被保护设备在其腐蚀介质中要易于阴极极化，否则，即使通以很高的电流也不能实现有效地保护或完全保护。

b. 钝态金属设备不宜采用阴极保护。对于已处钝化态的金属设备，在外加阴极电流条件下可能会使处于钝化态的金属设备进入活化态，反而加速设备腐蚀。

c. 结构、形状复杂的金属设备不宜采用阴极保护。

d. 由氢脆敏感性材料制作的金属设备不宜采用阴极保护。因为作为阴极的金属设备上或多或少地都会发生析氢反应，可能导致材料的氢脆。

（2）阳极保护

将被保护的金属设备进行阳极极化，使其由活化态转入钝化态，从而减轻或防止金属设备腐蚀的方法称阳极保护。

阳极保护适用于那些电位正移时，金属设备在所处的介质中有钝化行为的金属—介质体系。否则阳极极化不但不能防止腐蚀，反而会加速腐蚀。

阳极保护原理的示意图如图2.13所示。根据前面所讲的Fe-H_2O体系的E-pH关系图（图2.3），若将处于腐蚀区的金属进行阳极极化，使其电位正移至钝化区，则金属由活化态转入钝化态，腐蚀速度大大减小，金属设备得到保护。

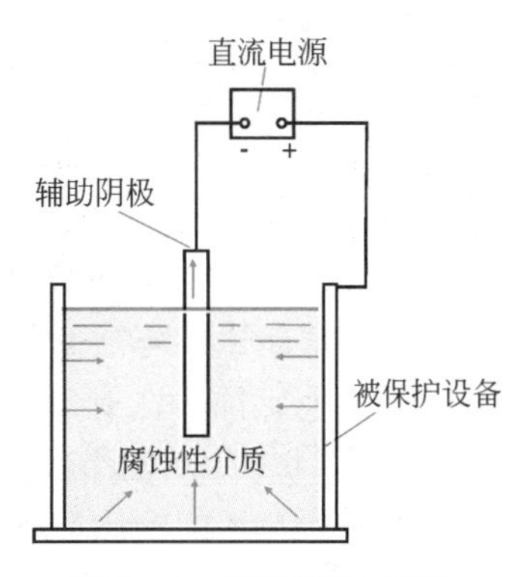

图2.13　阳极保护示意图
（箭头表示电流方向）

阳极保护的适用条件与特点主要包括：

a. 某些活性阴离子含量高的介质中不宜采用阳极保护。因为这些活性离子如Cl^-在高浓度下能局部地破坏钝化膜并造成孔蚀。

b. 与阴极保护一样，阳极保护也存在遮蔽效应。若阴、阳极布局不合理，可能造成有的地方已钝化，有的地方过钝化，有的地方尚处在活化态。

c. 与阴极保护相比，成本高、工艺复杂。因为阳极保护需要辅助阴极、直流电源、测量及控制保护电位的设备。

（3）阴极保护与阳极保护的比较

阴极保护和阳极保护都属于电化学保护，适用于保护处于电解质溶液中的金属设备，但它们又有各自的特点。

1）从原理上讲，任何金属都可实施阴极保护（有负保护效应者除外）。阳极保护则是有条件的，它只适用于金属－介质体系具有钝化行为的金属设备的保护，否则会加速腐蚀。

2）阴极保护时，保护效果取决于阴极极化的程度，极化电流不代表腐蚀速度的大小。阳极保护时，必须通过阳极极化建立钝态，极化电流的大小能反映腐蚀速度的快慢。

3）阴极保护时，电位的偏移只会影响保护效果，不会造成腐蚀速度的显著变化（自钝化金属除外）。阳极保护时，电位的偏离可能造成腐蚀速度加快。

4）当介质具有强氧化性时，采用阴极保护需要大电流阴极极化。采用阳极保护时，由于钝化膜建立容易，易于进行阳极保护，且效果较好。

5）阴极保护时析氢反应对具有氢脆敏感性的设备有造成氢脆的可能性。阳极保护时，析氢发生在辅助阴极上，被保护设备不会有产生氢脆的可能性。

6）阴极保护时，辅助电极是阳极，在强氧化性介质中容易腐蚀，选择合适的阳极材料比较困难。阳极保护时，辅助电极是阴极，其本身就处于被保护状态。

3. 设备环境介质的控制

环境介质的特性对设备的腐蚀破坏特征有着显著影响。对介质的特性进行人为控制，能有效地减轻介质对设备的腐蚀程度。

改变介质的腐蚀特性一般有两种途径：一种是控制现有介质中的有害成分；另一种是添加少量的物质降低介质的腐蚀性（缓蚀剂防蚀法）。

(1) 控制环境介质中的有害成分

介质的成分、浓度、pH、湿度、压力、温度、流速等均影响金属在介质中的腐蚀行为，对这些因素进行恰当的控制可使设备的腐蚀速度大幅度降低。控制环境介质成分的方法主要有以下几种：

1) 除去介质中的有害成分　根据电化学腐蚀原理，凡是能抑制腐蚀原电池阴、阳极过程的措施都能达到防蚀的目的。影响介质中金属腐蚀的主要成分是氧。如在无氧盐酸中，铜不发生腐蚀，在有氧条件下，铜就会发生腐蚀；在含氧条件下，Cl^- 浓度只要有 $10\mu g \cdot g^{-1}$，奥氏体不锈钢就会发生应力腐蚀开裂，而在无氧情况下，即使 Cl^- 浓度超过 $1000\mu g \cdot g^{-1}$，也不发生应力腐蚀开裂；在 $Fe\text{-}H_2O$ 体系中，pH=4.5～9 范围时，Fe 的腐蚀速度几乎与 pH 无关，只与体系中的溶解氧浓度有关。因此，介质中除氧是改善金属耐蚀性的有效途径。除氧的方法主要有加热除氧法和化学除氧法。

加热除氧法就是将水加热至沸点温度以除去溶解在水中的氧。

化学除氧法是往水中加入化学药品，这些药品能迅速地和水中的溶解氧发生化学反应，从而消耗掉水中溶解氧，达到除氧的目的。常用的化学除氧剂主要有联氨、亚硫酸钠等。

2) 控制介质的 pH　设备中常用金属的腐蚀速度与介质 pH 的关系如图 2.14 所示，由图可见贵金属在强酸、强碱性介质中耐腐蚀；两性金属在强酸、强碱性介质中不耐腐蚀；其他金属在 pH＞10 时，耐蚀性大幅度提高（pH 过高，金属的耐蚀性将会下降）。因此要减轻腐蚀，应控制介质的 pH 在适宜的范围。控制介质 pH 的方法是向介质中加入碱性或酸性化学药剂。

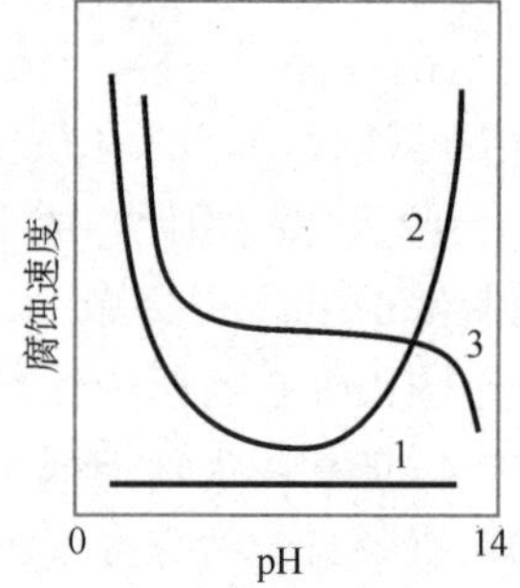

图 2.14　pH 对金属腐蚀速度的影响

1—Au，Pt；2—Al，Zn，Pb；3—Fe、Cd、Mg、Ni 等

3) 降低气体介质的湿度　当气体介质中湿度过高时，其凝结水就会在材料表面上形成水膜，加速材料的腐蚀。因此降低气体的湿度是减缓金属腐蚀的有效措施之一。

降低湿度的方法包括用干燥剂吸收水分、采用冷凝法除去水分或提高温度降低湿度，使水蒸气无法凝结。

(2) 缓蚀剂

缓蚀剂是一种在很低的浓度下，能阻止或减缓金属在腐蚀性介质中腐蚀速度的化学物质或复合物。作为缓蚀剂必须具备的条件是用量极少（千分之几至百分之几）、有较好的防蚀效果和不改变介质的其他化学性质。

缓蚀剂使用方便、收效快，在循环水系统以及钢铁、石油化工、动力、运输等部门广泛应用。

1) 分类　目前关于缓蚀剂还没有一个既能把众多的缓蚀剂分门别类，又能反映出缓蚀剂内在结构特征和作用机理的较为完善的分类方法。现在常用的有两种方法，即化学组成分类法和影响电极过程分类法。

a. 按化学组成可分为无机缓蚀剂（硝酸盐、铬酸盐、碳酸盐、钼酸盐等）和有机缓蚀剂（醛类、胺类、杂环化合物等）。

b. 按对电极过程的影响可分为阳极缓蚀剂（铬酸盐、硅酸钠、苯甲酸钠等）、阴极缓蚀剂（$SbCl_3$、$AsCl_3$、锌盐、聚磷酸盐及多数有机缓蚀剂）、混合型缓蚀剂（琼脂、生物碱、亚硝酸二环己胺等）。

2）缓蚀机理 根据缓蚀剂的不同作用特点，可分为以下几种作用机理：

吸附理论 吸附理论认为，介质中缓蚀剂的极性基团定向吸附排列在金属的表面，形成连续吸附层，从而排除了水分子或氢离子等腐蚀介质的侵入或者使金属与腐蚀介质隔离，使介质的分子或离子很难接近金属表面，起到缓蚀作用。

成膜理论 成膜理论认为，缓蚀剂的分子能与金属或腐蚀性介质的离子发生化学作用，在金属表面生成具有保护作用的、不溶或难溶的化合物膜层，使金属不能接触到腐蚀性介质，从而起到缓蚀的作用。

电极过程抑制理论 该理论认为，缓蚀剂的加入能够抑制金属在介质中形成的腐蚀电池的阳极过程、阴极过程或同时抑制这两个过程，从而使腐蚀速度减慢，亦即起到了缓蚀的作用。

3）影响缓蚀作用的因素及缓蚀剂的应用 不同的缓蚀剂只对特定的金属在特定的腐蚀介质中具有缓蚀作用。而且，缓蚀剂的缓蚀作用又受缓蚀剂浓度、温度、介质流速及pH等因素的影响。对于大多数缓蚀剂，其缓蚀效果都是随缓蚀剂浓度的增大而提高；温度升高，金属腐蚀速度加快，同时金属对缓蚀剂的吸附作用减弱，因此缓蚀效果随之降低。介质流速和pH都会对缓蚀剂的缓蚀效果产生影响。

按不同的用途划分，缓蚀剂主要包括水溶性缓蚀剂、油溶性缓蚀剂及气相缓蚀剂。

水溶性缓蚀剂具有多种用途，可作为酸、碱、盐及中性水溶液介质的缓蚀剂。

油溶性缓蚀剂最主要和最广泛的用途就是溶解在油、脂中制成各种防锈油、防锈脂。

气相缓蚀剂是能够不断地自动挥发，从而能充满需要缓蚀的空间而起到缓蚀作用的一类缓蚀剂。气相缓蚀剂的种类很多，应用范围也很广，从使用方式上看，它主要是用作密闭包装中的缓蚀剂。民用的各种机械、管材、钢板以至小型标准件；军用的各种武器、飞机、雷达等都可用气相缓蚀剂进行防锈。工序间防锈、中间仓库防锈以及长期封存时都可使用气相缓蚀剂。

4. 电镀、化学镀、化学转化膜防护

（1）电镀

电镀是使电解液中的金属离子在直流电作用下，于阴极（待镀零件）表面沉积出金属而成为镀层的工艺过程。金属零件经过电镀，可以改变其表面特性与外观，提高耐蚀性、耐磨性，增加其硬度和其他物理性能。电镀镀层主要包括锌、镉、铜、镍、铬、锡、铁等镀层。

（2）化学镀

化学镀是利用一种合适的还原剂，使溶液中的金属离子还原并沉积在基体表面的过程，它也被称为自催化镀或无电电镀。

化学镀与电镀不同，它不需要通以直流电，而将镀件直接浸入化学镀液即可。化学镀可以在金属、半导体、非导体材料上直接进行；由于不存在电流分布问题，所以在深孔、盲孔和复杂内腔的内表面上可以获得均匀镀层；化学镀得到的镀层孔隙少、致密，具有很好的耐磨性，很高的硬度。化学镀的缺点是镀液本身不稳定，因而对镀液的维护要求较高，通常需加热设备；另外化学镀成本高，镀层有较大脆性。

能够进行化学镀的金属有镍、铜、钴、银、金、钯、铑等及相应的合金。

(3) 化学转化膜

金属表面的原子层与某些特定介质的阴离子反应后，在金属表面生成的膜层称为转化膜。

转化膜可分为电化学转化膜和化学转化膜两大类，其中化学转化膜还包括化学氧化膜、铬酸盐膜和磷酸盐膜。

电化学转化膜的形成是将待处理的金属作为阳极，在酸性或碱性电解液中采用控制阳极电流或电压的方法进行阳极氧化来获得膜层的。化学转化膜是将待处理的金属在适宜的金属盐溶液中，通过简单的浸渍，在金属表面生成的膜层。对铝、锌、铁、铜等金属均可采用。

转化膜层通常用于以腐蚀防护为主要目的的场合。

5. 浸镀、渗镀、包镀及热喷涂防护技术

(1) 浸镀

浸镀（热镀）就是把金属制件浸入熔融金属液中形成镀层的方法。因此，镀层金属的熔点必须比被镀基体金属的熔点低得多。目前，广泛用作浸镀层的金属有锌、锡、铝、铅以及它们的合金。钢铁材料是这些镀层金属的主要基体材料。

工业上广泛应用的最普通的是浸镀锌。目前全世界生产的锌约有半数以上用于浸镀锌，其中浸镀锌钢板消耗的锌约占60%以上。

(2) 渗镀

渗镀是采用扩散处理方法，将一种或几种元素从表面扩散到基体金属中去，形成渗层，以改变表面层的化学成分及组织，从而改善金属材料表面性能。这种方法也称为表面合金化。

用渗镀法形成的渗层与基体结合非常牢固，不易剥落。

渗镀处理可提高金属材料的耐蚀性、硬度和耐磨性。目前应用最广泛的渗剂元素是锌、铝、铬、硅、硼等。

(3) 包镀

将被保护金属坯料放在保护金属板中间，加以热轧，靠机械力、热扩散使保护金属与被保护金属粘合在一起称为包镀。

在较为强烈的腐蚀环境中很难使用价格很昂贵的耐蚀结构材料的情况下，就可以使用包镀。

为了在强度和耐蚀性方面都具有很高的性能，可以通过轧制或挤压的方法将高纯铝包覆在经过热处理而强度很高的铝合金基体材料上。

(4) 热喷涂

热喷涂也叫热喷镀。它是利用高温热源，通过特殊设备——喷枪，将涂层材料加热至熔融或接近熔融状态，高速喷至工件表面，并形成防护层的过程。

根据涂层材料加热源的不同，可将热喷涂分为两大类。以气体燃烧或爆炸作为加热源叫做燃气喷涂，其中包括火焰喷涂和爆炸喷涂；以电能作为加热源的叫做电喷涂，其中包括电弧喷涂、等离子喷涂和高频感应喷涂。

热喷涂可以对构件表面进行耐蚀性、耐磨性和耐热性等防护处理，也可用于磨损件恢复尺寸。

喷涂材料可以是金属、合金、金属复合材料、高熔点的金属氧化物、碳化物、硼化物等，也可以是塑料、玻璃或其他非金属材料。

6. 衬里防护技术

当金属表面采用涂料覆盖层保护时，往往会由于涂层薄、强度低、易发生碰伤损坏或腐蚀介质渗入而使涂料保护层失去防腐效果。因此在较苛刻的机械磨损或腐蚀条件下，应选用防护层强度更高，耐蚀性更强的覆盖层防腐方法——衬里防护技术。根据衬里材料的性质和施工方法的不同可将衬里防腐技术分为玻璃钢衬里和橡胶衬里。

（1）玻璃钢衬里

玻璃钢是利用玻璃纤维的增强作用和粘合树脂的耐蚀作用使玻璃钢成为一种既易于增加涂层厚度又可增加涂层机械性能的覆盖层。

玻璃钢衬里内由于玻璃纤维的增强作用，衬里一般都具有较高的机械强度和整体性，即使受到机械冲击也不易出现损伤；又由于衬里是多层结构，涂层的孔隙率低，腐蚀介质很难渗入，所以耐蚀性高。

（2）橡胶衬里

橡胶衬里具有良好的物理、机械、耐蚀和耐磨性能。作为衬里层，具有与基体黏附力强、施工容易、检修方便、衬后设备增重少等特点。

在衬里用橡胶中，天然橡胶的使用量占70%。随着合成橡胶工业的发展，合成橡胶在衬里中的应用越来越多，常用的合成橡胶多为丁苯橡胶、氯丁橡胶、丁腈橡胶、丁基橡胶和磺化聚乙烯橡胶等。

7. 有机涂料防护技术

涂料防护是通过手工刷涂或机械喷涂等方法，在设备的内外表面上粘合一层有机涂料覆盖层，将腐蚀介质与基体表面隔离开来的一种防护技术。根据腐蚀环境的不同，选择不同种类、不同厚度的涂料覆盖层进行防腐。

为了增强涂层对金属表面的附着力，提高涂层的平整性和装饰保护性以及其他必要的物理机械性能，对各种基本金属需进行涂前处理。

常用的耐蚀材料有醇酸树脂防腐涂料，酚醛树脂防腐涂料，呋喃树脂防腐涂料、环氧树脂防腐涂料、沥青防腐涂料、乙烯树脂防腐涂料、橡胶防腐涂料、有机硅耐热防腐涂料、富锌防腐涂料、塑料防腐涂料等。

2.1.4 水工艺中常用防腐措施

（1）水下设备常用防腐方法

在水下或干湿交替情况下运行的给水排水专用设备，由于水质的酸碱度、流速等影响，锈蚀会加快。因此，常用表面处理的方法，选择不同材料或在设备表面覆盖涂料来提高防腐能力和水下设备的使用率。当然采用不锈钢结构的设备一般情况下可省去这一工作。常用表面处理的特点及应用见表2.7。

常用表面处理的特点及应用 表2.7

名称	特 点	应 用
镀锌	钢铁表面镀锌后，在水中及潮湿大气中与氧或二氧化碳作用生成氧化物或碳酸锌薄膜，可以防止锌继续氧化起保护作用。锌成本低，加工方便，效果好。镀锌层厚度在0.02～0.03mm。但不宜作摩擦零件的镀层	钢管、紧固件、弹簧等钢铁机械零件
氧化（发蓝或发黑）	将钢铁零件放入含苛性钠、硝酸钠或亚硝酸钠的溶液中处理，使零件表面生成一层由磁性氧化铁所组成的有色氧化膜，能提高零件表面一定的抗蚀能力。氧化膜厚度为0.5～1.5μm	紧固件、弹簧等小型钢铁机械零件
氮化	将切削加工后的零件，先进行人工时效处理，随后利用稀薄的含氮气体的辉光放电现象进行氮化处理。气体电离后所产生的氮被零件表面所吸附，并向内扩散成氮化层，以提高表面硬度及其耐磨、耐蚀性	齿轮、轴等
渗铬	向零件表面渗铬，形成一层结合牢固的铬-铁-碳合金层。渗铬后零件表面抗氧化、耐磨、耐蚀性提高，可以代替铬不锈钢材料	轴、轴套、紧固件等
塑料喷涂	钢铁表面喷涂一层工程塑料的涂覆层，使金属与水分、空气等外界腐蚀介质隔开，达到提高金属的抗蚀能力	适用于不进行摩擦的小零件
金属喷涂	利用乙炔、氧等火焰燃烧或电源电弧熔融能防腐蚀的金属，喷涂于零件表面，达到表面防腐能力	轴等

尽管水处理设备的钢铁结构件表面都有防锈涂料，但经过一段时间的使用，这些涂料会逐渐磨损、老化、脱落，进而也会发生腐蚀。为此，各类水处理厂，特别是污水处理厂应经常检查这些涂层的情况，并随时修补。每次大修时应将失效的涂料及生锈的钢铁表面全部清理干净，涂以新的涂料。浸水部分常用的涂料有环氧沥青，其余部分有各种防锈漆。近年来各种新型涂料层出不穷，可根据需要及经济条件选用适当的防腐方法。

下面具体介绍几种给水排水工程中常用的水下设备的防腐措施。

1）钢丝绳和拉链的防腐措施

由于特殊的工作环境，给水排水工程设备中的钢丝绳的锈蚀现象是非常严重的，特别是经常浸没在污水、污泥中的钢丝绳及链条更是如此。钢绳一旦发生外部或内部锈蚀，弯曲时更易发生疲劳断裂。对此一方面要加强日常的防腐保养，如及时清除表面污泥和定期涂油；另一方面应定期用专用工具撬开钢丝绳，检查内部的腐蚀情况，必要时请专业人员用磁力探伤等方法测定内部情况。发生较严重锈蚀的钢丝绳应及时更换。

拉链也是污水处理设备上常用的承重件，由于磨损或锈蚀，其某一单节的截面积降到原来的80%或某一节焊口开裂就应更换链节或整条更换。

2）水下轴承的防腐措施

水下轴承是用于水下转轴的支承装置，由于长期浸没在水中，一旦污泥、杂粒浸入轴承本体，就会造成磨损和腐蚀，而且往往不能及时发现而影响使用。因此，水下轴承的设计除轴承的受力计算外，还需采用合理的密封措施。

3）搅拌设备的防腐措施

搅拌设备防腐蚀方式应根据搅拌介质的腐蚀情况、水质要求、使用寿命要求和造价而定，应从材料的耐腐蚀性能、设备的包敷和涂装方法几方面综合比选。

当搅拌腐蚀性强的介质，如溶药搅拌中的搅拌三氯化铁或排水工程中处理酸、碱性强的工业废水时可采用环氧玻璃钢防腐蚀、橡胶防腐蚀和化工搪瓷防腐蚀等。防腐蚀方法的选择原则、防腐蚀性能、参考配方、施工方法等详见有关手册。

当采用涂装方式防腐蚀时，应满足以下要求：

a. 搅拌设备非配合金属表面涂装前应严格除锈，并达到相应的要求。

b. 搅拌设备水下部件用于给水工程一般涂刷“食品工业防霉无毒环氧涂料”或涂刷“NSJ-PES 特种无毒防腐涂料”。用于排水工程时，一般涂刷环氧底漆及环氧面漆。漆膜总厚度为 200～250μm，搅拌设备水上部件涂装时漆膜总厚度为 150～200μm。

4）曝气转刷的防腐措施

转刷由一根直径为 300～400mm 的空心轴和安装在轴上的无数刷片构成。转刷轴长度由氧化沟的宽度确定，但由于结构的限制，长度一般为 3～12m。

为了防止生锈，空心轴的表面一般涂以环氧沥青或包裹一层氯丁橡胶。刷片用不锈钢或塑料制成，安装在不锈钢制的组合包箍上，组合包箍按一定间距紧固在空心轴上。

（2）金属设备器壁腐蚀处理的方法

在金属设备器壁表面，一旦产生腐蚀，可视具体情况采取相应的处理措施。

1）属于下列轻微情况者，可暂不处理：面积较大的麻点腐蚀区，但无裂纹；分散腐蚀坑点，其深度未超过计算壁厚的一半；在分散的点蚀区内，无严重的链状点蚀。

2）单个表皮下腐蚀缺陷和个别凹坑的尺寸不大于 ϕ40mm 的腐蚀缺陷，有 3 种处理方法：较浅的可暂不处理；较深的可用打磨法，但打磨后壁厚应满足强度要求；如打磨后不能满足强度要求，应用堆焊处理。

3）几个较大的凹坑同时存在时但每个坑的尺寸不大于 ϕ40mm，有两种处理方法：相邻两缺陷的间距大于 120mm 时，可按个别凹坑腐蚀缺陷处理；相邻两缺陷的间距小于 120mm 而大于 50mm，且腐蚀深度未超过原壁厚的 60%时，可用堆焊处理。

4）局部腐蚀缺陷。其深度不影响强度要求而面积较大时，可以用金属喷镀处理。

5）局部均匀腐蚀缺陷：腐蚀面积可大可小，只要缺陷深度不超过原壁厚的 40%，用堆焊处理；几块腐蚀面同时存在，但单块面积不大于 50mm×50mm，相邻腐蚀面的间距大于 50mm，腐蚀深度不超过原壁厚的 60%时，可用堆焊处理；腐蚀面过多或分布过广时，采用挖补处理或更换板块。

6）全面均匀腐蚀。这是腐蚀缺陷中危险性最小的一种，一般只做防腐措施，不作其他处理。

7）晶间腐蚀。晶间腐蚀所造成的缺陷属于最危险的缺陷之一，对于这种缺陷主要采用预防措施，否则产生了这种缺陷只能整体更换。

8）变形缺陷：较严重的局部凹陷和鼓疱等变形缺陷，不宜继续服役；轻微的局部凹陷和鼓疱等缺陷，变形面积不大，对受力情况或其他区域不会产生影响，并且在材料可焊性较好的情况下，可用挖补处理。

2.2 设备的保温

热水供应系统中的加热设备、贮热设备、蒸汽管道、热水管道及某些凝结水管道都必须保温。保温良好的管网的热损失一般为总输送热量的 5%～8%，而保温结构费用约为管网成本的 25%～40%，由此可见，对热水供应系统的有效保温在保证热水的水温、节能、节水和节约投资等方面都有重要意义。

2.2.1 保温的目的

保温的目的主要包括三个方面：

(1) 减少热损失，节能，降低总费用

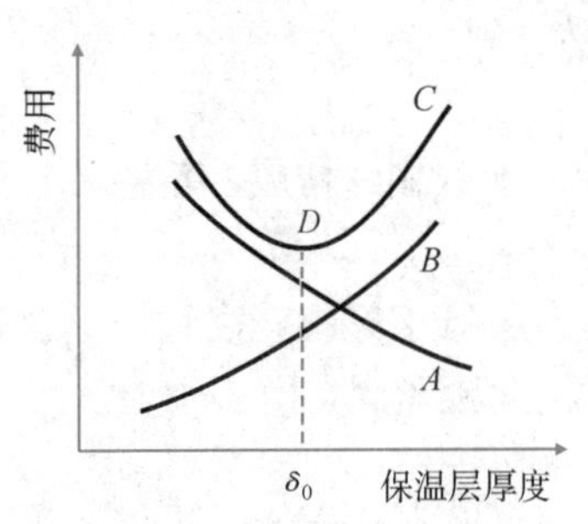

图 2.15 保温层厚度与费用关系曲线

图 2.15 为保温层厚度与系统费用之间的关系，从经济上考虑，系统总费用由投资和运行费用两部分构成，对于选定的某一种保温材料，随着保温层厚度的增加，热损失费用减少，平时运行费用降低（曲线 A）；但同时保温费用却增加（曲线 B）。两条曲线叠加后为总费用曲线 C，曲线 C 的最低点 D 所对应的保温层厚度就是最经济的保温层厚度。

(2) 满足热水用户的使用要求

设备和管道的保温设计应首先满足用户的使用要求，保证最不利用水点对水温的要求，经济性则是次要的。

(3) 满足一定的劳动卫生条件，保障人身安全

为了保障人身安全，保护运行检验人员避免烫伤，蒸汽管道保温层外表面允许的最高温度与外表面的材质有关，当保温层外表面包上金属皮时，外表面温度不得超过55℃，当保温层外表面为非金属材料时，外表面温度不得超过60℃。凝结水管道及附件保温层外表面允许的最高温度与环境温度有关，当环境温度小于5℃时，保温层外表面允许的最高温度为40℃；其他情况下为50℃。

为满足上述要求，下列情况应设置保温：

1）当管道或设备外表面的温度≥50℃时；

2）要求介质温度保持稳定的管道和设备；

3）为防止管道、设备中的介质冻结或结晶时；

4）管道、设备内介质温度较高，需经常操作维护而又容易引起烫伤的部位；

5）寒冷地区敷设在地沟、吊顶、阁楼层以及室外架空的管道。

2.2.2 保温材料

保温性能好是对保温材料的最基本要求，导热系数是保温材料最重要的参数，常用保温材料的热物理性能见表 2.8。作为保温材料，要求导热系数越小越好。保温材料的导热系数与构成保温材料的固体性质关系较小，主要与保温材料内部所含空气的多少、分布状态以及温度和湿度有关，静止空气的导热系数很低，约为 0.025W/(m·K)，因此保温材料中所含不流动的单独小气泡或气层越多，其导热系数就越低。一般而言，保温材料的导热系数还与温度和湿度有关。一般地讲，保温材料的导热系数与其重度、含水率和温度呈正比。除了有良好的保温性能外，保温材料还应有良好的耐温性，有一定的使用温度范围，性能稳定，能长期使用。保温材料的密度要小，一般不宜超过 600kg/m^3，并有一定的孔隙率。密度小，除了导热系数低，保温性能好外，还减轻保温管道的质量，减少支架。

常用保温材料的热物理性能 **表 2.8**

材料名称	密度 (kg/m³)	导热系数 [W/(m·K)]	备注
膨胀珍珠岩类：			密度小、导热系数小、化学稳定性强、不燃、不腐蚀、无毒、无味、价低、产量大、资源丰富、适用广泛
散料一级	<80	<0.052	
散料二级	80～150	0.052～0.064	
散料三级	150～250	0.064～0.076	
水泥珍珠岩制品	250～400	0.058～0.087	
水玻璃珍珠岩制品	200～300	0.056～0.065	
憎水珍珠岩制品	200～300	0.058	
普通玻璃棉类：			耐酸、抗腐、不烂、不蛀、吸水率小、化学稳定性好、无毒、无味、价廉、寿命长、导热系数小、施工方便、但刺激皮肤
中级纤维淀粉粘结制品	100～130	0.040～0.047	
中级纤维酚醛树脂制品	120～150	0.041～0.047	
玻璃棉沥青粘结制品	100～170	0.041～0.058	
玻璃棉保温管壳	50	0.0325	
离心玻璃棉类：			密度小、导热系数低、特点同普通玻璃棉
离心玻璃棉板	32～96	0.043～0.066	
离心玻璃棉毡	10～24	0.043～0.066	
离心玻璃棉套管	≥45	0.043～0.066	
硬质聚氯乙烯泡沫塑料制品	40～50	0.043	材料可燃，防火性能差，分自熄型与非自熄型两种
软质聚氯乙烯泡沫塑料制品	27	≤0.052	
岩棉类：			密度小、导热系数小、适用温度范围广、施工简便但刺人
保温板	80～200	0.047～0.058	
保温毡	90～195	0.047～0.052	
保温带	100		
保温管壳	100～200	0.052～0.058	
硅酸铝纤维类：			密度小、导热系数小 、耐高温但价高
硅酸铝纤维板	150～200	0.047～0.116	
硅酸铝纤维毡	180	0.016～0.047	
硅酸铝纤维管壳	300～380	0.047～0.116	
硅酸铝纤维绳	250～300	≤0.08	
泡沫塑料类：			密度小、导热系数小、施工方便、不耐高温、适用于60℃以下的低温水管道保温，聚氨酯可现场发泡灌注成形、强度高、但成本也高
可发性聚苯乙烯塑料板	20～50	0.03～0.047	
可发性聚苯乙烯塑料管壳	20～50	0.031～0.047	
硬质聚氨酯泡沫塑料制品	35～505	0.023～0.029	
硬质不燃聚氨酯泡沫塑料制品	50～300	0.02～0.05	
高效节能保温材料：			导热系数小、耐热温度高、无毒、无尘、不粉化、耐酸、耐碱、施工方便、使用范围广
铝镁硅酸盐及辅助原料和添加剂	194	0.0359	

为满足施工的要求，保温材料的抗压强度应大于 0.3MPa。另外，保温材料应无毒，对金属无腐蚀作用，可燃物少，吸水率低，易于制造成形，而且价格要便宜。

为了使保温层不受损坏，延长使用寿命，在保温层外面通常还要加一层含可燃物及有机物极少的保护层。通常在如下要求下选择保护层：

（1）保护层材料的允许使用温度应高于在正常操作情况下绝热层外表面的最高温度；

（2）性能稳定，耐腐蚀、无裂缝、刚度大、不易老化、不易变形；

（3）防水性能好（用于室外管道）；

（4）施工方便，安装后外观整齐美观。

2.2.3 保温结构与施工

管道和设备的保温结构由保温层和保护层两部分组成。保温结构的设计直接影响到保温效果、投资费用和使用年限等。对保温结构的选用要求做到以下几点：

（1）保证设备和管道的热损失不超过允许值；

（2）保温结构应有足够的机械强度；

（3）处理好保温结构和管道、设备的热伸缩；

（4）在满足上述条件的情况下，以简单、可靠、节省为原则，宜就地选取保温材料；

（5）为缩短工期、保证质量，保温结构尽可能采用工厂预制成形，减少现场制作；

（6）保温结构的保护层，应根据安装的环境条件和防雨防潮要求选用。并做到外表平整、美观。

常用的保温结构的形式有绑扎式、浇灌结构式、整体压制式和喷涂式几种。绑扎式结构是用铁丝借助保温钩钉将保温材料绑牢于设备或管道上，外包以保护层，适用于成形保温材料如预制瓦、管壳和棉毛毡等。这类保温结构应用较广，结构简单，施工方便，机械强度高，外形平整美观，使用年限较长。

浇灌式保温结构主要用于地下无沟敷设。用于北方地区地下水位低、土质干燥的地方，是一种比较经济的形式。近年来，国内生产的硬质聚氨酯泡沫塑料，用于110℃以下的设备和管道上作保温材料，也可采用现场浇灌、发泡成形。施工时可预先做好模子，套在管道外部，然后采用现场发泡浇灌。为便于管道伸缩，浇灌前应先在管外壁涂刷沥青或重油。这类保温结构整体性好，保温效果也好，同时可延长管道的使用寿命。

整体压制式保温结构是在工厂内用机械力量把热态的沥青珍珠岩直接挤压在管子上，制成整体式保温管。沥青珍珠岩使用于介质温度不超过150℃的设备和管道。

喷涂式保温结构是现代化的一种施工技术，它适用于大面积和特殊设备的保温。具有劳动强度低、原材料消耗少、保温结构的整体性好和保温效果好等特点。其保温材料一般有膨胀珍珠岩、硅酸铝纤维以及聚氨酯泡沫塑料等。

除了上述几种保温结构外，过去还有胶泥式、填充式、自锁垫圈式等，因其施工方法烦琐落后，费工费时，保温性能差，近年来已很少使用，已被其他保温结构所取代。

常用的管件包括阀门、法兰、弯头、三通、四通等。对于管件的保温，可参考管道的保温结构，但由于管件外径通常大于管道外径，形状又不规则，且局部的膨缩较大，在设计中应留有一定的伸缩余地，在施工中有时采取特殊的保温结构以减少由于管件保温不好而引起的热损失。

要取得比较理想的保温效果，除选择好保温材料外，还必须选择好保护层，才能延长保温结构的使用寿命。保护层有金属和非金属两种，金属保护层有铝皮、镀锌铁皮等，使用年限长，可达20年以上。非金属保护层有铝箔玻璃布保护层、铝箔牛皮纸保护层、玻璃丝布保护层、油毡玻纤布保护层、油毡铁丝网沥青胶泥保护层、石棉水泥保护层、玻璃钢外壳保护层等。

思 考 题

1. 什么叫氢蚀？它对钢的性能有什么影响？

2. 什么叫极化？极化对金属腐蚀有什么影响？

3. 什么叫阴极去极化？阴极去极化可以通过哪些途径来实现？其中最常见、最重要的阴极去极化反应是什么？

4. 什么是金属的全面腐蚀、局部腐蚀？局部腐蚀包括哪些类型？

5. 试从腐蚀发生的条件、机理、影响的因素和控制的途径等方面比较小孔腐蚀和缝隙腐蚀的异同。

6. 什么叫应力腐蚀？它具有什么特点？是不是介质的腐蚀性越强，材料的应力腐蚀敏感性就越高？为什么？

7. 微生物为什么会影响金属的腐蚀？试列举最常遇到的微生物腐蚀。

8. 高分子材料物理腐蚀过程是怎样进行的？高分子材料耐溶剂性能的优劣可由哪些原则进行判断？

9. 什么叫高分子材料的应力腐蚀？它可以分为哪些类型？

10. 在设计金属设备结构时应注意什么才能避免或减少损失？

11. 有哪几种阴极保护形式？各有什么特点？阴极保护时，被保护设备处于什么状态，为什么？

12. 阳极保护适用于什么样的金属一介质体系？

13. 若一体系在阳极极化过程中，极化电流很低并几乎维持不变，对该体系可否用阳极保护法进行保护？为什么？

14. 玻璃钢衬里层的结构及作用是什么？

15. 缓蚀剂的类型有哪些？

16. 选材的原则是什么，应考虑的因素有哪些？

17. 设备保温的目的是什么？在哪些情况下需要保温？

第3章　水工艺设备理论基础

3.1　容器应力理论

3.1.1　容器概述

容器是设备外部壳体的总称。在这些设备中，有的用来贮存物料，例如各种贮罐、水槽、泥槽；有的进行反应过程，例如各种床式反应器、离子交换柱、吸附塔。容器按厚度可以分为薄壁容器和厚壁容器。所谓厚壁与薄壁并不是按容器厚度的大小来划分，而是一种相对概念，通常根据容器外径 D_0 与内径 D_i 的比值 K 或壁厚 δ 与内径 D_i 的比值 k 来判断，$K=D_0/D_i<1.2$ 或 $k=\delta/D_i<0.1$ 为薄壁容器；$K=D_0/D_i\geqslant1.2$ 或 $k=\delta/D_i\geqslant0.1$ 为厚壁容器。水工艺中使用的容器一般为薄壁容器。

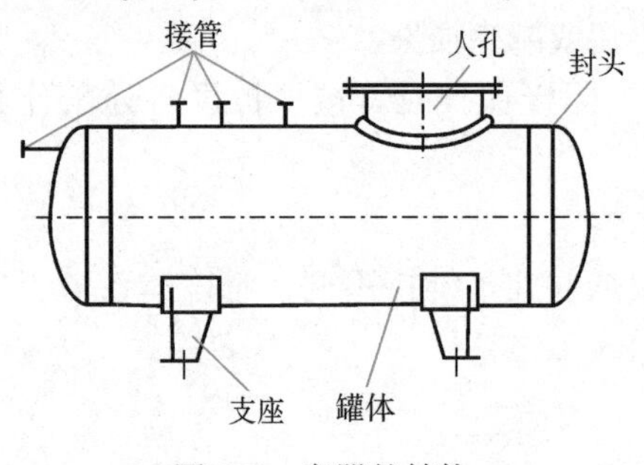

图3.1　容器的结构

1. 容器的结构

容器一般由筒体（又称筒身）、封头（又称端盖）、法兰、支座、进出管口及人孔（或手孔）、视镜等组成（图3.1），它们统称为水工艺设备的通用零部件。常、低压水工艺设备的通用零部件大都已有标准。设计时可直接选用。

本书主要讨论有关中、低压容器的筒体、封头的设计计算的基本知识。

2. 容器的分类

（1）按容器形状分为

1）方形或矩形容器　这些容器由平板焊成，制造简单，便于布置和分格，但承压能力差，故只用于小型常压设备。

2）球形容器　由数块球瓣板拼焊而成，承压能力好且相同表面积时容器容积最大，但制作麻烦且不便于安置内部构件，故一般只用于承压的贮罐。

3）圆筒形容器　这种容器由圆柱形筒体和各种形状的封头组成，制造较为容易，便于安装各种内部构件，而且承压性能较好，因此在水工艺中应用最为广泛。

（2）按容器承压情况分为

1）常压容器　这类容器仅仅承受容器内介质的静压力，一般不设上盖。

2）内压容器　当容器内部介质压力大于外界压力时称为内压容器。这类容器不仅承受容器内介质的静压力，还需承受介质工作压力。

按介质工作压力 P_w 的大小，内压容器可分为低压、中压和高压容器。

① 低压容器：$0.1 \leqslant P_w < 1.6$MPa

② 中压容器：$1.6 \leqslant P_w < 10$MPa

③ 高压容器：$10 \leqslant P_w < 100$MPa

④ 超高压容器：$P_w \geqslant 100$MPa

水工艺设备中，内压容器应用较多，但一般属于低、中压容器。

内压容器设计时主要考虑的是强度问题。

3）外压容器　当容器内介质压力小于外界压力时，该容器称作外压容器。水工艺中用到的外压容器很少。

外压容器设计时主要应考虑稳定问题。

（3）按容器材料分为

1）金属容器　常用于容器制作的金属材料是低碳钢和普通低合金钢。当介质腐蚀性较大时可使用不锈钢、不锈复合钢板或铝制容器。

2）非金属容器　常用于制作容器的非金属材料有聚氯乙烯、玻璃钢、陶瓷、木材、橡胶等。

非金属材料可以独立制作容器，也可以作为容器的部分构件和衬里。

（4）按容器内有无填料分为

1）无填料容器　各种贮槽、贮罐以及部分反应器如气浮器、活性污泥氧化器属于此类。

2）填料容器　很多容器，因为工艺的要求在容器内放置了各种不同的填料，如压滤器、吸附塔、离子交换柱等。这类容器和它里边放置的填料构成了填料容器。

本章中仅讨论水工艺中使用最多的钢制内压容器。

3. 容器设计的基本要求

（1）工艺要求

容器的总体尺寸、接口管的数目与位置、介质的工作压力 P_w、填料的种类、规格、厚度等一般是根据工艺生产的要求通过工艺设计计算及生产经验决定。这部分内容将在有关课程中加以介绍。

（2）机械设计的要求

1）强度　强度是容器抵抗外力而不破坏的能力，容器需保证具有足够的强度，以保证安全生产。

2）刚度　刚度是容器抵抗外力使其不发生变形的能力。容器必须具有足够的刚度，以防止在使用、运输、安装过程中因外力作用使容器产生不允许的变形。

3）稳定性　稳定性是容器或容器构件在外力作用下维持其原有形状的能力。以防止在外力作用下容器被压瘪或出现折皱。

4）严密性　容器必须具有足够的严密性，特别是承压容器和贮存、处理有毒介质的容器应具有良好严密性。

5）抗腐蚀性和抗冲刷性　容器的材料及其构件和填充的填料要能有效地抵抗介质的腐蚀和水流的冲刷，以保持容器具有较长的使用年限。

6）经济方面的要求　在保证容器工艺要求和机械设计要求的基础上，应选择较为便宜的材料以降低制作成本。

7）制作、安装、运输及维修均应方便。

3.1.2　回转曲面与回转薄壳

以一条直线或平面曲线作母线，绕其同平面的轴线（即回转轴）旋转一周就形成了回转曲面。例如以半圆形曲线绕其直径旋转一周即形成球面；以一条直线绕与其平行的另一条直线旋转一周得到的为圆柱形曲面；以一条直线绕与其相交的另一条直线旋转得到的是锥形曲面。以回转曲面作为中间面的壳体称作回转壳体。内外表面之间的法向距离称为壳体厚度。对于薄壳，常用中间面来代替壳体的几何特性。

图3.2所示为一以母线AO绕回转轴OO'旋转形成回转壳体的中间面，在曲面上取一点C，过C点和回转轴OO'作一平面，该平面与回转曲面的交线OB称作曲面的经线，经线与母线形状相同，经线平面OKB与母线平面OKA之间的夹角为θ。过C点作经线的法线CN，CN线上必有C点的曲率中心K_1点，CK_1是经线上C点的曲率半径，用ρ_1表示，称C点的第一曲率半径。

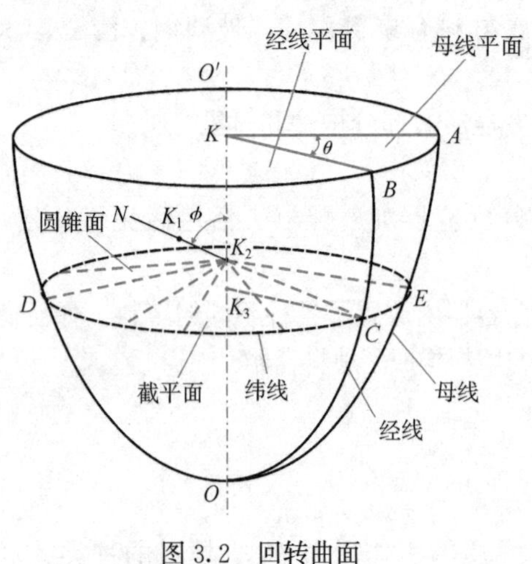

图3.2　回转曲面

过C点再作一个与经线OB在C点的切线相垂直的平面，该平面与回转曲面的交线为一条平面曲线，可以证明该曲线在C点的曲率中心K_2必定在OO'轴上，CK_2称作C点的第二曲率半径，用ρ_2表示。

过C点作与OO'轴垂直的平面，该平面与回转曲面的交线为一个圆，称为回转曲面的平行圆。平行圆的圆心K_3必在轴OO'上，平行圆的半径CK_3用r表示。平行圆就是回转曲面的纬线。

3.1.3　回转薄壳的薄膜应力

回转薄壳简化成薄膜，在内压作用下，均匀膨胀，薄膜的横截面几乎不能承受弯矩，因此壳体在内压作用下产生的主要内力是拉力，并假定这种压力沿着厚度方向是均匀分布的，称为薄膜应力。回转薄壳承受内压后，在经线方向和纬线方向都要产生伸长变形，所以，在经线方向将会产生经向应力σ_m，在纬线方向会产生环向应力σ_θ。由于轴对称，故同一纬线上各点的经向应力σ_m和环向应力σ_θ均相等。由于我们涉及的壳体为薄壳，可以认为σ_m和σ_θ在壳壁厚度上均匀分布。

1. 经向薄膜应力

用一个与回转壳体中间面正交的圆锥面切割一承受内压的壳体，取截面以下的分离体进行研究。该分离体上作用着介质的内压力p和经向应力σ_m（图3.3b、c），二者在轴方向应互相平衡。从这种观点出发，推导出计算经向应力σ_m的公式。

在分离体COC_1取一宽度为$\mathrm{d}L$的环带（图3.3b），其上作用的气体压力在轴线方向的合力是$\mathrm{d}Q$，其值为

$$\mathrm{d}Q=2\pi rp\,\mathrm{d}L\cos\phi$$

从图 3.3（d）可推出$\frac{dr}{dL}=\cos\phi$，所以 $dQ=2\pi rp\,dr$

则作用在壳体 COC_1 上的气体压力沿轴线上的合力 Q 为

$$Q=2\pi p\int_0^{r_c} r\,dr=\pi r_c^2 p$$

式中 r_c 为 C 处同心圆的半径，而 πr_c^2 为此同心圆的面积。可以看出 Q 的大小只与介质压强 p 和截取处的横截面的面积有关，而与分离体的表面形状无关。

经向应力在轴线方向的合力 Q' 为

$$Q'=2\pi r_c\delta\sigma_m\sin\phi$$

由于 $Q=Q'$，即　$2\pi r_c\delta\sigma_m\sin\phi=\pi r_c^2 p$

可解得：

$$\sigma_m=\frac{pr_c}{2\delta\sin\phi}$$

从图 3.3（c）可以看出：

$$\rho_2=\frac{r_c}{\sin\phi}$$

故

$$\sigma_m=\frac{p\rho_2}{2\delta}\quad(\text{MPa})\tag{3.1}$$

式中　p——介质内压力，MPa；

ρ_2——壳体中间面在计算点处的第二曲率半径，mm；

δ——壳体壁厚，mm。

此式称作壳体平衡方程。

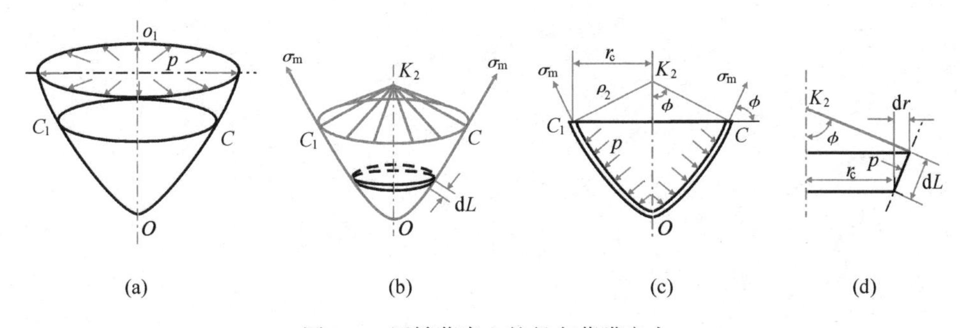

图 3.3　回转薄壳上的径向薄膜应力

2. 环向薄膜应力

在壳体上用两对截面和壳体的内外表面截取一小单元体，如图 3.4 所示。这两对截面一是相邻的夹角为 $d\theta$ 的经线平面；二是两个相邻的与壳体中面正交且夹角为 $d\phi$ 的锥面。考察小单元体 $abcd$ 的力平衡，从而找出环向应力 σ_θ 与经向应力 σ_m 和壳体所受内压力之间的关系。

由于小单元体很小，可以认为 ab 和 cd 面上的环向应力 σ_θ 和 bc 和 ad 面上经向应力 σ_m 均是匀布的。设 $ab=cd=dl_1$；$bc=ad=dl_2$，壳体厚度为 δ。

在小单元体的法线方向上作用着介质的内压力 p，其合力 P 的值为

$$P=p\,dl_1dl_2$$

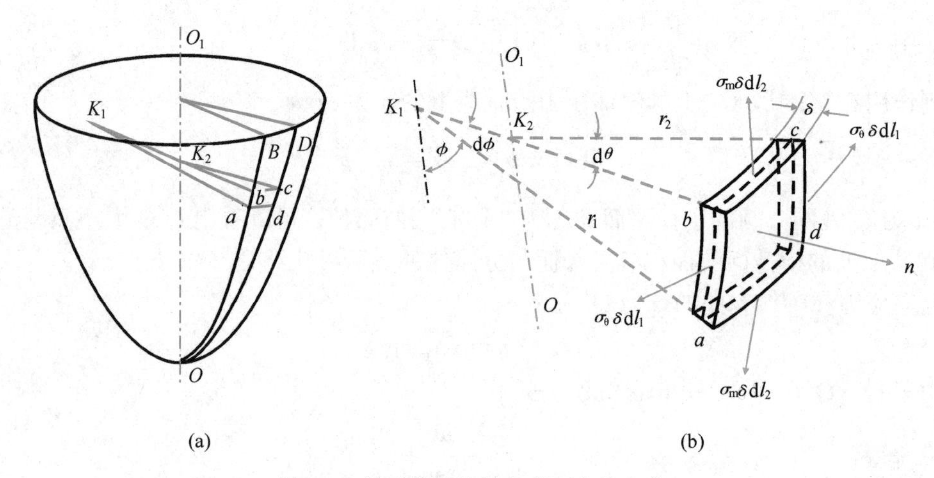

图 3.4　单元体截取及各截面上的应力

在 bc 和 ad 面上的经向应力 σ_m，其合力值 Q_m 为

$$Q_m=\sigma_m\delta dl_2$$

在 ab 和 cd 面上作用着环向应力 σ_θ，其合力值 Q_θ 为

$$Q_\theta=\sigma_\theta\delta dl_1$$

内压力 p、径向应力 σ_m 和环向应力 σ_θ 的作用方向如图 3.5 所示。小单元体在其法线方向上受力是平衡的，据此可得出

$$p\,dl_1dl_2=2Q_m\sin\frac{d\phi}{2}+2Q_\theta\sin\frac{d\theta}{2}$$

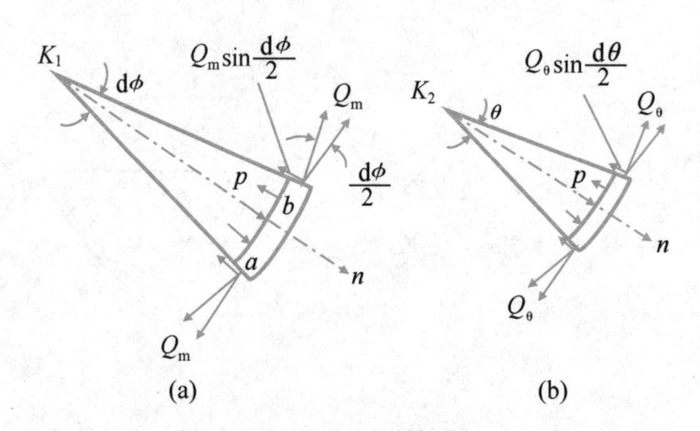

图 3.5　Q_m 和 Q_θ 在法线方向的分量

(a) 正视；(b) 俯视

将 $Q_m=\sigma_m\delta dl_2$，$Q_\theta=\sigma_\theta\delta dl_1$ 代入，并考虑 $d\theta$ 和 $d\phi$ 均很小，$\sin\frac{d\theta}{2}\approx\frac{d\theta}{2}$，$\sin\frac{d\phi}{2}\approx\frac{d\phi}{2}$上式变为

$$p\,dl_1dl_2=2\sigma_m\delta dl_2\,\frac{d\phi}{2}+2\sigma_\theta\delta dl_1\,\frac{d\theta}{2}$$

经整理简化后可得

$$\frac{p}{\delta}=\frac{\sigma_m}{dl_1}d\phi+\frac{\sigma_\theta}{dl_2}d\theta$$

又因为 $\rho_1=\dfrac{\mathrm{d}l_1}{\mathrm{d}\phi}$，$\rho_2=\dfrac{\mathrm{d}l_2}{\mathrm{d}\theta}$，代入上式即得到

$$\frac{p}{\delta}=\frac{\sigma_m}{\rho_1}+\frac{\sigma_\theta}{\rho_2} \tag{3.2}$$

这个公式描述了内压薄壳中某点的 σ_m 和 σ_θ 与该点的 ρ_1、ρ_2 之间的定量关系，称作微体平衡方程（又称拉普拉斯方程）。将壳体平衡方程代入微体平衡方程即可求出内压薄壳中某点的环向薄膜应力 σ_θ。

3.1.4 典型内压薄壁容器的应力

1. 圆柱壳

对于圆柱壳体，其母线是距回转轴为 R 的平行直线，壳体上各点的 $\rho_1=\infty$、$\rho_2=\dfrac{D}{2}$，设壳体壁厚为 δ，中面直径为 D，介质对壳体的内压力为 p 时，其径向薄膜应力 σ_m 和环向薄膜应力 σ_θ 示意如图 3.6 所示。

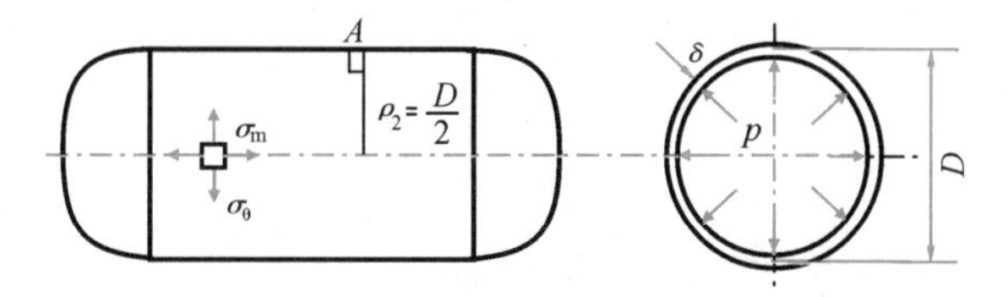

图 3.6 薄膜应力理论在圆柱壳上的应用

将 $\rho_1=\infty$、$\rho_2=\dfrac{D}{2}$代入式（3.1）和式（3.2）可得

$$\sigma_m=\frac{pD}{4\delta} \tag{3.3}$$

$$\sigma_\theta=\frac{pD}{2\delta} \tag{3.4}$$

可以看出圆柱壳上的环向应力比经向应力大一倍。同时，可以看出圆柱壳的$\dfrac{D}{\delta}$值越大，在一定的压力作用下所产生的应力越大。因此，决定圆柱壳承压能力大小是中径与壳体壁厚之比，而不是壁厚的绝对数值。

2. 球壳的薄膜应力

球壳的母线为半径为 R 的半圆周，其壳体上的任一点的 ρ_1 和 ρ_2 均相等，且都等于球壳的中面半径，将 $\rho_1=\rho_2=\dfrac{D}{2}$代入式（3.1）和式（3.2）可得

$$\sigma_m=\frac{pD}{4\delta} \tag{3.5}$$

$$\sigma_\theta=\frac{pD}{4\delta} \tag{3.6}$$

图 3.7 为球壳上的 σ_m 和 σ_θ 的示意图。从式（3.5）和式（3.6）可以看出球壳上各点

的应力相等，而且 σ_m 和 σ_θ 也相等。同时也可以看出球壳上的薄膜应力只有同直径同壁厚圆柱壳的环向应力的一半。

3. 椭球壳

水工程中常用椭球壳的一半作为容器的封头，它是由 1/4 椭圆曲线绕回转轴 Oy 旋转而形成的，如图 3.8 所示。

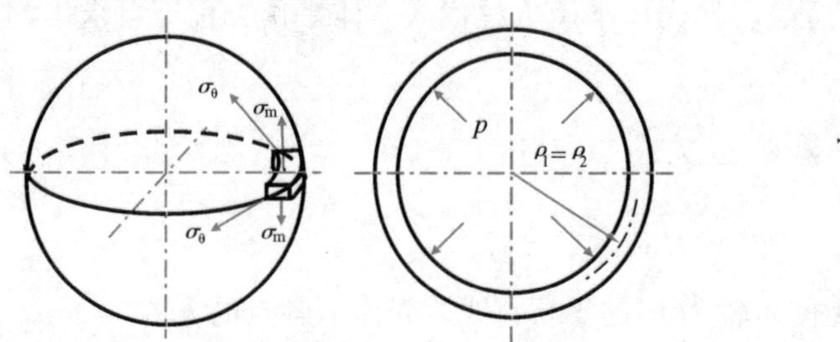

图 3.7　薄膜应力理论在球壳上的应用

图 3.8　半椭球母线

半椭球壳上各点的 σ_m 和 σ_θ 可按下式分别计算（具体推导从略）。

$$\sigma_m=\frac{p}{2\delta}\frac{\sqrt{a^4y^2+b^4x^2}}{b^2} \tag{3.7}$$

$$\sigma_\theta=\frac{p}{\delta}\frac{\sqrt{a^4y^2+b^4x^2}}{b^2}\left[1-\frac{a^4b^2}{2\left(a^4y^2+b^4x^2\right)}\right] \tag{3.8}$$

式中　a——半椭球壳长轴的一半；

b——半椭球壳短轴的一半；

δ——半椭球壳的壁厚；

x，y——半椭球壳壳体上各点的横坐标和纵坐标；

p——容器承受的内压力。

从上面两个公式可以看出：

(1) 椭球壳上各点的应力是不等的，它与各点的坐标（x，y）有关。

(2) 椭球壳上应力的大小及其分布情况与椭球的长轴与短轴之比 a/b 有关。a/b 值增大时，椭球壳上的最大应力将增大，而当 $a/b=1$ 时，椭球壳即变为球壳，将 $a=b$ 代入即变为球壳应力计算公式，这时壳体的受力最为有利。

(3) 水工艺设备用半个椭球作为容器的端盖时，为便于冲压制造和降低容器高度，封头的深度浅一些较好，但 a/b 的增大将导致应力的增大，故椭球封头的 a/b 不应超过 2。

(4) 当 $a/b<2$ 时，半椭球封头的最大薄膜应力产生于半椭球的顶点，即 $x=0$，$y=b$ 处，其值为：

$$\sigma_m=\sigma_\theta=\frac{pa}{2\delta}\cdot\frac{a}{b}$$

4. 锥形壳

锥形壳一般用于容器的封头或变径段，如图 3.9 所示。

锥形壳的薄膜应力表达式如下（推导从略）：

$$\sigma_m=\frac{pr}{2\delta}\cdot\frac{1}{\cos\alpha} \tag{3.9}$$

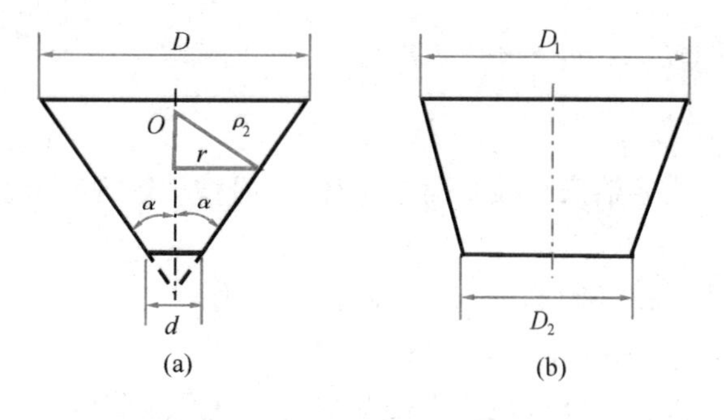

图 3.9 锥形壳

(a) 作封头；(b) 作变径段

$$\sigma_\theta=\frac{pr}{\delta}\cdot\frac{1}{\cos\alpha} \tag{3.10}$$

式中 p——介质的内压力；

α——锥壳的半顶角；

δ——锥壳的壁厚；

r——计算点所在平行圆的半径，即该点距回转轴的距离。

从上述二式中可以看出随着半锥角的增大壳体的应力将变大，所以在承压容器中太大的锥角是不宜采用的。同时也可以看出，锥形壳中最大应力产生于大端，其值分别为

$$\sigma_m=\frac{pD}{4\delta}\cdot\frac{1}{\cos\alpha} \tag{3.11}$$

$$\sigma_\theta=\frac{pD}{2\delta}\cdot\frac{1}{\cos\alpha} \tag{3.12}$$

式中 D——容器的中径。

【例 3.1】 某圆筒形内压容器，内径 $D_1=600$mm，壁厚 $\delta=8$mm，内压 $p=0.5$MPa，上封头为半球壳，下封头为椭球壳，$a/b=2$。试计算该容器及其上、下封头的薄膜应力。

【解】

(1) 壳体的经向薄膜应力

$$\sigma_m=\frac{pD}{4\delta}=\frac{0.5\times(600+8)}{4\times8}=9.5\text{MPa}$$

壳体的环向薄膜应力

$$\sigma_\theta=\frac{pD}{2\delta}=\frac{0.5\times(600+8)}{2\times8}=19.0\text{MPa}$$

(2) 上封头为半球形，故封头上各点的薄膜应力均相同，其值为

$$\sigma_m=\sigma_\theta=\frac{pD}{4\delta}=9.5\text{MPa}$$

(3) 下封头为标准椭球形封头，最大薄膜应力位于封头顶部，其值为

$$\sigma_m=\sigma_\theta=\frac{pa}{2\delta}\cdot\frac{a}{b}=\frac{0.5\times(600+8)\div2}{2\times8}\times2=19.0\text{MPa}$$

3.1.5 压力容器的强度计算

1. 压力容器与常压容器

劳动部颁发的《压力容器安全技术监察规程》(简称《容规》) 规定的压力容器必须同时满足以下三个条件：

(1) 最高工作压力 $p_w \geqslant 0.1$MPa (不含液体静压力)。

(2) 容器内径 $D_1 \geqslant 150$mm，且容积 $V \geqslant 25$L。

(3) 介质为气体、液化气体或最高工作温度高于等于标准沸点的液体。

在水工艺设备中，使用最多的是充满常温水的压力容器。严格地讲，这些容器不属于《容规》监察的压力容器。但是若水的压力较高，器壁也会产生较大的应力，这种容器的壁厚仍然与受《容规》监察的容器一样按强度计算确定。常压容器的壁厚一般按刚度及制造要求来确定。

在压力容器的设计中，一般都是根据工艺要求先确定其内直径。强度设计的任务就是根据给定的内直径、设计压力、设计温度以及介质腐蚀性等条件，选择合适的材料，通过计算确定合适的厚度，以保证设备能在规定的使用寿命内安全可靠地运行。

压力容器设计包括以下内容：确定设计参数 (P、δ、D 等)；选择筒体材料；确定容器的结构形式；计算筒体与封头厚度；选取标准件；绘制设备图纸。本节主要讨论内压薄壁圆筒和球形容器的强度计算以及在强度计算中所涉及的参数确定方面的问题。

2. 内压圆筒壁厚的确定

(1) 理论计算壁厚和设计厚度

由式 (3.3) 和式 (3.4) 可知，中径为 D，壁厚为 δ 的圆筒体，在承受介质的内压为 p 时，其径向薄膜应力和环向薄膜应力分别是 $\sigma_m = \dfrac{pD}{4\delta}$，$\sigma_\theta = \dfrac{pD}{2\delta}$。可以看出环向薄膜应力是经向薄膜应力的两倍，若钢板在设计温度下的许用应力为 $[\sigma]$，按薄膜应力条件

$$[\sigma] \geqslant \sigma_\theta = \frac{pD}{2\delta} \tag{3.13}$$

由于容器的筒体一般用钢板卷焊而成，焊缝可能存在某些缺陷，而且在焊接过程中会对焊缝周围的钢板产生不利的影响，故往往焊缝周围钢板及焊缝本身的强度低于钢板的正常强度。因此在式 (3.13) 中，许用应力 $[\sigma]$ 应乘以一个焊缝系数 ϕ，$\phi \leqslant 1$。于是式 (3.13) 改写为

$$\frac{pD}{2\delta} \leqslant [\sigma]\phi \tag{3.14}$$

另外，一般由工艺条件确定的是圆筒的内直径 D_1，故在上式中代入 $D = D_1 + \delta$，得

$$\frac{p(D_1 + \delta)}{2\delta} \leqslant [\sigma]\phi \tag{3.15}$$

解出 δ，去掉不等号便得到

$$\delta = \frac{pD_1}{2[\sigma]\phi - p} \tag{3.16}$$

式中　δ——圆筒的计算厚度，mm；

p——设计内压，MPa；

D_1——圆筒的内直径，亦称压力容器的公称直径，mm；

$[\sigma]$——钢板在设计温度下的许用应力，MPa；

ϕ——焊缝系数。

若容器的设计使用寿命为 n 年，介质对容器壁的年腐蚀量为 λmm/年，则在容器的使用过程中，器壁因腐蚀而减薄的总量称作腐蚀余量，其值为 $C_1=n\lambda$，显然腐蚀余量应包括在容器的壁厚之中。计算厚度与腐蚀余量之和称作设计厚度，用 δ_d 表示：

$$\delta_d=\delta+C_1 \tag{3.17}$$

(2) 圆筒壁的名义厚度

由于钢板的生产标准中规定了一定量的允许正、负偏差值，故钢板的实际厚度可能小于标注的名义厚度。故在容器壁的厚度应加上钢板的负偏差 C_2。

另外，计算得出的钢板厚度一般不会恰恰等于钢板的规格厚度，故需将计算厚度向上调整使其符合钢板的规格厚度，此调整值称为圆整值 Δ，其值不应大于 1～2mm。

将钢板的设计厚度加上钢板的负偏差并向上圆整至钢板的规格厚度得出容器壁的名义厚度，用 δ_n 表示，即

$$\delta_n=\delta_d+C_2+\Delta=\delta+C_1+C_2+\Delta \tag{3.18}$$

式中 δ_n——圆筒的名义厚度，mm；

δ_d——圆筒的设计厚度，mm；

C_1——腐蚀余量，mm；

C_2——钢板负偏差，mm；

Δ——圆整值，mm。

(3) 圆筒的有效厚度

对式 (3.18) 进行分析，可以看出钢板的负偏差 C_2 可能在一开始就根本不存在，钢板的腐蚀余量 C_1 会随着容器使用而逐渐减小直至为零，而只有器壁的计算厚度 δ 和圆整值 Δ 在整个使用过程中一直存在，并起抵抗介质压力的作用。我们把 δ 和 Δ 之和称作容器壁的有效厚度 δ_e，即

$$\delta_e=\delta+\Delta \tag{3.19}$$

容器的设计压力 P，钢板在设计温度下的许用应力 $[\sigma]$、焊缝系数 ϕ、钢板或钢管的负偏差 C 以及圆整值 Δ 均可按有关设计规范和设计手册选用。

各种厚度之间的关系如图 3.10 所示。

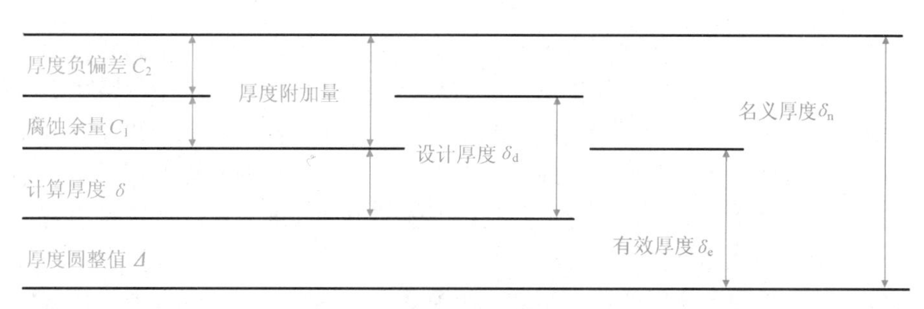

图 3.10 各种厚度之间的关系

3. 容器壁的最小厚度 δ_{min}

当容器的设计压力较低时，由强度计算确定的容器壁的厚度不能满足容器制造、运输和安装等方面的要求，因此对圆筒的最小壁厚做了规定，用 δ_{min} 表示。应当注意的是，规定的最小厚度内并不包括腐蚀余量 C_1。即器壁圆筒的名义厚度 δ_n（选用钢板的标注厚度）应等于或大于下述的最小厚度 δ_{min} 和腐蚀余量 C_1 之和，但当 $\delta_{min}-\delta>$钢板负偏差时，可以将 C_2 包括在 δ_{min} 之内。

筒体的最小壁厚的规定如下：

（1）对于碳钢和低合金钢容器

当圆筒内径 $D_1 \leqslant 3800$mm 时，$\delta_{min}=2D_1/1000$，且不小于 3mm。

当圆筒内径 $3800<D_1 \leqslant 16000$mm 时，$\delta_{min}=5$mm。

当圆筒内径 $16000<D_1 \leqslant 35000$mm 时，$\delta_{min}=6$mm。

（2）对于不锈钢容器

对于不锈钢容器，$\delta_{min}=2$mm。

一般来说，若钢材的 $[\sigma]\phi>100$MPa，设计压力 $p<0.4$MPa 时，圆筒壁的计算厚度可以不经计算直接按最小厚度 δ_{min} 确定。

4. 设计参数的确定

（1）设计压力

除注明者外，各种压力一律指表压，是指设定的容器顶部的最高压力。设计压力 P 与相应的设计温度一起用来作为确定容器壳体厚度及其元件尺寸的条件。设计压力值不得小于最大工作压力。工作压力是指正常工作条件下，容器顶部可能达到的最高压力。当容器各部位或受压元件所承受的液体静压力达到设计压力 5%时，则应取设计压力和液体静压力之和进行该部位或元件的设计计算。容器上装有安全阀时，取 1.01～1.10 倍的最高工作压力作为设计压力；使用爆破膜作为安全装置时，取 1.15～1.30 倍的最高工作压力作为设计压力，其余应按国标相应规定确定容器的设计压力。直接与大气连通的常压容器，其设计压力取容器内介质的液柱静压力；密闭的常压容器，其设计压力取容器内介质的液柱静压力加上气相压力；确定设计压力时，应向上圆整至表 3.1 所示的规定值。

设计压力的圆整值 **表 3.1**

圆整前	<1.6MPa	0.6～1.6MPa	>1.6MPa
圆整后	以 0.01MPa 为间隔	以 0.05MPa 为间隔	以 0.1MPa 为间隔

（2）设计温度

设计温度系指容器在正常操作情况下，在相应设计压力下，容器壁温或受压元件的金属温度（指容器受压元件沿截面厚度的平均温度），其值不得低于元件金属在工作状态可能达到的最高温度。对于0℃以下的金属温度，则设计温度不得高于元件金属可能达到的最低温度。在任何情况下，元件金属的表面温度不得超过钢材的允许使用温度。容器设计温度（即标注在容器铭牌上的设计温度）是指壳体的设计温度。设计温度虽不直接反映在计算公式里，但它是选择材料及确定许用应力时的一个基本设计参数。容器的壁温可由传热过程计算确定，或在已使用的同类容器上实测确定，或按容器内部介质温度确定。当无法预计壁温时，可参照国标的规定确定。

(3) 许用应力

许用应力是容器设计的主要参数之一，它的选择是强度计算的关键。许用应力是以材料的极限应力为基础，并选择合理的安全系数而得到的。极限应力的选择决定于容器材料的判废标准。按照规定的安全系数和从有关手册中查得的材料的力学性能就可计算出许用应力。各种常用钢材制成的钢板在不同温度和热处理状态下的最低许用应力已由有关部门制成表格供设计计算时直接查用。

(4) 焊缝系数

焊缝区是容器上强度比较薄弱的地方，焊缝区强度降低的原因在于：焊接时可能出现缺陷而未被发现；焊接热影响区往往形成粗大晶粒区而使材料强度和塑性降低；由于结构的刚性约束造成焊缝内应力过大等。焊缝区的强度主要决定于熔焊金属、焊缝结构和施焊质量。设计所取的焊接接头系数大小主要根据焊接接头的形式和焊缝质量的受检验程度而确定。可按表 3.2 选取。

焊缝系数 **表 3.2**

焊缝形式	无损检测的长度比例	
	100%	局部
双面焊对接接头或相当于双面焊对接接头	1.0	0.85
单面焊对接接头(沿焊缝根部全长有紧贴基本金属的垫板)	0.9	0.8

3.1.6 弯曲应力

在上节中，我们应用薄膜应力理论来进行回转曲面容器壁的设计和计算。应当指出，在承受内压时容器壁会发生弯曲，从而产生弯曲应力，不过弯曲应力实际上是很小的，远远小于薄膜应力。所以按薄膜应力理论进行内压薄膜容器的筒体的设计和计算是安全的。

但是，容器的封头和矩形压力容器在内压作用下，将产生很大的弯曲应力，我们就不能仅仅依靠薄膜应力理论来进行它们的设计和计算。

如图 3.11 所示，二圆形平板厚度为 δ，半径为 R，承受匀布荷载 p，图 3.11 (a) 为周边简支，图 3.11 (b) 为周边固定，在荷载 p 作用下，两板将发生变形，变形情况如图 3.11 所示。

(1) 环形截面的变形及环向弯曲应力 M_{σ_θ}

如图 3.12 所示，在圆形平板上取半径为 r 的环形截面，在承受匀布载荷 p 后，该环形截面由圆柱形变为圆锥形，如图 3.12 (c) 所示，在中性圆以下，环的半径将变大，环上各点都将承受沿该点切线方向的拉伸应力；在中性圆以上，环的半径变小，环上各点都将承受沿该点切线方向的压缩应力。这个应力我们称之为环向弯曲应力 M_{σ_θ}。平

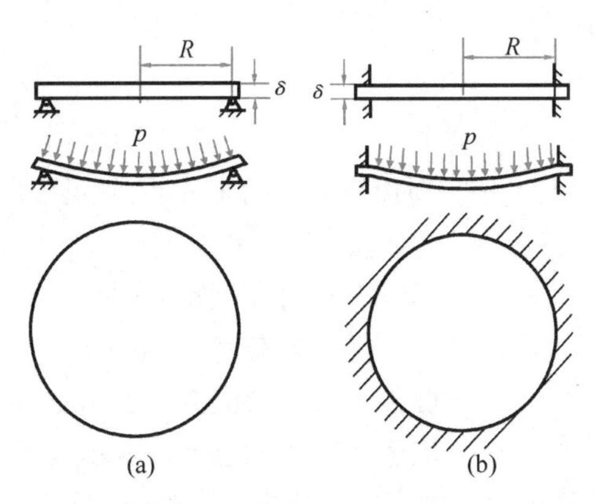

图 3.11 承受均匀载荷的圆平板弯形

板的上下表面处弯曲变形最大，故该处弯曲环向应力也最大。若圆环半径 r 不同，则变形量就不一样，因此产生的环向弯曲应力 M_{σ_θ} 将随圆环半径 r 的不同而有不同的值。

（2）径向变形和径向弯曲应力 M_{σ_r}

在圆形平板上，我们再取一个与环截面 $ecae$ 相邻的环截面 $fdbf$（图 3.12a，图 3.12d），受到载荷 p 之后，两个环截面均将绕其中性圆转动，转动角分别为 ϕ 和（$\phi+d\phi$）（图 3.12e）。因此，两环截面的径向间距也将发生变化，中性圆以下，径向间距加大；中性圆以上，径向间距变小，于是平板各处沿径向被伸长或压缩（中性圆处除外）。这样，产生了沿径线方向的拉伸和压缩应力，称之为径向弯曲应力 M_{σ_r}。

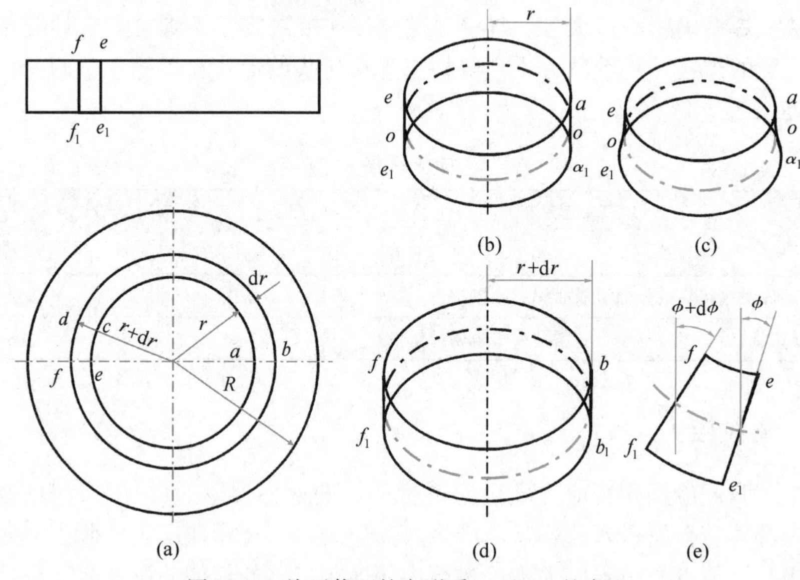

图 3.12　从环截面的变形看 σ_θ 和 σ_r 的产生

很显然，平板上同一点的上下表面处径向变形最大，故随之产生沿径线方向的径向应力 M_{σ_r} 也最大；平板上的不同点，径向变形不同，其径向弯曲应力也不同。

（3）最大弯曲应力 $M_{\sigma_{max}}$

周边简支、承受均布载荷的圆平钢板，最大弯曲应力产生于圆板中心处的上下表面处，其值为

$$M_{\sigma_{max}}=\mp 0.31\frac{pD^2}{\delta^2} \tag{3.20}$$

式中　$M_{\sigma_{max}}$——周边简支、均布载荷时的圆形钢板的最大弯曲应力，MPa；

p——均布载荷，MPa；

D——圆形平板的直径，mm；

δ——圆形平板的厚度，mm；

“−”——圆板上表面的应力，表示受压缩；

“+”——圆板下表面的应力，表示受拉伸。

周边固定，承受均布载荷时圆平板的最大弯曲应力出现在板的四周的上下表面处，对于钢板其值为

$$M_{\sigma_{max}} = (M_{\sigma_\theta})_{r=R} = (M_{\sigma_r})_{r=R} = \pm 0.188\frac{pD^2}{\delta^2} \tag{3.21}$$

式中 $M_{\sigma_{max}}$——周边固定均布载荷时的圆形钢板的最大弯曲应力，MPa；

其他符号意义同上。

应当注意的是，周边固定的圆形平板在均布载荷作用下，其周边的上表面将产生拉伸的弯曲应力，而下表面，产生压缩弯曲应力。

(4) 弯曲应力与薄膜应力的比较

最大弯曲应力可写作 $M_{\sigma_{max}} = k\frac{pD^2}{\delta^2}$，周边简支平板 $k=0.31$，周边固定平板 $k=0.188$。

$$M_{\sigma_{max}} = k\frac{2D}{\delta}\cdot\frac{pD}{2\delta} = 2k\frac{D}{\delta}\sigma_\theta \tag{3.22}$$

可以看出，承受均布载荷 p 的圆形平板的最大弯曲应力 $M_{\sigma_{max}}$ 是同直径、同厚度的圆柱形壳体承受同样大的压力时所产生的薄膜应力的 $2k\frac{D}{\delta}$ 倍。由于容器的 $\frac{D}{\delta}$ 值一般大于 50，所以，同等条件下，平板内产生的最大弯曲应力至少是圆筒壁的薄膜应力的 20～30 倍。所以容器的封头应尽量避免使用平板形，而且也应尽量避免使用矩形的压力容器。

3.1.7 边缘应力

上述对回转壳体的应力分析是在将薄壁容器简化成薄膜，忽略了壳体横截面上可能承受弯矩的基础上进行的，即所谓的无力矩应力状态，这种计算方法不仅简便，而且在工程设计中完全可以满足精度要求。但当薄壁壳体的几何形状、加载方式和边界条件没有连续性，如壳体的曲率半径或厚度等几何尺寸发生突变、壳体所受载荷发生突变等，此时壳体将在不连续的区域中引起显著的弯曲应力和弯曲变形，因而必须考虑弯矩对壳体应力的影响。

以图 3.13 所示的圆筒形容器为例，在内压作用下，圆筒体和封头都将发生变形。由于平板封头的厚度比圆筒体的厚度大得多，因而平板封头的刚度较大而变形很小，而筒体的壁厚较小产生的变形较大（图 3.13 中虚线所示）。但两者又连接在一起，因此在平板封头和筒体连接的附近区域，即边缘部分，筒体的变形受到平板封头的约束而产生了附加局部应力，即由边缘力 Q_O 和边缘弯矩 M_O 产生的边缘应力。这种由于变形不协调而产生的边缘应力有时要比内压产生的薄膜应力大得多，因此要引起足够的重视。尽管边缘应力的数值有时相当大，但其作用的范围是很小的。研究表明，随着离开边缘处距离的增大，边缘应力则迅速衰减，且壳壁越薄，衰减得越快（图 3.14），这一特征称为边缘应力的局部性。边缘应力的另一个特性是自限性。边缘应力是由边缘部位的薄膜变形不连续而所引起的，一旦材料产生了局部的塑性变形，其间的相互约束就开始缓解，变形趋于协调，边缘应力也就降低。边缘应力的这一特性决定了它的危害性没有薄膜应力大。

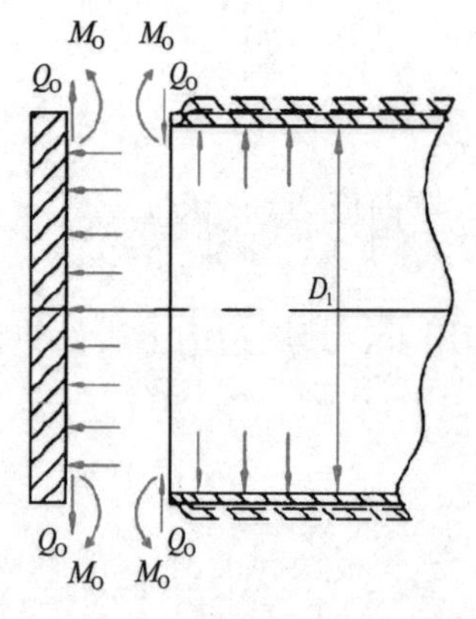

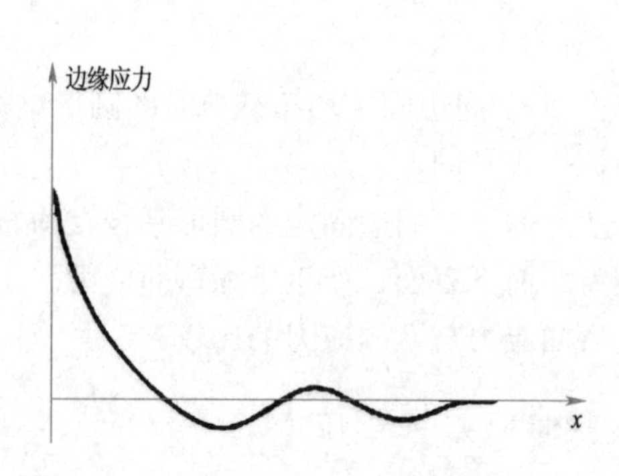

图 3.13　圆筒形容器的边缘效应　　　图 3.14　边缘应力与离开边缘距离的关系

由于边缘应力具有局部性和自限性，因此在工程设计中，对于大多数塑性较好的材料如低碳钢、奥氏体不锈钢等制成的容器，一般并不对边缘应力做特殊考虑，仅仅在结构上做某些局部处理，如改变连接边缘的结构形式、在边缘区采取局部加强、保证边缘区内的焊缝质量、降低边缘区的残余应力以及避免边缘区的附加局部应力集中等（图 3.15）。

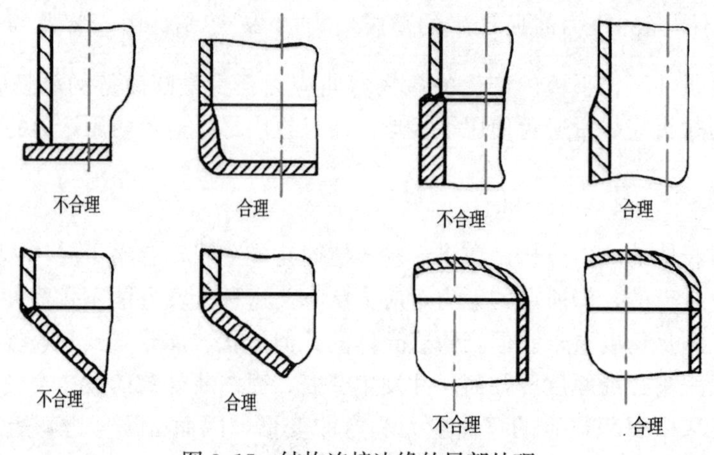

图 3.15　结构连接边缘的局部处理

3.1.8　内压封头设计

封头也称端盖，按其形状可分为三类，第一是凸形封头，包括半球形封头、半椭球形封头、带折边球形封头和无折边球形封头四种。第二是锥形封头，包括无折边锥形封头与带折边锥形封头两种。第三是平板形封头。

对于凸形封头和锥形封头，它们的强度计算均以薄膜应力理论为基础，而对于平板形封头的强度计算则应以平板弯曲理论为依据。不论是何种形状的封头，其与筒体连接处都会产生边缘应力，从上一节的讨论可以得出，不同形状的封头与筒体连接处会产生不同大小的边缘应力。如果按薄膜应力理论为基础确定的封头与筒体的壁厚可以同时满足边界应力的强度要求，那么就可以不考虑边缘应力，否则需要按边缘应力条件的要求增加封头和筒体连接处的壁厚。

下面我们对水工艺设备中内压容器常用的几种封头的强度计算来进行讨论。

1. 半球形封头

半球形封头（图 3.16）是由半个球壳构成。直径较小的半球形封头可以整体热压成形。直径很大的则采用分瓣冲压后焊接组合的制造工艺。

从 3.1.4 节的讨论可知，球壳的环向薄膜应力 σ_θ 与经向薄膜应力 σ_m 相等，其值为 $\sigma_\theta=\sigma_m=\dfrac{pD}{4\delta}$

根据薄膜应力理论进行半球形封头的强度计算，则有

$$[\sigma]\phi \geqslant \sigma_\theta=\sigma_m=\frac{pD}{4\delta} \tag{3.23}$$

将 $D=D_1+\delta$ 代入，去掉不等号并解出 δ，δ 就是封头的理论计算厚度

$$\delta=\frac{pD_1}{4[\sigma]\phi-p} \tag{3.24}$$

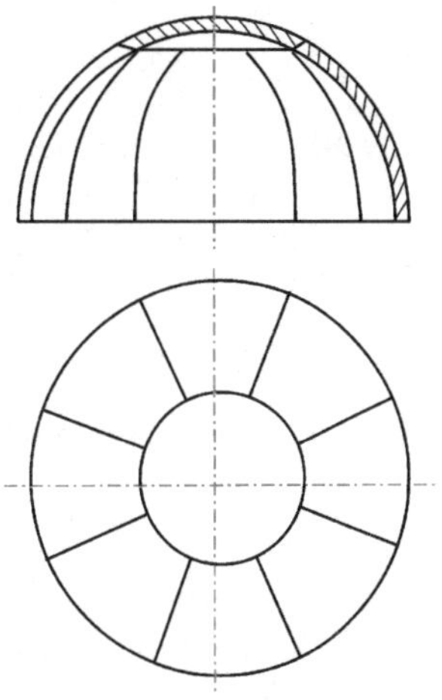

图 3.16 半球形封头

根据 δ 可求出封头的设计厚度 δ_d 和名义厚度 δ_n。

根据上式所得半球形封头的壁厚为相同直径与压力的圆筒壁厚的一半，实际工程中为了消除边缘应力，半球形封头常取同直径圆筒体相同的壁厚。

2. 半椭球形封头

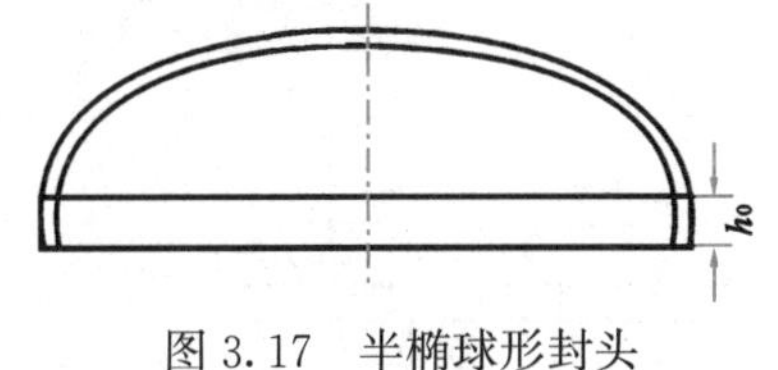

图 3.17 半椭球形封头

半椭球形封头的母线是 1/4 的椭圆线和平行于回转轴的短线光滑连接而成的，因此这种封头实际上是由半个椭球和一个高度为 h_0 的圆柱筒节（即封头的直边部分）构成（图 3.17）。半椭球形封头可以减小容器的高度，但力学特性不如半球形封头。半椭球封头圆筒 h_0 可以按表 3.3 选用。

标准椭球形封头的直边高度 h_0 **表 3.3**

封头材料	碳素钢、普低钢、复合钢板			不锈钢、耐酸钢		
封头壁厚（mm）	4～8	10～18	≥20	3～9	10～18	≥20
直边高度（mm）	25	40	50	25	40	50

根据 3.1.4 节的讨论结果，当椭球壳的长短轴之比小于 2 时，最大薄膜应力产生于半椭球的顶点，其值为

$$\sigma_\theta=\sigma_m=\frac{pa}{2\delta}\cdot\frac{a}{b}$$

令 $\dfrac{a}{b}=m$，并将 $a=\dfrac{D}{2}$ 代入得

$$\sigma_\theta=\sigma_m=\frac{mpD}{4\delta}$$

若钢板的许用应力为 $[\sigma]$，焊缝系数为 ϕ，并代入 $D=D_1+\delta$，则半椭球形封头的计算厚度 δ 应为

$$\delta=\frac{mpD_1}{4[\sigma]\phi-mp}=\frac{pD_1}{2[\sigma]\phi-0.5mp}\cdot\frac{m}{2}$$

因为$m=\frac{a}{b}\approx\frac{D_1}{2h_1}$（$h_1$为封头内壁曲面高度），将$m$值代入上式，同时考虑$2[\sigma]p\geqslant 0.5mp$，将$0.5mp$写作$0.5p$，对分母影响很小，将上式改作

$$\delta=\frac{pD_1}{2[\sigma]\phi-0.5p}\cdot\frac{D}{4h_1}\tag{3.25}$$

对于标准的椭球形封头，$m=\frac{D}{2h_1}=2$，则标准椭球形封头的计算厚度则为

$$\delta=\frac{pD_1}{2[\sigma]\phi-0.5p}\tag{3.26}$$

而封头的名义厚度为

$$\delta_n=\delta+C_1+C_2+\Delta\tag{3.27}$$

对于半椭球形封头，按薄膜应力条件求出的壁厚能够满足边界应力强度条件，故边界应力条件可不予考虑。

另外，在承受内压时，半椭球形封头的赤道处会产生环向压缩薄膜应力，其值与顶点处最大拉伸薄膜应力相等。如果壁厚过小，则会在赤道处压出折皱，称为失稳。为了避免失稳，规定了标准椭球形封头的最小有效厚度。

$$\delta_e\geqslant\frac{1.5}{1000}D_1$$

3. 碟形封头

如图3.18所示，碟形封头的母线$OABC$由三段曲线光滑连接而成，其中OA为半径为R的大圆弧，AB为半径为r的小圆弧，BC为平行于回转轴的短直线。以母线$OABC$绕回转轴旋转一周所形成的曲面就是碟形封头的中面。碟形封头的中央部分是一个球面，其四周是一个半径为r的环状壳体，称为封头的折边，折边下边是一个圆柱形短节，称作封头的直边，因此，碟形封头又称作带折边的球形封头。碟形封头球面部分的内径R_1可取等于封头内直径D_1或$0.9D_1$，直边高度h_0与标准椭球封头的直边相同，而折边半径r越小，则封头的曲面深度将越浅，通常取折边的内半径$r=(0.15\sim0.2)R_1$。

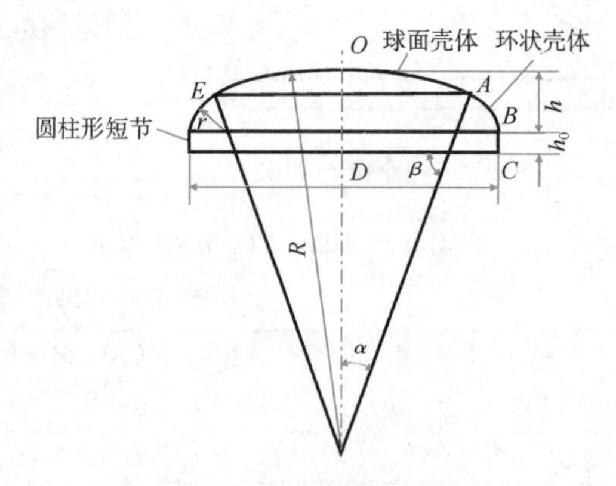

图3.18　碟形封头

碟形封头承受内压时，如图3.19所示，其形状有变成半椭球的趋势，球面部分向外膨胀，环状折边部分趋于偏平，两部分均有曲率变化。因此在壳体内除存在一次薄膜应力外，还存在大小不等的弯矩。

球面的曲率变化很小，弯曲应力很小，而其一次薄膜应力可按球壳的应力公式计算，其值为

$$\sigma_{sp}=\frac{pR}{2\delta}\tag{3.28}$$

式中 σ_{sp}——球面内的膜应力，MPa；

R——球面中面半径，mm；

r——封头壁厚，mm。

在内压作用下，封头的折边部分会产生较大的曲率变化，因此在折边部分除存在薄膜应力外还存在较大的弯曲应力。其总应力将高于球面内的应力，其值可按下式计算

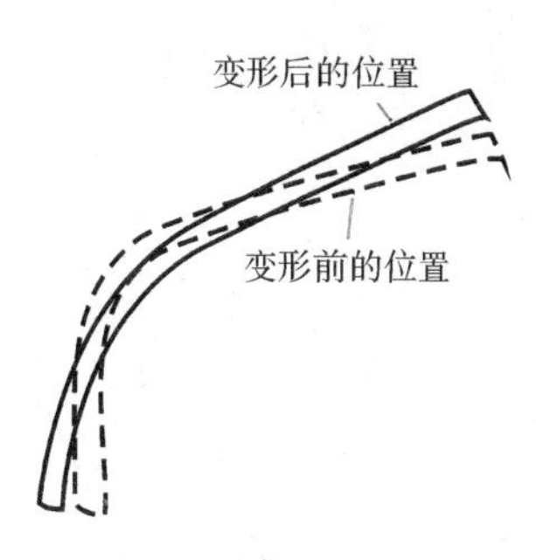

图 3.19 碟形封头承受内压时的变形

$$\sigma_{折}=M\cdot\sigma_{sp}=M\frac{pR}{2\delta} \tag{3.29}$$

式中 M——折边应力增大系数，亦称作碟形封头的形状系数，其值与球面内半径 R_1 和折边内半径 r_1 有关，可按表 3.4 选用。

碟形封头的形状系数 **表 3.4**

r_1/R_1	0.15	0.17	0.20
M	1.40	1.38	1.31

若钢板的许用应力为 $[\sigma]$，焊缝系数为 ϕ，并代入 $R=R_1+0.5\delta$ 得

$$\sigma_{折}=\frac{Mp(R_1+0.5\delta)}{2\delta}\leqslant[\sigma]\phi$$

去掉不等号，可解得碟形封头的计算壁厚 δ 为

$$\delta=\frac{MpR_1}{2[\sigma]\phi-0.5Mp} \tag{3.30}$$

式中 R_1——球面内半径，mm。

4. 无折边球形封头

如图 3.20 所示，无折边球形封头为一内半径为 R_1 的球面，它直接焊接在圆柱形的器壁上，这样可以降低封头的曲面高度。无折边球形封头既可以用作容器的端封头，也可以作为容器内两个相邻承压空间的隔板。

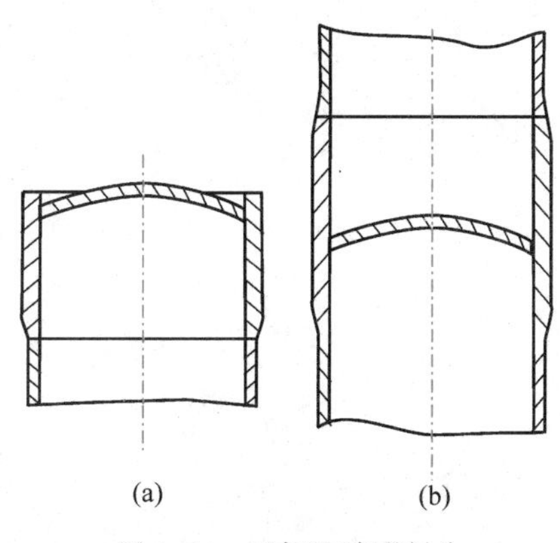

图 3.20 无折边球形封头

无折边球形封头与圆柱形筒体的连接处存在着较大的边界应力，按薄膜应力条件确定的封头厚度将不能满足边界应力的要求。解决的办法是在以薄膜应力条件确定的封头厚度上乘以一个大于 1 的系数 Q_0，Q_0 的值可查阅有关规范和手册。

同时需要注意的是边界应力不仅作用于封头，而且也作用于与封头连接处附近的筒壁，故这部分筒壁的厚度应加厚至封头的厚度，筒壁加厚的高度应不小于 $2\sqrt{0.5D_1\delta}$。

5. 锥形封头

锥形封头常用于立式容器的底部以便于卸出物料，分为不带折边的（图 3.21a）和带折边的（图 3.21b、图 3.2.1c）两种。不带折边的锥形封头其半锥角 $\alpha\leqslant30°$；带

折边的锥形封头，其半锥角 $\alpha \leqslant 60°$，折边半径 r 不能小于 $0.1D_1$，直边高度与椭球形封头的规定相同。

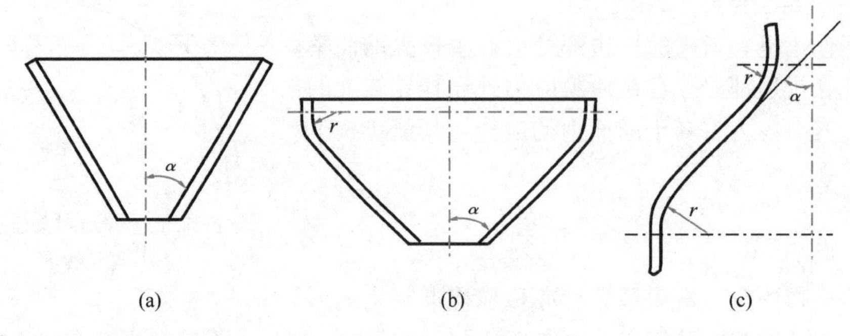

图 3.21　锥形封头

锥形封头及其与器壁连接处的应力分布和计算比较复杂，其强度计算和设计可参阅有关设计手册，本书将不作详细介绍。

6. 平板形封头

从 3.1.6 节的分析可知，圆形平板作为容器的封头而承受介质的压力时，将处于受弯的不利状态，它的壁厚将比筒体壁厚大很多。同时平板形封头还会对筒体造成较大的边界应力。因此，承压设备一般不采用平板封头，仅在压力容器的人孔、手孔处等才采用平板。

周边固定和周边简支的圆形平板承受匀布荷载时，其最大弯曲应力可用式（3.31）算出

$$\sigma_{\max}=k\frac{pD^2}{\delta^2} \tag{3.31}$$

式中　k——与平板周边支承方式有关的系数，周边固定时，$k=0.188$；周边简支时 $k=0.31$。但作为封头使用时，平板与圆柱形筒体的连接既不是理想的“固定”，也不是理想的铰接，因此 k 值要根据封头与筒体的连接方式而确定。

平板形封头的壁厚可按以下强度条件导出，即

$$\sigma_{\max}=k\frac{pD^2}{\delta^2}=[\sigma]\phi$$

式中　δ——平板封头的计算厚度。

平板形封头的名义厚度为

$$\delta=D\sqrt{\frac{kp}{[\sigma]\phi}} \tag{3.32}$$

3.2　机械传动理论

3.2.1　机械传动概述

机械是机器和机构的总称。在国防、科技、国民生产的各个领域以及日常生活中都有

着极其广泛的应用。机械化生产的水平高低是衡量一个国家技术水平和现代化程度的重要标志。

1. 机构

机构是具有确定相对运动的构件组合，它是用来传递运动和力的构件系统。机构由多种实物（如齿轮、螺栓、连杆、叶片等机械零件）组合而成，各实物间具有确定的相对运动（如水泵的叶片与外壳间，内燃机的活塞与汽缸间等）。组成机构的各相对运动的部分称为构件。

2. 机器

机器是根据某种使用要求而设计制造的一种能执行某种机械运动的装置，可以运转、做功。在接受外界输入能量时，能变换和传递能量、物料和信息。如电动机将电能转换成机械能、鼓风机和水泵将机械能转换成流体的动能、加工机械用来变换物料的状态（如车、铣、刨、磨等机床）、起重运输机械用来传递物料、计算机用来变换信息等。

机器依其复杂程度可以由多种机构组合而成，而简单的机器也可以只包含一种机构，如电动机、水泵等。

机器中普遍使用的机构称为常用机构，如齿轮机构、连杆机构、凸轮机构等。

3. 机械应满足的基本要求

（1）必须达到预定的使用功能，工作可靠，机构精简。

（2）经济合理，安全可靠，生产率高，能耗少，原材料和辅助材料节省，管理和维修费用低。

（3）操作方便，操作方式符合人们的心理和习惯，尽量降低噪声，防止有毒、有害介质渗漏，机身美观等。

（4）对不同用途和不同使用环境的适应性要强（如容易卸、装，容易搬动等）。

4. 机械传动的概念

机械传动是指利用机械方式传递动力和运动。一台机器（机械）制造成功后必须能完成设计者提出的要求，即执行某种机械运动以期达到变换和传递能量、物料和信息的目的。机器一般是由多种机构或构件按一定方式彼此相连而组成，当原动机（电动机、内燃机等）驱动机器运转时，其运动和动力是从机器的一部分逐级传递到相连的另一部分而最后到达执行机构来完成机器的使命的。利用构件和机构把运动和动力从机器的一部分传递到另一部分的中间环节称为机械传动。

机械传动是机器的重要组成部分，它除了可实现预期运动和动力的传递外，还可实现变速（减速或增速）、转换运动形式等。以下将介绍水工艺设备中常用的几种传动方式。

3.2.2 机械传动的主要方式

1. 齿轮传动

（1）齿轮传动概述

齿轮传动是由分别安装在主动轴及从动轴上的两个齿轮相互啮合而成。齿轮机构是各种机构中应用最为广泛的一种传动机构。它可用来传递空间任意两轴间的运动和动力，并具有功率范围大、传动效率高、传动比准确、使用寿命长、工作安全可靠等特点。

齿轮机构有多种类型，根据一对齿轮在啮合过程中，其传动比（$i_{12}=\omega_1/\omega_2$）是否恒定，可将齿轮机构分为两大类。

1）定传动比（即 i_{12}＝常数）传动的齿轮机构　因为在这种齿轮机构中的齿轮都是圆形的（如圆柱形和圆锥形等），所以又称为圆形齿轮机构。

2）变传动比（即 i_{12} 按一定的规律变化）传动的齿轮机构　因为在这种齿轮机构中的齿轮一般是非圆形的，所以又称为非圆齿轮机构。图 3.22 所示的椭圆齿轮机构即其一例。

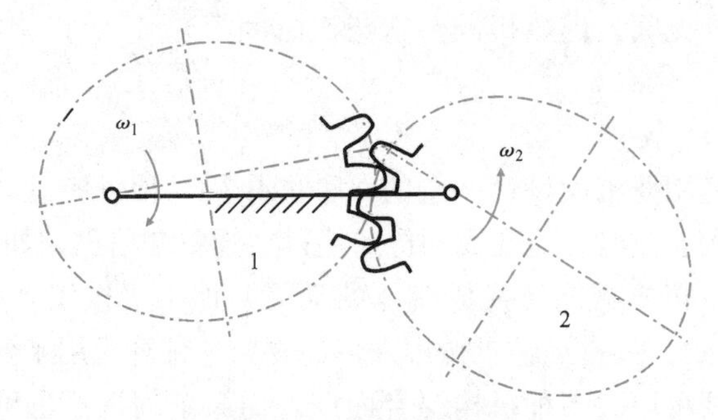

图 3.22　椭圆齿轮机构

在各种齿轮机械中应用最广泛的是圆形齿轮机构，它可以保证传动比恒定不变，使机械运转平稳，以满足现代机械日益向高速重载方向发展的需要。而非圆齿轮机构则用于一些具有特殊要求的机械中，例如在某些流量计中常用卵形齿轮来测量液体的流量；在有些机械中则将非圆齿轮与连杆机构等组合应用，以改善机械的运动和动力性能等。

本节只对圆形齿轮机构进行介绍。

圆形齿轮机构的类型也很多，根据两齿轮啮合传动时其相对运动是平面运动还是空间运动，又可将其分为平面齿轮机构和空间齿轮机构两类。

1）平面齿轮机构　平面齿轮机构用于两平行轴之间的传动，常见的类型如下：

a. 直齿圆柱齿轮传动　直齿圆柱齿轮或简称直齿轮。直齿轮轮齿的齿向与其轴线平行。直齿圆柱齿轮传动又可分为：

外啮合齿轮传动　其两齿轮的转动方向相反（图 3.23）。

内啮合齿轮传动　其两齿轮的转动方向相同（图 3.24）。

图 3.23　外啮合齿轮传动

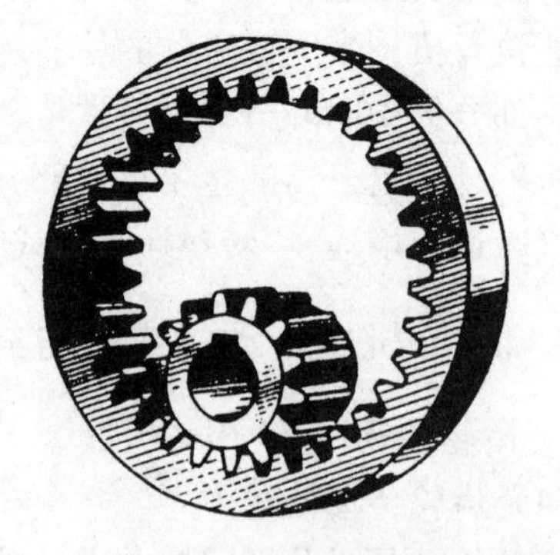

图 3.24　内啮合齿轮传动

齿轮与齿条传动（图 3.25）。

b. 斜齿圆柱齿轮传动　斜齿圆柱齿轮又简称斜齿轮。斜齿轮轮齿的齿向对其轴线倾斜了一个角度（称为螺旋角），如图 3.26 所示。斜齿轮传动也可分为外啮合传动、内啮合传动和齿轮与齿条传动三种情况。

c. 人字齿轮传动　人字齿轮可看作是由螺旋角方向相反的两个斜齿轮所组成的。它可制成整体式的或拼合式的。人字齿轮传动如图 3.27 所示。

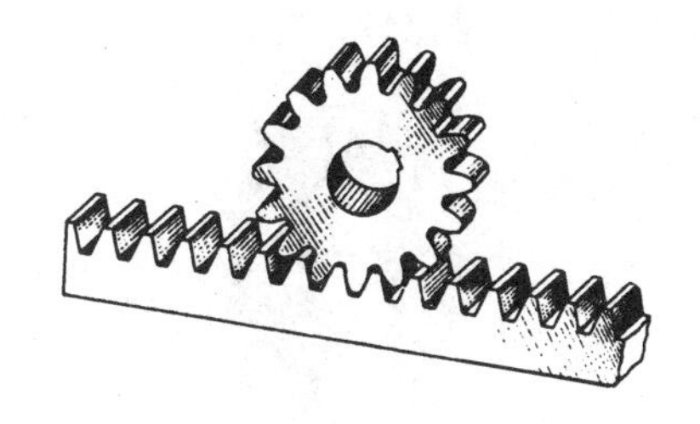

图 3.25　齿轮与齿条传动

2）空间齿轮机构　空间齿轮机构用来传递空间两相交轴或相错轴（既不平行又不相交）之间的运动和动力，常见的类型如下。

a. 锥齿轮传动　锥齿轮用于两相交轴之间的传动。锥齿轮的轮齿分布在截圆锥体的表面上，有直齿、斜齿及曲线齿之分，如图 3.28 所示。其中以直齿锥齿轮的应用为最广，而斜齿锥齿轮则很少应用。由于曲线齿锥齿轮能够适应高速重载的要求，故目前也得到了广泛的应用。

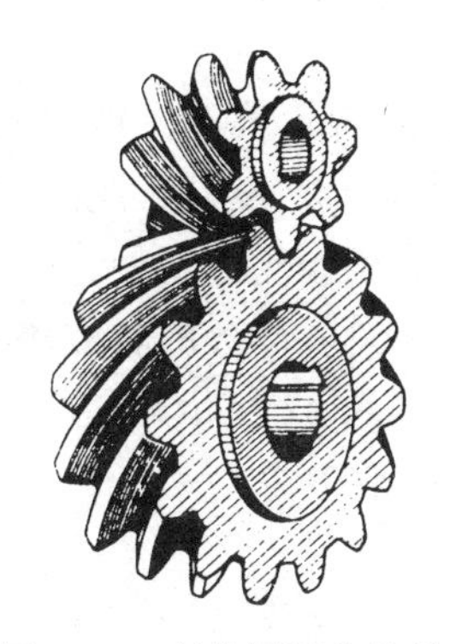

图 3.26　斜齿圆柱齿轮传动

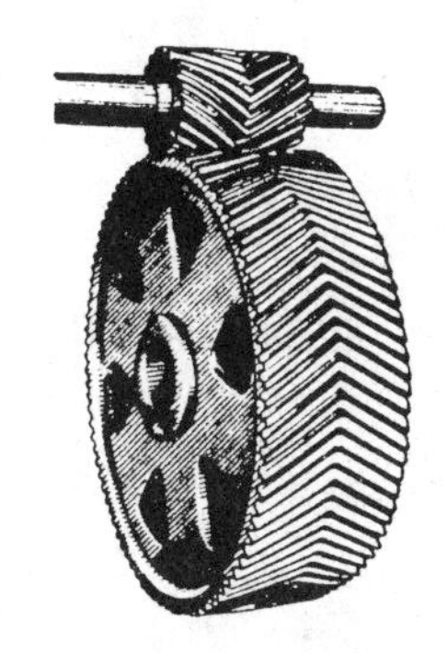

图 3.27　人字齿轮传动

b. 交错轴斜齿轮传动　交错轴斜齿轮传动用于传递两相错轴之间的运动，如图 3.29 所示。就单个齿轮来说，是一个斜齿圆柱齿轮。

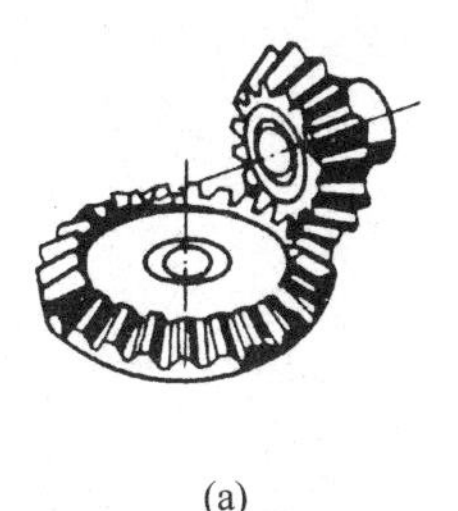

(a)

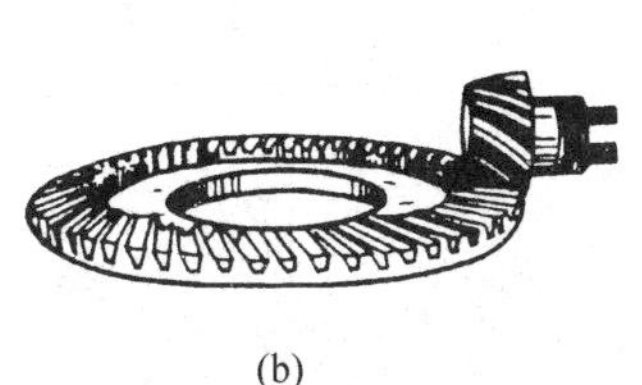

(b)

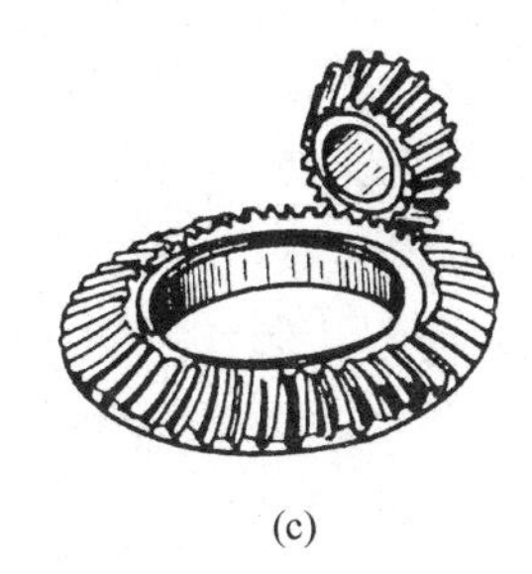

(c)

图 3.28　锥齿轮传动

（a）直齿；（b）斜齿；（c）曲线齿

c. 蜗杆传动　蜗杆传动也是用于传递相错轴之间的运动。其两轴的交错角一般为 90°，如图 3.30 所示。

用于相错轴之间的齿轮传动，除上述两种传动以外，还有如图 3.31 所示的准双曲面齿轮传动，也是比较常见的形式。

图 3.29　交错轴斜齿轮传动

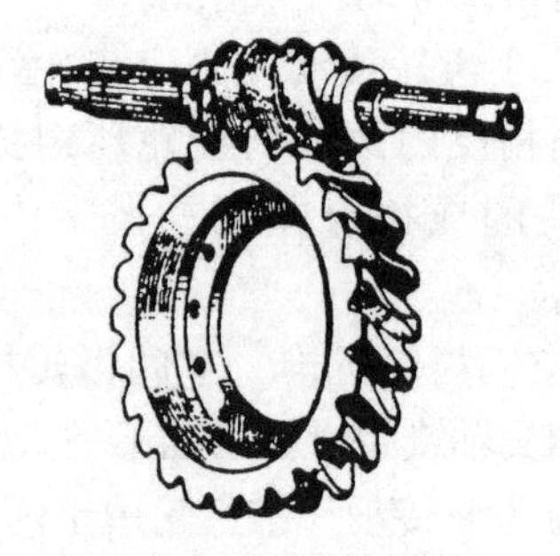

图 3.30　蜗杆传动

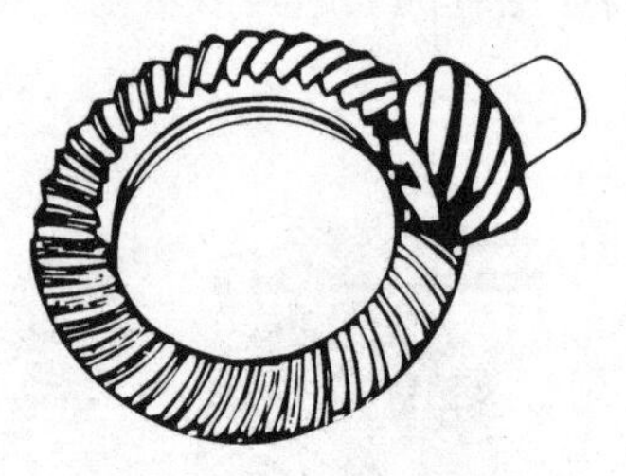

图 3.31　准双曲面齿轮传动

齿轮机构的类型虽然很多，但直齿圆柱齿轮传动是齿轮机构中最简单、最基本、同时也是应用最广泛的一种。

齿廓线是渐开线的齿轮称渐开线齿轮，对定传动比的齿轮而言，从啮合、设计、制造、安装和使用等方面综合考虑。此种齿轮应用最为广泛。

(2) 渐开线标准齿轮各部分的名称和尺寸

以外齿轮为例，图 3.32 所示的是标准直齿圆柱外齿轮的一部分，各部分名称符号如下：

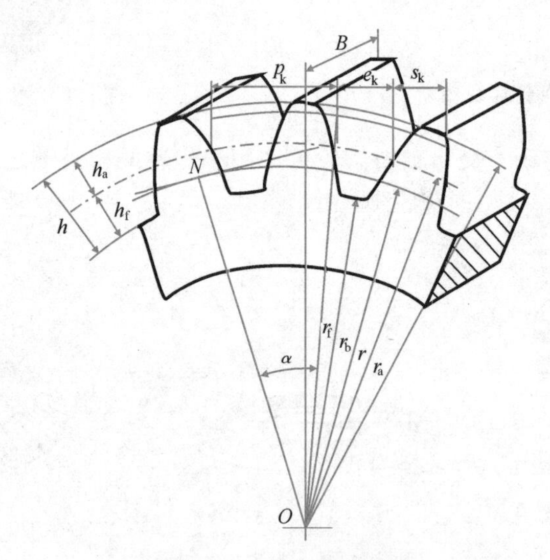

图 3.32　外齿轮示意图

1) 齿顶圆　以齿轮的轴心为圆心，通过齿轮各轮齿顶端所作的圆称为齿顶圆。其直径和半径分别以 d_a 和 r_a 表示。

2) 齿根圆　以齿轮的轴心为圆心，通过齿轮各齿槽底部所作的圆称为齿根圆。其直径和半径分别以 d_f 和 r_f 表示。

3）齿厚　沿任意圆周所量得的轮齿上的弧线厚度称为该圆周上的齿厚，以 s_k 表示。

4）齿槽宽　相邻两轮齿之间的齿槽沿任意圆周所量的弧线宽度，称为该圆周上的齿槽宽，以 e_k 表示。

5）齿距　沿任意圆周所量得的相邻两齿上同侧齿廓之间的弧长称为该圆上的齿距，以 p_k 表示。由图 3.32 可见，在同一圆周上，齿距等于齿厚与齿槽宽之和，即 $p_k=s_k+e_k$。

6）分度圆　为了便于齿轮各部分尺寸的计算，在齿轮上选择一个圆作为计算的基准，其上的齿厚与齿槽宽相等，称该圆为齿轮的分度圆。其直径、半径、齿厚、齿槽宽和齿距分别以 d、r、s、e 和 p 表示，即 $e=s$，且 $p=s+e$。

7）齿顶高　介于分度圆与齿顶圆之间的轮齿部分称为齿顶，其径向高度称为齿顶高，以 h_a 表示。

8）齿根高　介于分度圆与齿根圆之间的轮齿部分称为齿根，其径向高度称为齿根高，以 h_f 表示。

9）齿全高　齿顶圆与齿根圆之间的径向距离，即齿顶高与齿根高之和称为齿全高，以 h 表示，则 $h=h_a+h_f$。

（3）渐开线标准齿轮的基本参数

1）齿数　在齿轮整个圆周上轮齿的总数称为齿数，用 z 表示。

2）模数　如上所述，齿轮的分度圆是计算齿轮各部分尺寸的基准，而齿轮分度圆的周长为 $\pi d=zp$，于是得分度圆的直径 $d=zp/\pi$。但由于式中 π 为一无理数，这将使计算、制造和检验等很不方便。为了便于计算、制造和检验，将比值 p/π 人为地规定为一些简单的数值，并把这个比值叫作模数，以 m 表示，即令 $m=p/\pi$，其单位为“mm”，于是得 $d=zm$。

模数 m 是决定齿轮尺寸的一个基本参数。齿数相同的齿轮，模数大，则其尺寸也大。从图 3.33 所示的不同模数的齿形图上可以清楚地看出这一点。

为了便于制造、检验和互换使用，齿轮的模数值已经标准化了。只有模数相同的齿轮，才具有相同齿形，才能相互啮合。

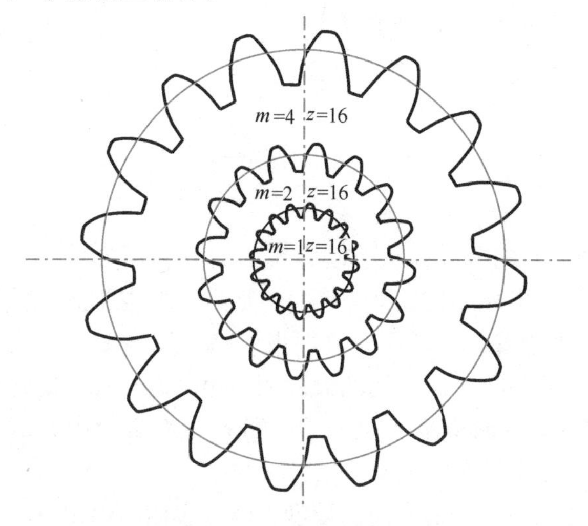

图 3.33　齿轮的齿数与模数

3）传动比　相互啮合两齿轮的角速度之比，用 i_{12} 来表示，$i_{12}=\omega_1/\omega_2=z_2/z_1$。

对于圆形齿轮传动比恒定。

（4）齿轮传动的主要失效形式

齿轮在工作过程中由于某些原因而损坏，使其失去正常工作能力的现象称为失效。齿轮的失效形式主要有以下五种：

1）轮齿折断　轮齿折断一般发生在齿根部分，因为轮齿受力时齿根弯曲应力最大，而且应力集中。

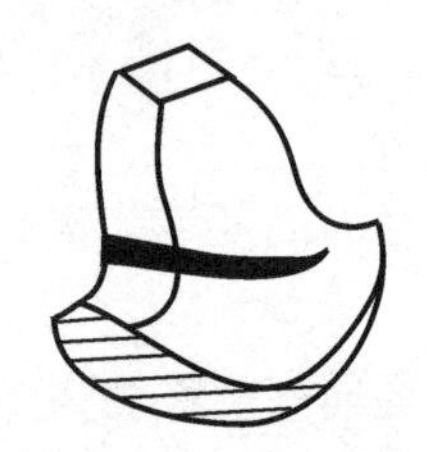

图 3.34　疲劳裂纹

在载荷的多次重复作用下，弯曲应力超过弯曲持久极限时，齿根部分将产生图 3.34 所示的疲劳裂纹。裂纹逐渐扩展，最终引起断齿，这种折断称为疲劳折断。当轮齿单侧工作时，根部弯曲应力一侧为拉伸，另一侧为压缩，轮齿脱离啮合时弯曲应力为零，因此就任一侧而言，其应力都是脉动循环变化的。当轮齿双侧工作（即齿轮在载荷作用下正反转动）时，弯曲应力则是对称循环变化的。

齿轮因短时过载或冲击过载而引起的突然折断，叫做过载折断。用淬火钢或灰铸铁等脆性较大的材料制成的齿轮，容易发生这种断齿。

2）齿面点蚀　轮齿在啮合中，齿轮工作表面啮合点处的接触应力是脉动循环变化的。当齿面接触应力超过材料的接触持久极限时，在载荷的多次重复作用下，齿面表层就会产生细微的疲劳裂纹，这些裂纹的逐渐扩展将使金属微粒剥落下来，形成微小的凹坑，这种现象称为点蚀。点蚀出现后，齿面不再是完整的渐开线曲面，从而影响齿轮的正常啮合，产生冲击和噪声，进而凹坑扩展到整个齿面，最终导致传动失效。实践证明，疲劳点蚀首先出现在齿根表面靠近节线处（图 3.35a）。齿面的抗点蚀能力主要与齿面硬度有关，齿面硬度越高则抗点蚀能力也越强。

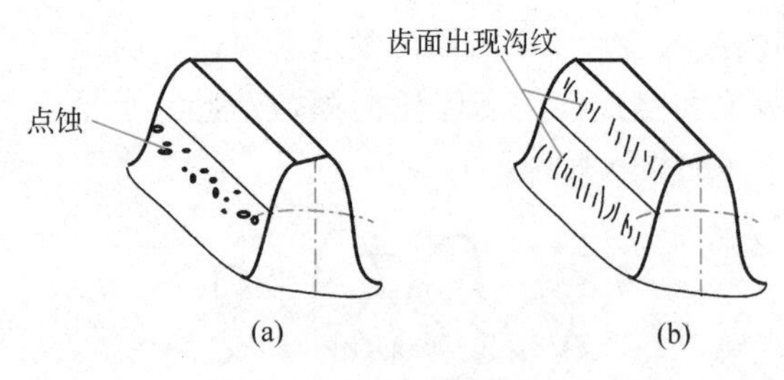

图 3.35　齿面点蚀与胶合

（a）点蚀；（b）胶合

软齿面（HBS≤350）的闭式齿轮传动常因齿面点蚀而失效。在开式传动中，由于齿面磨损较快，点蚀来不及出现或扩展即被磨掉，所以一般看不到点蚀现象。

3）齿面胶合　在高速重载传动中，常因齿面啮合区温度升高而引起润滑失效，致使两齿面金属直接接触而熔粘在一起，当两齿面相对运动时，较软的齿面沿滑动方向被撕下而形成沟纹（图 3.35b），这种现象称为胶合。低速重载传动中，由于齿面间的润滑油膜不易形成，也可能产生胶合破坏。

为了防止产生胶合，除适当提高齿面硬度、降低表面粗糙度外，对于低速传动应采用黏度大的润滑油，高速传动宜采用含抗胶合添加剂的润滑油。

4）齿面磨损　齿轮传动时，两渐开线齿廓之间有相对滑动，在载荷作用下会引起齿面磨损。齿面磨损主要有两种情况：一种是由于灰尘、硬屑粒等进入齿面间而引起的磨粒性磨损（图 3.36）；另一种是因齿面互相摩擦而产生的磨合性磨损。磨合性磨损能起到抛光作用。磨粒性磨损在开式传动中是难以避免的。采用闭式传动，降低齿面的粗糙度和保持良好的润滑可以防止或减轻这种磨损。

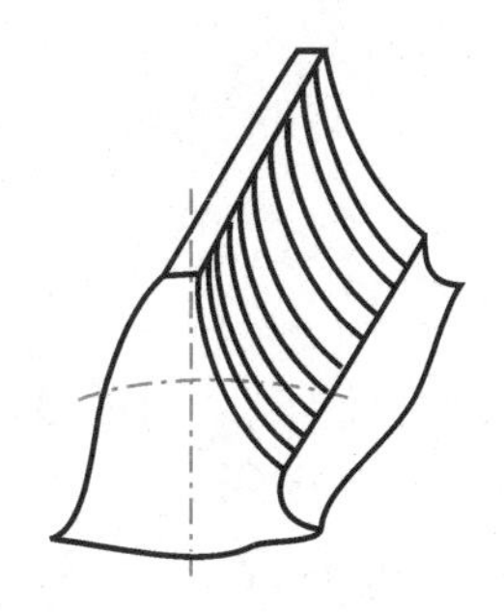

图 3.36　齿面磨损

5）齿面塑性变形　在重载作用下，较软的齿面上可能产生局部的塑性变形，使齿面失去正确齿形。这种损坏常在低速和过载、启动频繁的传动中遇到。

齿轮的每一种损坏形式并不是孤立的。例如，齿面一旦出现了疲劳点蚀或胶合，就会加剧齿面的磨损；齿面的严重磨损又将导致轮齿的折断。

2. 带传动

带传动是利用带作为中间挠性件来传递运动或动力的一种传动形式。

（1）带传动概述

1）带传动的组成、工作原理及分类　带传动是由主动带轮、从动带轮和环形带组成（图 3.37）。

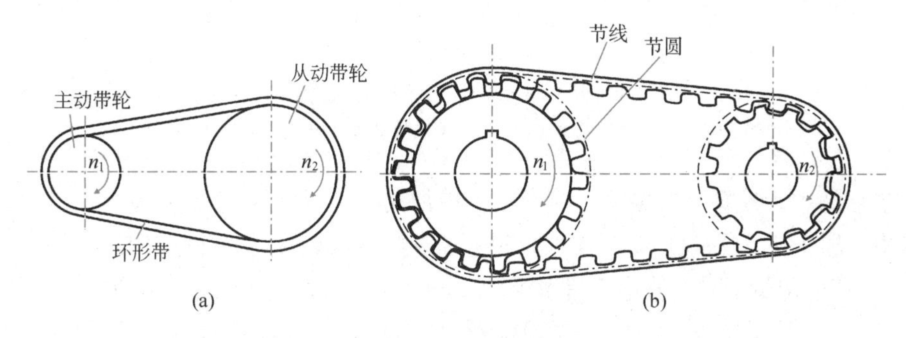

图 3.37　带传动简图

（a）摩擦带传动；（b）啮合带传动

带传动分为靠摩擦和靠啮合传动两类。啮合带传动中主要是同步齿形带传动，如图 3.37（b）所示。它是依靠带内面的凸齿与带轮表面相应的齿槽相啮合来传递动力和运动，这种传动既能减轻对轴及轴承的压力，又能使主动轮节圆上与从动轮节圆上的速度同步，保证准确可靠的传动比，是一种较理想的传动方式。但由于对制造和安装的要求较高，所以限制了其应用范围。

摩擦带传动中（图 3.37a），带以一定的初拉力 F_0（又称张紧力）紧套在主、从动带轮上，使带与带轮相互压紧并在接触面上保持一定的正压力，当主动带轮回转时，依靠带和带轮接触面上的摩擦力带动从动轮回转，从而将主动轮上的运动和动力传递给从动轮。

在摩擦带传动中，按照带的横截面的形状不同可分为：平带、V 带和特殊截面带（如圆带、多楔带）四大类（图 3.38）。圆带传递的功率很小、常用于低速轻载的机械中，如

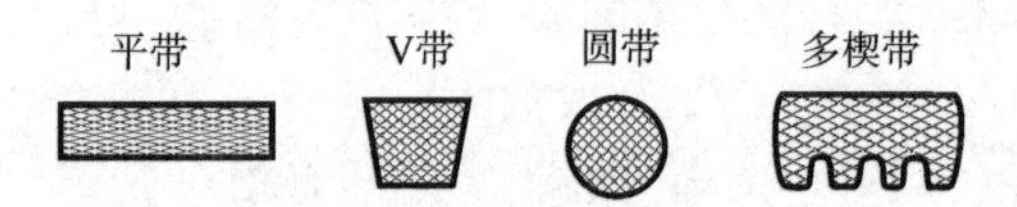

图3.38　带的横截面形状

家用缝纫机等。平带的横截面为扁平矩形，其工作面是与轮面相接触的内表面。V带的横截面为等腰梯形，其工作表面是与轮槽相接触的两侧面，而V带与槽轮底部不接触。在预紧力相同的情况下，V带传动比平带能产生更大的摩擦力，能传递更大的功率。多楔带是在平带基体下边做出许多纵向楔，其楔形部分嵌入带轮上相应的楔形槽内、靠多个楔面摩擦工作，因此，多楔带具有V带的摩擦力大，又具备平带的弯曲应力小的优点，常用于传递动力较大，而又要求结构尺寸紧凑的场合。

平带传动中，按主动轴与从动轴的相对位置来分，又有平行轴间的开口传动（图3.39a）、交叉传动（图3.39b）以及垂直交叉轴间的半交叉传动（图3.39c）。

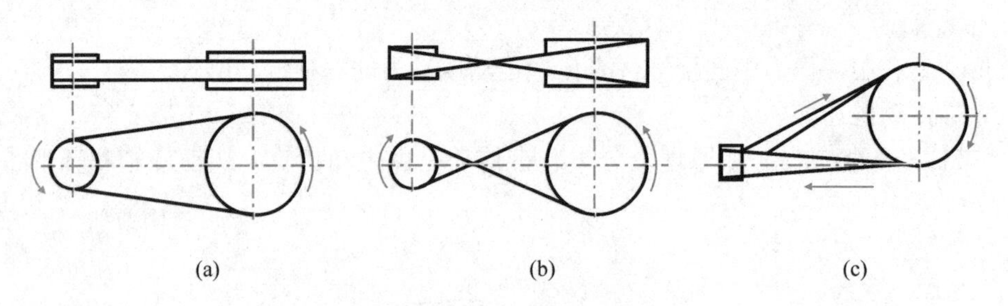

图3.39　带传动的传动形式

(a) 开口传动；(b) 交叉传动；(c) 半交叉传动（中心距大于20倍带宽）

V带传动中，只有开口传动一种形式。V带又分为普通V带、窄V带、宽V带等类型，其中普通V带应用最广。近年来，窄V带也得到越来越广泛的应用。

2）V带结构及型号　普通V带都制成无接头的环形，其横截面结构如图3.40所示，带由顶胶层1、抗拉层2、底胶层3和包布层4组成。包布层是由橡胶布制成，起保护作用；顶胶层和底胶层由弹性好的胶料制成，当带弯曲时分别承受拉伸和压缩；抗拉层分帘芯结构和绳芯结构，承受基本拉伸载荷。帘芯结构制造方便，绳芯结构柔性好、抗弯强度高，适用于带轮直径较小，载荷不大和转速较高的场合。为了提高带的拉曳能力，抗拉层多采用化学纤维绳或钢丝绳芯结构。

普通V带的规格尺寸、性能、使用要求等都已标准化，按其截面的大小分为7种。窄

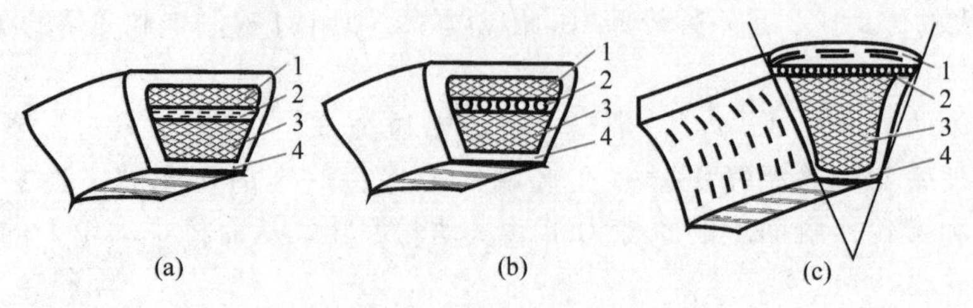

图3.40　V带结构

(a) 帘芯结构；(b) 绳芯结构；(c) 绳芯结构

V带（图3.40c）按其截面大小分为4种。

当带垂直底边弯曲时，在带中保持长度不变的周线（节线）所组成的面（节面）的宽度称为节宽b_p。节宽在带垂直底边弯曲时保持不变。在V带轮上，与所配用的节宽b_p相对应的带轮直径称基准直径d_d。V带在规定的张紧力下，位于测量带轮的基准直径上的周线长度称为基准长度L_d。

3）带传动的特点

a. 带传动的优点　适用于中心距较大的传动；带有良好的弹性，可缓冲吸振，噪声小；过载时带在带轮上打滑，可保护其他零件；结构简单、制造方便、成本低廉。

b. 带传动的缺点　传动的外廓尺寸较大；由于带的弹性滑动不能保证准确的传动比；带的寿命短；传动效率较低。

一般情况下，带传动用于中心距较大的电动机与工作机之间的动力传递。一般带速$v=5\sim25\text{m/s}$；传动比$i_{max}\leqslant7$；传递功率$P\leqslant100\text{kW}$；传动效率$\eta=0.9\sim0.95$。

（2）带传动的应力分析及失效形式

带传动中，带横截面上的应力有以下几种：

1）拉应力

紧边的拉应力　$$\sigma_1=\frac{F_1}{A}\quad(\text{MPa})$$

松边的拉应力　$$\sigma_2=\frac{F_2}{A}\quad(\text{MPa})$$

式中　F_1、F_2——分别为紧边和松边的拉力，N；

A——带的横截面面积，mm^2。

2）离心应力　当带以速度v沿着带轮轮缘作圆周运动时，带本身的质量将引起离心力，由于离心力的作用，带全长的所有截面上要产生离心应力σ_c

$$\sigma_c=\frac{qv^2}{A}\quad(\text{MPa})$$

式中　q——带的单位长度质量，kg/m；

A——带的横截面积，mm^2；

v——带速，m/s。

3）弯曲应力　带绕在带轮上时，因弯曲而产生弯曲应力。由材料力学公式得弯曲应力σ_b

$$\sigma_b=\frac{2Ey}{d_d}\quad(\text{MPa})$$

式中　y——由中性面到最外层的垂直距离，mm；

E——带材料的弹性模量，MPa；

d_d——带轮的基准直径，mm。

由上式可见，d_d越小时，带的弯曲应力σ_b就越大，故带绕在小带轮上时的弯曲应力σ_{b1}大于绕在大带轮上时的弯曲应力σ_{b2}。

图3.41所示为带的应力分布情况。各截面应力的大小用自该处引出的径向线的长短来表示。由图可知，带在变应力下工作，最大应力发生在带绕到小带轮A点处，其值为

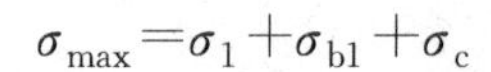

$$\sigma_{max}=\sigma_1+\sigma_{b1}+\sigma_c$$

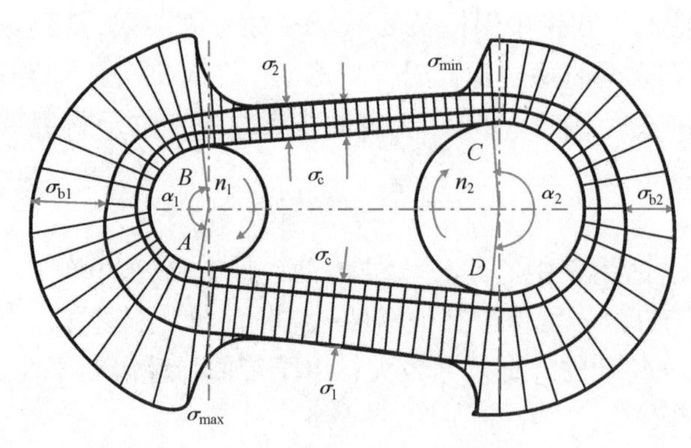

图 3.41　带的应力分布

带每绕两带轮转过一圈时，应力变化四次。当应力循环达到一定值后，将使带产生疲劳破坏。

由以上分析可知，带传动的主要失效形式是带的疲劳破坏及带在带轮上打滑。

3. 链传动

带在传动中长期受拉力作用，必然会产生塑性变形而出现松弛现象，使其传动能力下降，因此一般带传动应有张紧装置。

(1) 链传动概述

链传动主要用于传动比要求较准确，且两轴相对距离较远，而且不宜采用齿轮的地方。

链传动和带传动都是应用较广的机械传动。它是由装在平行轴上的主、从动链轮和绕在链轮上的环形链条组成（图 3.42）。链轮上制有特殊齿形的齿，靠链与链轮轮齿的啮合来传递运动和动力。

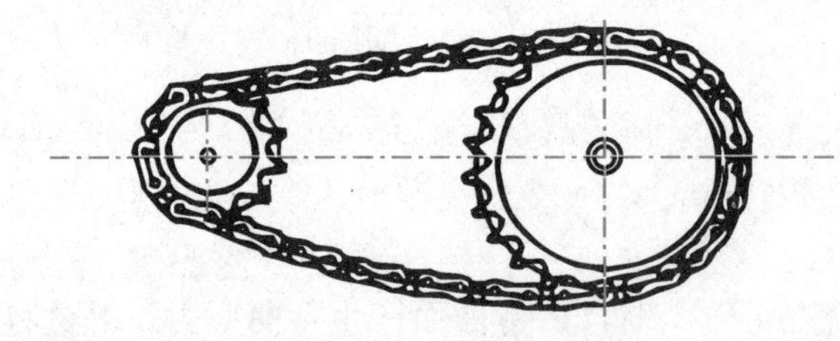

图 3.42　链传动简图

链传动与带传动都是属于带有中间挠性体的传动。但链传动与带传动相比，其主要特点是：

1) 链传动无弹性滑动和打滑，能保证准确的平均传动比，传动效率高；

2) 需要的张紧力小，作用在轴上的压力也小，可减少轴承的摩擦损失；

3) 同样使用条件下，链传动轮廓尺寸小，结构紧凑；

4) 能在灰尘、泥沙及高温等工作条件较恶劣的地方工作。

链传动与齿轮传动相比，其主要特点是：链传动的制造和安装精度要求较低，成本低；在远距离传动时，其结构要比齿轮传动轻便得多。

链传动的主要缺点是：

1）瞬时链速和瞬时传动比是变化的，传动不平稳；

2）工作时引起噪声；

3）不宜在载荷变化很大和急速反向的传动中应用；

4）在两根平行轴间只能用于同向回转的传动。

链传动主要用于两轴中心距较大，要求平均传动比准确，工作条件恶劣，不宜采用带传动和齿轮传动的场合。通常传递的功率 $P \leqslant 100\text{kW}$，传动比 $i \leqslant 8$，链速 $v = 15\text{m/s}$，效率约为 0.95～0.98。目前链传动广泛应用于冶金、矿山、石油、化工、农机、交通、起重运输和机器制造等部门所使用的机械中。

链传动按用途不同可分为：传动链、起重链和曳引链等，在一般机械中常用传动链。

（2）传动链和链轮

链传动中用的传动链，按其结构不同主要有滚子链和齿形链。

1）齿形链　齿形链因工作时冲击和噪声较小，故又称无声链。它是由一组带有两个齿的链板并列左右交错用铰链连接而成（图 3.43）。链板齿形的两侧是直边，工作时链板侧边与链轮齿廓相啮合。与滚子链相比较，齿形链运转平稳，承受冲击载荷的能力高，但齿形链重量较大，价格较高，结构复杂，对安装和维护的要求也较高，一般用于高速或运动精度要求较高的传动中。

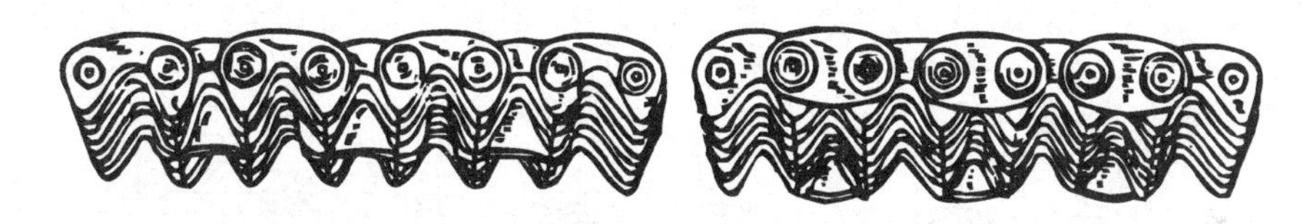

图 3.43　齿形链

下面主要讨论应用较广的滚子链传动。

2）滚子链　滚子链的结构如图 3.44 所示，由内链板 1、外链板 2、销轴 3、套筒 4 和滚子 5 组成。其中内链板与套筒之间，外链板与销轴之间分别用过盈配合相固联，分别称为内链节、外链节。而套筒和销轴之间是间隙配合，这样内外链节就构成了一个铰链。滚子和套筒之间也是间隙配合，滚子可以自由转动。当链条和链轮进入和退出啮合时，内外链节相对转动，而同时滚子沿链轮齿廓滚动，这样就可以减轻链条与链轮轮齿的磨损。因此传动链的磨损主要发生在销轴与套筒的接触面上，内外链板之间应留有少许间隙，以便润滑油渗入到销轴和套筒的摩擦面间。

内外链板均制成“8”字形，使它的各横截面具有近似相等的抗拉强度，同时还可以减轻链的重量以及运动时的惯性力。

滚子链可制成单排链、双排链（图 3.45）或三排链。多排链可传递较大的功率，理论上承载能力与排数成正比，但由于精度的影响，各排的承载不均，故排数不能过多。

滚子链上相邻两销轴中心之间的距离称为链的节距，用 p 表示，它是链条的基本特性参数。节距 p 越大，链条各部分的尺寸也越大，承载能力亦越高，同时冲击和振动也随之增加。

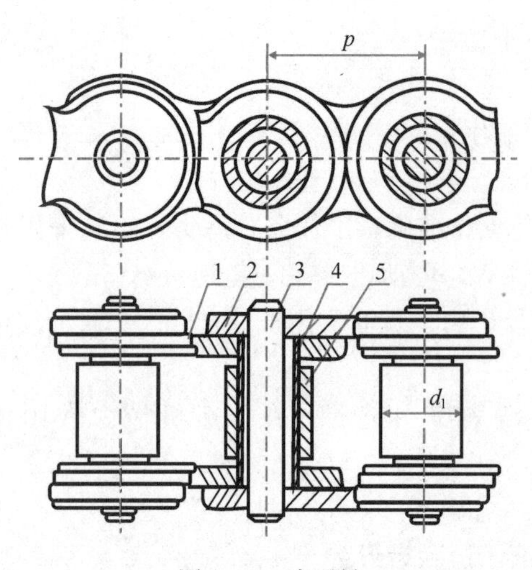

图3.44　滚子链

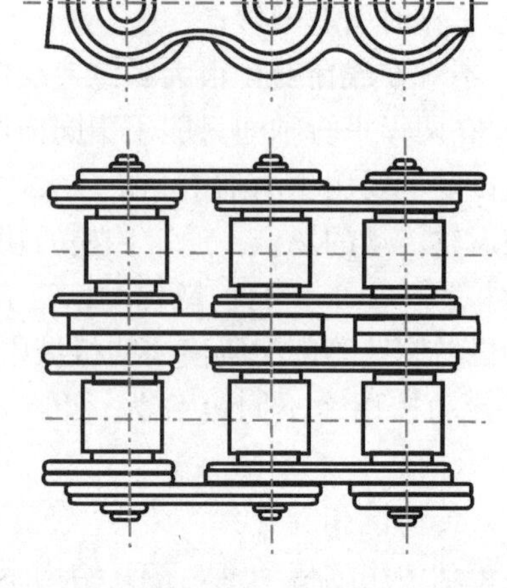

图3.45　双排链

链条的长度一般是用链节（节距）为单位。为了使链连成封闭环状，链的两端应连接起来，链接头的形式如图3.46所示。当组成链的链条长度为偶数个链节时，链节的两端正好外链板与内链板相连，可用开口销（图3.46a）或弹簧夹（图3.46b）将接头上的活动销轴固定。当组成链的总节数为奇数时，则需要采用过渡链节（图3.46c）。过渡链节在链条工作时，不但承受拉力，还受附加弯矩的作用，其强度仅为一般链节的80%，应尽量避免采用。

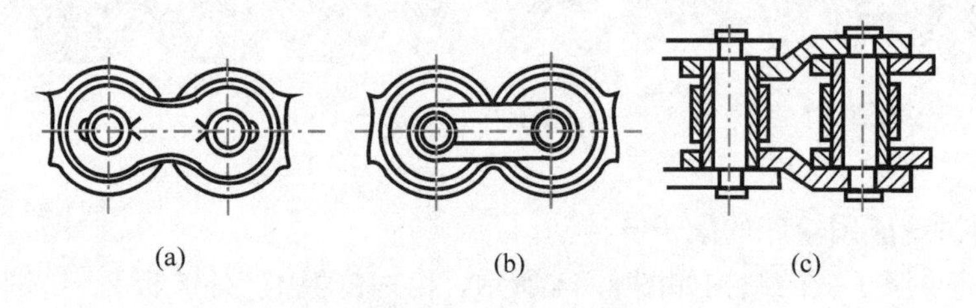

图3.46　滚子链接头形式

(a) 开口销固定；(b) 弹簧夹固定；(c) 过渡链节

滚子链已标准化，分为A、B两种系列。在我国，滚子链标准以A系列为主体，供设计用，B系列主要供维修用。

3）滚子链链轮　链轮的轮廓曲线必须保证工作时链能自由而顺利地进入和退出啮合，在啮合时与滚子接触良好，并且其加工工艺性要好。链轮齿形虽已标准化，但国家标准中只规定了最大齿槽形状和最小齿槽形状，主要有：齿槽的齿面圆弧半径 r_e、齿沟圆弧半径 r_i 和齿沟角 α 的最大值和最小值（图3.47a），详细情况请参阅GB 1244—85。实际链轮的端面齿形均应在最大和最小齿槽形状之间。目前较常用的一种端面齿形为图3.47（b）所示的“三圆弧一直线”齿形，它由三段弧 $\overset{\frown}{aa}$、$\overset{\frown}{ab}$、$\overset{\frown}{cd}$ 和直线 $\overline{bc}$ 组成。这种齿形基本上符合国家标准中对齿形的规定，且具有较好的啮合性能，也便于加工。当选用此齿形并用相应的标准刀具加工时，其端面齿形在链轮工作图中不必绘出，只需在工作图上注明“齿形按

3RGB 1244—85 规定制造”即可。

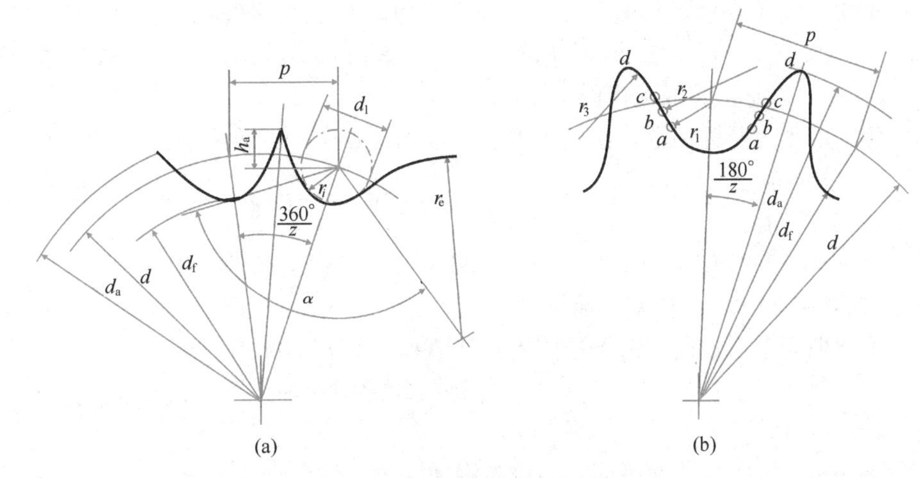

图 3.47 滚子链链轮的端面齿形

链轮的轴面齿形如图 3.48 所示，其两侧呈圆弧状，便于链节进入和退出啮合。在链轮工作图上，其轴面齿形需绘出，并应注明链节距 p、齿数 z、分度圆直径 d、齿顶圆直径 d_a、齿根圆直径 d_f 等。

在链传动中，由于小链轮轮齿的啮合次数比大链轮轮齿的啮合次数多，所受冲击也较严重，故小链轮应采用比大链轮更好的材料。

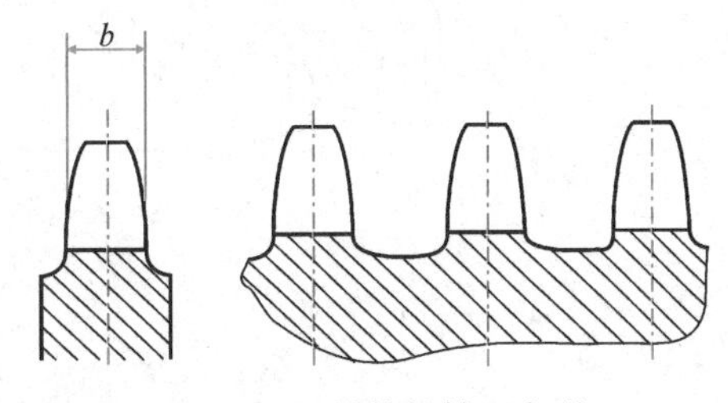

图 3.48 链轮的轴面齿形

(3) 链传动的失效形式

1) 链条的疲劳破坏 链条不断地由松边到紧边周而复始地运动着，在紧边拉力和松边拉力反复作用下，经过一定的循环次数后，链板首先开始出现疲劳断裂，在润滑良好，中等速度下工作的链传动，链条的疲劳强度是决定其承载能力的主要因素。

2) 链条铰链磨损失效 在工作条件恶劣、润滑不良的开式链传动中，由于铰链中销轴与套筒间的压力较大，彼此又相对转动，因而使铰链磨损、链的实际节距变长，导致传动更不平稳，容易引起跳齿或脱链。

3) 链条铰链的胶合失效 链轮转速过高而又润滑不良时，销轴和套筒间润滑膜破坏，使其两者在很高温度下直接接触，从而导致胶合。因此，胶合在一定程度上限制了链传动的极限转速。

4) 过载拉断失效 在低速（$v<6\text{m/s}$）重载或短期过载情况下，链条所受的拉力超过了链条的静强度时，链条将被拉断。

5) 滚子和套筒的冲击疲劳破坏 由于链节与链轮轮齿在啮合时，滚子与链轮间产生冲击。在高速时，由于冲击载荷较大，使套筒与滚子表面发生冲击疲劳破坏。

(4) 链传动的布置

链传动合理布置原则：

1）为了保证正确啮合，两链轮应位于同一垂直面内，并保持两轴相互平行。

2）两轮中心线最好水平布置（图3.49a）或中心线与水平线夹角β不大于45°（图3.49b）。因传动需要，当$\beta>60°$时，应设张紧轮。张紧轮一般设置在松边小链轮附近（图3.49c）。张紧轮可以是链轮或无齿的滚轮。

3）链传动的紧边布置在上，松边布置在下（图3.49a），以免松边在上时，因下垂量过大而发生链条与链轮的干涉。

（5）链传动的润滑

链传动具有良好的润滑，可缓和冲击、减少磨损和延长链条的使用寿命。

对于闭式链传动，润滑方式主要有：

1）人工定期润滑　定期在链条松边内、外链板间隙中注油。

2）滴油润滑　用油杯向链条松边内、外链板间隙中滴油，单排链每分钟供油5～20滴，速度高时取大值。

3）油浴润滑　链条从油池中通过，链条浸油深度一般为6～12mm。

4）压力喷油润滑　用油泵循环供油，喷油管口放在链条啮入处，油压约0.05MPa即可。

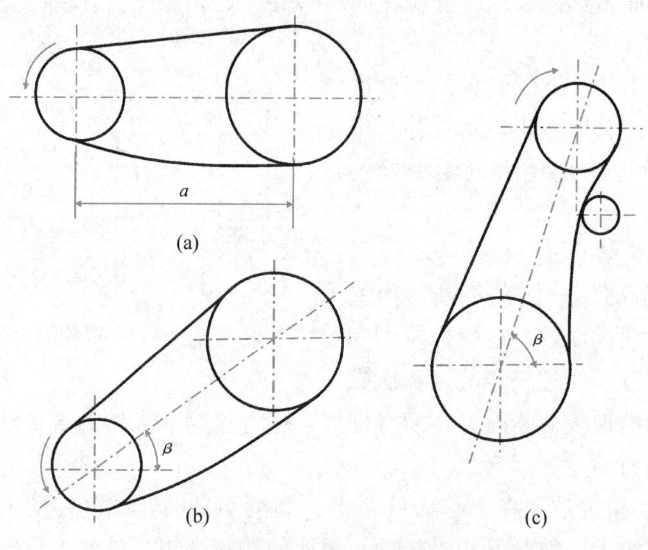

图3.49　链传动布置

对于开式链传动，只能用人工定期润滑。当链传动不易按上述方式润滑时，可以定期拆卸，进行清洗、润滑和再安装。

链传动常用的润滑油牌号有L-AN32、L-AN46、L-AN68全损耗系统用油。环境温度高或载荷大时，宜用黏度较高的润滑油。

表3.5列出了机械传动各种传动形式的基本特征与适用条件，本教材中没有介绍的蜗轮传动和螺旋传动也一并列出，供参考。

其他传动方式还有：电气传动和流体传动，其中流体传动包括液体传动和气体传动。

传动技术主要承担能量传递、改变运动形态、实现对能量的分配和控制、保证传动精度和效率等功能。现代传动技术的发展趋势是：高速化、自动化、高效率、高精度、高可靠性、轻量化和多样化。

各种传动形式的基本特性 **表 3.5**

特性	传动形式				
	齿轮传动	带传动	链传动	蜗轮传动	螺旋传动
主要优点	外廓尺寸小，效率高；传动比准确。寿命长（制造维护良好者可用几十年）；适用的功率和速度范围广	中心距变化范围广；结构简单；传动平稳；能缓冲；可起安全装置作用，制造成本低①	中心距变化范围较大；平均传动比准确；比皮带传动过载能力大	外廓尺寸小；传动比大；传动比准确；平稳安静；可做成自锁传动	平稳无噪声；运动精度高；传动比大，可用作微量调节；可做成自锁的
主要缺点	要求制造精度高，不能缓冲；高速传动精度不够时则有噪声	外廓尺寸大；轴上受力较大；传动比不能严格保证；寿命不高（通常约 3000～5000h）	不能用于精密分度机构；在振动冲击负荷下寿命大为缩短	效率低；中速及高速需用价贵的青铜；要求制造精度高	滑动螺旋效率低，不宜用于大功率传动；刚性较差
效率	开式 0.92～0.96 闭式 0.95～0.99	平带 0.92～0.98； 三角带 0.9～0.96； 同步齿形带 0.96～0.98	开式 0.9～0.93 闭式 0.95～0.97	开式 0.5～0.7 闭式 0.7～0.94 自锁 0.4～0.45	滑动螺旋 0.3～0.6； 滚动螺旋 0.86～0.98
功率（kW）	≤60000	平带≤1500，常用 30 以下；三角带≤750，常用 40～75；同步齿形带 100 以下	≤4000 常用 100 以下	≤750 常用 25～50	
速度	6 级精度直齿 $v \leqslant 18$m/s 6 级精度非直齿 $v \leqslant 36$m/s，$\omega < 3000$rad/s 5 级精度可达 $v = 200$m/s	$v \leqslant 25 \sim 30$m/s，特殊高品质平带可达 $v = 100$m/s；平带 $\omega \leqslant 6000$rad/s；三角带 $\omega \leqslant 1200$rad/s；同步齿形带 $v \leqslant 40$m/s	$v \leqslant 40$m/s； 常用 $v = 12 \sim 15$m/s； $\omega = 800 \sim 1000$rad/s	$v_h \leqslant 15 \sim 50$m/s	
传动比（单级）	圆柱 $i \leqslant 10$，常用 $i \leqslant 5$； 圆锥 $i \leqslant 8$，常用 $i \leqslant 3$	平带 $i \leqslant 5$； 三角带 $i \leqslant 7 \sim 15$； 同步齿形带 $i \leqslant 10$	套筒滚子链 $i \leqslant 6 \sim 10$ 齿形链 $i \leqslant 15$	开式 $i \leqslant 100$， 常用 $i = 15 \sim 60$； 闭式 $i \leqslant 100$， 常用 $i = 10 \sim 40$	

① 同步齿形带属于啮合传动，传动比大而准确，对轴作用力小。

3.3 机械制造工艺

制造金属机件的基本工艺方法有铸造、压力加工、焊接、切削加工和热处理。在机械制造过程中，通常是先用铸造、压力加工或焊接等方法制成毛坯，再进行切削加工，然后得到所需的零件。当然，铸造、压力加工或焊接等工艺方法也可以直接生产零部件。此外，为了改善零件的某些性能，常要经过热处理或其他处理，最后将制成的零件加以装配、调试，合格后即成为机器。

3.3.1　铸造

将熔融金属浇注、压射或吸入铸型型腔，冷却凝固后获得一定形状和性能的零件或毛坯的金属成形工艺称为铸造。它是金属材料液态成形的一种重要方法。

用于铸造的金属统称铸造合金。常用的铸造合金有铸铁、铸钢和铸造有色金属。

铸造生产在机械制造工业中具有重要地位。铸造生产主要有以下特点：

(1) 铸造使金属一次成形，可获得形状复杂的金属制件。通过液态成形，生产出各种复杂内腔的箱体、床身、机架等。

(2) 适应性广。工业上绝大多数金属材料均可用来铸造，特别像铸铁等材料，只适于铸造。

(3) 铸件成本低。铸造生产原料来源广泛，价格低廉，且可利用废机件、废钢及废铁等。

(4) 铸件余量小，节省材料。由于液态成形，铸件形状、尺寸与零件极为接近，节材省时。

铸造生产也存在不足之处，如铸造组织的晶粒比较粗大，内部常有缩孔、缩松、气孔、砂眼等铸造缺陷，因而铸件的力学性能一般不如锻件。铸造缺陷可通过优化铸造工艺予以消除。

铸型是根据所设计的零件形状用造型材料制成的。铸型可以用砂型，也可用金属型。砂型主要用于铸铁、铸钢，而金属型主要用于有色金属铸造。

砂型铸造生产工序很多，其中主要的工序为模型加工、配砂、造型、造芯、合箱、熔化、浇注、落砂、清理和检验。套筒铸件的生产过程如图 3.50 所示。

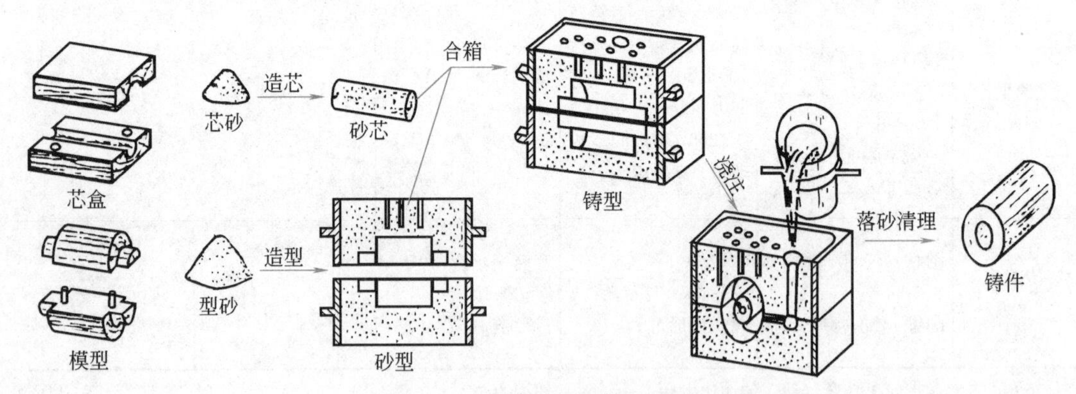

图 3.50　套筒的砂型铸造过程

在砂型铸造的基础上，通过改变铸型材料（如金属型铸造、陶瓷型铸造）、模样材料（如熔模铸造、实型铸造）、浇注方法（如离心铸造、压力铸造）、金属液充填铸型的形式或铸件凝固的条件（如压力铸造、低压铸造、真空吸铸）等，又创造了许多其他的铸造方法。通常，把这些不同于普通砂型铸造的铸造方法统称为特种铸造。常用的特种铸造方法有熔模铸造、压力铸造、离心铸造、低压铸造、陶瓷型铸造等。

(1) 熔模铸造

熔模铸造又称为精密铸造，是用蜡料制成模样，再在蜡模表面涂覆多层耐火材料，待硬化干燥后，将蜡模熔去，而获得具有与蜡模形状相应空腔的型壳，再经焙烧后进行浇注而获得铸件的一种方法。熔模铸造的工艺过程如图 3.51 所示。

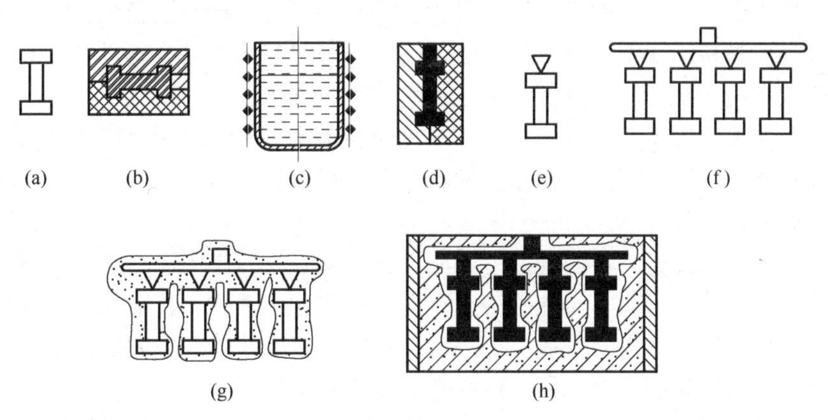

图 3.51 熔模铸造的工艺过程

(a) 母模；(b) 压型；(c) 熔蜡；(d) 压制蜡模；(e) 蜡模；(f) 蜡模组；(g) 结壳、脱蜡；(h) 造型、浇注

熔模铸造的特点及应用范围：熔模铸造件的精度及表面质量高（尺寸公差等级为 IT14-TT11，表面粗糙度 Ra 值可达 12.5～1.6μm）；能够铸造各种合金铸件；生产批量不受限制；熔模铸件的形状可比较复杂，铸件上可铸出的最小孔径为 0.5mm，铸件的最小壁厚为 0.3mm。

熔模铸造工艺过程较复杂，使用和消耗的材料较贵，因而适用于生产形状复杂、精度要求较高，或难以进行机械加工的小型零件，铸件的质量不宜太大，一般不超过 25kg。

(2) 压力铸造

在高压作用下，使液态或半固态金属以较高的速度填充铸型型腔，并在压力作用下凝固而获得铸件的方法称为压力铸造。高压和高速充型是压力铸造的两大特点。压力铸造在压铸机上进行。压铸机按压射部分的特征分为热压室式和冷压室式两大类。热压室式压铸机上装有贮存液态金属的坩埚，压室浸在液态金属中，因此只能压铸低熔点合金，应用较少。目前广泛应用的是冷压室式压铸机，金属的熔炼设备不在压铸机上。卧式冷压室式压铸机的工作过程如图 3.52 所示。

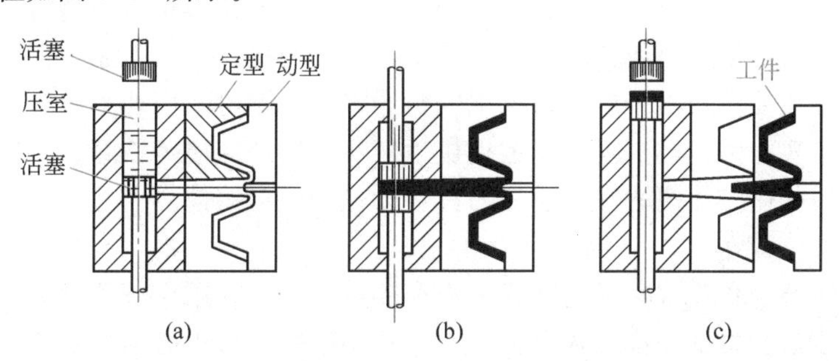

图 3.52 卧式冷压室式压铸机的工作过程

(a) 压型浇注；(b) 压射；(c) 开型顶件

压力铸造的特点及应用范围：与砂型铸造相比较，铸件的尺寸精度高，一般尺寸公差等级可达到 T13-IT11，表面粗糙度 Ra 值可达 3.2～0.8μm，一般可不经机械加工直接使用；铸件的强度和表面硬度高。因为液态金属在压力下结晶，冷却速度又较快，所以压铸件的组织致密、晶粒较细，其抗拉强度可比砂型铸件提高25%～30%；可压铸形状复杂的薄壁铸件，如铝合金压铸件的最小壁厚可为 0.5mm，最小铸出孔直径可为 0.7mm；压铸件中可嵌铸其他材料（如钢、铁、铜合金、钻石等）的零件，以节省贵重材料和机械加工工时；生产效率高，是所有铸造方法中生产率最高的方法。

压力铸造主要适用于低熔点的锌、铝、镁及铜等非铁金属中小型铸件的大批量生产，如发动机气缸体、气缸盖、变速箱体、发动机罩、仪表和照相机壳体及支架、管接头等。

（3）离心铸造

将液态金属浇入高速旋转的铸型中，使金属在离心力的作用下填充铸型并凝固成形的铸造方法称为离心铸造。离心铸造的铸型有金属型和砂型两种。目前，广泛应用的是金属型离心铸造。离心铸造在离心铸造机上进行。根据铸型旋转轴在空间的位置，离心铸造机分为立式离心铸造机和卧式离心铸造机两类（图 3.53）。

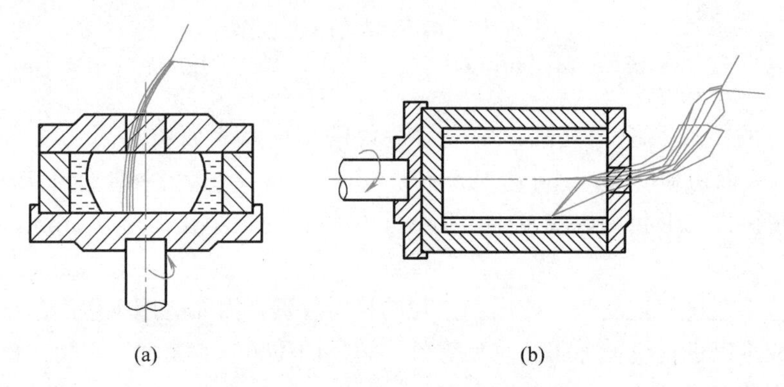

图 3.53　离心铸造过程示意图

（a）绕垂直轴旋转；（b）绕水平轴旋转

离心铸造的特点及应用范围：与砂型铸造相比较，工艺过程简单。铸造中空筒类、管类零件时，省去了型芯、浇注系统和冒口，节约金属和其他原材料；离心铸造使液态金属在离心力作用下充型并凝固，铸件组织致密，无缩孔、气孔、夹渣等缺陷，力学性能较好；便于铸造双金属铸件，如制造钢套内壁挂衬巴氏合金的滑动轴承，既可达到滑动轴承的使用要求，又可节约较贵的滑动轴承合金材料；在离心铸造中，铸造合金的种类几乎不受限制。离心铸造的缺点是铸件的内表面质量差，孔的尺寸不易控制，但这并不妨碍其作为一般管道的使用要求，对于内孔待加工的机器零件，则可采用加大内孔加工余量的方法来解决。目前，离心铸造已广泛用于大批量生产灰铸铁及球墨铸铁管、气缸套及滑动轴承等中空件，也可采用熔模离心注造浇注刀具、齿轮等成形铸件。

（4）真空实型铸造

真空实型铸造又称为气化模铸造或消失模铸造。它是采用聚苯乙烯泡沫塑料模样代替普通模样，将刷过涂料的模样放入可抽真空的特制砂箱，填干砂后振动紧实、抽真空，不用取出模样就浇入金属液。在高温液体金属的热作用下，泡沫塑料模样气化、燃烧而消失，金属液取代原来泡沫塑料模样所占据的空间位置，冷却凝固后即可获得所需要的铸件。真空实型铸造的工艺过程如图 3.54 所示。

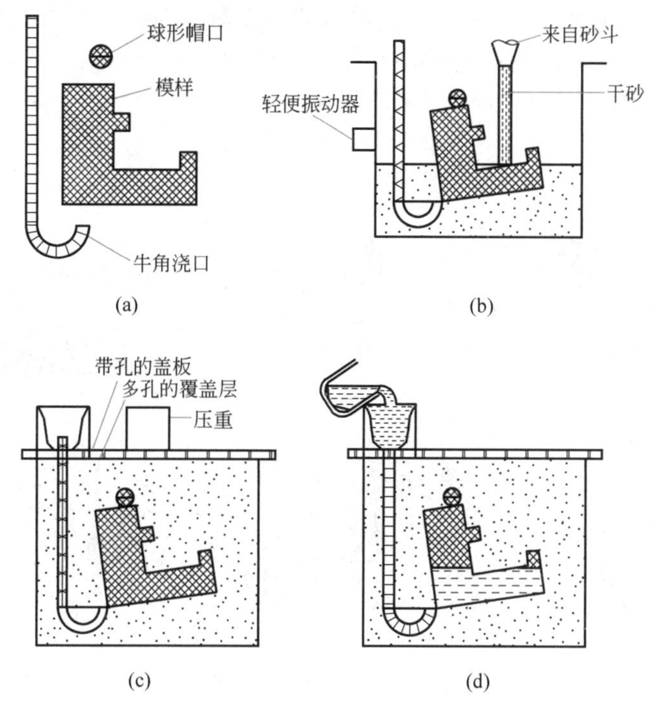

图 3.54 真空实型铸造的工艺过程

(a) 带涂料的气化模；(b) 填干砂；(c) 振动紧实、抽真空；(d) 浇注

真空实型铸造的特点及应用范围：与砂型铸造相比，真空实型铸造件尺寸精度较高；由于模样无分型面，不存在分型起模等问题，因而增大了设计铸造零件的自由度；生产工序简化，缩短了生产周期，提高了劳动生产率。真空实型铸造可用于各种金属件的铸造。

其他铸造方法还有：反压铸造、挤压铸造、磁型铸造、气冲铸造等。

铸造技术的发展趋势：随着科学技术的迅速发展和可持续发展战略的实施，现代铸造技术正朝着清洁化、高效化、智能化、数字化、网络化和铸件的高性能化、精确化、轻质薄壁化的方向发展。

3.3.2 压力加工

压力加工是使金属坯料在外力作用下发生塑性变形，以获得所需形状、尺寸及机械性能的毛坯或零件的方法。因此，只有具备一定塑性的金属才能进行压力加工。钢和大多数有色金属及其合金都具有不同程度的塑性，都可以进行压力加工。一般受力复杂的关键零件均需锻造制成，如吊钩、连杆、曲轴等。

压力加工的特点：压力加工金属材料经塑性变形后组织致密，缺陷少，并能获得一定的锻造流线组织，使其力学性能提高。压力加工可以节省原材料，与切削加工方法相比，可以减少零件制造过程中的金属消耗。一般压力加工方法的材料利用率可达 60%～70%，先进压力加工方法现已达到 85%～90%。能够提高制件的机械性能并具有较高的生产效率（自由锻造除外）。压力加工与铸造相比，成本较高。由于是在固态下成形，无法获得截面形状（特别是内腔）复杂的产品。

金属压力加工的方式有轧制、拉拔、挤压、自由锻造、模型锻造、薄板冲压等。

轧制　使金属坯料通过一对回转轧辊之间的空隙而受到压延的加工方法（图 3.55a）。轧制是获得型材、板材、管材等金属原材料的主要方法。如冶炼后铸成的钢锭绝大部分都要通过轧钢机制成形钢（如圆钢、方钢、角钢、槽钢、工字钢、钢轨等，如图 3.56 所示），钢板及钢管等原材料供应生产部门使用。轧制的发展趋势：高速轧制；精密轧制；轧锻组合等。

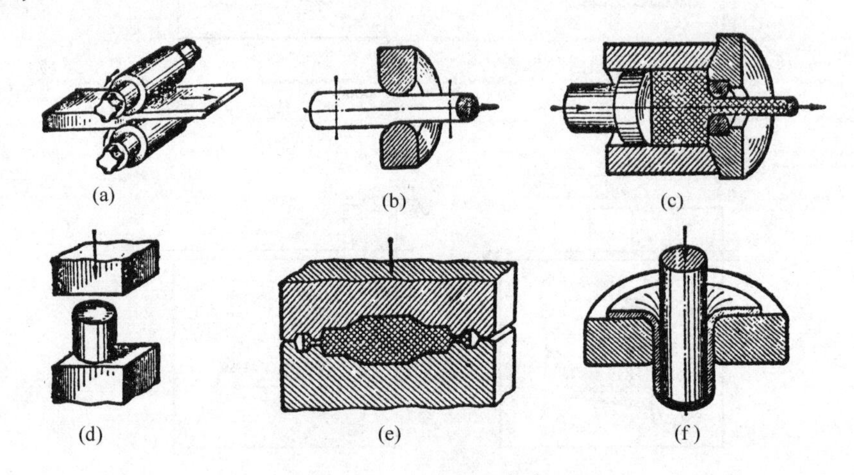

图 3.55　压力加工方式

（a）轧制；（b）拉拔；（c）挤压；（d）自由锻造；（e）模型锻造；（f）薄板冲压

图 3.56　型钢

拉拔　将金属坯料拉过拉拔模的模孔以缩小其截面的过程，如图 3.55（b）所示。它可拉制直径仅 0.02mm 的金属丝，还可拉制薄壁管，并借助冷拉以提高轧制型材和管材的精度。拉拔的发展趋势：高尺寸精度、低表面粗糙度。

挤压　把放在容器内的金属坯料从模孔内挤出而变形的过程，如图 3.55（c）所示。挤压是生产有色金属型材及管子的主要方法。挤压的发展趋势：高度精密挤压；挤锻结合。

自由锻造　使金属坯料在上下砧之间受到冲击或压力而变形的过程，如图 3.55（d）所示。自由锻的发展趋势：锻件大型化；操作机械化；液压机代替大锻锤。

模型锻造　使金属坯料在锻模模膛内受到冲击或压力而变形的过程，如图 3.55（e）所示。模锻的发展趋势：少、无切削；精密化（如精密模锻）。

薄板冲压（冷冲压）使薄板材料在冲模间受到冲压而分离或变形的过程，如图 3.55（f）所示。薄板冲压（冷冲压）发展趋势：自动化；精密化；非传统成形工艺的发展。

自由锻造、模型锻造、薄板冲压是用来生产各种机器零件的毛坯或成品的。

1. 自由锻造

自由锻造是使金属坯料在上下砧之间受到冲击或压力产生变形以制造锻件的方法。金属坯料变形时，在水平面的各个方向一般可自由流动而不受限制，故称为自由锻造。锻件的形状和尺寸主要依靠锻工的操作技能来保证。

自由锻造有手工锻和机器锻两种。手工锻是在铁砧上利用大锤、小锤、各种垫放工具以及錾子、冲子、平锤等使坯料变形制成锻件。手工锻所用的设备、工具简单，投资少，但生产率低，且只能生产小锻件，适用于修理工作及机器锻的辅助工作。机器锻是在空气锤、蒸汽锤等自由锻锤和水压机上进行的。它是自由锻造的基本方法。一般小型锻件是用空气锤锻制的，中、大型锻件则在蒸汽—空气锤上进行锻造，重型锻件则是用水压机来压制的。

2. 模型锻造

模型锻造是使金属坯料在上下锻模的模膛内受到冲击或压力而变形以获得锻件的方法。按照锻模的固定形式分为固定模锻造与胎模锻造两种。

固定模锻造如图 3.57 所示。锻模由开有模膛的上下模两部分组成。模锻时把加热好的金属坯料放进紧固在模座上的下模的模膛中，开启模锻锤，锤头带着固定于其上的上模锤击坯料，使其充满模膛而形成锻件。上下模的对准主要是由模锻锤来保证的。

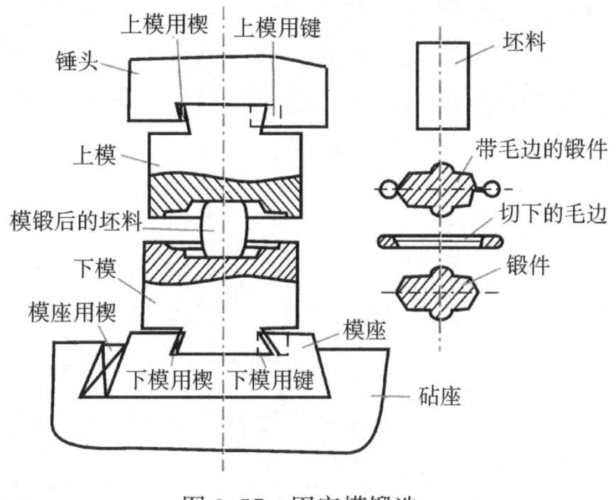

图 3.57 固定模锻造

胎模锻造如图 3.58（a）所示。模锻时，下模放在下砧上，把加热好的坯料放在下模的模膛中，靠销孔与导销定位把上模合上，用锤头锤击上模而使锻件成形。其生产过程如图 3.58（b）所示。

上下锻模的分界面称为分模面，在分模面上，模膛的周围开有毛边槽，因而锻件的四周就形成一圈毛边，毛边在切边压力机上用切边模切去。

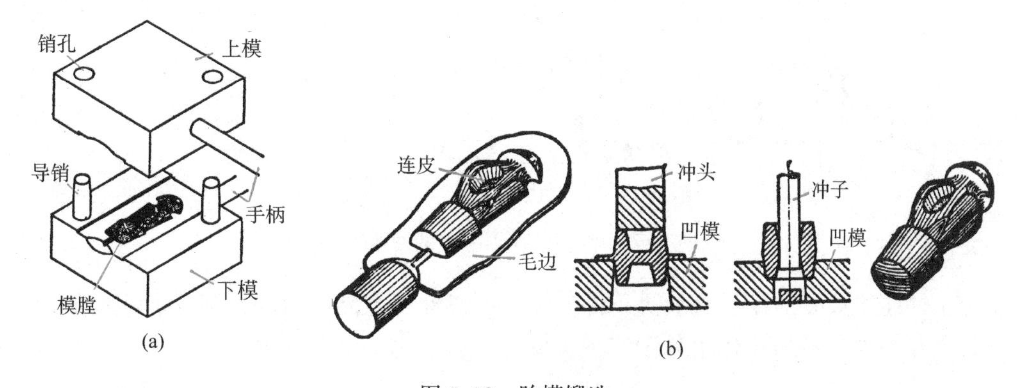

图 3.58 胎模锻造

（a）胎模；（b）胎模锻的生产过程

对于带孔的锻件，在模锻时是不能将孔冲穿的，总要留一层薄金属，称为冲孔连皮，如图 3.58（b）所示。冲孔连皮在压力机上用冲子冲掉。

3. 薄板冲压

薄板冲压是借冲床的压力用冲模将薄板材料进行分离或变形的加工方法。厚度小于4mm 的薄钢板通常是在常温下进行的，所以又叫冷冲压。厚板则需加热后再进行冲压。

冲压基本工序可分为两类，即分离工序和变形工序。

分离工序　使坯料一部分与另一部分分离的工序，如剪切、落料、冲孔等。

变形工序　改变金属坯料的形状而不破裂的工序，如弯曲、拉深、翻边等。

冲压件就是用一个或数个冲压基本工序将板料冲制而成的。各种工序的前后次序和应用次数是根据冲压件的形状、尺寸、产量及每道工序中金属材料所允许的变形程度来决定的。如汽车消声器零件应选用落料、拉深、冲孔、翻边、冲缺口等工序（图 3.59）。由于消声器筒口直径与坯料直径相差较大，根据坯料所允许的变形程度需三次拉深成形。零件底部的翻边孔径较大，只能在拉深后再冲孔。若先冲孔，则拉深难以进行。为防止翻边时产生破裂，凸、凹模工作部分应做成圆角，按翻边时所允许的变形程度计算，筒底和外缘都可一次翻边成形。

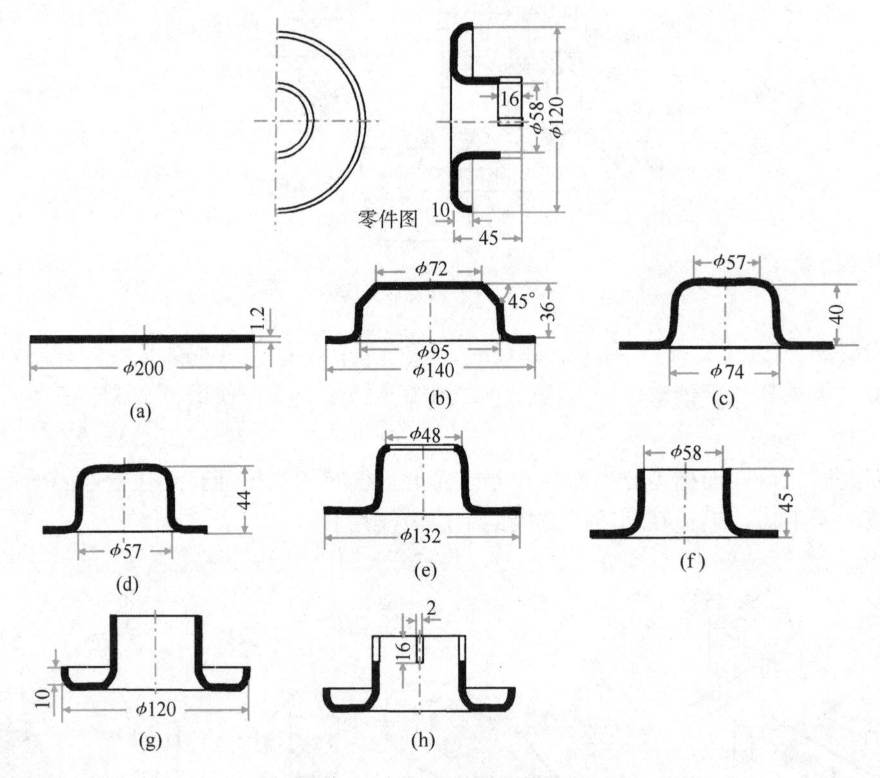

图 3.59　汽车消声器零件的冲压工序

由于冲压主要是对薄板金属进行冷变形，所以冲压制品质量轻、强度、刚度好，精度高，且具互换性，冲压工作也易于实现机械化、自动化，生产率很高，因而冲压的应用非常广泛。

其他压力加工方法还有：超塑性成形、粉末锻造、回转成形、静液挤压等。

压力加工技术的发展趋势：总趋势是交叉—综合化、数字—智能化、洁净—高效化和柔性—集成化。具体可以概括为：发展锻压生产的柔性加工系统；增加设备的柔性和发展低能耗成形技术；实现精密塑性成形并与其他工艺交叉运用；构建数字化塑性成形技术体系，并注重数字化技术与传统加工方式相结合。

3.3.3　焊接

焊接是被焊工件（同种或异种），通过加热或加压或两者并用，并且用或不用填充材料，使工件的材质达到原子间的结合而形成永久性连接的工艺过程。焊接结构是利用焊接方法将各个构件连接成具有一定形状的实用体。

焊接常用于制造金属结构或机器零件。非金属材料如塑料、玻璃、陶瓷等也可以焊接。焊接作为机械加工的一种主要方法，在设备制造及工业生产中发挥着无可替代的重要作用。该加工方法的特点主要体现在以下几个方面：

（1）节省材料与工时。与其他连接方式相比，加工装配简单，工序短。

（2）可化大为小，以小拼大，化复杂为简单，拼简单成复杂。

（3）由于接头金属达到原子间结合，接头牢固、密封性好。

目前，焊接的方法很多，大体上可分为三大类，即熔化焊、压力焊和钎焊。

熔化焊　它的特点是利用焊条与工件间燃烧的电弧热熔化焊条端部和工件的局部，焊条端部迅速熔化的金属以细小熔滴经弧柱过渡到工件已经局部熔化的金属中，并与之融合一起形成熔池，冷凝后使工件彼此焊接起来。电弧焊、氧—乙炔气焊等都是熔化焊。

压力焊　它的特点是两块金属的接头处，不论是加热或不加热，都要加压并在压力作用下，彼此焊接起来的。电阻焊就是压力焊中的一种焊接方法。

钎焊　它的特点是将两块金属加热而不熔化，只有填充在接头间的钎料熔化（因其熔点比被焊金属低），待钎料凝固后，即把两块金属彼此连接起来。

1. 手工电弧焊

手工电弧焊（简称手弧焊）是利用电弧产生的热量来熔化母材和焊条的一种手工操作的焊接方法。手弧焊的焊接过程如图3.60所示。焊接时以电弧作为热源，电弧的温度可达6000K以上，它产生的热量与焊接电流成正比。

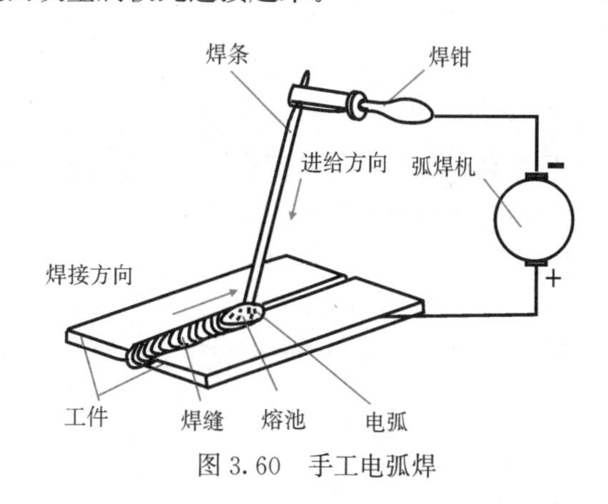

图3.60　手工电弧焊

焊接前，把焊钳和工件分别接到弧焊机输出端的两极上，并用焊钳夹持焊条。

焊接时，首先在工件和焊条之间引出电弧，电弧同时将工件和焊条熔化，形成金属熔池。随着电弧沿焊接方向前移，被熔化的金属迅速冷却，凝固成焊缝，使两工件牢固地连接在一起。

2. 埋弧自动焊

埋弧自动焊如图3.61所示。图中颗粒状的焊剂由焊剂漏斗中落下，盖在待焊的接缝上。盘卷在焊丝盘上的焊丝，靠机头内的送丝机构送入焊剂内，当触及焊件时电弧即自动引燃。此时，电弧在焊剂膜包围下继续燃烧，电弧的热量得以充分利用。随着焊件与焊丝的熔化，焊接小车一面沿着焊件的待焊接缝均匀移动，一面将焊丝继续不断地向焊接区送进，直至形成焊缝。图3.62就是应用埋弧自动焊焊接制造螺旋缝钢管的生产过程示意图。

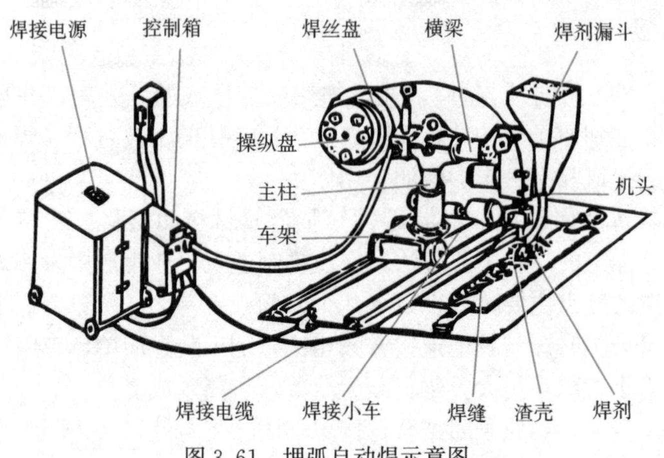

图3.61　埋弧自动焊示意图

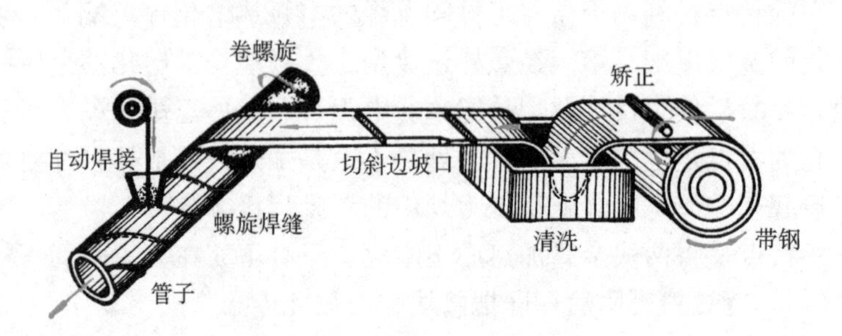

图3.62　焊管生产过程示意图

3. 气焊和气割

气焊是利用气体火焰来熔化母材和填充金属的一种焊接方法，如图3.63所示。

气焊通常使用的气体是乙炔（可燃气体）和氧气（助燃气体），并使用不带涂料的焊丝作为填充金属。

与电弧焊相比，气焊热源的温度较低，热量分散，加热缓慢，生产率低，工件变形严重，接头质量不高。但是，气焊火焰易于控制，操作简便，灵活性强，气焊设备不需电源（图3.64）。

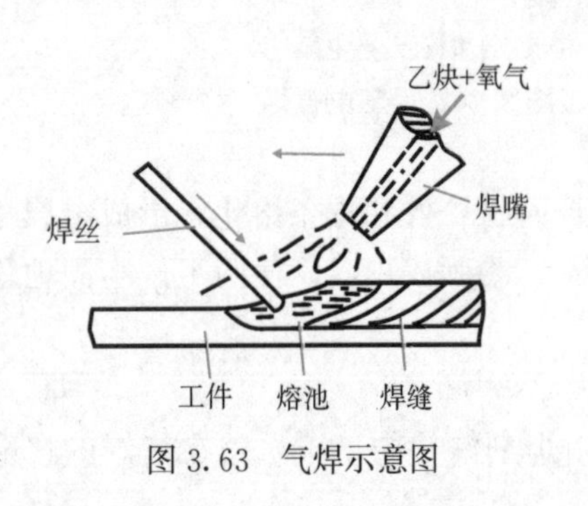

图3.63　气焊示意图

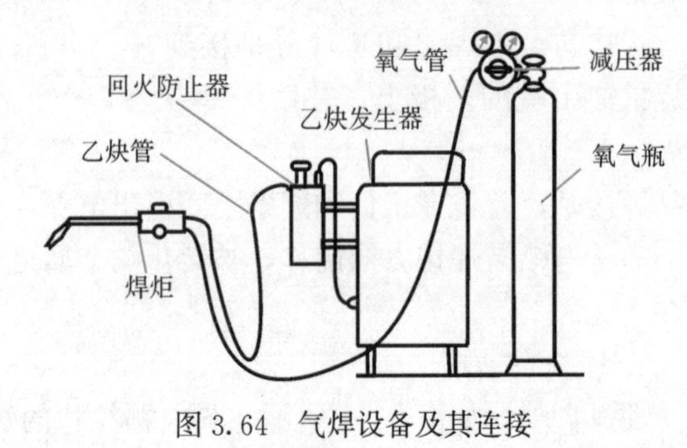

图3.64　气焊设备及其连接

气焊适于焊接厚度在3mm以下的低碳钢薄板、高碳钢、铸铁以及铜、铝等有色金属及其合金。

氧气切割（简称气割）是根据某些金属（如铁）在氧气流中能够剧烈氧化（即燃烧）的原理，利用割炬来进行切割的。气割时割炬代替焊炬，其余设备与气焊相同。割炬的外形如图3.65所示。氧气切割的过程如图3.66所示。开始时，用氧乙炔火焰将割口始端附近的金属预热到燃点（约1300℃，呈黄白色）。然后打开切割氧阀门，氧气射流使高温金属立即燃烧，生成的氧化物（氧化铁，呈熔融状态）同时被氧流吹走。金属燃烧时产生的热量和氧乙炔火焰一起又将邻近的金属预热到燃点，沿切割线以一定的速度移动割炬，即可形成割口。

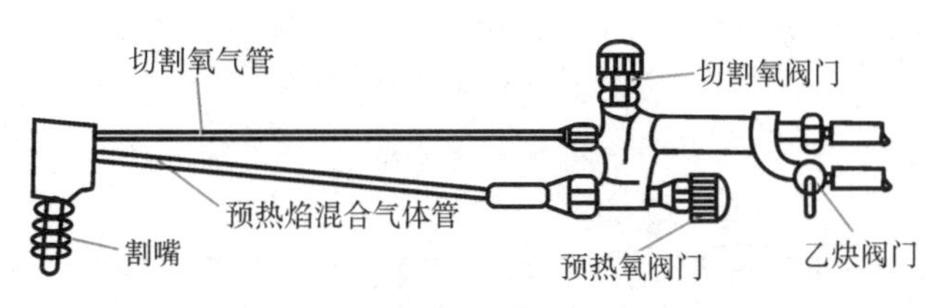

图3.65 割炬

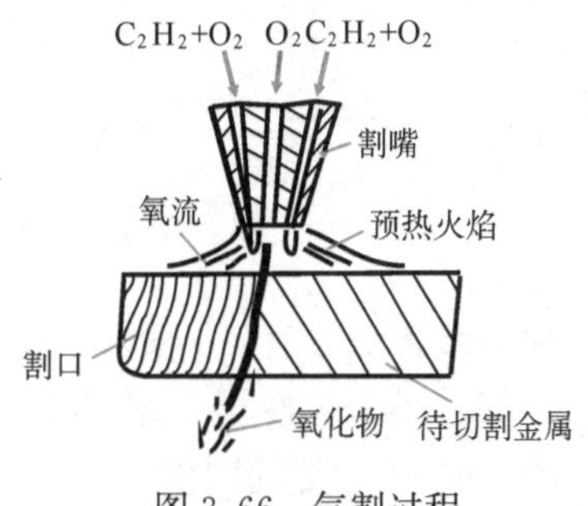

图3.66 气割过程

能采用氧气切割的金属材料有纯铁、低碳钢、中碳钢和普通低合金钢。而高碳钢、铸铁、高合金钢及铜、铝等有色金属及其合金，均难以进行氧气切割。

4. 电阻焊

电阻焊（又称接触焊）是利用电流通过焊件的接触面时所产生的电阻热，将焊件局部加热到塑性或熔化状态，然后断电同时施加压力进行焊接的一种焊接方法。

电阻焊的主要特点是：

(1) 焊接电压低（1～12V），焊接电流大（几千至几万安培），完成一个接头的焊接时间很短（0.01s至几秒），所以生产率很高。

(2) 加热时，对接头施加机械压力，接头在压力的作用下焊合。

(3) 焊接时不需要填充金属。

电阻焊的基本形式有对焊、点焊和缝焊三种，如图3.67所示。

5. CO_2 气体保护焊

CO_2 气体保护焊是用 CO_2 气体代替焊剂来保护电弧、熔池及焊缝的焊接方法。主要适用于低碳钢和普通低合金钢的焊接。一般用直流电源反接法焊接（工件接负极，焊条接正极）。其设备主要由焊接电源、焊炬、送丝机构和供气系统等部分组成，如图3.68所示。

CO_2 气体保护焊具有如下特点：

(1) 熔深大，熔敷效率高，工件变形小，焊件质量好。

(2) 引弧性能好，焊接速度快，生产效率高。

(3) 气源充足方便，成本低。

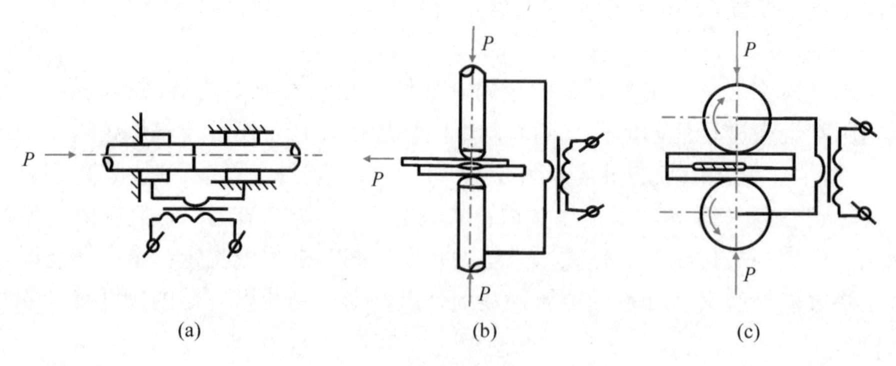

图 3.67 电阻焊的基本形式

(a) 对焊；(b) 点焊；(c) 缝焊

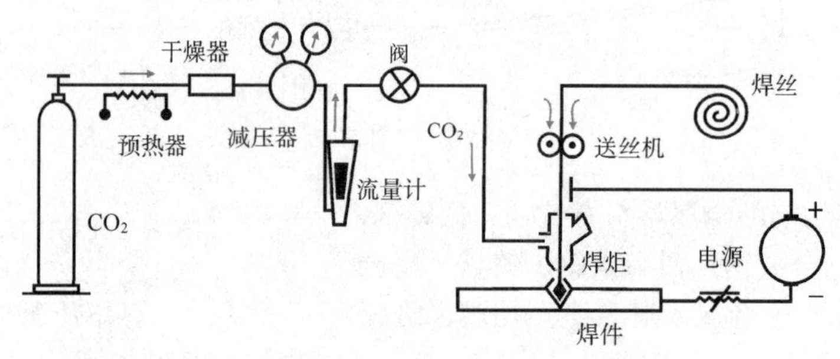

图 3.68 CO_2 气体保护焊设备示意图

其他焊接方法还有：钎焊、电渣焊、摩擦焊、电子束焊、等离子焊、激光焊、爆炸焊、扩散焊、磁力脉冲焊、超声波焊等。

6. 影响焊接质量的因素

(1) 常见的焊接缺陷

在焊接过程中，由于设计不合理，原材料不符合要求，焊接方法和工艺措施不合适等，都会使焊接结构出现各种缺陷。这些缺陷可以分为外表缺陷和内部缺陷两大类。外表缺陷包括焊缝成形不良、咬边等。内部缺陷主要有气孔、夹渣、未焊透、未熔合、裂纹等。焊接件的缺陷包括尺寸超差、焊件变形和焊后残余应力过大等。

(2) 焊接材料对焊接质量的影响

金属材料的可焊性是衡量其在一定焊接工艺条件下，获得优质接头难易程度的标准。

钢材的化学成分在很大程度上决定钢材的可焊性。因为其化学成分直接影响钢材的组织、强度、塑性、韧性以及杂质的分布状况，从而影响到接头裂焊缝的形成。

对常用的黑色金属材料来说，一般低碳钢和低碳普通低合金钢的可焊性能较好，一般不易出现焊缝及近缝区裂缝。

(3) 焊接参数对焊接质量的影响

对应于不同的焊接方法，有不同的焊接参数。对于应用广泛的电弧焊，其焊接参数主要有焊条直径、焊接电流、电弧电压和焊接速度等。

焊条直径，主要取决于焊件的厚度，一般厚度越大所选用的焊条直径越粗，但焊接工件接头形式不同以及厚板多层焊接时首层与后续层的焊条直径会有差别。

焊接电流，增大焊接电流能提高生产率，但焊接电流过大易造成焊缝咬边、烧穿等缺陷，而焊接电流过小则造成夹渣、未焊透等问题，且降低生产率，故应该适当的选择电流。

电弧电压，电弧电压增大后，电弧功率增大，电弧拉长，因此焊缝厚度略有减少而熔宽增大。

焊接速度，焊接速度的高低也是焊接生产效率的重要指标。为提高水池率应尽量增加焊接速度。

(4) 影响焊接质量的其他因素

除了上述影响焊接质量的因素外，还存在如下一些情况：焊件所处的位置、接头的形式、焊缝的层数等。

(5) 焊接技术的发展趋势

焊接技术的发展趋势主要包括：焊接生产的自动化和智能化；焊接工艺的高速高效化；灵巧智能型焊接机的研发及应用；恶劣条件下的焊接技术；焊接装备的大型化和组体化。

7. 金属增材制造

增材制造又称3D打印（3DP），融合了计算机辅助设计、材料加工与成形技术，它以数字模型文件为基础，通过软件与数控系统将专用的金属材料或非金属材料逐层堆积，以激光束、电子束、等离子或离子束为热源加热材料使之熔合，直接制造出零件的方法。该技术的特点是：在一台设备上可快速精密地制造出任意复杂形状的零件，从而实现了零件“自由制造”，并大大减少了加工工序，缩短了加工周期。而且产品结构越复杂，其优势就越显著。

金属件3D打印：主要采用高功率的能量束如激光或电子束作为热源，使粉末材料进行选区熔化，冷却结晶后形成严格按设计制造的堆积层，堆积层连续成形，形成最终产品。可以节省材料三分之二以上，数控加工时间减少一半以上，同时无需模具，从而能够将研制成本尤其是首件、小批量的研制成本大大降低。3D打印的金属材料构件力学性能与锻件相比略有不佳。

3.3.4　金属切削加工

金属切削加工是利用刀具和工件的相对运动，从毛坯上切去多余的金属层，从而获得几何形状、尺寸精度和表面粗糙度都符合要求的机器零件的加工方法。

金属切削加工分为钳工和机械加工两部分。

钳工是工人手持工具进行切削加工。由于钳工操作灵活方便，所以在装配、修理以及新产品研制中广泛应用。为了减轻劳动强度，提高生产率，钳工工作逐渐向机械化发展。

机械加工则是工人操作机床来完成切削加工的，主要方式有车削、钻削、刨削、铣削和磨削等。目前除了少数零件可以采用精密铸造和精密锻造的方法直接得到外，绝大多数的零件还需要通过机械加工的方法来获得。因此，机械加工是机器制造的重要手段，作为基本的加工方法仍保持着重要的地位。

1. 车削加工

车削加工是切削加工的主要方式之一。车削时，工件的转动是主运动，刀具的移动是进给运动。车床能广泛地加工出各种旋转表面，如内外圆柱面、圆锥面、成形面以及各种螺纹等，如图 3.69 所示。

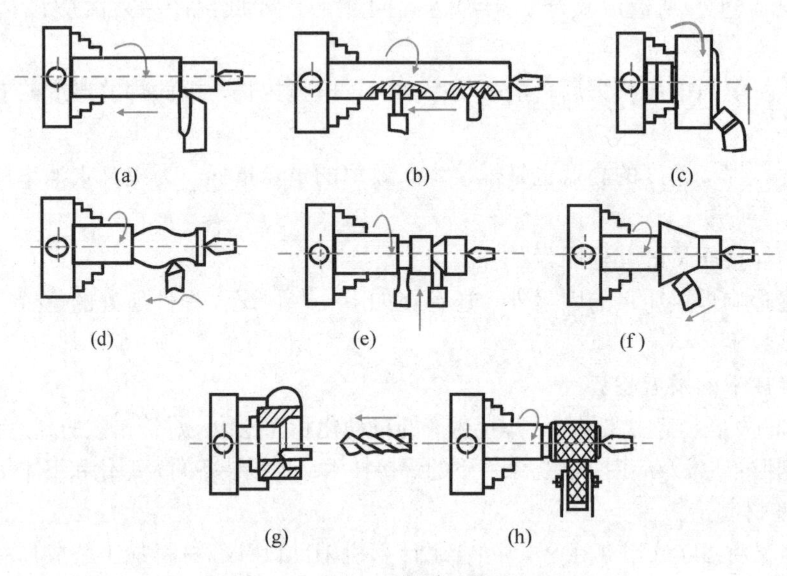

图 3.69　车削加工范围

(a) 车外圆；(b) 车螺纹；(c) 车端面；(d) 车成形面；
(e) 车槽；(f) 车锥面；(g) 钻镗孔；(h) 滚花

2. 钻削加工

在钻床上可以进行钻孔、扩孔、铰孔、攻丝、钻锥坑以及修刮端面等，如图 3.70 所示。钻削时，刀具的旋转运动是主运动，刀具沿本身轴线的移动为进给运动。

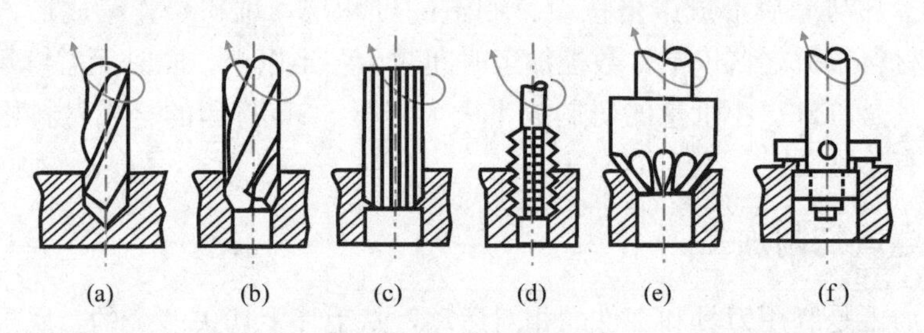

图 3.70　钻床加工范围

(a) 钻孔；(b) 扩孔；(c) 铰孔；(d) 攻丝；(e) 钻锥坑；(f) 刮端面

钻孔用的刀具主要是麻花钻头。麻花钻的组成部分如图 3.71 所示。麻花钻的前端为切削部分（图 3.72），有两个对称的主切削刃，两刃之间的夹角通常为 $2\phi=116°\sim118°$，称为顶角。钻头顶部有横刃，即两后面的交线，它的存在使钻削时的轴向力增加。所以大直径的钻头常采取修磨横刃的办法，缩短横刃。导向部分上有两条刃带和螺旋槽，刃带的作用是引导钻头，螺旋槽的作用是向孔外排屑。

3. 刨削加工

在刨床上用刨刀加工工件叫作刨削。刨床主要用来加工平面（水平面、垂直面、斜面）、槽（直槽、T 形槽、V 形槽、燕尾槽）及一些成形面。刨床上能加工的典型零件如图 3.73 所示。

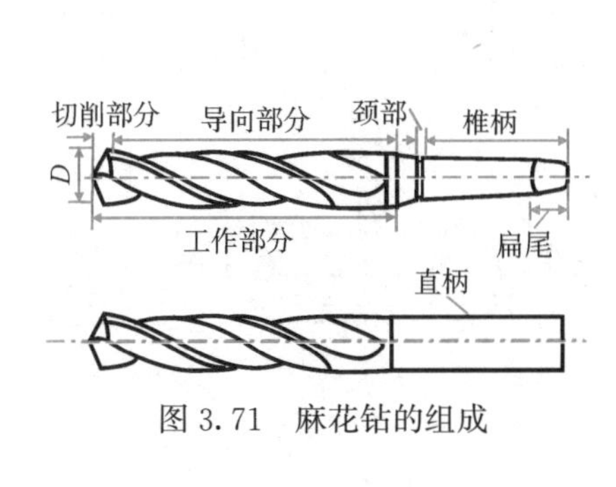

图 3.71　麻花钻的组成

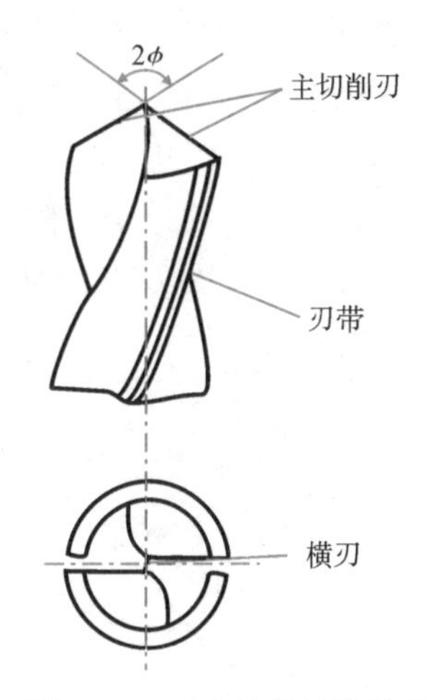

图 3.72　麻花钻的切削部分

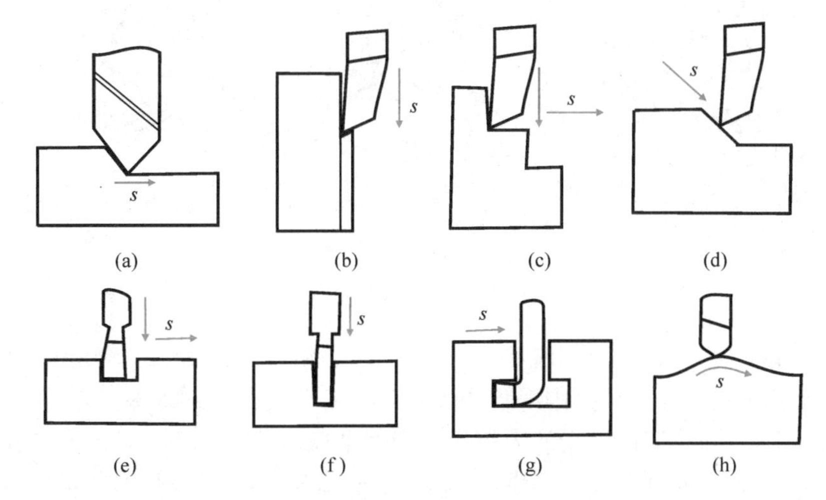

图 3.73　刨削加工范围

(a) 刨平面；(b) 刨垂直面；(c) 刨台阶面；(d) 刨斜面；
(e) 刨直槽；(f) 切断；(g) 刨 T 形槽；(h) 刨成形面

在牛头刨床上加工水平面时，刀具的直线往复运动为主运动，工件的间歇移动为进给运动。

牛头刨床的切削用量是指切削时采用的切削深度 t、进给量 s 和切削速度 $v_{切削}$，如图 3.74 所示。

刨削时由于一般只用一把刀具切削，返回行程又不工作，切削速度又较低，所以刨削的生产率较低。但对于加工狭而长的表面生产率较高。同时由于刨削刀具简单，加工调整灵活，故在单件生产及修配工作中较广泛应用。

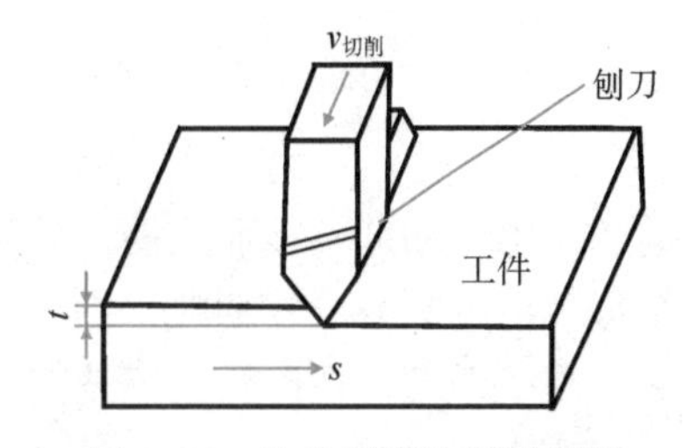

图 3.74　牛头刨床的切削用量

4. 铣削加工

铣削是一种高生产率的平面加工方法。铣削

时，刀具的旋转是主运动，工件作直线进给运动。

铣刀是一种多齿刀具。铣削时，有几个齿同时进行切削，而每一个刀齿的切削又是间歇性的，散热条件较好，刀具耐用度很高，因此可提高切削速度。和刨削相比，铣削有较高的生产率。在成批量生产中，除了狭长的表面外，铣削几乎能代替刨削，成为平面、沟槽和成形表面加工的主要方式。图 3.75 为铣削加工范围。

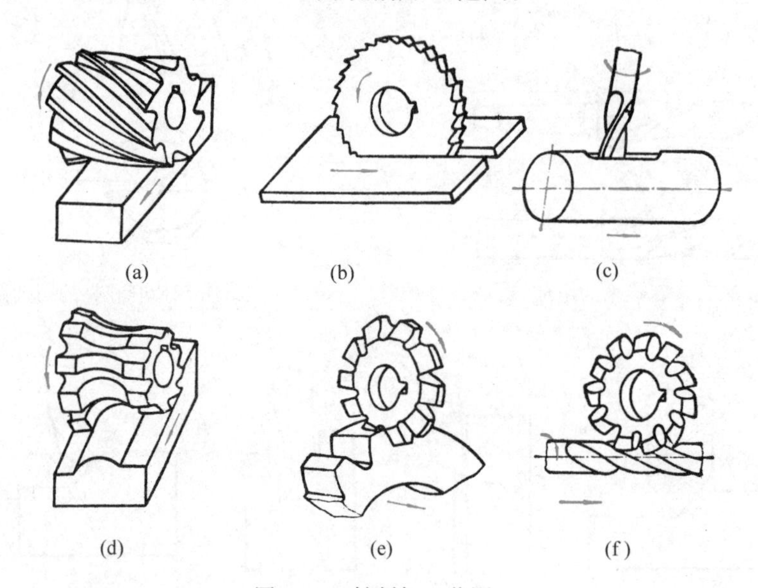

图 3.75　铣削加工范围

(a) 铣平面；(b) 切断；(c) 铣键槽；(d) 铣成形面；(e) 铣齿轮；(f) 铣螺旋形槽

铣平面可用圆柱形铣刀在卧式铣床上加工，也可以用端铣刀在立式铣床上铣削，如图 3.76 所示。用端铣刀加工平面比用圆柱形铣刀加工平面要优越得多。首先，端铣刀有很多刀齿同时切削，每个刀齿所受的力较小，切削平稳。其次端铣刀直接安装在主轴上，刚性好，振动小，便于镶硬质合金刀片，可用较大的切削用量进行高速切削，从而能获得很高的生产率。因此，除了某些工件因形状限制不能用端铣刀加工，或者用圆柱形铣刀在卧式铣床上铣削组合平面以外，端铣已成为平面加工的主要方式。

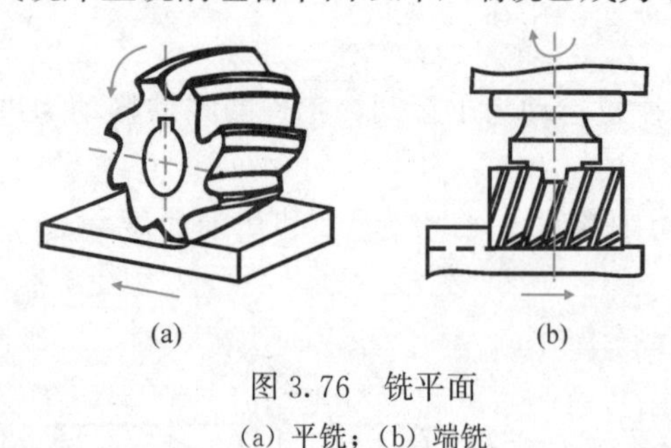

图 3.76　铣平面

(a) 平铣；(b) 端铣

铣沟槽时，可以根据沟槽的形状，分别在卧式铣床或立式铣床上用相应的沟槽铣刀加工，如图 3.77 所示。

5. 磨削加工

磨削就是用砂轮对工件表面进行切削加工，是机器零件精密加工的主要方法之一。

磨削用的砂轮是由许多细小而且极硬的磨粒用胶粘剂粘接而成的。将砂轮表面放大，可以看到在砂轮表面上杂乱地布满很多尖棱形多角的颗粒——磨粒（图 3.78）。这些锋利的磨粒就像铣刀的刀刃一样，磨削就是依靠这些小颗粒，在砂轮的高速旋转下，切入工件表面。所以磨削的实质是一种多刀多刃的超高速切削过程。

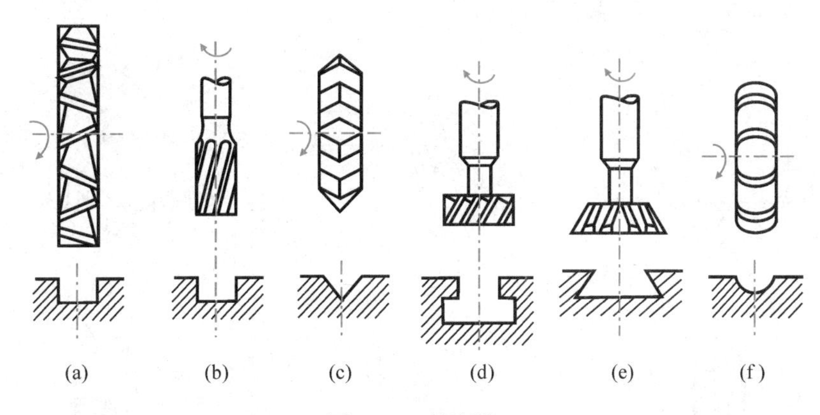

图 3.77 铣沟槽

(a) 卧铣直槽；(b) 立铣直槽；(c) 铣 V 形槽；(d) 铣 T 形槽；(e) 铣燕尾槽；(f) 铣圆弧槽

在磨削过程中，由于磨削速度很高，产生大量的切削热，其温度可达1000℃以上。同时，剧热的磨屑在空气中发生氧化作用，产生火花。在这样的高温下，会使工件材料的性能改变而影响质量。因此，为了减少摩擦和散热，降低磨削温度，及时冲走屑末，以保证工件表面质量，在磨削时需使用大量的冷却液。

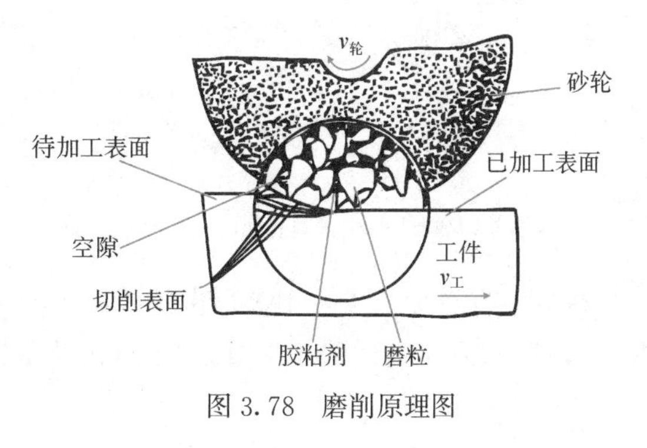

图 3.78 磨削原理图

由于砂轮磨粒的硬度极高，因此磨削不仅可以加工一般的金属材料，如碳钢、铸铁及一些有色金属，而且还可以加工硬度很高的材料，如淬火钢、各种切削刀具，以及硬质合金等。这些材料用金属刀具很难加工，有的甚至根本不能加工。这是磨削加工的一个显著特点。

磨削加工可以达到高的精度和小的表面粗糙度。一般磨削精度可达 IT7～6 级，表面粗糙度 Ra 为 0.2～0.8μm。高精度磨削时，精度可超过 IT5，表面粗糙度可达 $Ra \leqslant$ 0.1μm。这是磨削加工的又一个显著特点。

磨削主要用于零件的内外圆柱面、内外圆锥面、平面及成形表面（如花键、螺纹、齿轮等）的精加工，以获得较高的尺寸精度和很小的表面粗糙度。几种常见的磨削加工形式如图 3.79 所示。

6. 齿轮齿形加工

目前制造齿轮主要是用切削加工，而齿形加工是齿轮加工的核心和关键。

用切削加工的方法加工齿轮齿形，若按加工原理的不同，可以分为如下两大类：

1）成形法（也称仿形法） 用与被切齿轮齿间形状相符的成形刀具，直接切出齿形的加工方法，如铣齿、成形法磨齿等。

2）展成法（也称范成法或包络法） 利用齿轮刀具与被切齿轮的啮合运动（或称展成运动），切出齿形的加工方法，如插齿、滚齿、剃齿和展成法磨齿等。

（1）铣齿

铣齿就是利用成形齿轮铣刀，在万能铣床上加工齿轮齿形的方法（图 3.80）。加工

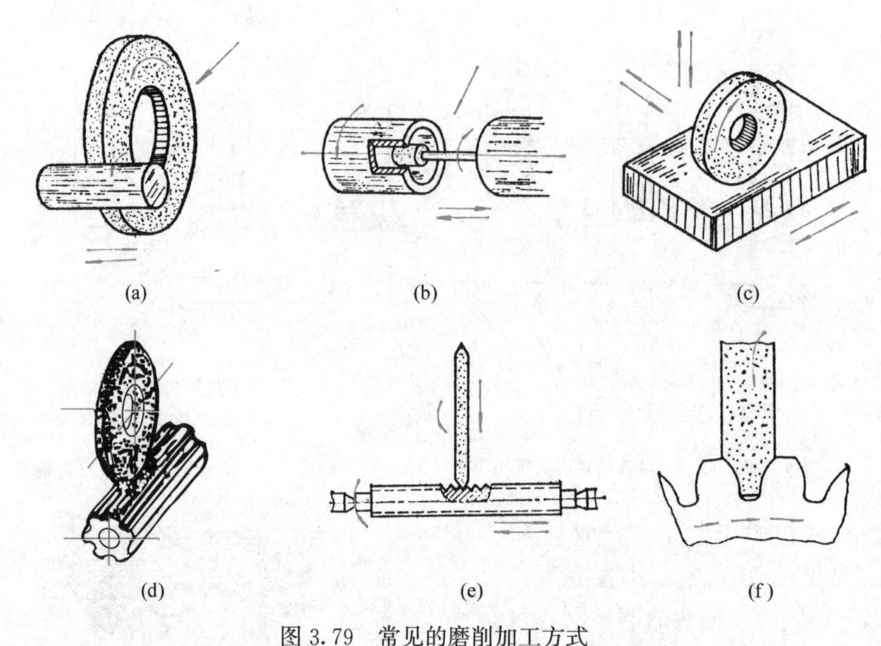

图 3.79　常见的磨削加工方式

(a) 外圆磨削；(b) 内圆磨削；(c) 平面磨削；(d) 花键磨削；(e) 螺纹磨削；(f) 齿轮磨削

时，工件安装在分度头上，用盘形齿轮铣刀（$m<10\sim16$ 时）或指形齿轮铣刀（一般 $m>10$），对齿轮的齿间进行铣削。当加工完一个齿间后，进行分度，再铣下一个齿间。

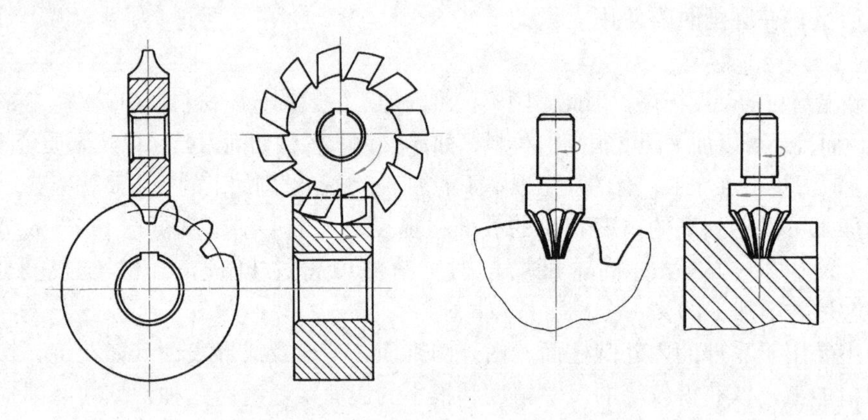

图 3.80　齿轮齿形的铣床加工方法

（2）插齿和滚齿

插齿和滚齿虽都属于展成法加工，但是，由于它们所用的刀具和机床不同，其具体加工原理、切削运动、特点和应用也不相同。

1）插齿原理及运动　插齿就是用插齿刀在插齿机上加工齿轮的轮齿，它是按一对圆柱齿轮相啮合的原理进行加工的。如图 3.81 所示，相啮合的一对圆柱齿轮，若其中一个是工件（齿轮坯），另一个用高速钢制造，并在轮齿上磨出前角和后角，形成切削刃（一个顶刃和两个侧刃），再加上必要的切削运动，即可在工件上切出轮齿来。后者就是齿轮形的插齿刀。

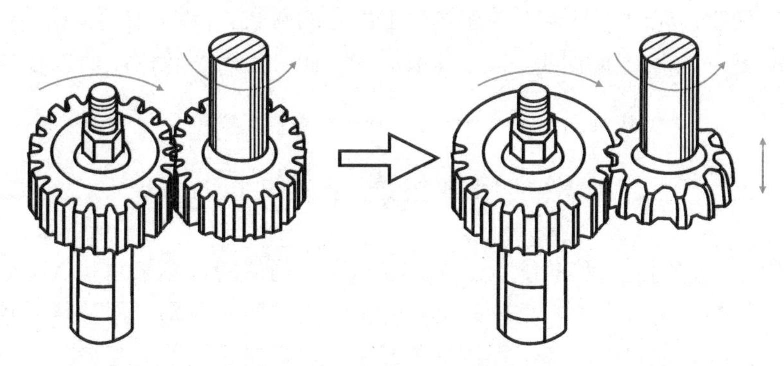

图 3.81 插齿的加工原理

2）滚齿原理及运动　从机械原理得知，蜗杆转动时，在它的轴向剖面上就相当于有一个齿条在连续地向前移动。因此，如将一个轴向截面齿形为齿条形的蜗杆开出刀刃（开槽形成前刀面，铲背得一定后角），用这样的刀具（即滚刀）来加工齿轮时，刀具的切削运动就变为连续的回转运动，而这样也就将齿条刀插齿演变为用滚刀来滚齿了。由此可知，滚刀是由蜗杆发展来的，而蜗杆实质上是齿数很少的螺旋齿轮，因此齿轮滚刀实质上也是个齿数很少的螺旋齿轮，所以严格地讲，滚齿加工的实质是利用一对轴线交叉的螺旋齿轮啮合原理进行加工的。

如图 3.82（a）所示，就是用齿轮滚刀加工齿轮的情形。在用滚刀来加工直齿轮时，滚刀的轴线与轮坯端面之间的夹角应等于滚刀的导程角 γ（图 3.82c）。这样，在啮合处滚刀螺纹的切线方向恰与轮坯的齿向相同。而滚刀在轮坯端面上的投影相当于一个齿条（图 3.82d）。滚刀转动时，一方面产生切削运动，而另一方面就相当于这个齿条在移动。如果是单头齿轮滚刀，当滚刀回转一周时，就相当于这个齿条移动过一个齿距。所以用滚刀切制齿轮的原理与齿条插刀切制齿轮的原理基本相同。不过齿条插刀的切削运动和范成运动，已为滚刀刀刃的螺旋运动所代替。为了切制具有一定轴向宽度的齿轮，滚刀在回转的同时，还需沿轮坯轴线方向作缓慢的进给运动。

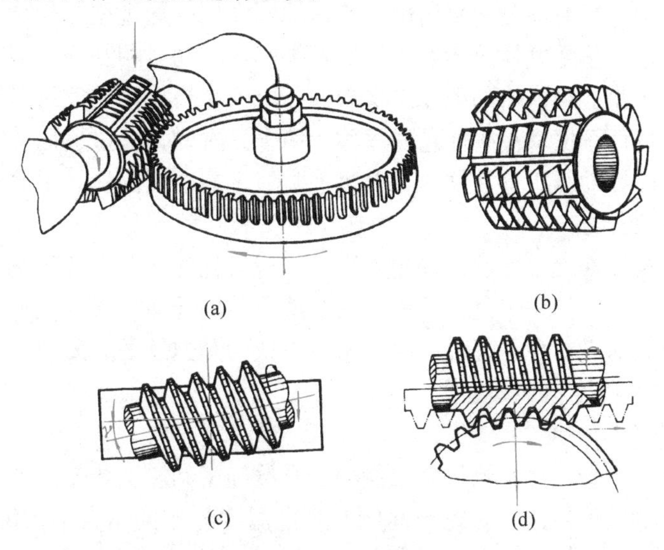

图 3.82 齿轮滚刀加工齿轮示意图

用范成法加工齿轮时，只要刀具和被加工齿轮的模数 m 和压力角 α 相同，则不管被加工齿轮齿数的多少，都可以用同一把刀具来加工。而且生产率较高，所以在大批量生产中多采用这种方法。

3.4 热量传递与交换理论

热量是因温度差别而转移的能量。在温度不同的物体间，热量总是从高温物体向低温物体传递。即使在等温过程中，物体间温度也不断出现微小差别，通过热量传递而不断达到新的平衡。因此，在自然界和工程技术领域中，热量传递是普遍存在的。

热量传递有三种基本方式：热传导、热对流和热辐射。自然界和工程中的热量传递现象无论多么复杂，都可以看作是这三种基本方式的不同组合。其中，温度不同的两种流体（液体或气体）位于固体壁面两侧时所发生的热量传递过程叫作传热过程。例如，换热设备内热媒与导管内壁之间的热量传递是通过对流换热实现的，导管内壁与导管外壁之间的热量传递是通过导热的方式实现的，而导管外壁与被加热用水之间的热量传递又是通过对流换热来实现的。本节主要介绍与换热设备及保温有关的热量传递与交换理论。

3.4.1 热传导

热传导简称导热，是指温度不同的物体各部分无相对位移，或温度不同的两物体之间直接接触时，借助分子、原子及自由电子等微观粒子热运动而实现的热量传递过程。热传导是物质的属性，导热过程可以在固体中发生，也可以在静止的液体和气体中发生。但是，当液体或气体内部有温差时往往会发生热对流，难以维持单纯的导热。因此，在引力场下，单纯的导热一般只发生在密实的固体中。

不同物体的导热机理不完全相同。从微观角度来看，热是一种联系到分子、原子、自由电子等的移动、转动和振动的能量。因此，物质的导热本质或机理就必然与组成物质的微观粒子的运动有密切的关系。在金属固体中，导热主要依靠自由电子热运动时的相互作用和碰撞来实现，高温部分的自由电子热运动较强烈，通过相互作用和碰撞向周围传递热量。在气体中，导热是气体分子和原子作不规则热运动时相互作用或碰撞的结果。在非金属固体中，导热是通过晶格的振动来实现的。由于晶格振动的能量是量子化的，我们把晶格中以声速传播原子振动波的能量量子称为声子。这样，非金属固体的导热可以看成是声子相互作用和碰撞的结果。液体的导热机理类似于非金属固体，主要依靠分子和原子的弹性振荡来实现热传导。

热量传递和交换理论是从宏观角度进行分析研究的，并不关心物质的微观结构，而把物质看作是连续介质。水工艺设备中热量交换介质的几何尺寸远大于分子的直径和分子间的距离，因此，研究对象热媒和被加热水可以认为是连续的介质。

1. 导热基本概念和基本定律

（1）温度场

在物体中，热量传递与物体内温度的分布情况密切相关。某一时间，物体中任何一点都有一个温度的数值，某一时刻空间所有各点温度分布的总合称为温度场。一般情况下，它是时间和空间坐标的函数，常用的空间坐标有三种：直角坐标、柱坐标和球坐标。在直

角坐标中温度场可表示为

$$T=f(x, y, z, t) \tag{3.33}$$

式中 T——温度；

x，y，z——空间坐标；

t——时间。

如果温度场各点的温度不随时间而变化，即$\frac{\partial T}{\partial t}=0$，则称该温度场为稳态温度场，否则叫作非稳态温度场。稳态温度场的导热过程叫作稳态导热，这时表达式简化为

$$T=f(x, y, z) \tag{3.34}$$

如果稳态温度场仅和一个坐标有关，则称为一维稳态温度场，这是温度场中最简单的一种情况，其表达式为

$$T=f(x) \tag{3.35}$$

如果稳态温度场是两个或三个空间坐标的函数，则称为二维或三维温度场。式(3.33)表示物体的温度在 x，y，z 三个方向和在时间上都发生变化的三维非稳态温度场。

(2) 等温面、等温线与热流线

同一时刻，温度场中所有同温度的点连接所构成的面叫做等温面。因为在同一时刻同一点上不可能同时具有不同的温度值，所以两个不同温度的等温面绝不会相交，但不排除十分地靠近，也不排除它可以消失在系统的边界上或自行封闭。

不同的等温面与同一平面相交，则在此平面上构成一簇曲线，称为等温线。同样，两个不同温度的等温线也不会相交，或是物体内一个完全封闭的曲线，或终止于物体的边界上。

热流线是处处与等温面（线）相垂直的线。物体中各点热流矢量与通过该点的热流线相切，所以在垂直于热流线方向（等温线）上无热流。

物体中某一时刻的等温面（线），表明了该时刻物体内温度的分布情况，也就是给出了物体的温度场。所以，物体的温度场通常用等温面（线）图来表示。

(3) 温度梯度

在等温面上，因不存在温度差异，所以不可能有热量的传递。热量传递只发生在不同的等温面之间。从某一等温面上的某点出发，沿不同方向到达另一等温面时，因距离不同，则单位距离的温度变化（即温度的变化率）也不同。其中，以该点法线方向的温度变化率为最大。沿法线方向温度变化率的向量称为温度梯度，温度增加的方向规定为正，如图 3.83 所示。温度梯度的表达式为

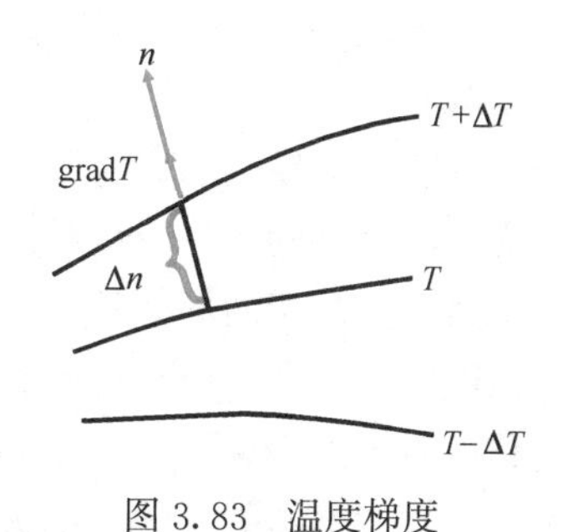

图 3.83 温度梯度

$$\text{grad}T=\frac{\partial T}{\partial n}n \tag{3.36}$$

式中 n 表示法线方向上的单位向量，$\frac{\partial T}{\partial n}$表示沿法线方向温度的方向导数。温度梯度

在直角坐标系中的三个分量等于其相应的方向导数，即

$$\mathrm{grad}T=\frac{\partial T}{\partial x}\boldsymbol{i}+\frac{\partial T}{\partial y}\boldsymbol{j}+\frac{\partial T}{\partial z}\boldsymbol{k} \tag{3.37}$$

式中$\boldsymbol{i}$、$\boldsymbol{j}$、$\boldsymbol{k}$分别表示三个坐标轴方向的单位向量。温度梯度的负值叫温度降度，它是与温度梯度数值相等而方向相反的向量。

(4) 热流向量q

热量传递不能沿等温面进行，必须穿过等温面。单位时间单位面积上所传递的热量称为热流密度，或称热流通量，单位为“W/m^2”，热流密度的大小是不同的。等温面上某点以通过该点最大热流通量的方向为方向，数值上也正好等于沿该方向热流通量的向量称为热流通量向量，简称热流向量，记作q。其他方向的热流通量都是热流向量在该方向的分量。在连续温度场内的每一点都对应一个热流向量，所以热流向量也构成一个热流向量场，或称热量场。

(5) 傅里叶定律

法国数学物理学家傅里叶（J. Fourier）通过研究导热过程发现，热流向量与温度梯度的大小成正比的关系，并于1822年提出了导热基本定律的数学表达式，即傅里叶定律：

$$q=-\lambda\,\mathrm{grad}T \tag{3.38}$$

式中的比例系数λ恒为正数，称为导热系数。热流向量和温度梯度位于等温面的同一法线上，但指向温度降低的方向，式中的负号就是表示热流向量的方向与温度梯度的方向相反，永远沿着温度降低的方向。

傅里叶定律确定了热流向量和温度梯度的关系，其广泛适用于稳态和非稳态的、无热源和有热源的温度场。因此要确定热流向量的大小，就必须知道温度梯度，亦即知道物体内的温度场。

(6) 导热系数

导热系数是物质的一个重要的热物性参数，其数值是温度梯度为1℃/m时，单位时间内通过单位面积的导热量，导热系数的单位是“W/(m·℃)”或“W/(m·K)”。

导热系数的数值表明了物质导热能力的大小。导热系数的定义式为

$$\lambda=\frac{q}{-\mathrm{grad}T}=\frac{|q|}{\left|\frac{\partial T}{\partial n}\right|} \tag{3.39}$$

各种物质的导热系数通常都由实验测定。水工艺设备中常用材料的导热系数见表3.6。一般说来，金属的导热系数最大，非金属和液体次之，而气体的最小。同一种物质固相的导热系数比其液相的导热系数大，液相又比气相的导热系数大。

物质的导热系数值不仅因物质的种类、结构成分和密度而异，而且还和物质的温度、湿度和压力等因素有关。所以即使是同一种物质，其导热系数差别也可能很大。因为热量传递是在温度不同的物体各部分之间进行的，所以温度的影响是最主要的。实验证明，大多数材料的导热系数λ值与温度近似呈线性关系，即

$$\lambda=\lambda_0+bT \tag{3.40}$$

式中　λ_0——0℃时的导热系数；

　　b——实验测定的常数；

T——温度。

常用材料的导热系数　表 3.6

物质名称	温度 T (℃)	λ (W/(m·℃))	物质名称	温度 T (℃)	λ (W/(m·℃))
碳钢	20	50～60.5	膨胀珍珠岩	20	0.0451
合金钢	20	37.2～52.4	岩棉保温板	20	0.0304
不锈钢	20	15.8～29.3	岩棉玻璃布缝板	20	0.0354
紫铜	100	384	硅藻土制品	20	0.0433～0.0519
黄铜	25～300	109～117.3	粉煤灰泡沫砖	20	0.103
超细玻璃棉	20	0.0376	微孔硅酸钙制品	20	0.045
矿渣棉	20	0.0717	水	0	0.552
水泥蛭石制品	20	0.107	空气	0	0.0243
水泥珍珠岩制品	20	0.0672			

工程计算中，导热系数常取使用温度范围内的算术平均值，并把它作为常数看待。

不同物质构造上的差别和固、液、气三相不同的导热机理，导致了不同物质间导热系数的差异。

1）气体　气体导热系数的数值约在 0.006～0.6W/(m·℃）之间。气体的导热是由于分子的热运动和相互碰撞时所发生的能量传递。根据气体分子运动理论，气体的导热系数与气体分子运动的平均速度、气体分子在两次碰撞间的平均自由行程、气体的密度和气体的定容比热四个因素成正比。

当气体的压力升高时，气体的密度增大，分子的平均自由行程减小，气体密度与分子自由行程的乘积不变，因此，可以认为气体的导热系数不随压力发生变化。

当气体的温度升高时，气体的分子运动平均速度和定容比热都增大，所以，气体的导热系数随温度的升高而增大。

2）液体　液体导热系数的数值约在 0.07～0.7W/(m·℃）之间。液体的导热主要是依靠晶格的振动来实现。由实验数据得到的液体导热系数的经验公式认为：液体的导热系数与液体的定压比热，液体的密度，液体的分子量以及一个与晶格振动在液体中的传播速度成正比的系数有关，这个系数与温度有关，而与液体的性质无关。对水来说，水的导热系数随温度和压力的升高而增大。

3）金属固体　各种金属固体的导热系数一般在 12～418W/(m·℃）之间。大多数纯金属的导热系数随着温度的升高而减小，由于金属的导热是依靠自由电子的热运动和晶格的振动来实现，其中电子的热运动是主要的，当温度升高时，晶格的振动加强，干扰了自由电子的运动，使导热系数下降。而大部分合金的导热系数是随着温度的升高而增大的。

金属导热与导电的机理是一致的，所以各种金属导热系数大小的排序与导电率相同。金属固体的导热系数还受到金属加工过程和金属内的杂质的影响。当纯金属中掺入杂质后，破坏了晶格的完整性，干扰自由电子的热运动，使导热系数减小。例如，在常温下纯铜的导热系数为 387W/(m·℃)，而黄铜（70%铜，30%锌）的导热系数降低为 109W/(m·℃)。另外，金属加工过程不同，造成晶格的缺陷不同，对自由电子的热运动的干扰不同，导热系数也会有所不同。

4）非金属固体　非金属固体材料的导热系数大约在 0.025～3.0W/(m·℃）之间，它们的导热系数都随温度的升高而增大。与水工艺设备有关的非金属固体主要是隔热保温材料。隔热保温材料也叫热绝缘材料，是指室温条件下导热系数的数值小于 0.2W/(m·℃)的材料。例如岩棉、泡沫塑料、膨胀珍珠岩、微孔硅酸钙制品和硅藻土制品等。

空气的导热系数很小，只有 0.0243W/(m·℃)。因此不流动的空气就是一种很好的隔热保温材料。如果隔热保温材料中含有气隙或气孔，就会大大降低其导热系数。所以隔热保温材料都选用空隙多、容积质量轻的微孔、发泡或纤维状材料。隔热保温材料的重度并不是越小越好，当重度轻到一定程度后，小的孔隙会连成沟道，单个孔隙较大，这时将引起并增强孔隙内的空气对流作用，反而会使导热系数升高。

水的导热系数为 0.552W/(m·℃)，比隔热保温材料的导热系数大 2 倍到 20 多倍，因此当隔热保温材料受潮后，水分会渗入到隔热保温材料的空隙中，替代相当一部分空气，水分将从高温区向低温区迁移并传递热量。这时隔热保温材料的导热系数会显著提高，保温性能将大大恶化。所以，冷、热设备的隔热保温层都应采取适当的防潮措施。

2. 导热微分方程式

傅里叶定律确定了热流通量向量和温度梯度之间的关系。但是要确定热流通量的大小，还应进一步知道物体内的温度场，即

$$T=f(x,\ y,\ z,\ t)$$

为此目的，像其他数学物理问题一样，首先要找到描述上式的微分方程。这可以在傅里叶定律的基础上，借助热力学第一定律，即能量守恒与转化定律，把物体内各点的温度关联起来，建立起温度场的通用微分方程，亦即导热微分方程式。

假定所研究的物体是连续均匀和各向同性的介质，其导热系数 λ、比热 c 和密度 ρ 均为已知，并假定物体内具有内热源，当内热源发热时为正值，吸热时为负值。用单位体积单位时间内所发出的热量 q_{v}（$\mathrm{W/m^3}$）表示内热源的强度。从进行导热过程的物体中分割出一个微元体 $\mathrm{d}V=\mathrm{d}x\cdot\mathrm{d}y\cdot\mathrm{d}z$，设：在 $\mathrm{d}t$ 时间内，导入与导出微元体的净热量为 $\mathrm{d}Q_1$，内热源的发热量为 $\mathrm{d}Q_2$，微元体内能的增加为 $\mathrm{d}Q_3$，根据能量守恒与转化定律

$$\mathrm{d}Q_1+\mathrm{d}Q_2=\mathrm{d}Q_3 \tag{3.41}$$

其中：

$$\mathrm{d}Q_1=\left[\frac{\partial}{\partial x}\left(\lambda\frac{\partial T}{\partial x}\right)+\frac{\partial}{\partial y}\left(\lambda\frac{\partial T}{\partial y}\right)+\frac{\partial}{\partial z}\left(\lambda\frac{\partial T}{\partial z}\right)\right]\mathrm{d}x\,\mathrm{d}y\,\mathrm{d}z\,\mathrm{d}t \tag{3.42}$$

$$\mathrm{d}Q_2=q_{\mathrm{v}}\mathrm{d}x\,\mathrm{d}y\,\mathrm{d}z\,\mathrm{d}t \tag{3.43}$$

$$\mathrm{d}Q_3=\rho c\frac{\partial T}{\partial t}\mathrm{d}x\,\mathrm{d}y\,\mathrm{d}z\,\mathrm{d}t \tag{3.44}$$

将 $\mathrm{d}Q_1$、$\mathrm{d}Q_2$、$\mathrm{d}Q_3$ 代入，去掉 $\mathrm{d}x\,\mathrm{d}y\,\mathrm{d}z\,\mathrm{d}t$ 得导热微分方程式

$$\rho c\frac{\partial T}{\partial t}=\frac{\partial T}{\partial x}\left(\lambda\frac{\partial T}{\partial x}\right)+\frac{\partial T}{\partial y}\left(\lambda\frac{\partial T}{\partial y}\right)+\frac{\partial T}{\partial z}\left(\lambda\frac{\partial T}{\partial z}\right)+q_{\mathrm{v}} \tag{3.45}$$

导热微分方程式把物体中各点的温度联系起来，表达了物体的温度随空间和时间的变化关系。其实质是导热过程的能量方程。

当导热物体的导热系数 λ、比热 c 和密度 ρ 都为常数时，导热微分方程式可简化为

$$\frac{\partial T}{\partial t}=\frac{\lambda}{\rho c}\left(\frac{\partial^2 T}{\partial x^2}+\frac{\partial^2 T}{\partial y^2}+\frac{\partial^2 T}{\partial z^2}\right)+\frac{q_{\mathrm{v}}}{\rho c} \tag{3.46}$$

或写成

$$\frac{\partial T}{\partial t}=a\Delta^2 T+\frac{q_{\mathrm{v}}}{\rho c} \tag{3.47}$$

式中　$\Delta^2 T$——温度 T 的拉普拉斯运算符，

$$\Delta^2 T=\frac{\partial^2 T}{\partial x^2}+\frac{\partial^2 T}{\partial y^2}+\frac{\partial^2 T}{\partial z^2} \tag{3.48}$$

a——导温系数，或称热扩散系数，m^2/s。

导温系数表示被加热或冷却物体内各部分温度趋向于均匀一致的能力。加热条件相同时，物体导温系数的数值越大，物体内部各处的温度差别越小。

当导热物体的导热系数 λ、比热 c 和密度 ρ 都为常数且无内热源时，可简化为

$$\frac{\partial T}{\partial t}=a\Delta^2 T \tag{3.49}$$

当物体的温度不随时间发生变化时，即

$$\frac{\partial T}{\partial t}=0 \tag{3.50}$$

式（3.48）简化为

$$\Delta^2 T+\frac{q_v}{\lambda}=0 \tag{3.51}$$

当物体的温度不随时间发生变化且无内热源时，可进一步简化为

$$\Delta^2 T=0 \tag{3.52}$$

水工艺设备中常用的圆柱或圆筒形设备和材料，如换热器、热水罐、热水管道等是轴对称物体，可以用圆柱坐标系。通过坐标变换，导热微分方程式为

$$\rho c\frac{\partial T}{\partial t}=\frac{1}{r}\frac{\partial}{\partial r}\left(\lambda r\frac{\partial T}{\partial r}\right)+\frac{1}{r^2}\frac{\partial}{\partial \varphi}\left(\lambda\frac{\partial T}{\partial \varphi}\right)+\frac{\partial}{\partial z}\left(\lambda\frac{\partial T}{\partial z}\right)+q_v \tag{3.53}$$

3. 导热过程的单值性条件

导热微分方程式描述了物体的温度随空间和时间变化的规律，用数学的形式表示了导热过程的共性，是所有导热过程的通用表达式，对于连续均匀和各向同性的介质中的任何导热现象都是正确的。但是，每个具体的特定的导热过程都有各自的特点，要想把某一特定的导热过程从众多的不同的导热过程中区分出来，就需要对该过程给出一些补充条件，作进一步的说明，这些补充说明条件称为单值性条件。同时单值性条件又是求解特定导热微分方程，获得唯一解的必要条件。因此，一个特定导热过程的完整的数学描述应由导热微分方程式和它的单值性条件两部分组成。

特定导热过程的单值性条件一般有四个：

（1）几何条件

说明参与导热过程物体的几何特征，如形状、尺寸。

（2）物理条件

说明参与导热过程物体的物理特征。如参与导热过程物体的物理性能参数 λ、ρ 和 c 等的数值大小及随温度变化的规律；内热源的数量、大小和分布情况。

（3）时间条件

说明参与导热过程物体的温度随时间变化的特征。当物体的温度不随时间发生变化时，没有单值性的时间条件，叫稳态导热过程；当物体的温度随时间的推进发生变化时，叫非稳态导热过程。对于非稳态导热过程，应该说明过程开始时刻物体内的温度分布，所

以，时间条件又称初始条件。

（4）边界条件

参与导热过程的物体不能绝对独立，总是和周围环境相互联系。而这种联系往往就是物体内导热过程发生的原因。把反映导热过程与周围环境的相互作用关系，说明物体边界上导热过程进行特点的条件称为边界条件。常见的边界条件有三类：

第一类边界条件：已知任何时刻物体边界面 S 的温度值 T_w。

$$T|_S = T_w \tag{3.54}$$

对于稳态导热过程，T_w 不随时间发生变化；对于非稳态导热过程，若边界面上温度随时间而变化，还应给出边界面的温度值 T_w 的函数关系式 $T_w = f(t)$。

第二类边界条件：已知任何时刻物体边界面 S 上的热流通量值 q_w。

因为傅里叶定律给出了热流通量向量与温度梯度之间的关系，所以第二类边界条件等于已知任何时刻物体边界面 S 法向的温度变化率的值，因为物体内各处的温度梯度以及边界面上的温度值仍然是未知的，因此已知边界面上温度变化率的值，并不是已知物体的温度分布。第二类边界条件可以表示为

$$q|_S = q_w \tag{3.55}$$

对于稳态导热过程，物体边界面上的热流量值 q_w 为常数，不随时间发生变化；对于非稳态导热过程，若边界面上热流通量是随时间变化的，还应给出边界面上热流通量值的函数关系 $q_w = f(t)$。

第三类边界条件：已知边界面 S 周围流体温度 T_f 和边界面 S 与流体之间的对流换热系数 α。

根据牛顿冷却定律，物体边界面 S 与流体间的对流换热量可以写为

$$q = \alpha(T|_s - T_f) \tag{3.56}$$

对于稳态导热过程，α 和 T_f 不随时间而变化；对于非稳态导热过程，α 和 T_f 可以是时间的函数，还要求给出它们和时间的具体函数关系。第三类边界条件涉及热量从固体壁一侧的流体通过固体壁传递给另一侧的流体，这一过程称为传热过程。

在确定某一个边界面的边界条件时，应根据物理现象本身在边界面的特点给定，不能对同一个界面同时给出两种边界条件。

4. 稳态导热类型

水工艺设备中的导热过程没有内热源，物体的温度仅沿一个方向变化，而且不随时间发生变化，一般都可以近似地看作是一维稳态导热过程。例如，通过长热水管道管壁的导热。稳态导热按导热物体的形状分平壁稳态导热和圆筒壁稳态导热两大类。

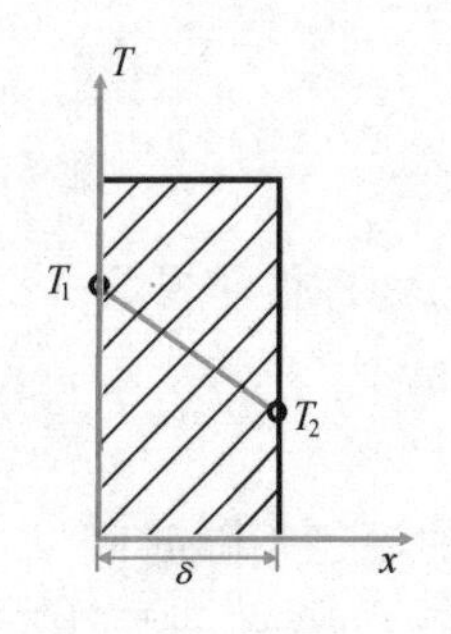

图 3.84　单层平壁的导热

（1）平壁稳态导热

设一厚度为 δ（m）的单层平壁，如图 3.84 所示，无内热源，材料的导热系数 λ 为常数。当平壁的长度与宽度远大于其厚度时（长度和宽度是厚度的 10 倍以上），可以认为沿长度与宽度两个方向温度变化很小，而仅沿厚度方向发生变化，近似地认为是一维稳态导热。这种单层平壁称为无限大平壁。

一维无内热源时
$$\Delta^2 T=\frac{d^2 T}{dx^2}=0 \tag{3.57}$$

积分求解
$$\frac{dT}{dx}=c_1 \tag{3.58}$$

$$T=c_1 x+c_2 \tag{3.59}$$

将两个界面的第一类边界条件 T_1 和 T_2 代入上式，求出单层平壁的温度分布式

$$T=T_1-\frac{T_1-T_2}{\delta}x \tag{3.60}$$

根据傅里叶定律，一维稳态导热时，热流密度 q 为

$$q=-\lambda\frac{dT}{dx} \tag{3.61}$$

将
$$-\frac{dT}{dx}=\frac{T_1-T_2}{\delta} \tag{3.62}$$

代入式（3.61）后整理得
$$q=\frac{T_1-T_2}{\dfrac{\delta}{\lambda}} \tag{3.63}$$

式中 δ/λ 称为单位面积平壁的导热热阻，用符号 R 表示。则上式为

$$q=\frac{T_1-T_2}{R} \tag{3.64}$$

上式和电工学中的欧姆定律 $I=U/R$ 完全类似，热流密度 q 相当于电流 I；导热热阻相当于电阻 R；温差相当于电压 U，是传热过程的推动力，所以温差有时也叫“温压”。热阻反映了壁体对热流的阻碍作用，壁体越厚，材料导热系数越小，则热阻越大，在同样的温差下热流量也越小。

若平壁面积为 F，则通过平壁的热量为

$$Q=qF=\frac{F(T_1-T_2)}{R} \tag{3.65}$$

在工程计算中，常遇到多层平壁，即由几层不同材料组成的平壁。如带保温层的热水箱。图 3.85 是由彼此紧贴的三层不同材料组成的无限大平壁。各自的厚度分别为 δ_1、δ_2 和 δ_3，导热系数分别为 λ_1、λ_2 和 λ_3，且都为常数。已知多层平壁两侧表面分别维持均匀稳定的温度 T_1 和 T_4，彼此接触的两表面具有相同的温度，分别为 T_2 和 T_3。在稳态情况下，通过各层的热流通量是相等的，对于三层平壁的每一层可以分别写出各层热流密度的计算式

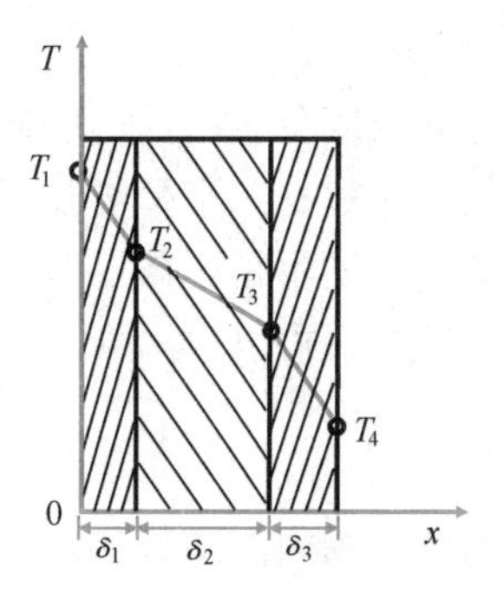

图 3.85 多层平壁的导热

$$q=\frac{T_1-T_2}{R_1},\ q=\frac{T_2-T_3}{R_2},\ q=\frac{T_3-T_4}{R_3} \tag{3.66}$$

移项，得各层温度差

$$T_1-T_2=qR_1,\ T_2-T_3=qR_2,\ T_3-T_4=qR_3 \tag{3.67}$$

多层平壁导热时，各层内部的温度分布都是直线，整个多层壁的温度分布形成一条折

线。多层平壁两端面的总温度差 $\Delta T = T_1 - T_4$，总热阻为各层热阻之和，即 $R = R_1 + R_2 + R_3$，多层平壁的热流密度的计算公式为

$$q = \frac{\Delta T}{R} = \frac{T_1 - T_4}{R_1 + R_2 + R_3} \tag{3.68}$$

这与串联电阻的计算公式相类似。

(2) 圆筒壁稳态导热

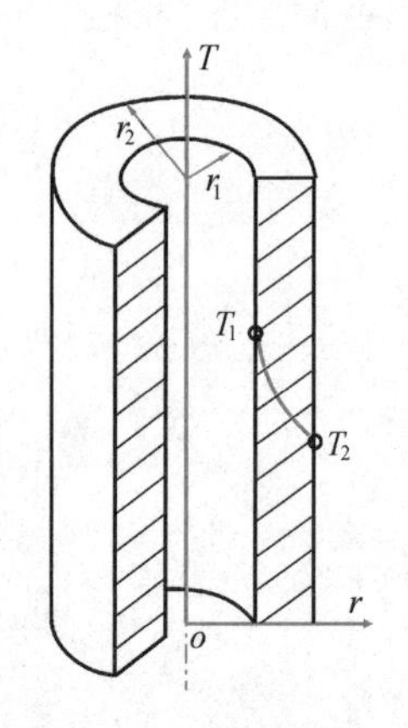

图 3.86　单层圆筒壁的导热

水工艺设备中有许多圆筒状的设备部件或材料，要换热或防止散热。这些圆筒状物体的长度远大于壁厚，沿轴向的温度变化可以忽略不计。图 3.86 表示一内半径为 r_1，外半径为 r_2，长度为 l 的圆筒壁，无内热源，圆筒壁材料的导热系数 λ 为常数。圆筒壁内、外两表面的温度均匀稳定，温度分别为 T_1 和 T_2，而且 $T_1 > T_2$。

因温度场是轴对称的。所以采用圆柱坐标系更为方便，圆壁内的温度仅沿坐标 r 方向发生变化，属一维稳态温度场。其导热微分方程式简化为

$$\frac{\mathrm{d}}{\mathrm{d}r}\left(r \frac{\mathrm{d}T}{\mathrm{d}r}\right) = 0 \tag{3.69}$$

积分求解得

$$T = c_1 \ln r + c_2 \tag{3.70}$$

从上式可知，圆筒壁中温度分布是对数曲线。代入第一类边界条件：$r = r_1$ 时，$T = T_1$；$r = r_2$ 时，$T = T_2$。

可得圆筒壁内温度分布式

$$T = T_1 - (T_1 - T_2)\frac{\ln \frac{r}{r_1}}{\ln \frac{r_2}{r_1}} \tag{3.71}$$

已知温度分布后，可以根据傅里叶定律求得通过圆筒壁的导热流量；值得注意的是圆筒壁的导热过程与平壁导热过程不同，$\mathrm{d}T/\mathrm{d}r$ 不是常数，而是半径 r 的函数，不同半径 r 处的热流密度不是常数，但在稳态情况下通过长度为 l 的圆筒壁的热流量是恒定的，根据傅里叶定律，可以表示为

$$Q = -\lambda \frac{\mathrm{d}T}{\mathrm{d}r} 2\pi r l \tag{3.72}$$

对圆筒壁内温度分布式求导

$$\frac{\mathrm{d}T}{\mathrm{d}r} = \frac{T_1 - T_2}{\ln \frac{r_2}{r_1}} \frac{1}{r} \tag{3.73}$$

代入上式整理得圆筒壁热流量计算公式

$$Q = \frac{T_1 - T_2}{\frac{1}{2\pi\lambda l} \ln \frac{r_2}{r_1}} \tag{3.74}$$

或
$$Q=\frac{T_1-T_2}{\frac{1}{2\pi\lambda l}\ln\frac{d_2}{d_1}} \tag{3.75}$$

单位长度圆筒壁热流量计算公式为
$$q_l=\frac{Q}{l}=\frac{T_1-T_2}{\frac{1}{2\pi\lambda}\ln\frac{d_2}{d_1}}=\frac{T_1-T_2}{R_l} \tag{3.76}$$

式中 R_l 称为单位长度圆筒壁的导热热阻，单位是“m·℃/W”。由上式可以看出，圆筒壁导热量与平壁一样，也是与温差成正比，与热阻成反比。

与多层平壁一样，由不同材料构成的多层圆筒壁的热流量也按总温差和总热阻来计算。n 层圆筒壁各层相应的半径分别为 r_1，r_2，r_3，…，r_{n+1}，各层材料的导热系数分别为 λ_1，λ_2，λ_3，…，λ_n，且均为常数，圆筒壁内、外表面的温度分别为 T_1 和 T_{n+1}，而且 $T_1>T_{n+1}$。在稳态情况下，通过单位长度圆筒壁的热流量 q_l 是相同的。n 层圆筒壁单位长度热流量计算公式为
$$q_l=\frac{T_1-T_{n+1}}{\sum\limits_{i=1}^{n}R_{li}}=\frac{T_1-T_{n+1}}{\sum\limits_{i=1}^{n}\frac{1}{2\pi\lambda_i}\ln\frac{d_{i+1}}{d_i}} \tag{3.77}$$

对于多层平壁和多层圆筒壁，其表面一般不是完全平整光滑的，两固体直接接触时，其界面不是完全与平整的面接触，而是点接触。当导热过程在这两个点接触的固体之间进行时，就会有一个额外的热阻，这种热阻称为接触热阻。接触热阻使实际的温度分布与分析结果差别很大，实际的导热量小于计算值。特别是当界面空隙中充满导热系数远小于固体的气体时，接触热阻更为明显。因为有接触热阻，在接触界面上就会有温差（$T_{2a}-T_{2b}$）。按照热阻的定义，界面的接触热阻可以表示为
$$R_c=\frac{T_{2a}-T_{2b}}{Q}=\frac{\Delta T_c}{Q} \tag{3.78}$$

式中 ΔT_c 是界面上的温差；Q 是热流量，它等于热流密度 q 与界面表面积 F 的乘积。从上式可以看出，当热流量不变时，界面上产生的温差与接触热阻 R_c 成正比。当温差不变时，热流量与接触热阻成反比。值得注意的是，当热流量很大时，即使接触热阻较小，界面上的温差也是不能忽视的。

影响接触热阻的因素很多，主要有：固体表面的粗糙度，两固体的材料硬度及匹配情况，接触面上的挤压压力，接触界面间空隙中的介质等。工程中为了减小接触热阻，常采用以下措施：增加接触面上的挤压压力，使材料间的点接触变形，增大接触面积；选用硬度不同的两种固体材料；在接触界面间的空隙中填充特殊材料代替空气等。

3.4.2 对流换热

热对流是传热的另一种基本方式，是依靠流体的运动，把热量由一处传递到另一处。因为在对流传热过程中有温度差，因此热对流又必然同时伴随着热传导。工程中的实际传热问题都是流体与固体壁直接接触时的换热，所以把流体与固体壁间的换热称为对流换热（也称放热）。对流换热与热对流是完全不同的两个概念，其区别有：①热对流是传热的三

种基本方式之一，而对流换热不是传热的基本方式；②对流换热是导热和热对流这两种方式的综合作用；③对流换热必然具有流体与不同温度的固体壁面之间的相对运动。

对流换热的基本计算式是牛顿于1701年提出的，即

$$q=\alpha(T_w-T_f)=\alpha\Delta T \quad (W/m^2) \tag{3.79}$$

或

$$Q=\alpha F(T_w-T_f)=\alpha F\Delta T \quad (W) \tag{3.80}$$

或

$$q=\frac{\Delta T}{\frac{1}{\alpha}}=\frac{\Delta T}{R_i} \tag{3.81}$$

式中　T_w——固体壁表面温度，℃；

T_f——流体温度，℃；

F——固体壁表面积，m^2；

ΔT——流体与固体壁之间的温差，℃；

α——换热系数，是指流体与固体壁之间为温差1℃时，单位面积上单位时间内所传递的热量，单位是$J/(m^2 \cdot s \cdot ℃)$或$W/(m^2 \cdot ℃)$；

R_i——单位固体壁表面积上的对流换热热阻，$m^2 \cdot ℃/W$。

1. 影响对流换热的因素

对流换热过程不是基本的传热方式，而是由导热和热对流两种方式同时作用的一种复杂的物理现象。因此，对流换热过程必然受到与这两种传热方式有关的众多因素的影响，而换热系数只是从数值上反映了这个现象在不同条件下的综合强度。影响对流换热过程的因素主要有：

(1) 流体流动的原因

流体以某一流速在壁面上流动的原因有两种：自然对流和受迫对流。自然对流也叫自由流动，是因流体内部温度不同，造成密度差异，从而产生的流动。受迫对流也叫强制对流，流体是在泵、风机或静水压力等外力作用下产生的流动。因受迫对流的流速大于自然对流的流速，受迫对流的换热系数较高，所以，水工艺设备中主要应用受迫对流换热方式。

(2) 流体的流动状态

流体在壁面上流动又有层流和紊流两种流态。当流速较小时，靠近壁面处的流体质团沿平行壁面的方向运动，这种流动状态称为层流；当流速较高时，靠近壁面处的流体质团发生横向混合，运动紊乱不规则，这种流动状态称为紊流。紊流时，对流传递作用得到强化，热对流传递的热量远大于导热传递的热量，因此，紊流时换热比层流要强。因此一般换热设备内流体的流态多为紊流。

(3) 流体的物理性质

影响对流换热的物理性质主要是比热c_p、容积膨胀系数β、导热系数λ、密度ρ和黏度μ，流体的这些物理性质因种类、温度、压力而变化。导热系数影响流体与固体表面间的导热作用，导热系数大，流体内和流体与壁之间的导热热阻小，换热就强。流体的比热与密度大，携带的热量多，对流作用时传递热量的能力也高。流体的黏度主要影响流体的流动状态，黏性大的流体的流速小，不利于热对流。容积膨胀系数主要对自然对流换热产生影响。

流体的物理性质受温度影响较大。在换热过程中，流场内各处流体的物理性质随该处的温度变化。因此要选择某一特征温度来确定物理性质参数，这个特征温度称定性温度，定性温度主要有三种：流体平均温度 T_f，固体壁表面温度 T_w，流体与固体壁的算术平均温度 $T_m=(T_f+T_w)/2$。

（4）流体的相变

流体在换热过程中有冷凝、沸腾等相变参与的换热称相变换热。流体相变，不仅改变了流体的物理性质，而且流体的流动状态和换热机理也都发生了变化，对对流换热过程影响较大。凝结换热方式应用于蒸汽为热媒的热交换设备中。

（5）换热表面的几何因素

换热表面的几何因素主要指壁面的形状、尺寸（用 l 表示）、粗糙度及与流体的相对位置（用 φ 表示），其直接影响流体在壁面上的流态、速度分布、温度分布，进而影响对流换热作用。如在受迫流动时，流体在管外横向冲刷管壁就与在管内流动时的换热情况不同。在自由流动时，换热面朝上时，流体受热后上升不受限制，换热作用较强；而换热面朝下时，流体受热后上升受到固体壁面的限制，形成静止层，换热作用就较弱。

综合上述分析可以看出，换热过程是个很复杂的过程，换热系数是许多因素的函数，可以表示为

$$\alpha=f(u, T_f, T_w, \lambda, c_p, \rho, \beta, \mu, l, \varphi) \tag{3.82}$$

针对不同的对流换热条件，式（3.82）具体函数关系式可简化为不同的形式，以便实际应用。

2. 对流换热过程微分方程式

黏性流体在壁面上流动，由于黏性的作用，在靠近固体壁处，流体的速度随着离固体壁距离的缩短而逐渐降低，在贴壁处流速为零，处于无滑移状态，这时热量只能以导热方式通过这一极薄的贴壁流体层。设固体壁 x 处壁温为 $T_{w,x}$，远离固体壁的地方流体温度为 $T_{f,x}$，热量以导热和对流换热方式通过贴壁流体层时，按傅里叶导热定律和牛顿冷却公式，局部热流密度 q 可分别表示为

$$q=-\lambda\left(\frac{\partial T}{\partial y}\right)_{wx} \tag{3.83}$$

$$q=\alpha_x(T_w-T_f)_x=\alpha_x\Delta T_x \tag{3.84}$$

式中 $\left(\frac{\partial T}{\partial y}\right)_{wx}$——$x$ 点贴壁处流体的温度梯度，℃/m；

λ——流体导热系数，W/(m·℃)；

α_x——固体壁 x 处局部对流换热系数。

式（3.83）和式（3.84）表达同一热流密度，故

$$\alpha_x=-\frac{\lambda}{\Delta T_x}\left(\frac{\partial T}{\partial y}\right)_{wx} \tag{3.85}$$

对流换热问题有两类边界条件，第一类为壁温边界条件，即固体壁温度为已知，例如壁温维持不变的常壁温边界条件或壁温按已知规律变化的变壁温边界条件；另一类为热流边界条件，即固体壁面热流密度为已知，有常热流和变热流之分。但不论哪种边界条件，都必须先由流体运动微分方程式（或称动量方程）求解出流体内的速度场，再由能量方程

求解出温度场。

3. 边界层

理论分析和实验观察都证实，黏性流体流过固体表面时，将形成具有很大速度梯度的流动边界层；当壁面和流体间有温差时，也会产生温度梯度很大的温度边界层（或称热边界层）。

(1) 流动边界层

能润湿固体壁面的黏性流体流过壁面时形成流场，流场分为两个区：边界层区和主流区。远离壁面处在垂直壁面方向上流速比较均衡，称为主流区，其流速叫主流流速；由于黏滞力的作用，使靠近壁面的流体速度由主流流速逐渐降低，到紧贴壁面处，流体的流速为零，这个薄层称为边界层区。

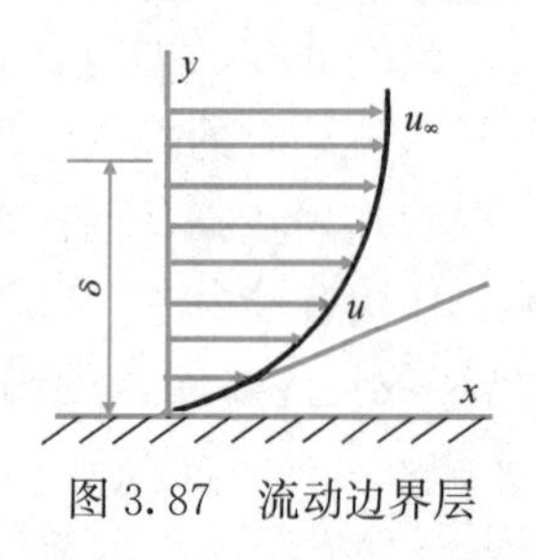

图 3.87　流动边界层

如图 3.87 所示，沿壁面法线（y）方向，距壁面不同距离处各点的流速 u 有一个分布曲线，在 $y=0$ 处 $u=0$，随着离固体壁面距离的增加流速 u 迅速增大，经过一个厚度为 δ 的薄层，u 接近达到主流速度 u_{∞}。这个流速变化显著的薄层称为流动边界层或速度边界层，δ 称为边界层厚度。通常定义边界层的外缘为速度达到主流速度的 99% 处，即 $u=0.99u_{\infty}$ 处，其厚度也称有限边界层厚度。相对于壁面尺寸，因边界层很薄。在这样薄的一层流体内，速度变化大（由 0 急剧变化到接近等于主流速度 u_{∞}），所以平均的速度梯度也很大。根据牛顿黏性定律，流体的黏滞应力与垂直运动方向的速度梯度成正比，即

$$\tau=\mu\frac{\partial u}{\partial y} \tag{3.86}$$

式中　τ——黏滞应力，N/m^2；

μ——动力黏度，$N \cdot s/m^2$。

边界层区的速度梯度很大，相应地黏滞应力 τ 也很大，流体的运动可用黏性流体运动微分方程式描述；主流区的速度梯度为零，黏滞应力 τ 也为零，可以看作无黏性的理想流体，适用于欧拉方程。

根据流速的大小，边界层又分为层流边界层和紊流边界层。当流体以速度 u_{∞} 流进一个平板后，由于壁面黏滞应力的影响，边界层由零逐渐加厚，在某一距离 x_c 内，边界层的流动状态一直保持层流，称层流边界层，如图 3.88 所示。在层流状态下，流体质点运动轨迹相互平行，呈层状有序的滑动，其速度分布呈抛物线形。随着层流边界层增厚，边界层靠近主流区边缘部分的速度梯度开始趋于平缓变小，导致壁面黏滞力的影响减弱，惯性力的影响相对增强，进而促使靠近主流的层流边界层边缘部分逐渐不稳定，层流开始向紊流过渡，紊流区开始形成。由于紊流传递动量的能力比层流强，它一方面使壁面黏滞力传递到流体内的距离更远一些，故从紊流开始出现起，边界层明显增厚；另一方面，它同时又使紊流区逐渐向壁面方向扩展，故紊流区逐步扩大，这一段称过渡流。最后，形成紊流为主体的边界层。在紊流边界层内，流体质点沿主流运动方向作紊乱的不规则脉动，发生横向的混合，速度分布呈幂函数型。由层流边界层开始向紊流边界层过渡的距离 x_c 称临界距离，由下式确定

$$x_c = \frac{Re_c \nu}{u_\infty} \tag{3.87}$$

式中 Re_c——临界雷诺数；

u_∞——主流流速；

ν——运动黏度。

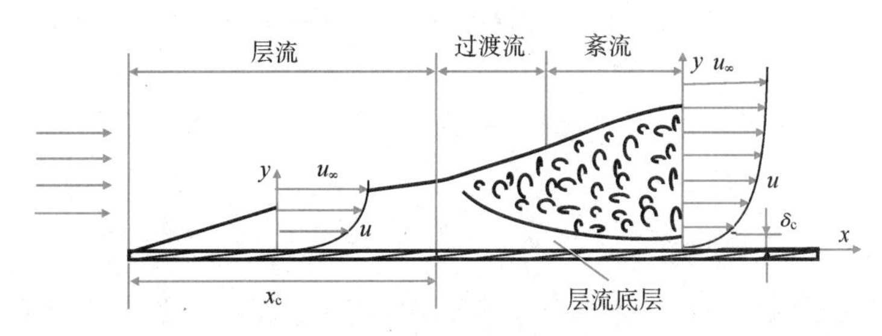

图 3.88 外掠平板流动边界层

紊流边界层内并不都是紊流状态，在紧贴壁面的极薄一层内，黏滞力仍然占绝对优势，速度梯度最大，仍然会保持层流特征，这个极薄层称为紊流边界层的层流底层（亦称黏性底层）。层流底层与紊流核心区之间还有一个过渡区。

通过以上分析，流动边界层有五个重要特性：

a. 流场分为主流区和边界层区；

b. 边界层厚度 δ 与壁的几何尺寸 l 相比是极小的；

c. 在边界层内存在较大的速度梯度；

d. 边界层流态分层流与紊流，紊流边界层紧靠壁处仍将是层流，称层流底层；

e. 流体黏性只在边界层内才有影响。当 $Re \ll 1$ 时，黏滞力占优势，忽略惯性力；当 Re 很大时，惯性力占优势，忽略黏滞力；当 Re 处于以上两种情况之间，惯性力和黏滞力同时起作用。

（2）温度边界层

与速度边界层类似，当具有均匀温度的流体流过一壁面时，若壁面温度与流体温度不同，流体温度将在靠近壁面的一个很薄的区域内从壁面温度变到主流温度，该层称为温度边界层，或热边界层。设流体的温度为 T_f，固体壁面的温度为 T_w，流体与固体壁面之间的温差 θ_f 称为过余温度。当流体内离固体壁面的距离为 δ_T 处的过余温度 $\theta_T = 0.99\theta_f$ 时，称厚度 δ_T 范围内的流体层为温度边界层，或称热边界层。在温度边界层以外，温度梯度非常小，称为等温流动区。温度边界层厚度 δ_T 不一定等于流动边界层的厚度 δ，两者的关系取决于流体的物理性质。流动边界层和热边界层的状况决定了热量传递过程和边界层内的温度分布。层流内温度分布呈抛物线形，而紊流内则呈幂函数型分布，紊流边界层贴壁处温度梯度将明显大于层流，如图 3.89 所示。

换热过程的热阻主要集中于边界层内，在紊流边界层内又主要集中于层流底层内。流体在层流或紊流边界层的层流底层的流速越高，层的厚度越薄，换热作用就越强。

除了贴近壁面处的层流底层内热量传递主要依靠导热外，紊流边界层内的热量传递主要依靠质团相互混合的热对流作用。由于紊流时的热对流作用远比导热传递热量强烈，因此紊流状态下的换热作用要比层流强得多。

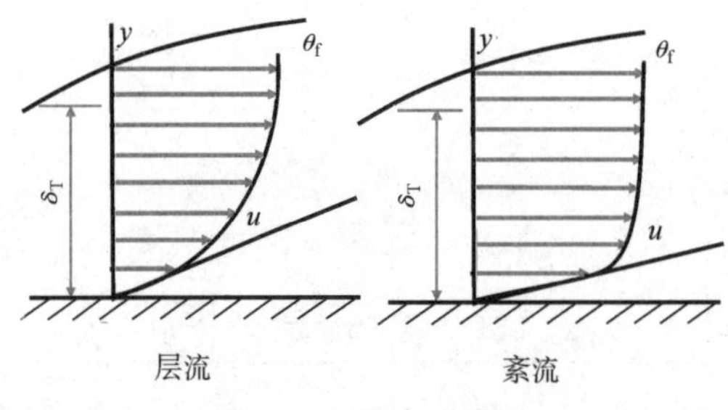

图3.89　温度边界层

4. 对流换热

(1) 对流换热的相似准则

寻求具体情况下换热系数 α 计算公式的方法有理论方法和实验方法两类。理论方法通过忽略次要因素，突出主要因素，将实际问题抽象为某一物理模型，然后建立并求解数学模型，最后求得换热系数 α 的计算公式。理论方法虽然可以揭示换热过程的机理，但是，由于影响换热过程的因素很多，理论方法也只能求解一些简单的换热问题。对于一般的换热问题，主要是采用“相似理论”指导的实验研究方法。

用相似理论指导实验，就是依据某一换热问题的数学模型或影响过程的所有物理量的因次进行分析，把众多的变量组合成几个无因次的“量群”，这种无因次量群叫作相似准则。每一个相似准则反映了某几个物理量对过程某一方面的综合影响。

对换热系数函数式（3.82）进行因次分析，或对其换热过程的数学模型进行过程分析，可以求得影响对流换热过程的四个相似准则：

1）雷诺准则——它反映流体运动时惯性力与黏性力的相对大小，其表达式为

$$Re=\frac{ul}{\nu} \tag{3.88}$$

流体受迫流动状态是惯性力与黏滞力相互矛盾和作用的结果。Re 增大，说明惯性力作用的扩大。所以，Re 反映受迫流动状态对换热的影响。流体在管道内受迫流动时，雷诺准则表示为

$$Re=\frac{ud}{\nu} \tag{3.89}$$

流体的流态由上式判断	$Re<2300$	层流
	$2300\leqslant Re<10^4$	过渡流
	$Re\geqslant 10^4$	紊流

2）格拉晓夫准则——反映流体自然对流时浮升力与黏性力的相对大小，表达式为

$$Gr=\frac{g\beta\Delta Tl^3}{\nu^2} \tag{3.90}$$

流体自然对流状态是浮升力与黏滞力相互矛盾和作用的结果，Gr 的增大，表明浮升力作用的增大。Gr 表示自然对流流态对换热的影响。

3）普朗特准则——反映边界层内流体动量传递和热量传递特性的相对比较。其值完全取决于流体的物理性质，所以也叫物性准则。表达式为

$$Pr=\frac{\rho c_p \nu}{\lambda}=\frac{\nu}{a} \tag{3.91}$$

其中 $a=\frac{\lambda}{\rho c_p}$ 称为导温系数。

4）努塞尔特准则——反映对流换热强弱程度的准则。表达式为

$$Nu=\frac{\alpha l}{\lambda} \tag{3.92}$$

前三个相似准则都是由确定一个具体换热问题所必须给定的一些物理量组成的，不包含待求量 α，这样的相似准则称为已定准则（或称定型准则），最后一个相似准则含有待求量 α，称为待定准则。由四个准则的表达式可以看出待定准则是定型准则的函数，即

$$Nu=f(Re, Gr, Pr) \tag{3.93}$$

式（3.93）称为对流换热问题的准则关联式。在某些具体的条件下，忽略某些次要因素，式（3.93）还可以简化，如：受迫紊流换热时，自然对流的影响可以忽略不计，上式简化为

$$Nu=f(Re, Pr) \tag{3.94}$$

自然对流换热时，流动状态由 Gr 来体现，简化为

$$Nu=f(Gr, Pr) \tag{3.95}$$

各相似准则中的物理性质和几何量，不能随便选取。应选取对流体的流动状况有决定性影响的尺寸为特征尺寸，称为定型尺寸，例如管内受迫流动时的管内径。相似准则中各物理量的数值是随温度而变化的，因而需要选取某一有代表性的温度，作为确定物理量数值的温度，此温度称为定性温度。通常，流体在管内流动时，取流体进出口温度的算术平均值作为定性温度，而流体从外部绕流物体时，取固体表面温度与远离壁面的流体温度的算术平均值作为定性温度。

（2）受迫紊流换热

流体受迫流动时换热系数较大，换热面的布置也容易适应换热和生产技术的要求，所以，在各种换热器内部的换热过程中得到广泛的应用。根据换热表面的形状和流体的流向，受迫流动换热有许多类型，其中，管内受迫紊流换热和外掠圆管流动换热在水工艺设备中最常用。

1）管内受迫紊流换热　受迫紊流流动时，不考虑自然对流的影响，换热准则关联式为

$$Nu=CRe^{n}Pr^{m} \tag{3.96}$$

式中 C、n、m 是由实验研究确定的常数。对于管长与管径之比 $L/d>10$ 的光滑直管内的紊流换热，在 T_f 与 T_w 相差不大的情况下，按下式计算

$$Nu=0.023Re^{0.8}Pr^{0.4} \tag{3.97}$$

当 T_f 与 T_w 相差较大时，可按下式计算

$$Nu=0.027Re^{0.8}Pr^{1/3}\left(\frac{\mu_f}{\mu_w}\right)^{n} \tag{3.98}$$

式中，μ_f 和 μ_w 分别为流体温度 T_f 和固体壁温度 T_w 下的流体动力黏度。n 为系数，加热时，$n=0.11$；冷却时，$n=0.25$。

对于非圆形管，例如椭圆管、矩形流道等，定型尺寸采用当量直径 d_e

$$d_e=\frac{4f}{U} \tag{3.99}$$

式中　f——流道断面面积，m^2；

U——湿周，m。

对于螺旋形管，如螺旋管式换热设备，流体通道呈螺旋形。在弯曲的通道中流动产生的离心力，将在流场中形成与主流垂直的二次环流，如图3.90所示，二次环流沿管径流向外侧，而沿管壁流向内侧，增加了对边界层的扰动，有利于换热，而且管的弯曲半径 R 越小，二次环流的影响越大。受迫紊流流动换热的准则关联式需进行修正，修正系数为

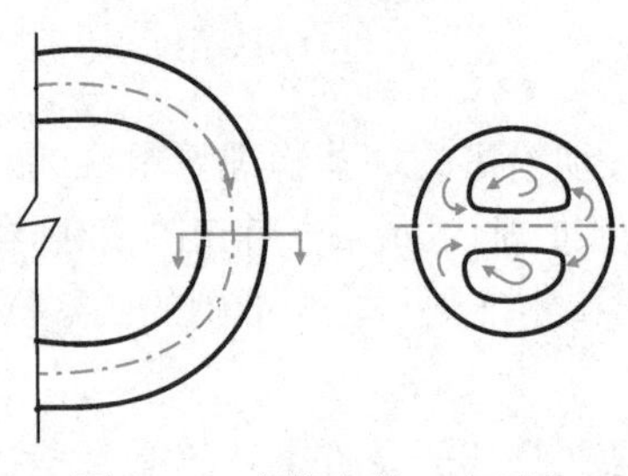

图3.90　弯管内的二次环流

气体
$$\varepsilon_R=1+1.77\frac{d}{R} \tag{3.100}$$

液体
$$\varepsilon_R=1+10.3\left(\frac{d}{R}\right)^3 \tag{3.101}$$

式中　R——螺旋管的曲率半径，m；

d——管直径，m。

将式（3.89）、式（3.91）和式（3.92）代入式（3.97）得

$$\alpha=f\ (u^{0.8},\ \lambda^{0.6},\ c_p^{0.4},\ \rho^{0.4},\ d^{-0.2},\ \nu^{-0.4}) \tag{3.102}$$

上式显示出各因素对紊流换热系数影响的大小，紊流换热系数 α 与流速 u，导热系数 λ，比热 c_p，流体密度 ρ 呈正比，其中流速影响最大，与管径 d 和运动黏度 ν 呈反比。

以上各准则关联式均只适用于光滑管。对于粗糙管，因粗糙度增加，紊流边界的层流底层厚度比粗糙点平均高度小，流体越过凸出点将在四处引起涡流，使凹处流动得到改善，换热系数也随之增大，再加上粗糙点扩大了换热表面积，所以，换热得到增强，换热设备面积缩小，节省设备费。另外，粗糙度增加，摩擦系数变大，流动阻力也随之增加，加大了泵的功率消耗。因此，一般不宜提高换热管道的粗糙度。

2）外掠圆管流动换热　流体外掠圆管束是换热设备里常见的一种换热方式，流体绕流圆管壁时，边界层内流体的压强、流速以及流向都将沿着弯曲面发生很大的变化，从而影响换热。流体在管外横向受迫流动时，具有新的流动边界层特征。图3.91为外掠单管流态示意图。流体接触管壁后，将从管两侧绕过管面，在管面上形成边界层。流体的压强和主流速度沿程发生变化，在管的前半部压强逐渐减小，主流速度逐渐增加，为层流边界层；过了最高点后，压强逐渐回升，而主流速度逐渐减小，出现紊流边界层。在压强逐渐增加的后半个区域内，流体需靠本身的动能以克服压强的增长而向前流动。由于黏滞力的作用，紧贴管外壁的流体的速度本来就比较低，动能也较小，这部分流体在压强增加的情况下继续向前流动时，流体在壁面上的速度梯度将逐渐变小，

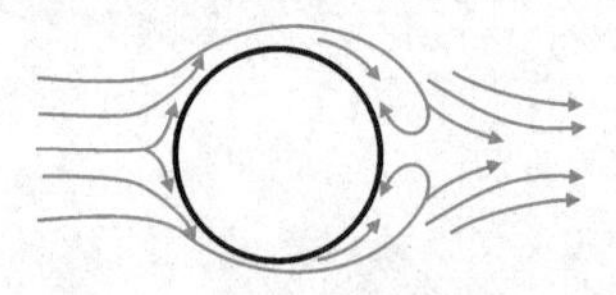

图3.91　外掠单管流态示意图

到壁面的某一位置时，停止向前流动，并随即向相反的方向流动，这时的壁面速度梯度为0，正常边界层流动被破坏，边界层中出现流体的局部回流和大的涡旋，这种现象称为绕流脱体。脱体点的位置取决于雷诺数，雷诺数增大，层流区减小，紊流区增大。可见整个圆管前后表面的换热系数变化很大。

当流体横向掠过管束时（图 3.92），流体的流动将受到各排管子的连续干扰，除第一排管子保持了外掠单管的特征外，从第二排起，流体的流动将被前几排管子引起的涡旋所干扰，流动状况比较复杂。当雷诺数较小时（$Re<10^3$），层流占优势；当雷诺数较大时，（$Re>2\times10^5$），紊流边界层才占优势。因此，对外掠管束的换热，必须考虑管子直径、管子排数、管子排列方式（叉排或顺排）、管子间的横向间距 S_1 和纵向间距 S_2 等影响因素。

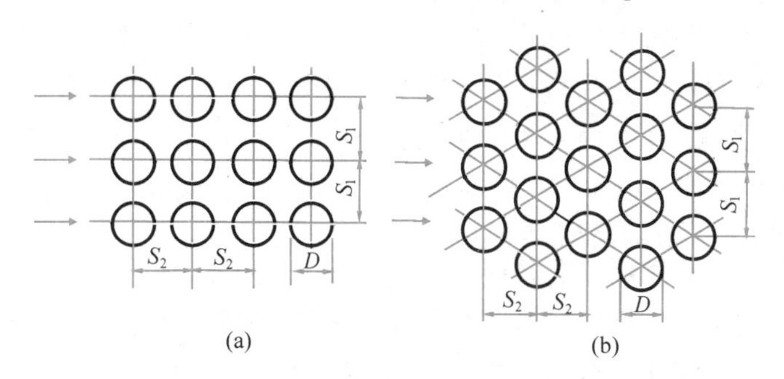

图 3.92 外掠管束示意图

(a) 顺排；(b) 叉排

紊流状态下（$Re>2\times10^5$）流体外掠光滑管束的换热准则关系式为

$$Nu=0.022Re^{0.84}Pr^{0.36}\left(\frac{Pr_f}{Pr_w}\right)^{0.25}\varepsilon_z \tag{3.103}$$

式中 ε_z——管束排列方式和数量的校正系数，见表 3.7。

校正系数 ε_z 表 **表 3.7**

排　数	1	2	3	4	5	6	8	12	16	20
顺　排	0.69	0.80	0.86	0.90	0.93	0.95	0.96	0.98	0.99	1.00
叉　排	0.62	0.76	0.84	0.88	0.92	0.95	0.96	0.98	0.99	1.00

在设计换热设备时，应合理地确定管子排列方式及参数，顺排时流速小，单位面积换热量与流速呈 0.6～0.8 次幂的关系，而泵的功率则与流速的 3 次幂成比例，如果把换热器单位面积的换热量与克服流体阻力所耗能量之比作为经济性指标，顺排有利。对于实际的换热器，如管壳式换热器（图 7.14），由于壳程挡板的作用，管外侧流体有时与管束平行流动，有时又近似垂直于管轴流动，同时还有漏流和旁通（管子与挡板间的缝隙，外壳与管束间的间隙等），所以换热系数 α 通常只达到计算值的 60%。

3.4.3 凝结换热

工质在饱和温度下由气态转变为液态的过程称为凝结或冷凝，当蒸汽与低于它的饱和温度的固体壁面接触时，就会放出汽化潜热而凝结下来，称为凝结换热。凝结换热是蒸汽加热设备中最基本的换热过程。

1. 凝结形式

因凝结液润湿壁表面的能力不同，有两种凝结形式，如果凝结液能很好地润湿壁面，就会在壁面上形成一层完整的液膜，这种方式称为“膜状凝结”，如果凝结液不能润湿壁面（如壁面涂有油脂），就会在壁面形成一颗颗的液珠，这种方式称为“珠状凝结”。凝结液润湿壁面的能力取决于表面张力与附着力的关系。若附着力大于表面张力，则会形成膜状凝结，反之则形成珠状凝结。

珠状凝结时换热系数比膜状凝结大很多，这是因为固体壁面部分被液珠占据，部分裸露于蒸汽中，因此，换热是在蒸汽与液珠表面和蒸汽与裸露的壁之间进行的，由于液珠的表面积比它所占的壁表面积大很多，而且裸露的壁上无液膜形成的热阻，所以珠状凝结的换热系数大，是膜状凝结的10余倍。而膜状凝结时，蒸汽与壁之间隔着一层液膜，热阻主要在液膜层内，潜热只能以导热和对流方式通过液膜传到固体壁面，所以换热系数小。由于珠状凝结很不稳定，难以在工程中应用，所以，在工业设备里遇到的多是膜状凝结。

2. 影响膜状凝结的因素

（1）蒸汽流速

如果蒸汽速度较大，必然在液膜表面产生明显的黏性应力。假如蒸汽流速垂直向下，黏性应力的作用是把液膜更快地拉向竖直壁面的下方，因此，液膜减薄，从而增大凝结换热量和表面传热系数。假如蒸汽向上流动，则趋向于阻止液膜向下流动，使液膜层增厚，减小表面传热系数。但如果蒸汽速度很大，则不论是向上或向下流动，都会使得液膜脱离壁面，使凝结增强，换热被强化。

（2）蒸汽纯度

蒸汽中含有微量不凝性气体和不溶于凝结液中的油时，会严重影响凝结换热。当蒸汽在壁面冷凝时，不凝气体分子也随之被带到液膜附近，并逐渐聚集在膜表面，使膜表面的不凝气体浓度（分压）较高，从而增加了蒸汽分子向液膜表面扩散的阻力。同时，膜层表面的蒸汽分压又低于远处蒸汽分压，使膜表面蒸汽的饱和温度降低，因而，相应地降低了有效的冷凝温度差，使凝结换热系数和换热量降低。油可能沉积在壁上形成油垢，增加了热阻。

（3）粗糙度

当凝结雷诺数较低时，凝结液容易积存在粗糙的壁上，使液膜增厚，可使换热系数低于光滑壁面的30%；但当雷诺数大于140时，换热系数又可高于光滑壁。这种现象与粗糙壁对单相流体对流换热的影响相似。

3. 两种常用凝结换热系数表达式

（1）管外壁凝结换热

$$\alpha=0.725\left[\frac{\rho^2 g\lambda^3\gamma}{\mu d(T_s-T_w)}\right]^{0.25} \tag{3.104}$$

式中 d——水平管外径，m；

T_s——蒸汽饱和温度，℃；

T_w——冷壁面温度，℃；

γ——饱和温度 T_s 下的汽化潜热，J/kg；

μ——凝结液动力黏度，kg/(m·s)；

λ——凝结液导热系数，W/(m·℃)；

ρ——凝结液密度，kg/m^3。

(2) 水平管内凝结换热

$$\alpha=0.555\left[\frac{g\rho(\rho-\rho_{\mathrm{v}})\lambda^{3}\gamma'}{\mu d(T_{\mathrm{s}}-T_{\mathrm{w}})}\right]^{0.25} \tag{3.105}$$

式中 ρ_{v}——蒸汽密度，kg/m^3；

γ'——潜热修正值，J/kg，$\gamma'=\gamma+0.68c_{\mathrm{p}}(T_{\mathrm{s}}-T_{\mathrm{w}})$；

c_{p}——凝结液比热，J/(kg·℃)。

4. 增强凝结换热的措施

增强凝结换热主要是减薄凝结液膜层的厚度，加速凝结液的排泄，促成珠状凝结形成等。可以采取下列措施：

(1) 改变表面几何特征　如在壁面上顺着凝结液流动方向开出一些细小的沟槽或加上一些矮肋，使换热系数增加。一方面是槽（或肋）的脊背部分增加换热面积；另一方面，由于表面张力的作用，凝结液将被拉回到沟槽内，顺槽排泄，而槽的脊背上只有极薄的液膜，使热阻降低。

(2) 排除不凝气体　设备应正压运行。

(3) 加速凝结液的排除　用加装导流装置或低频振动、静电吸引等措施，加速凝结液的排泄。

(4) 造成珠状凝结的条件　在凝结壁面上涂镀聚四氟乙烯等凝结液附着力很小的材料，在蒸汽中加珠凝促进剂等。

前面介绍了水工艺设备中常用几种换热方式，这几种换热方式的换热系数 α（W/(m^2·℃)）的大致范围是：蒸汽在管内受迫流动时，α=100～200；水在管内受迫流动时，α=500～10000；蒸汽凝结时 α=4000～15000。由此可以看出，液体的放热系数比气体高，有相变时的放热系数又远比无相变时大。所以，在换热设备中，利用流体相变是强化换热的一种有效手段。

3.4.4 辐射换热

导热或对流都是以冷、热物体的直接接触来传递热量的，而热辐射则是靠物体表面对外发射可见和不可见的射线传递热量的。所有的物体，只要其温度高于绝对零度，都不断地在进行热辐射，同时也不断地吸收外来的热辐射。发射辐射能是各类物质的固有特性。在水工艺设备中，太阳能热水器就是利用辐射换热来加热冷水的。

1. 热辐射的本质和特点

物质是由分子、原子、电子等基本粒子组成，当原子内部的电子受激和振动时，产生交替变化的电场和磁场，发出电磁波向空间传播，这就是辐射。由于激发的方法不同，则产生的电磁波波长就不相同，它们投射到物体上产生的效应也不同。各类电磁波的波长可从几万分之一微米到数千米，包括：紫外线（波长<0.38μm），可见光线（波长 0.38～0.76μm），红外线（波长 0.76～1000μm），无线电波（波长>1000μm）。通常把可见光线、部分紫外线和红外线称为热射线，它们投射到物体上能产生热效应。由自身温度或热运动的原因而激发产生热射线的传播过程称为热辐射。

热辐射过程有三个特点：

(1) 辐射换热不需冷热物体直接接触或任何中间介质，就进行热量传递，如阳光能够穿越低温太空向地面辐射。

(2) 辐射换热过程伴随着能量转化，即物体的部分内能→电磁波能→另一物体内能。

(3) 温度高于绝对零度的一切物体，不论温度高低，都会不断地发射热射线。总的效果是高温物体把能量传给低温物体。

近代物理学证实，热射线的本质既是电磁波，又是一粒一粒运动着的具有运动质量、动量和能量的光子流。辐射既具有波动性，又具有粒子性，是光子传播能量的过程。所以，可见光线的反射和折射规律，也适用于热射线。

2. 几个基本概念

(1) 辐射吸收

物体对外来辐射的吸收能力，与物体表面材料的性质、表面光洁度等因素有关。当热射线投射到物体上时，有一部分被物体吸收，一部分被物体表面反射，还有一部分则透过物体。设单位时间内投射到物体单位表面积上的辐射总能量为G (W/m^2)，其中，吸收能量为G_α，反射能量为G_ρ，透射能量为G_τ。

由能量守恒得

$$G_\alpha+G_\rho+G_\tau=G \tag{3.106}$$

若等式两端同除以G得

$$\frac{G_\alpha}{G}+\frac{G_\rho}{G}+\frac{G_\tau}{G}=1 \tag{3.107}$$

或

$$\alpha+\rho+\tau=1 \tag{3.108}$$

式中 α——吸收率，即被物体吸收的能量占投射总能量的比率；

ρ——反射率，即被物体反射的能量占投射总能量的比率；

τ——透射率，即穿透物体的能量占投射总能量的比率。

如果$\alpha=1$，说明投射到物体上的辐射能将全部被吸收。这样的物体称为绝对黑体，简称黑体；如果$\rho=1$，说明投射到物体上的辐射能将全部被反射。这样的物体称为绝对白体，简称白体；如果$\tau=1$，说明投射到物体上的辐射能全部穿透物体。这样的物体称为绝对透明体，简称透明体。黑体、白体、透明体在自然界中并不存在，与理想气体一样，只是一种理想化的模型。

如果投射能量是某一波长λ的单色辐射，单色吸收率α_λ、单色反射率ρ_λ和单色透射率τ_λ的关系式与全波长的关系式一样

即

$$\alpha_\lambda+\rho_\lambda+\tau_\lambda=1 \tag{3.109}$$

需要指出，物体表面的吸收和反射特性与其颜色没有大的关系。一般温度下，红外线是热射线中的主要成分，可见光只占一小部分。而物体的颜色只影响可见光的吸收，对红外线的吸收则没有差别。所以物体对外来射线吸收能力的高低，不能凭物体的颜色来判断。如白黑两种物体对可见光的吸收率不同，但对红外线的吸收率却基本相同。普通玻璃只能透过可见光，但对红外线几乎是不透明体。

(2) 辐射力与辐射定律

1) 辐射力 所有的物体，只要其温度高于绝对零度，都不断地在进行热辐射，

物体的辐射能力用辐射力来表示。辐射力是指发射体单位表面积在单位时间内向半球空间所发射的热射线总能量，用符号 E 表示，单位是“W/m^2”。物体辐射力的大小与物体的温度、物体表面的材料性质及表面光洁度等因素有关。

黑体的辐射力最强，所有实际物体的辐射力都比同温度的黑体的辐射力要弱。设实际物体的辐射力为 E，黑体的辐射力为 E_b，两者的比值

$$\varepsilon=\frac{E}{E_b} \tag{3.110}$$

称为物体的黑度，也称为该物体的发射率。ε 值的大小反映了物体辐射能力接近于黑体的程度，表明了物体表面的辐射特性。

2）斯蒂芬—玻尔兹曼定律　在计算辐射换热时，需建立辐射力 E 与温度 T' 的关系，1879 年斯蒂芬根据实验发现：黑体的辐射力只是其温度的函数，与其绝对温度的 4 次方成正比，1884 年玻尔兹曼用热力学理论做出了证明，称为斯蒂芬—玻尔兹曼定律，表达式为

$$E_b=C_b\left(\frac{T'}{100}\right)^4 \tag{3.111}$$

式中　C_b——黑体的辐射系数，$C_b=5.67W/(m^2 \cdot K^4)$；

T'——热力学温度，K。

3）普朗克定律　对于单色辐射，普朗克于 1900 年确立了黑体单色辐射力 $E_{b\lambda}$ 与波长 λ、热力学温度 T' 之间的关系。

$$E_{b\lambda}=\frac{c_1}{\lambda^5\left(\exp\frac{c_2}{\lambda T'}-1\right)} \tag{3.112}$$

式中　$E_{b\lambda}$——黑体单色辐射力；

λ——波长；

c_1——普朗克第一常数，$c_1=3.743\times10^8 W \cdot \mu m^4/m^2$；

c_2——普朗克第二常数，$c_2=1.439\times10^4 \mu m \cdot K$。

上式说明在热力学温度一定的情况下，辐射线的波长越长，单色辐射力越弱。

3. 太阳辐射

太阳能是自然界中可供人们利用的一种巨大能源。近年来人们在太阳能利用方面有不少进展，特别是太阳能热水器因节能、无污染，应用越来越广，成为建筑内部热水供应的一种重要方式。

（1）太阳常数

太阳是一个超高温气团，其中心进行着剧烈的热核反应，温度高达数千万度，表面温度为 5762K。由于高温的缘故，它向宇宙空间辐射的能量中有 99%集中在波长 $0.2\mu m<\lambda<3\mu m$ 的短波区，其中紫外线部分（$\lambda<0.38\mu m$）占 8.7%，可见光部分（$0.38\mu m<\lambda<0.76\mu m$）占 43.0%，红外线部分（$\lambda>0.76\mu m$）占 48.3%。因地球的半径 r 远小于地球到太阳的距离 R，所以，太阳向周围辐射的能量中只有极少部分射向地球，其比率 η 为

$$\eta=\frac{\pi r^2}{4\pi R^2} \tag{3.113}$$

如果把太阳当作黑体看待，它的直径为 d_s，太阳向周围辐射的能量为

$$G=E_bF=C_b\left(\frac{T'}{100}\right)^4\pi d_s^2 \tag{3.114}$$

到达地球大气层外缘的能量为

$$G_e=G\eta \tag{3.115}$$

折算到垂直于射线方向每单位表面积的辐射能为

$$G_c=\frac{G_e}{\pi r^2} \tag{3.116}$$

将 $r=6.436\times10^6$m，$R=1.506\times10^{11}$m，$C_b=5.76$W/($m^2\cdot K^4$)，$T=5762$K，$d_s=1.397\times10^9$m 代入得 $G_c=1366$W/m^2。

经过多年的实际测量，当地球位于和太阳的平均距离上时，在大气层外缘并与太阳射线相垂直的单位表面所接受到太阳辐射能为 1353W/m^2，这个数据称为太阳常数。对于地球上某一地区而言，太阳在大气层外缘水平面的单位面积上投射的能量应进行修正

$$G_s=fG_c\cos\theta \tag{3.117}$$

式中　f——因地球椭圆轨道而作的修正，$f=0.97\sim1.03$；

θ——太阳射线与水平面法线的夹角，称天顶角。

(2) 地面实际接受的太阳辐射能量

投射到地面的太阳辐射可分为直接辐射和天空散射，在天空晴朗时两者之和称为太阳总辐射密度，或称太阳总辐照度，单位为“W/m^2”。由于大气中存在 CO_2、H_2O、O_2、O_3 以及尘埃对太阳射线有吸收、散射和反射作用，实际到达地面的太阳射线在与地面垂直的单位面积上的辐射能，将小于太阳常数。即使在比较理想的大气透明条件下，在中纬度地区，正午前后四小时内到达地面的太阳辐射能只是大气层外的 70%～80%，即约 1000W/m^2，在工业城市和现代化的大都市中，由于工业废气及汽车尾气引起的大气污染，还将减弱 10%～20%。大气层对太阳辐射的减弱作用可分为：

1) 气体分子对太阳射线的吸收和散射作用　臭氧主要吸收紫外线，水蒸气和二氧化碳主要吸收红外线区域的能量，氧和臭氧能吸收可见光区域中的一部分。因分子直径比太阳射线波长小得多，分子散射的特点是各向同性且对短波散射占优势，这是天空呈蓝色的原因。

2) 微小尘埃对太阳射线的散射和吸收作用　尘埃的粒径与射线波长属同一数量级时产生米氏散射，这种散射具有方向性，沿射线方向散射能量较多。在城市中由于大气污染，到达地面的太阳辐射比乡村少。

3) 大气中的云层和较大的尘粒对太阳辐射的反射作用　大气中的云层和较大的尘粒把部分太阳辐射反射回宇宙空间，其中云层的反射作用最大。

4) 太阳射线通过大气层的厚度影响　太阳射线通过大气层的厚度取决于射线与地面平面的夹角，称太阳高度角。如中午时射线通过大气层的厚度最小，早晚通过的厚度较大，故从太阳辐射获得的能量对垂直于射线的单位表面积来说并不相等，中午获得的太阳辐射能量比早晚都大。

(3) 增强和减弱太阳能的措施

1) 太阳能吸收器表面材料　太阳的辐射能主要集中在 0.3～3μm 的波长范围内，因

此，在太阳能的利用中，吸收太阳能的表面材料对 0.3～3μm 波长范围的单色吸收率尽可能接近 1，使得该表面能从太阳辐射中吸收较多的能量。而对 $\lambda>3\mu m$ 波长范围的单色吸收率尽可能接近零，使材料自身的辐射热损失又最小。对于某些金属材料，经表面镀层处理后可具有这种性能。如材料表面的镍黑镀层对太阳辐射的吸收率较高，在可见光范围内的单色吸收率可达 0.90 左右，而在使用温度下自身的辐射力却很低，$\lambda>3\mu m$ 的单色发射率还不到 0.10。

2）玻璃　玻璃是太阳能利用中的一种重要材料，普通玻璃可以透过 2μm 以下的射线，而 3μm 以上的长波辐射基本上是穿不透的。所以，普通玻璃既可以让大部分太阳辐射能进入内部。又把物体所辐射的长波射线阻隔在内部，使内部温度上升，产生了所谓的“温室效应”。玻璃中含有氧化铁（含量超过 0.5%时）会使透光率下降，这种玻璃呈天蓝色，称为吸热玻璃。玻璃表面涂膜可以增强对太阳光的透射率和长波辐射线的反射率，这类玻璃称为热镜，在节能建筑中逐步被采用。地球周围的大气层也同样起着对地面的保温作用，大气层能让大部分太阳辐射透过到达地面，而地面辐射中 95%以上的能量分布在 $\lambda=3\sim50\mu m$ 之间，它不能穿透大气层，这样减少了地面的辐射热损失，其作用于玻璃的温度是类似的，即大气层的温室效应。

3.4.5 传热过程

在水工艺设备中经常遇到两流体间的换热。热量从固体壁一侧的流体通过固体壁传递给另一侧的流体，这一过程称为传热过程。在传热过程中，有导热和对流换热，有时还有辐射换热，导热和辐射换热并存的热量传递称为复合换热。常用的传热过程有平壁传热、圆筒壁传热、肋壁传热和复合传热。

1. 平壁传热

设一厚度为 δ 的单层平壁，如图 3.93 所示，无内热源，平壁的导热系数 λ 为常数。壁两侧边界面均给出第三类边界条件，即已知 $x=0$ 处界面一侧流体的温度为 T_{f1}，对流换热系数为 α_1；$x=\delta$ 处界面另一侧流体的温度为 T_{f2}，对流换热系数 α_2。这种两侧为第三类边界条件的导热过程，实际上就是热流体通过平壁传热给冷流体的传热过程。热流体、单层平壁和冷流体的热流密度分别为

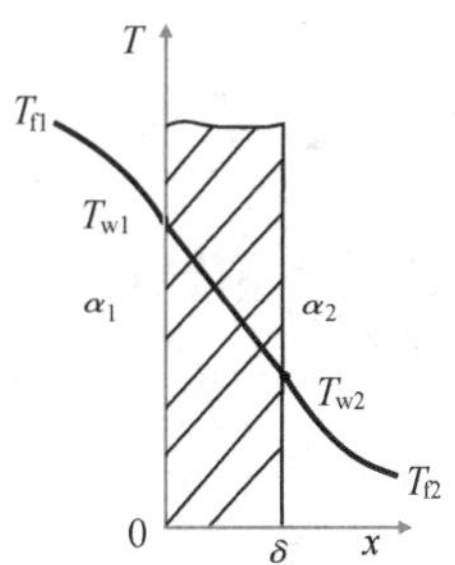

图 3.93　单层平壁的传热

$$\begin{cases} q=\alpha_1(T_{f1}-T_{w1}) \\ q=\dfrac{\lambda}{\delta}(T_{w1}-T_{w2}) \\ q=\alpha_2(T_{w2}-T_{f2}) \end{cases} \tag{3.118}$$

在稳态传热过程中，热流体、单层平壁和冷流体的热流密度相同，消去 T_{w1} 和 T_{w2}，得热流体通过平壁传热给冷流体的热流密度为

$$q=\frac{T_{f1}-T_{f2}}{\dfrac{1}{\alpha_1}+\dfrac{\delta}{\lambda}+\dfrac{1}{\alpha_2}} \tag{3.119}$$

或写成
$$q=\frac{T_{f1}-T_{f2}}{R}=K(T_{f1}-T_{f2}) \tag{3.120}$$

式中 K 是传热系数。R 为第三类边界条件下传热过程的总热阻，等于热流体、冷流体与壁面之间对流换热的热阻与平壁导热热阻之和。

若平壁是由几层不同材料组成的多层平壁，因为多层平壁的总热阻等于各层热阻之和，所以，热流体经多层平壁传热给冷流体的传热过程的热流密度计算公式为

$$q=\frac{T_{f1}-T_{f2}}{\frac{1}{\alpha_1}+\sum_{i=1}^{n}\frac{\delta_i}{\lambda_i}+\frac{1}{\alpha_2}} \tag{3.121}$$

2. 圆筒壁传热

内、外半径分别为 r_1 和 r_2 的单层圆筒壁无内热源，其导热系数 λ 为常数。第三类边界条件为：$r=r_1$ 一侧流体的温度为 T_{f1}，对流换热系数为 α_1；$r=r_2$ 一侧流体的温度为 T_{f2}，对流换热系数为 α_2，如图 3.94 所示。第三类边界条件的单层圆筒壁导热过程，实际上就是热流体通过圆筒壁传热给冷流体的传热过程。热流体、单层圆筒壁和冷流体的热流密度分别为

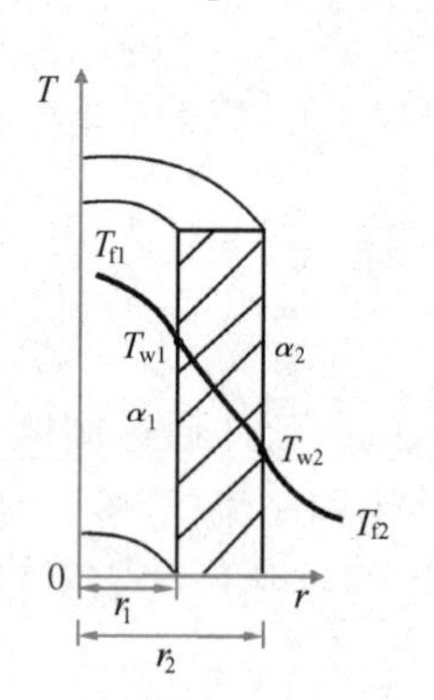

图 3.94　单层圆筒壁的传热

$$q_{l1}=\alpha_1 2\pi r_1(T_{f1}-T_{w1})$$
$$q_{l2}=\frac{T_{w1}-T_{w2}}{\frac{1}{2\pi\lambda}\ln\frac{r_2}{r_1}} \tag{3.122}$$
$$q_{l3}=\alpha_2 2\pi r_2(T_{w2}-T_{f2})$$

在稳态传热过程中，热流体、单层圆筒壁和冷流体的热流密度相同，即 $q_{l1}=q_{l2}=q_{l3}$。消去 T_{w1} 和 T_{w2}，得热流体通过圆筒壁传热给冷流体的热流密度为

$$q_l=\frac{T_{f1}-T_{f2}}{\frac{1}{\alpha_1 2\pi r_1}+\frac{1}{2\pi\lambda}\ln\frac{r_2}{r_1}+\frac{1}{\alpha_2 2\pi r_2}} \tag{3.123}$$

或
$$q_l=\frac{T_{f1}-T_{f2}}{\frac{1}{\alpha_1 \pi d_1}+\frac{1}{2\pi\lambda}\ln\frac{d_2}{d_1}+\frac{1}{\alpha_2 \pi d_2}} \tag{3.124}$$

或
$$q_l=K_l(T_{f1}-T_{f2}) \tag{3.125}$$

式中，K_l 为传热系数，表示热、冷流体之间温度相差 1℃时，单位时间通过单位长度圆筒壁的传热量，单位是“W/(m·℃)”。其倒数 $1/K_l=R_l$ 是通过单位长度圆筒壁传热过程的热阻。

若圆筒壁是由 n 层不同材料组成的多层圆筒壁，因为多层圆筒壁的总热阻等于各层热阻之和，热流量计算公式为

$$q_l=\frac{T_{f1}-T_{f2}}{\frac{1}{\alpha_1 \pi d_1}+\sum_{i=1}^{n}\frac{1}{2\pi\lambda_i}\ln\frac{d_{i+1}}{d_i}+\frac{1}{\alpha_2 \pi d_{n+1}}} \tag{3.126}$$

3. 通过肋壁传热

在传热过程中，如果固体壁两侧与流体之间的对流换热系数相差比较悬殊，则对流换热系数较小一侧的对流换热热阻就比较大。为此，常常在对流换热系数较低的一侧加装肋壁，用增大固体壁表面积的办法来降低对流换热的热阻。如果固体壁两侧与流体之间的对流换热系数都很小，也可以在两侧都加装肋壁以增强传热的效果。肋的形状有片状、条形、针形、柱形、齿形等多种，肋片可以直接铸造、轧制或切削制作，也可以缠绕金属薄片加工制成。

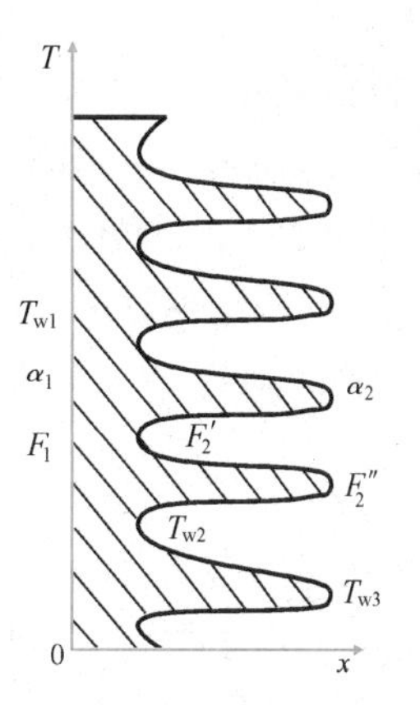

图 3.95 肋壁导热示意图

图 3.95 为一段肋壁，设肋和壁为同一种材料，壁厚 δ，导热系数 λ，无肋的光壁表面面积为 F_1，光壁面温度 T_{w1}，光壁侧流体 1 的温度 T_{f1}，换热系数为 α_1；肋壁表面积 F_2 由肋片表面积 F_2''和肋与肋之间的壁表面积 F_2'两部分组成，（$F_2=F_2'+F_2''$）。肋基壁面温度 T_{w2}，肋片 F_2''的平均温度为 T_{w3}。肋壁侧流体 2 的温度为 T_{f2}，换热系数 α_2。设 $T_{f1}>T_{f2}$，则在稳态传热情况下，通过肋壁的传热量可写成下式：

光壁换热
$$Q=\alpha_1 F_1(T_{f1}-T_{w1}) \tag{3.127}$$

壁的导热
$$Q=\frac{\lambda}{\delta}F(T_{w1}-T_{w2}) \tag{3.128}$$

肋壁换热
$$Q=Q_1+Q_2 \tag{3.129}$$

式中 Q_1——肋与肋之间壁表面积换热量，$Q_1=\alpha_2 F_2'(T_{w2}-T_{f2})$； (3.130)

Q_2——肋表面实际换热量，$Q_2=\alpha_2 F_2''(T_{w3}-T_{f2})$ (3.131)

肋表面理想换热量（$T_{w3}=T_{w2}$）
$$Q_3=\alpha_2 F_2''(T_{w2}-T_{f2}) \tag{3.132}$$

则肋片的效率为
$$\eta_f=\frac{Q_2}{Q_3}=\frac{T_{w3}-T_{f2}}{T_{w2}-T_{f2}} \tag{3.133}$$

将式（3.129）、式（3.130）、式（3.131）与式（3.133）联立得
$$Q=\alpha_2(F_2'+F_2''\eta_f)(T_{w2}-T_{f2}) \tag{3.134}$$

设肋壁的总效率为
$$\eta=\frac{F_2'+\eta_f F_2''}{F_2} \tag{3.135}$$

代入上式得
$$Q=\alpha_2 F_2\eta(T_{w2}-T_{f2}) \tag{3.136}$$

将式（3.127）、式（3.128）、式（3.133）三式联立，消去 T_{w1} 和 T_{w2}，整理得
$$Q=\frac{T_{f1}-T_{f2}}{\dfrac{1}{\alpha_1}+\dfrac{\delta}{\lambda}+\dfrac{F_1}{\alpha_2 F_2\eta}}F_1 \tag{3.137}$$

令 $\beta=\dfrac{F_2}{F_1}$，$K_1=\dfrac{1}{\dfrac{1}{\alpha_1}+\dfrac{\delta}{\lambda}+\dfrac{1}{\alpha_2\beta\eta}}$得
$$Q=K_1F_1(T_{f1}-T_{f2}) \tag{3.138}$$

其中，称β为肋化系数，K_1为以光壁面面积为基准的传热系数。

由式（3.138）可知，因$\beta \cdot \eta > 1$，所以，加肋后肋壁一侧的对流换热热阻减小，减小的程度与肋片的间距、肋高、肋的材料以及制造工艺等有关。

减小肋的间距，既可以增大肋壁的表面积和肋化系数β，又可以增强肋间流体的扰动，提高换热系数α_2，减小热阻，增强热量传递。为避免肋间流体的温度升高，降低传热温差，肋间距一般不应小于热边界层厚度的两倍。因肋的高度同时影响肋化系数β和肋壁总效率η，且效应相反，因此，为获得最佳的传热系数，应综合考虑肋化系数和肋壁总效率两个因素，合理确定肋高。

4. 复合换热

传热过程中，固体壁面上除对流换热外，还同时存在辐射换热时，称为复合换热。如热交换器、热水罐表面的散热损失，既有与空气之间的对流换热，也有与周围物体间的辐射换热。一般来说，参与传热的流体为气体时，就要考虑表面的辐射换热。设固体壁温为T_w，气体介质温度为T_f，固体壁周围环境物体温度为T_{am}，散热面积为F，与对流换热一样，复合换热换热量按下式计算

$$Q = \alpha F(T_w - T_f) \tag{3.139}$$

式中α为复合换热系数，在保温工程计算中，当温差较小时，可以认为复合换热系数为常数，当温差较大时，应详细计算。复合换热系数由两部分组成

$$\alpha = \alpha_c + \alpha_r \tag{3.140}$$

式中　α_c——对流换热系数，W/(m^2·℃)；

α_r——辐射换热系数，W/(m^2·℃)，由式（3.110）和式（3.111）可得辐射散热流量

$$Q_r = \varepsilon C_b F\left[\left(\frac{T'_w}{100}\right)^4 - \left(\frac{T'_{am}}{100}\right)^4\right] = \alpha_r F\ (T_w - T_f) \tag{3.141}$$

整理得

$$\alpha_r = \varepsilon C_b\ \frac{T'^4_w - T'^4_{am}}{T_w - T_f} \times 10^{-8} \tag{3.142}$$

复合换热中对流与辐射两者作用的大小，与整个传热过程密切相关。设备和管道保温，减少热量损失时，可以用导热系数小的材料包裹设备和管道，如岩棉、微孔硅酸钙等；也可以用发射率低的材料对设备和管道的表面进行处理，如刷白油漆、包裹铝皮等。

3.4.6　传热过程的增强与削弱

为了提高热交换设备的效率，减小设备的体积，降低造价，提高换热设备单位传热面积的传热量，需要采取措施增强传热。而降低热交换设备和管道的热损失，节约能量就需要采取措施削弱传热。在工程中，针对不同情况增强或削弱传热过程，可以产生明显的经济效益，因此，必须掌握增强和削弱传热的措施。

1. 传热过程的增强

增强传热的积极措施是设法提高传热系数，降低传热过程的热阻。在固体壁导热热阻和固体壁两侧的对流换热热阻中，壁的导热热阻很小，较大的一个对流换热热阻对传热过程起控制作用。因此，应首先采取措施降低这个对流换热热阻，使整个换热系数提高，增强传热作用。在换热设备中实用的增强传热方法有：

增大换热面积，增加加热管的密度和数量。在原加热管的上方，在同向、侧向或反向位置增设加热管；用小直径加热管替代大直径加热管。

增大对流换热系数小的一侧固体壁面的面积，如加装肋壁，使传热系数及单位体积的传热面积增加。

增加固体壁两侧流体（热媒和被加热水）的流速，可改变流态，提高紊流强度，增大换热系数。如减少被加热水的过水断面；上下层加热管的平面位置错开；用循环泵强制被加热水在加热过程中不断循环；缩短加热管单行程长度或变向、变径、分流或合流等方式提高热媒流速。

改变流体的流动状态，增强扰动、破坏流动边界层，增强传热。如加热管作成盘；用射流方法喷射传热表面；在管内或管外加进插入物；管壳式换热器中增加管程和壳程的分程数等。

对固体壁面进行处理，破坏流动边界层，形成紊流状态或珠状凝结，增强换热。如增加壁面的粗糙度；改变表面结构，形成多孔的薄层或表面涂镀表面张力很小的材料层等。

传热面或流体产生振动，强化对流换热。如换热管作成悬臂式盘管。

减少固体壁的导热热阻，选用热阻小的管材，减薄管壁，对被加热水进行软化或磁化处理，减少水垢的形成和管壁沉积物的厚度。防止固体壁面结垢，或定期清除水垢。

2. 传热过程的削弱

与增强传热相反，削弱传热则要求降低传热系数。削弱传热是为了减少加热设备、贮热设备和管道在运行过程中向周围的空气辐射热量，减少热损失，节省能源。工程中最常用的削弱传热的方法是在设备和管道外侧覆盖热绝缘层或称隔热保温层，目前常用的材料有：超细玻璃棉毡、岩棉、聚氨酯泡沫塑料、聚苯乙烯泡沫塑料、微孔硅酸钙、硅藻土制品、膨胀珍珠岩等，这些材料的导热系数在 0.031～0.05W/(m·℃）的范围内。它们的保温性能与材料的密度、气泡内气体的种类及温度等有关。工程中采用什么材料，则应根据保温工程的要求进行技术经济比较。

在设备和管道外覆盖热绝缘层所减少热量损失的多少，与热绝缘材料的性能、设备或管道的外径和热绝缘层的厚度有关。设管道的内径和外径分别为 d_1 和 d_2，绝缘层的外径为 d_x；管道材料和绝缘层材料的导热系数分别为 λ_1 和 λ_x，热流体和冷流体与壁面之间的对流换热系数分别是 α_1 和 α_2。热流体通过管道壁和绝缘层向冷流体传热过程的热阻为

$$R_l=\frac{1}{\alpha_1\pi d_1}+\frac{1}{2\pi\lambda_1}\ln\frac{d_2}{d_1}+\frac{1}{2\pi\lambda_x}\ln\frac{d_x}{d_2}+\frac{1}{\alpha_2\pi d_x} \tag{3.143}$$

或

$$R_l=R_{l1}+R_{l2}+R_{l3}+R_{l4} \tag{3.144}$$

当选定管道和绝缘层材料，确定管道的内、外径以后，上式中前两项热阻（$R_{l1}+R_{l2}$）的数值是定值，而后两项热阻的数值随绝缘层外径 d_x 的大小变化。加厚绝缘层，d_x 增大，绝缘层热阻 R_{l3} 也增大，而绝缘层外侧的对流换热热阻 R_{l4} 却减小，图 3.96 是热阻和传热量随绝缘层外径 d_x 的变化曲线。随着 d_x 的增大，总热阻先是逐渐减小，然后又逐渐增大，中间有一个最小值。与此相对应，随着 d_x 的增大，通过管道壁和绝热层的传热量 q_1 先是逐渐增大，然后又逐渐减小，中间有一个极大值。总热阻为最小值时的绝缘层外径称为临界绝缘直径 d_c，即

$$\frac{\mathrm{d}R_l}{\mathrm{d}d_{\mathrm{x}}}=\frac{1}{\pi d_{\mathrm{x}}}\left(\frac{1}{2\lambda_{\mathrm{x}}}-\frac{1}{\alpha_2 d_{\mathrm{x}}}\right)=0 \tag{3.145}$$

得

$$d_{\mathrm{x}}=d_{\mathrm{c}}=\frac{2\lambda_{\mathrm{x}}}{\alpha_2} \tag{3.146}$$

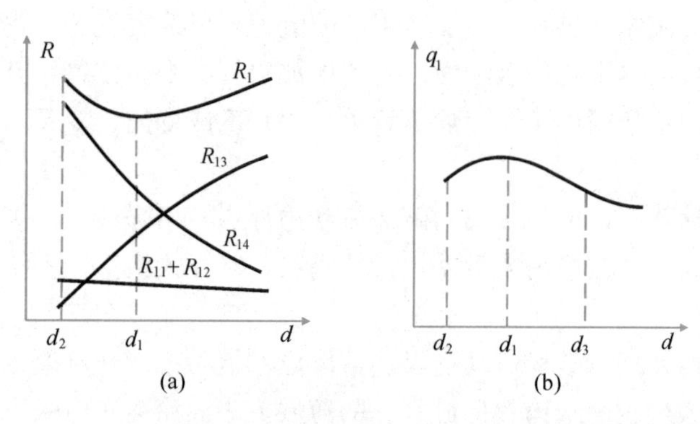

图3.96　热阻和传热量随绝缘层外径的变化曲线

(a) 热阻；(b) 传热量

由上图可以看出，如果管道外径 d_2 小于临界绝缘直径 d_{c}，绝缘层外径 d_{x} 在 d_2 和 d_3 范围内，管道的传热量 q_1 反而比没有绝缘层时更大，直到绝缘层直径大于 d_3 时，才开始起到绝缘层减少热损失的作用。另外，临界绝缘直径 d_{c} 与绝缘层材料的导热系数有关。因此，应选用导热系数大的绝缘材料，增大临界绝缘直径 d_{c}，覆盖绝缘层才能有效地减少热损失。

除了在设备和管道外侧覆盖热绝缘层或称隔热保温层外，还可以采取下列方法减少热损失：

(1) 真空热绝缘层　将热设备的外壳做成真空夹层，夹层壁涂以反射率很高的涂层，夹层中仅有微弱的辐射及稀薄气体的导热。夹层真空度越高，反射率越高，则绝热性能越好。

(2) 设备外表面涂镀氧化铜、黑镍等材料，改变表面的辐射特性，削弱本身对环境的辐射换热损失。

(3) 加装抑制空气对流的元件，减少设备的对流热损失和对外辐射热损失。如在太阳能平板集热器的玻璃盖板与吸热板间装蜂窝状结构的元件。

思　考　题

1. 何谓回转薄壳的薄膜应力？简述壳体平衡方程和微体平衡方程的推导过程。

2. 圆柱壳、球壳、椭球壳和锥形壳的薄膜应力各有哪些特点？如何计算它们的薄膜应力 σ_{m} 和环向应力 σ_θ？

3. 如何确定圆筒壁的计算厚度 δ、设计厚度 δ_{d}、名义厚度 δ_{n}、有效厚度 δ_{e} 和最小厚度 $\delta_{\min}$？

4. 平板的弯曲应力是如何产生的？为什么应当尽量避免使用平板封头和矩形压力容器？

5. 什么叫压力容器的边缘应力？它对封头和筒体的设计有哪些影响？

6. 容器的封头分为哪几类？如何进行各类封头的强度计算？

7. 机械传动的方式主要有哪几种？在水工艺设备中最常用的有哪几种？

8. 渐开线标准齿轮由几部分组成？基本参数是什么？齿轮传动的主要失效形式有哪几种？

9. 带传动和链传动各有哪些特点？带的截面形式对带的传动效率有什么影响？根据结构的不同，传动链主要有哪些形式？各自适用于什么条件？链传动的失效形式有哪些？

10. 机械制造中的基本工艺方法有哪些？

11. 金属的压力加工主要包括哪些方式？简要说明各种加工方式的加工过程。

12. 简要说明各种焊接方法的特点和适用条件。

13. 金属切削加工主要有哪些方式？简述不同切削方式的作用特点和适用条件。

14. 试从微观角度阐述导热机理。

15. 什么是导热系数？它受哪些因素的影响？

16. 试述导热过程单值性条件的定义和内容。

17. 影响对流换热的因素有哪些？在水工艺设备中如何体现？

18. 什么是受迫紊流换热？试述受迫紊流换热的两种类型。

19. 什么是凝结换热？影响膜状凝结换热的因素有哪些？如何增强凝结换热？

20. 什么是辐射换热？热辐射的本质和特点是什么？增强吸收太阳能的措施有哪些？

21. 什么是传热过程？常见的传热过程有哪些？如何增强或削弱传热过程？

22. 用实例说明导热、对流换热和辐射换热现象。

第 2 篇　水工艺设备

第 4 章　水工艺设备的分类

随着水工业的发展，水工艺设备的种类越来越多，除通用设备（通用机械）外，有很多是属于水工艺专用设备。根据设备功能、水工艺系统的组成和不同的专业方向，水工艺设备有几种不同的分类方法，但目前应用较多的还是按照设备功能的分类法。

4.1　通用机械设备

在水工程中常用的通用机械设备有闸门与闸门启闭机、电动机、减速机、起重设备、阀门与阀门电动装置、泵与风机等。由于通用设备不是本书介绍重点，在以后章节中不再进一步介绍。

（1）闸门与闸门启闭机

- 闸门与闸门启闭机
  - 闸门
    - 明杆式镶铜铸铁圆闸门
    - 明杆式镶铜铸铁方闸门
    - 暗杆式镶铜铸铁圆闸门
    - 平面钢闸门
    - 铸铁潮门
    - 切门
    - 堰门
    - 泥阀
  - 启闭机
    - 手轮式螺杆启闭机
    - 手摇式明杆启闭机
    - 明杆式手电两用启闭机
    - 暗杆式手电两用启闭机
    - 重锤式抓落机构

（2）电动机、减速机

- 电动机
  - 三相异步电动机
  - 电磁调速电动机
  - 变频调速电动机
- 减速机
  - 单级摆线针轮减速机
  - 双级摆线针轮减速机
  - 三级摆线针轮减速机

(3) 起重设备

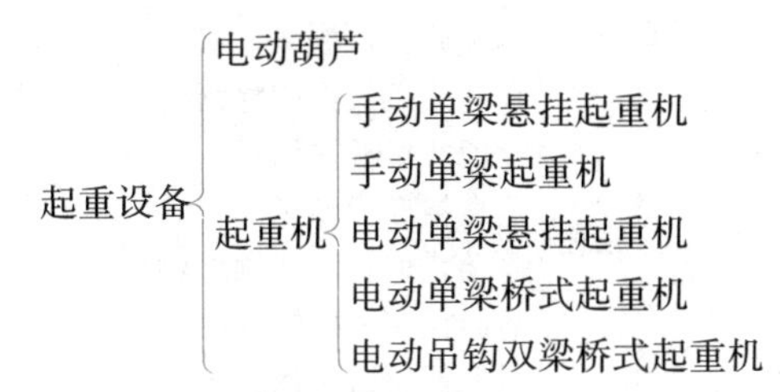

(4) 阀门、阀门电动装置与水锤消除设备

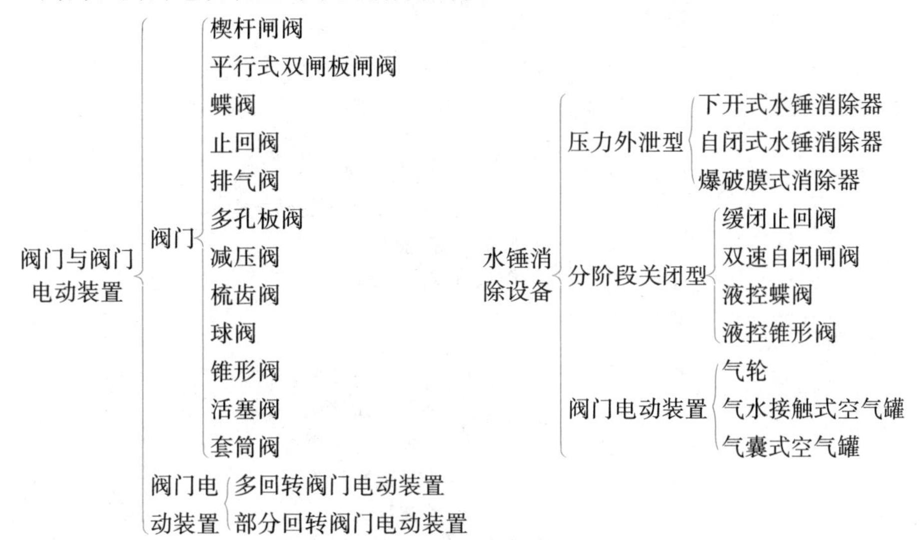

(5) 泵与风机

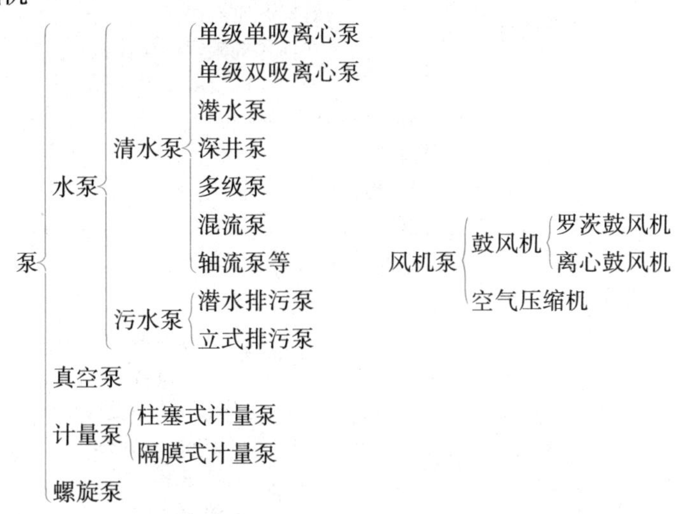

4.2 专用设备

水工艺专用设备根据其使用功能，大致上可分为 14 大类，即拦污设备、搅拌设备、投药消毒设备、除污排泥设备、曝气设备、固液分离设备、软化除盐设备、污泥处理设备、一体化处理设备、容器设备、换热设备及其他设备等。

（1）拦污设备

- 拦污设备
  - 格栅
    - 链式旋转格栅除污机
    - 高链式机械格栅除污机
    - 背耙式格栅除污机
    - 垂直格栅除污机
    - 移动式伸缩臂格栅除污机
    - 葫芦抓斗式格栅除污机
    - 弧形柱格栅除污机
    - 摆臂型格栅除污机
  - 筛网
    - 固定式
      - 固定平面式筛网
      - 固定曲面式筛网
      - 水力旋转筛网
    - 旋转式
      - 板框型筛网
      - 圆筒型筛网
      - 连续传送带型旋转式筛网
  - 除毛机
    - 圆筒型除毛机
    - 链板框式除毛机

（2）搅拌设备

- 搅拌设备
  - 溶液搅动设备
    - 采集式搅拌机
    - 夹壁式搅拌机
    - 推进式搅拌机
    - 折桨式搅拌机
  - 混合搅拌设备
    - 管式静态混合器
    - 机械混合搅拌机
    - 框式调速搅拌机
  - 絮凝搅拌设备
    - 立轴式机械絮凝搅拌机
    - 卧轴式机械絮凝搅拌机
  - 机械加速澄清池搅拌机
  - 水下搅拌机
  - 水力混合搅拌设备
  - 气体搅拌设备
  - 深井混合增压反应器

（3）投药消毒设备

- 投药消毒设备
  - 投药设备
    - 投加设备
      - 干投设备
      - 湿投设备
    - 计量设备
      - 孔口计量设备
      - 虹吸计量设备
      - 计量泵
      - 超声波流量计
      - 电磁流量计
      - 涡街流量计
  - 消毒设备
    - 加氯消毒设备
    - 臭氧发生器
    - 次氯酸钠发生器
    - 二氧化氯发生器
    - 紫外线消毒器

(4) 除污排泥设备

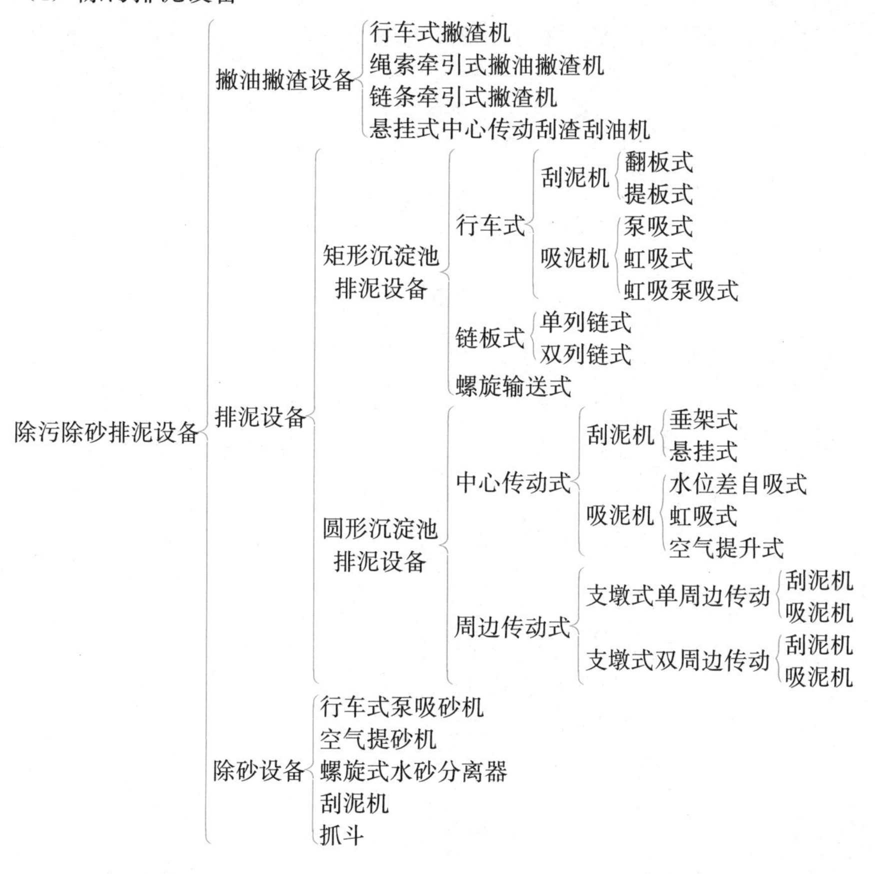

(5) 曝气设备

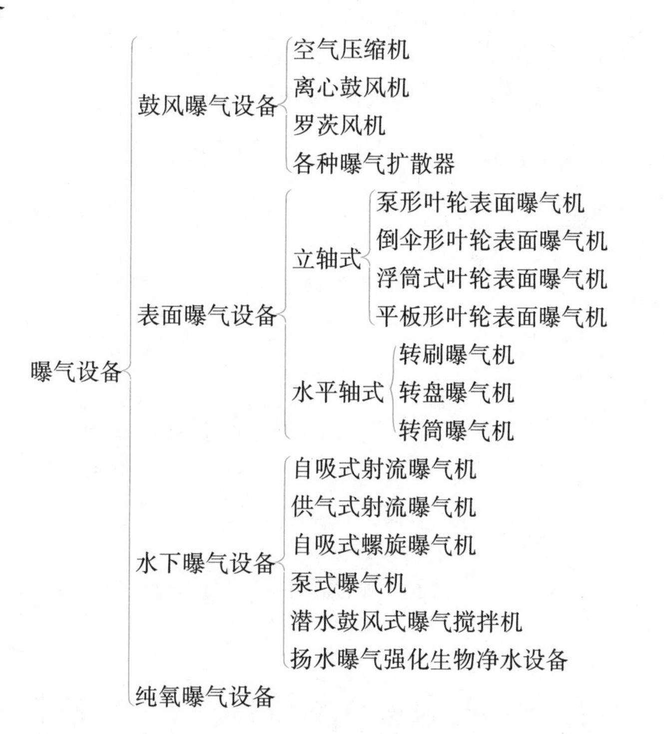

（6）固液分离设备

主要包括气浮设备、膜分离设备、沉淀设备及过滤设备等。

- 气浮设备
  - 微孔布气气浮设备
    - 水泵吸水管吸气气浮设备
    - 射流气浮设备
    - 扩散气浮设备
    - 叶轮气浮设备
  - 压力溶气气浮设备
    - 加压溶气气浮设备
    - 溶气真空气浮设备
  - 电解气浮设备
  - 组合式气浮设备

- 膜分离设备
  - 微滤膜过滤器
  - 超滤膜过滤器
  - 纳滤膜过滤器

- 沉淀设备
  - 斜板斜管沉淀分离器
  - 水力旋流分离设备
  - 机械加速澄清设备
  - 循环结团造粒流化床固液分离设备

- 过滤设备
  - 辐流式连续过滤器
  - 自动无阀过滤器
  - 流筒式过滤机
  - 压力过滤器
  - 逆流充氧催化氧化过滤设备

（7）软化除盐设备

- 轮化除盐设备
  - 离子交换设备
    - 单床离子交换器
    - 多床离子交换器
    - 复床离子交换器
    - 混合床离子交换器
    - 联合床离子交换器
    - 移动床离子交换器
  - 电渗析设备
  - 反渗透设备
  - 化学结晶循环造粒流化床水处理设备

（8）污泥处理设备

主要包括污泥浓缩设备，污泥脱水设备和污泥焚烧设备。

- 污泥处理设备
  - 污泥浓缩设备
    - 重力式污泥浓缩机
      - 中心传动浓缩机
      - 周边传动浓缩机
    - 带式浓缩机
    - 卧螺式离心机
  - 污泥脱水设备
    - 加压过滤机
      - 板框压滤机
      - 厢式脱水机
      - 螺压脱水机
    - 真空过滤机
      - 转鼓真空过滤机
      - 折带式真空过滤机
    - 带式压滤机
    - 污泥造粒脱水机
    - 离心脱水机
  - 污泥干化设备
    - 卧式圆盘干燥机
    - 薄层干化机
    - 桨叶式干燥机
    - 低温带式干燥机
  - 污泥焚烧设备
    - 多膛式焚烧炉
    - 流化床焚烧炉

（9）一体化设备

由多种处理工艺和设备组合而成。

- 一体化设备
  - 给水一体化处理设备
  - 生活污水一体化处理设备
    - 压力式生物处理设备
    - 间歇式生物处理设备
    - 埋地式生物处理设备
  - 工业废水一体化处理设备

（10）容器设备

- 容器设备
  - 按压力
    - 常压容器
    - 低压容器
    - 高压容器
  - 按壁厚
    - 薄壁容器
    - 厚壁容器
  - 按几何形状
    - 球形容器
    - 矩形容器
    - 圆筒形容器
    - 组合形容器
  - 按安装操作方式
    - 立式容器
    - 卧式容器

（11）换热与加热设备

按换热设备的制作材料可分为金属换热器和非金属换热器；按换热方式可分为直接式、蓄热式和间壁式换热设备。本书所说的加热设备主要指建筑热水供应系统中常用的热水器，主要包括电热水器、燃气热水器、太阳能热水器等。

（12）其他处理设备

其他处理设备包括吸附设备，萃取设备，吹脱设备，汽提设备等。

第5章　容器（塔）设备

5.1　压力容器法兰

对于各种容器，为了制造、运输、安装和检修方便，或者由于生产工艺的要求，常常采用可拆的结构。例如许多换热器、反应容器和塔器的筒体与封头之间常做成可拆连接，然后再组成一个整体。设备上的人孔盖、手孔盖以及设备与外管道、管道与管道的连接几乎都是做成可拆的。为了安全，可拆连接必须满足下列要求：(1) 有足够的刚度，且连接件之间具有必需的密封压力，以保证在操作过程中介质不会泄漏；(2) 有足够的强度，即不因可拆连接的存在而削弱了整个结构的强度，且本身能承受所有的外力；(3) 能耐腐蚀，在一定的温度范围内能正常的工作，能迅速并多次地拆开和装配；(4) 成本低廉，适合于大批量地制造。法兰连接便是一个组合件，它由一对法兰，数个螺栓、螺母和一个垫片组成。

从使用角度看，法兰连接可分为两大类，即压力容器法兰和管法兰。压力容器法兰是指筒体与封头、筒体与筒体或封头与管板之间连接的法兰；管法兰指管道与管道之间连接的法兰。这两类法兰作用相同，外形也相似，但不能互换，也就是说压力容器法兰不能代替公称直径、公称压力与其完全相同的管法兰，反之亦然。因为压力容器法兰的公称直径就是与其相连的筒体内径，而管法兰的公称直径却是与其连接的管子的公称直径，它既不是管子的外径也不是管子的内径，因而公称直径相同的压力容器法兰与管法兰的连接尺寸不相等，不能相互替换。在这里主要介绍容器法兰。

容器法兰已经制定出标准，可以按公称直径和公称压力选取，容器法兰的连接如图5.1所示。法兰在螺栓预紧力的作用下，把垫圈压紧，使其变形将法兰密封面上的凹凸不平处填满，形成了防止容器内介质泄漏的初始密封条件。我们把此时垫圈单位面积上的压紧力称作预紧密封比压。当容器内介质升压以后，螺栓受到拉伸，法兰密封面的缝隙会变大，垫圈受到的压紧力将下降，当比压下降到某一临界值以下时，介质将发生泄漏，这个临界比压称作法兰连接的工作密封比压，即法兰密封面和垫圈间所必须保留下来的最低比压。法兰连接的失效主要表现为泄漏。泄漏是不可避免的，对于法兰连接不仅要确保螺栓法兰各零件有一定的强度，使之在工作条件下长期使用不破坏，而且最基本的要求是在工作条件下，螺栓

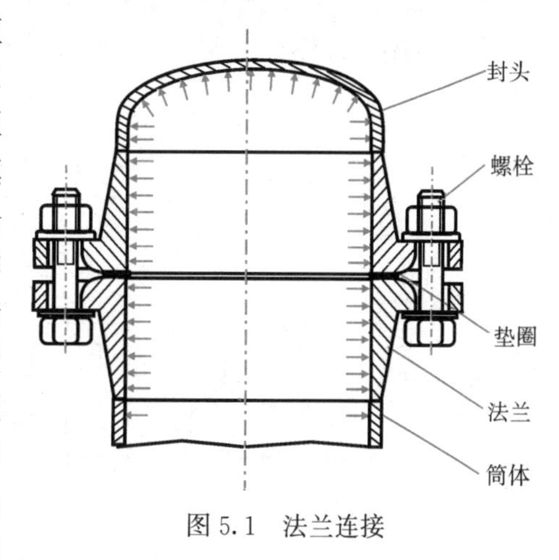

图5.1　法兰连接

法兰整个系统有足够的刚度，控制容器内物料向外或向内（在真空或外压条件下）的泄漏量在工艺和环境允许的范围内，即达到“紧密不漏”。

5.1.1 法兰密封面的形式

法兰连接的严密性与法兰压紧垫圈的密封面的形式有直接关系，应根据容器的工作压力和尺寸合理地选择密封面的形式。

常用的法兰密封面的形式有以下三种。

（1）平面型密封面

这种密封面是一个突出的光滑平面（图5.2a）。结构简单，易于加工，但螺栓上紧后垫圈易向外侧伸展而不易压紧，通常使用于内压较低且介质无毒的容器。

（2）凹凸型密封面

凹凸型密封面由一个凸平面和一个凹面所组成（图5.2b），在凹面上放置垫圈，压紧时，垫圈不会被挤出来。

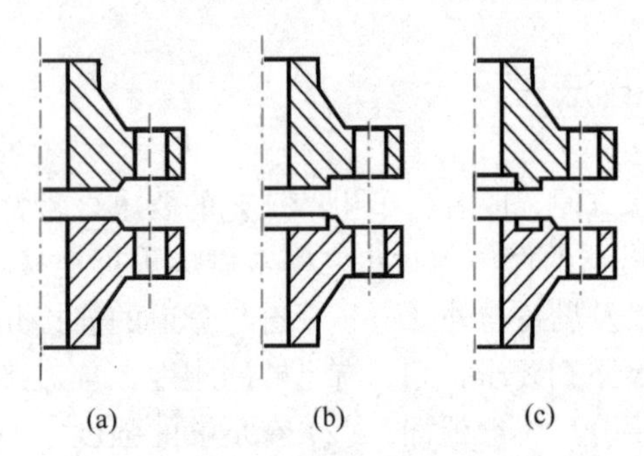

图5.2 中低压容器法兰密封压紧面的形状

(a) 平面型；(b) 凹凸型；(c) 榫槽型

（3）榫槽型密封面

它由一个榫和一个槽所组成（图5.2c），垫圈放在槽内，压紧时，垫圈既不会向外侧变形，也不会向内侧变形，密封效果最好，但凸面部分易被碰坏，且加工难度大，一般使用于有毒或易燃、易爆介质的容器。

5.1.2 容器法兰的类型

压力容器法兰按其结构分为三个类型。

（1）甲型平焊法兰

它的密封面具有两种不同的形式，即平面密封面和凹凸密封面，如图5.3所示。甲型平焊法兰适用于公称直径较小、公称压力也较小的压力容器。

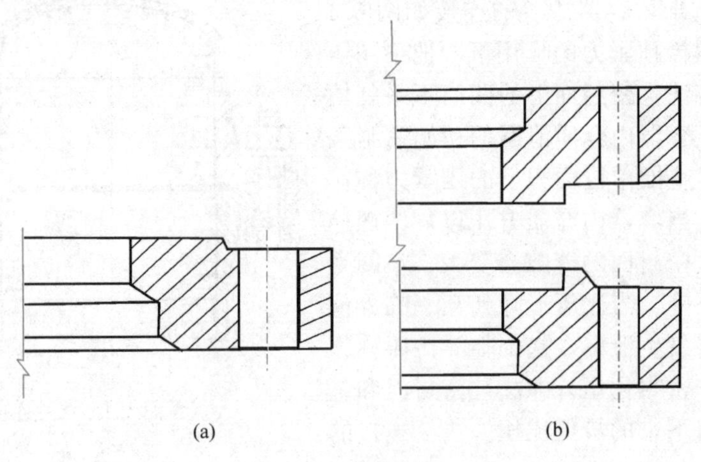

图5.3 甲型平焊法兰

(a) 平面密封面（代号 p）；(b) 凹凸密封面

(2) 乙型平焊法兰

这种法兰本身具有一个厚度 δ_1 的短节，δ_1 一般大于容器壁厚而使法兰具有较大刚度，同时与容器筒体直接连接的不是法兰而是这个短节，可以使筒体免受因法兰在内压作用下变形带来的附加弯矩。乙型平焊法兰的密封面有平面、凹凸面和榫槽三种形式，图 5.4 所示为密封面是榫槽型的乙型平焊法兰。乙型平焊法兰适用于公称直径较大而公称压力也较大的压力容器。

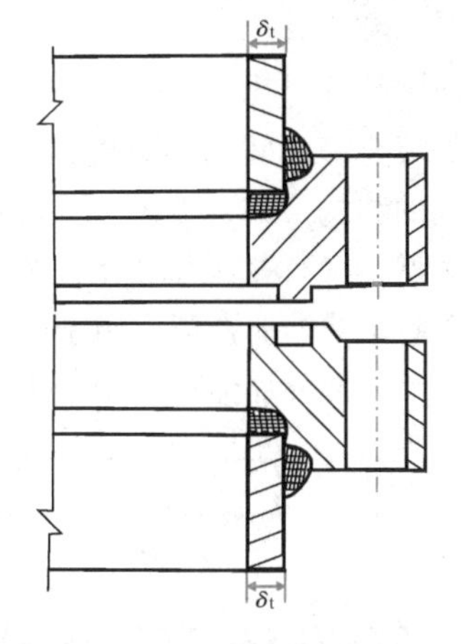

图 5.4　乙型平焊法兰

(3) 长颈对焊法兰

这种法兰的短节和法兰盘面本身是一个整体，颈部端头的厚度为 δ_1，颈的根部厚度为 δ_2，颈与盘面圆滑过渡，和法兰颈相连接的圆筒的最小厚度为 δ_0，若圆筒的壁厚小于 δ_0，则应在其端部增加一个厚度为 δ_0 的短节。由于颈和盘面为一个整体，消除了焊接时产生残余应力的可能，同时由于颈的根部厚度大，大大增加了法兰整体的强度和刚度。长颈对焊法兰也有三种密封面形式，如图 5.5 所示。

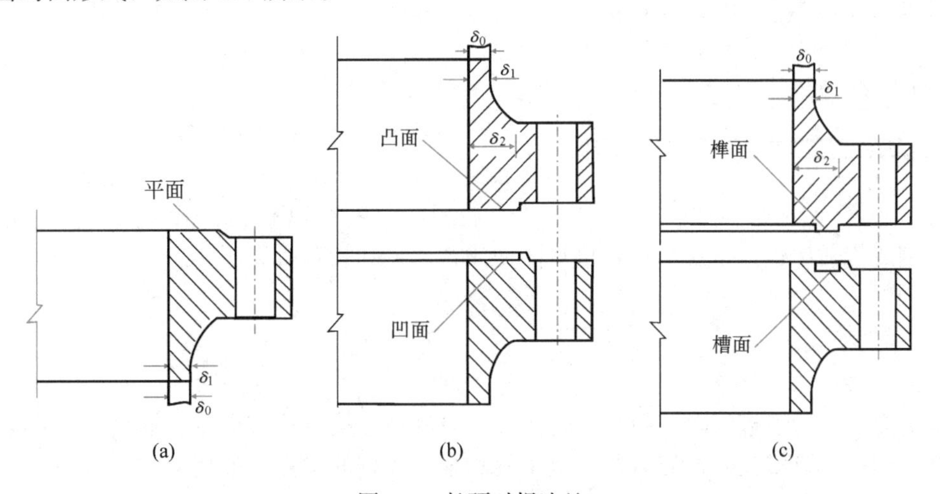

图 5.5　长颈对焊法兰

(a) 平面密封面；(b) 凹凸密封面；(c) 榫槽密封面

长颈对焊法兰的适用范围是最大的，可用于中、高压压力容器。

5.1.3　压力容器法兰的密封垫片

垫片的作用是在螺栓压紧力的作用下，填充法兰盘密封面的凹凸不平处以阻止容器内介质的外泄。压力容器法兰的密封垫片有三种。

(1) 非金属软垫片

这类密封垫片的材料是厚度为 3mm 的耐油石棉橡胶板（使用温度≤200℃）和石棉橡胶板（使用温度≤250℃）。这类垫片可用于三种类型的法兰上，但不适用于榫槽型的密封面。

（2）缠绕式垫片

该类垫片是用0Cr13或0Cr18Ni9或08F等V型和W型钢带与石棉、聚氯乙烯或柔性石墨等填充带相间缠卷而成。为了防止松散，把金属带的始端和末端焊死，这种垫片有四种不同的结构形式，如图5.6所示。

A型，又称基本型，不设加强环，用于榫槽型密封面。

B型，带内加强环，用于凹凸型密封面。

C型，带外加强环，用于平面型密封面。

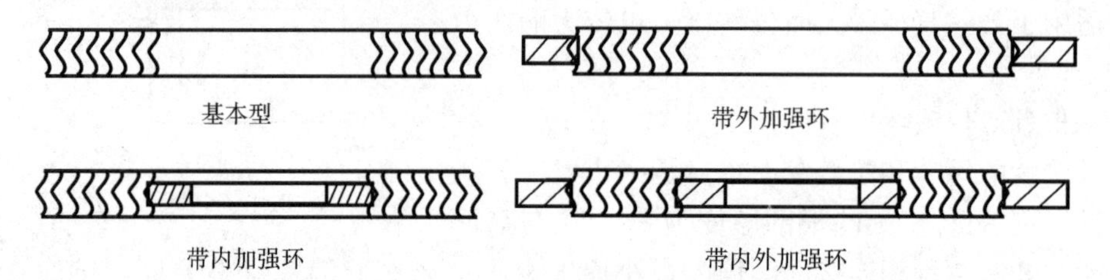

图5.6 缠绕式垫片

D型，带内、外加强环，用于光滑型密封面。

这类垫片只能用于乙型和长颈法兰，它的外径与非金属垫片相同，但宽度窄于非金属垫片。

（3）金属包垫片

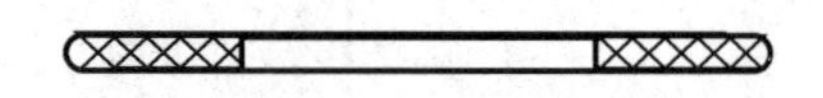

图5.7 金属包垫片

这类垫片是以石棉胶板作为内芯，外包厚度为0.2～0.5mm的薄金属板构成（图5.7），金属板的材料可以是铝、铜及其合金，也可以是不锈钢或优质碳钢。金属包垫片也只能使用于乙型和长颈对焊法兰。

5.2 管 法 兰

压力容器与管道连接时一般采用管法兰，与其他连接方法如螺纹、插套和焊接连接相比，法兰连接具有安装、检修方便，严密性和强度较好的优点，但制造成本较高。管法兰的使用遍及所有的工业部门，许多部门都制定了管法兰标准，这些标准之间并没有原则性的差异。

5.2.1 管法兰的类型

管法兰的类型很多，但常用的有以下七种，如图5.8所示。其密封面通常有五种不同的形式，如图5.9所示。

1. 板式平焊法兰

因为其刚性比较低，在螺栓压紧力的作用下，易发生变形而导致泄漏，所以这种法兰仅适用于中低压容器（$PN\leqslant1.0$MPa），并不得用于有毒、易燃、易爆以及真空度要求较高的场合。

2. 带颈平焊法兰

由于其平板上增加了一个短颈，使法兰的刚度大大增加，并且这种法兰有多种密封

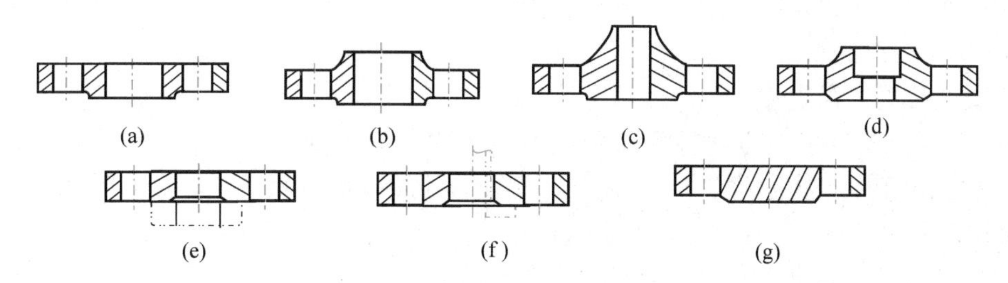

图 5.8 管法兰的类型

(a) 板式平焊；(b) 带颈平焊；(c) 带颈对焊；(d) 承插焊；
(e) 平焊环松套板式；(f) 翻边松套板式；(g) 法兰盖

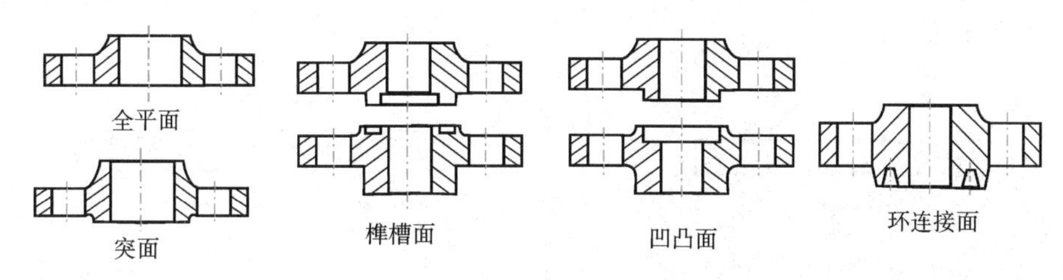

图 5.9 管法兰密封面的形式

面，适用的压力范围较广。

3. 带颈对焊法兰

由于这种法兰的颈较高，且与钢管的连接处采用对接焊，故其有很高的承载能力，适用于中高压场合。

4. 承插法兰

这种法兰在法兰和钢管之间仅有单面填角焊，承载力较差，只适用于 $DN\leqslant$50mm 的小口径管道上，且公称压力不得大于 10MPa。

5. 平焊环松套板式法兰

松套法兰也称作活套法兰，指法兰未能有效地与接管连接成一个整体的法兰，承受压力时法兰力矩完全由法兰环本身来承担，但由于该法兰采用平板式，适用的公称压力较低（$PN\leqslant$1.6MPa）。松套法兰适用于具有腐蚀性介质或有色金属管道系统。

6. 翻边松套板式法兰

其密封面仅有突面一种形式，其适用的公称压力和公称直径较平焊环松套法兰更小。

7. 法兰盖

法兰盖主要用于管道端头以及人孔，手孔的封头，与法兰相匹配，基本上有一种法兰就有一种法兰盖。

管法兰的尺寸可以查阅有关国家和部委以及地方的标准。

5.2.2 管法兰的密封垫片

管法兰的密封垫片的种类很多，本书仅对几种常用的管法兰密封垫片作简单的介绍。

1. 石棉橡胶板垫片

石棉橡胶板垫片耐热和耐腐蚀性较好，而且具有适宜的弹性，加之制造方便，价格低廉，故得到广泛的使用。可以用于全平面法兰，也可以用于突面、凹凸面和榫槽面法兰。其厚度一般为2～3mm。

2. 柔性石墨复合垫片

该垫片由具有冲齿的金属板和膨胀石墨粒子的复合板制成，由于柔性石墨具有耐高温、耐腐蚀、回弹能力强的特点，金属芯板又提高了垫片的机械强度，故其性能良好，是石棉橡胶垫片的代用品，如图5.10所示。

3. 聚四氟乙烯包覆垫

这种垫片是在厚度为2mm的石棉橡胶板外面包覆0.5mm厚度聚四氟乙烯构成，主要用于强腐蚀介质和物料不允许受污染的情况。但聚四氟乙烯具有冷流和热蠕度的特点，所以压力一般不应大于4.0MPa，温度不超过200～300℃，且只适用于突面密封面，如图5.11所示。

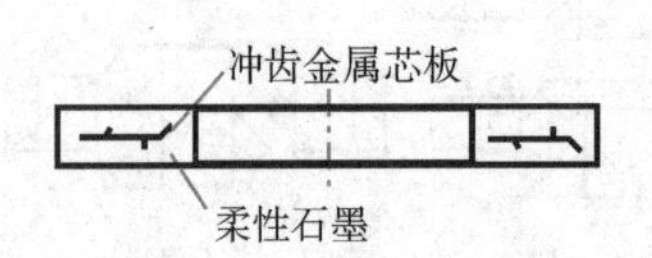

图5.10　柔性石墨复合垫片

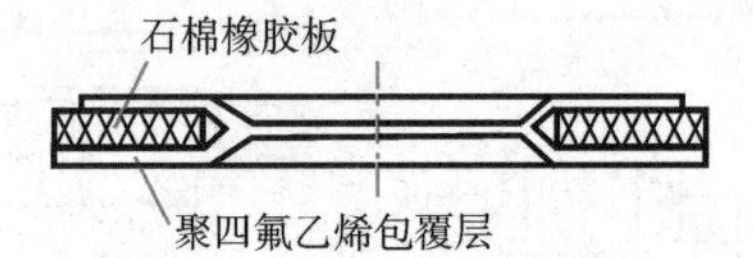

图5.11　聚四氟乙烯包覆垫片

4. 金属缠绕垫

该垫片形式与压力容器法兰用的完全相同（见5.1节）。

5. 金属齿形组合垫

这种垫片是由厚度为3～4mm的金属齿形环和上下两面覆盖厚度为0.5mm的柔性石墨或聚四氟乙烯薄板组成，适用于公称压力为6.3～16MPa的中高压管道，适用的密封面为突面和凹凸面，如图5.12所示。

6. 金属环垫

金属环垫是用08F、0Cr13、0Cr19Ni19等金属材料制成，截面有八角形和椭圆形两种，适用于高温高压系统，如图5.13所示。

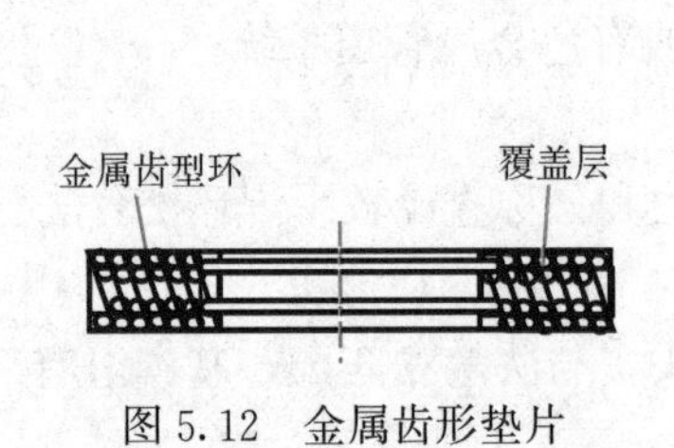

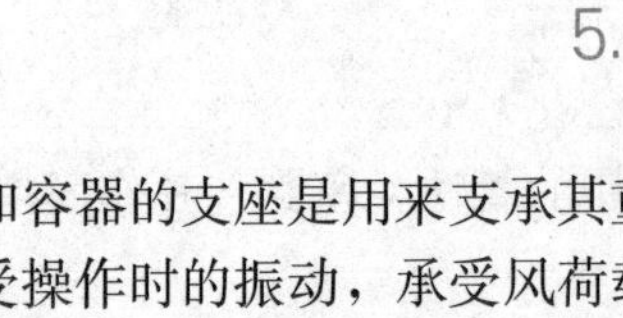

图5.12　金属齿形垫片

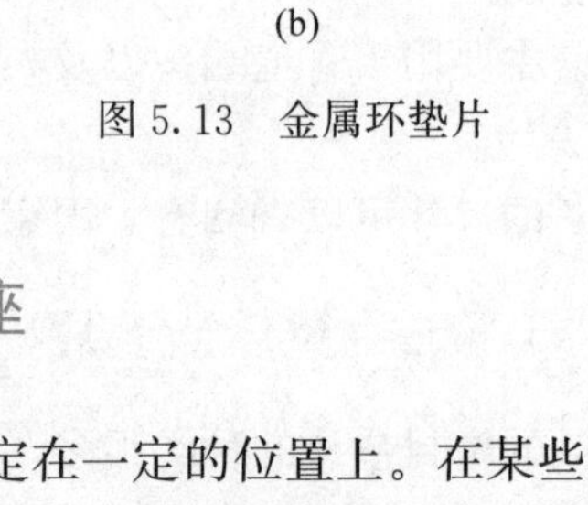

(a)

(b)

图5.13　金属环垫片

5.3　支　　座

设备和容器的支座是用来支承其重量，并使其固定在一定的位置上。在某些场合下支座还要承受操作时的振动，承受风荷载和地震荷载。设备支座结构形式很多，根据设备和容器自身的形式，支座可以分为两大类，即卧式容器支座和立式容器支座。

5.3.1 卧式容器的支座

卧式容器的支座主要有鞍座，圈座和支承式支座三种，如图 5.14 所示。

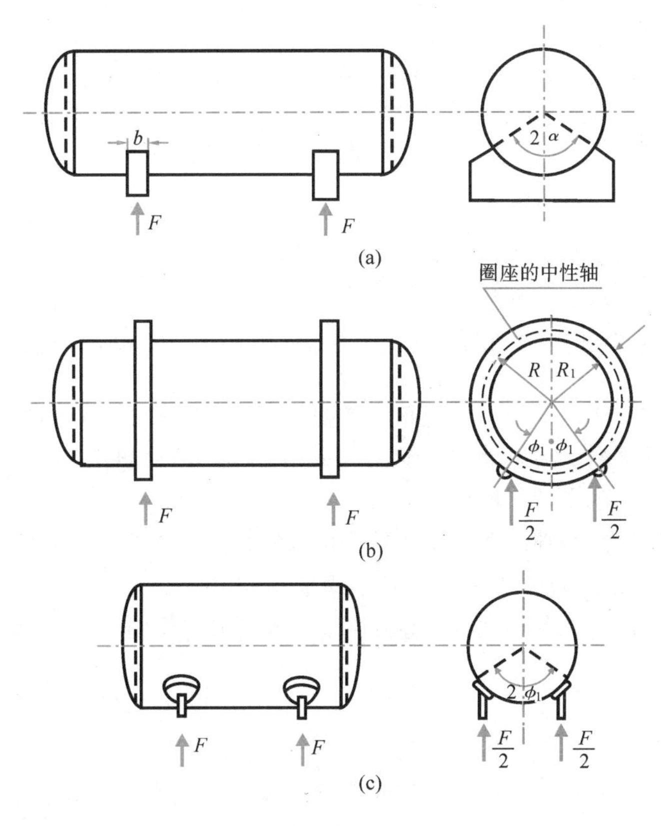

图 5.14 卧式容器的支座

(a) 鞍座；(b) 圈座；(c) 支承式支座

在卧式容器的三种支座中，应用最广的是鞍座，贮槽、换热器等卧式圆筒形容器通常均采用鞍座，鞍座已有标准，一般可根据设备的公称直径和支座的允许负荷来选用。对于大直径的薄壁容器和真空操作的容器或支座多于两个时，为了加强支承处的筒体，则采用受力情况比鞍座好的圈座。支承式支座结构简单，但支承反力集中作用于局部壳体上，会造成较大的局部应力，因此仅适用于小型卧式容器。理论上说卧式容器的支座数越多，容器壁相对于每个支座产生的应力就越小，但由于各个支座地基下沉的不均匀性，基础水平度的误差，容器筒体的弯曲度，筒体的圆度以及筒体各部分在受力挠曲时相对变形差异等实际上很难避免的因素，造成了支座反力分布不均，不仅体现不出多个支座的优越性，反而使容器的局部应力增大，故卧式容器一般均采用双支座。支腿由于在与容器相连接处会造成严重的局部应力，因此一般只用于小型设备。

下面我们仅对广泛使用的鞍式支座进行说明，标准鞍式支座分为轻型（代号 A）、重型（代号 B）两种。重型鞍座按包角、制作方式及是否附带垫板情况分为五种不同的型号。

各种型号的鞍式支座的结构特征和适用的公称直径列于表 5.1 中。

鞍座的形式 **表5.1**

形式	代号	适用公称直径 DN（mm）	结构特征
轻型	A	1000～4000	焊制，120°包角，带垫板，四至六块筋板
重型	BⅠ	159～4000	焊制，120°包角，带垫板，单至六块筋板
	BⅡ	1500～4000	焊制，150°包角，带垫板，四至六块筋板
	BⅢ	159～900	焊制，120°包角，不带垫板，单至两块筋板
	BⅣ	159～900	弯制，120°包角，带板垫，单至两块筋板
	BⅤ	159～900	弯制，120°包角，不带垫板，单至两块筋板

鞍座分为固定式（代号F）和滑动式（代号S）两种安装形式。两者的区别仅在于鞍座底板地脚螺栓孔的形状上，F型鞍座底板上开的是圆孔，S型鞍座底板上开的是长圆孔，孔的长轴与筋板平行。一个容器使用的两个鞍座必须一个是F型，而另一个是S型。这样当容器因温度变化而发生轴向变形时，S型支座可以沿地面滑动，从而防止热应力的产生。

轻型标准鞍式支座均采用120°包角，重型中有的可以采用150°包角。加大包角，可以降低鞍座平面处的轴向应力，切向剪应力和周向应力，但材料消耗增大，鞍座变得笨重，同时也使鞍座承受的水平推力增加。

鞍座的宽度即鞍座的轴向与容器圆筒壁相接触部分的宽度，一般规定钢制鞍座的宽度 b 应大于或等于 $8\sqrt{R_m}$（R_m 为圆筒体的平均半径）。

垫板起加强作用，亦称加强板。在新的鞍座标准中，规定只有 $DN<1m$ 的鞍座才允许不带垫板。

5.3.2 立式容器的支座

立式容器包括塔器和立式反应器以及立式贮罐等。通常立式容器的支座有腿式支座、支承式支座、耳式支座和裙式支座。

1. 腿式支座

腿式支座又称支腿，所谓腿式支座就是将角钢或钢管直接焊在筒体或筒体的加强板（垫板）上，其构造简单、轻巧，便于制造、安装，并在容器下面留有较大空间，便于操作、维修，一般用于高度较小的立式容器。

腿式支座按其所用角钢和钢管尺寸不同，其承载力也不同，每根支腿的允许载荷在6～35kN之间。每座立式容器的支腿一般有3～4根，其中A型、AN型分为1～7号，B、BN型分为1～5号。支腿号越大承载也越大。支腿形式及其特征列于表5.2中。

支腿形式及其特征 **表5.2**

形式	支座号	适用公称直径 DN(mm)	结构特征
A	1～7	400～1600	角钢支柱，带垫板
AN	1～7		角钢支柱，不带垫板
B	1～5		角钢支柱，带垫板
BN	1～5		角钢支柱，不带垫板

2. 支承式支座

支承式支座可用于高度不大于10m，且离地面又比较低的立式容器。分为由数块钢板焊接成的A型（图5.15（a））和用钢管制成的B型（图5.15（b））。这种支座结构简单，不需要专门的框架和钢梁来支承容器，且与其他形式的支座比较有较大的安装、操作、维修空间，但对设备壳体会产生较大的局部应力。A型支承式支座适用于公称直径为800～3000mm的容器，支座本体允许载荷按不同支座号分别为20～200kN；B型支承式支座适用于公称直径为800～4000mm的容器，支座本体允许载荷按不同支座号分别为100～550kN。

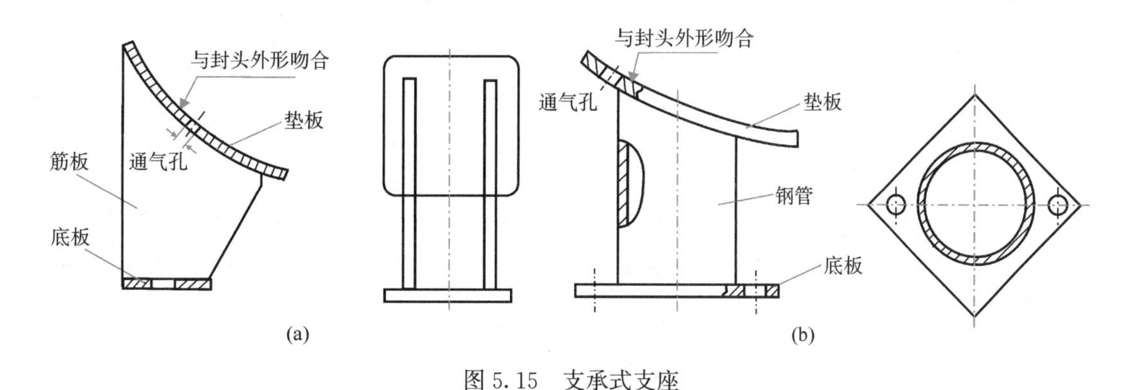

图5.15 支承式支座

3. 耳式支座

耳式支座又称悬挂式支座，广泛使用于中小型立式设备，如图5.16所示。它由底板、筋板和垫板组成，底板与基础接触并连接，筋板的作用是增加支座的刚性，筋板的数量视设备大小不同可为1～3个，垫板焊接在容器壁上可以减小容器壳体的局部载荷，防止壳体变形，对于小型设备可以不设垫板，筋板直接与容器壁焊接。底板和筋板一般用钢板焊制而成，亦可由整块钢板弯制而成。垫板一般选用普通碳钢，对于不锈钢制造的容器应选用不锈钢垫板。耳座的个数一般为2个或4个，对于大型薄壁容器，耳座数目可多些，甚至将支座的底板连成一体而组成圈座。

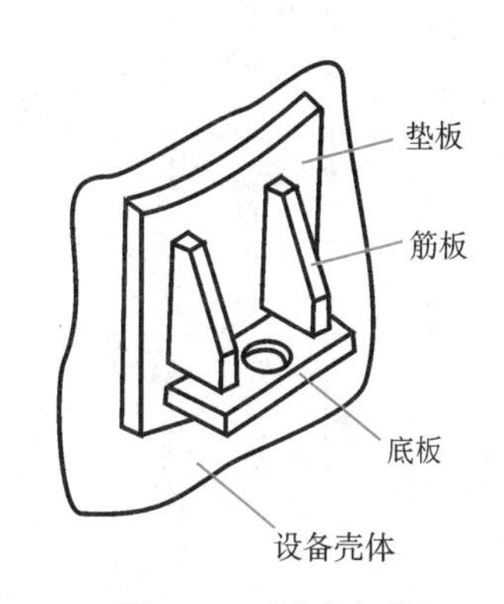

图5.16 耳式支座

耳式支座有A型、AN型、B型和BN型四种，其中A、B型带有垫板，而AN型和BN型不带垫板，而A型为普通型，B型耳式支座的筋板的宽度较大，又称长壁支座，当设备外面设有保温层时，采用B型结构为宜。各种耳式支座的适用范围及结构特征列于表5.3中。

耳式支座形式特征 **表5.3**

形式	支座号	适用公称直径 DN(mm)	结构特征
A	1～8	300～4000	短壁，带垫板
AN	1～3		短壁，不带垫板
B	1～8		长壁，带垫板
BN	1～3		长壁，不带垫板

对于小型设备，耳式支座可以支承在钢管或型钢焊制的立柱上，而大型设备的耳式支座往往紧固于钢梁或混凝土基础上。

4. 裙式支座

对于比较高大的设备，特别是塔器，通常采用性能较好的裙式支座（简称裙座）。裙式支座的典型构造如图 5.17 所示。

圈座即裙座壳，通常为用钢板卷制的圆筒，其上端与塔器的底部封头相焊，下端焊在基础环上。裙座壳承受塔的各种外载荷并传给基础环。基础环又称地基圈，是一个环形垫板，一方面承受载荷并传递到基础上，另一方面通过焊在它上面的螺栓座把塔设备固定在基础上。螺栓座由盖板和筋板组成，用以安装地脚螺栓，从而固定塔设备。裙座上应设1～2 个圆形或长圆形人孔，裙座上方应设排气孔，以便排出腐蚀性或其他有害气体，裙座底部应设排液孔，用来排除积存于裙座底部的各种液体。

对于承受较大风载或地震载荷的塔器，需要设置较多的地脚螺栓和承载面积较大的基础环。这时圆筒形裙座的结构尺寸已不能满足要求，则需采用如图 5.18 所示的圆锥形裙式支座。

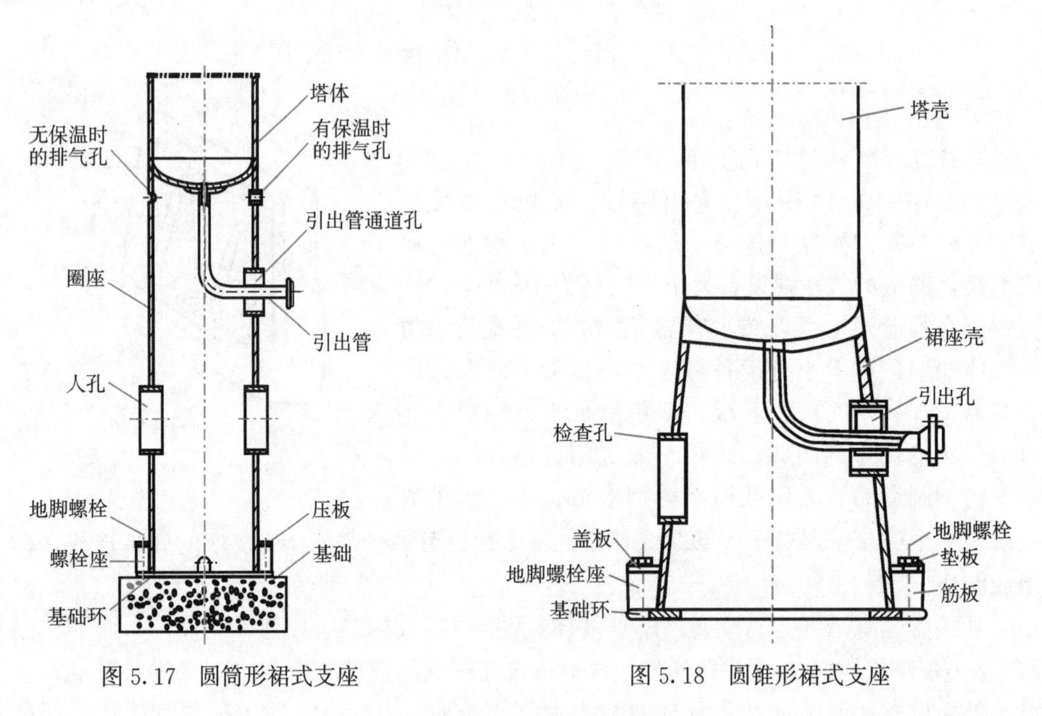

图 5.17　圆筒形裙式支座　　　图 5.18　圆锥形裙式支座

5.4　安全泄放装置

压力容器的安全泄放装置是为了保证压力容器安全运行而当容器超压时能自动泄放压力的装置。最常使用的安全泄放装置是安全阀和爆破片。

5.4.1　安全阀

安全阀主要由阀座、阀瓣和加载机构三个部分组成。阀座与容器连通，阀瓣通常带有阀杆，紧扣在阀座上，阀瓣上面是加载机构，可以根据需要调整载荷的大小。当容器内的压力超过工作压力时，介质作用于阀瓣的力使阀瓣离开阀座，安全阀开启，器内介质外泄，容器内压力下降，当容器内介质压力下降至正常的工作压力时，依靠加载机构对阀瓣的作用力使阀瓣压紧阀座，介质停止外泄，容器保持正常工作压力继续工作。

安全阀的类型很多，通常有如下几种分类方法。

（1）按加载方式的不同，有重锤杠杆式安全阀和弹簧式安全阀。

杠杆式安全阀利用重锤和杠杆来平衡作用在阀瓣上的力，其结构如图 5.19 所示。这种安全阀具有结构简单、可以通过移动重锤在杠杆上的位置和改变重锤的重量来调整和校正安全阀的开启压力、所施加的载荷不会因阀瓣的升高而增大、性能不大受高温的影响的优点，但缺点是尺寸大，易受振动而发生介质泄漏。重锤杠杆式安全阀可用于压力较低、高温、无振动的场合。

弹簧式安全阀是利用弹簧被压缩时的弹力来平衡作用在阀瓣上的力，其结构如图 5.20 所示。通过调整螺母来调整和校正安全阀的开启压力。弹簧式安全阀结构紧凑、灵敏度比较高，而且安装方位不受限制，对振动不敏感，但弹簧的弹力会随阀的开启而增大，同时若在高温下工作因应力松弛，弹力会下降。弹簧式安全阀宜使用于移动式设备和介质压力脉动的固定式设备。

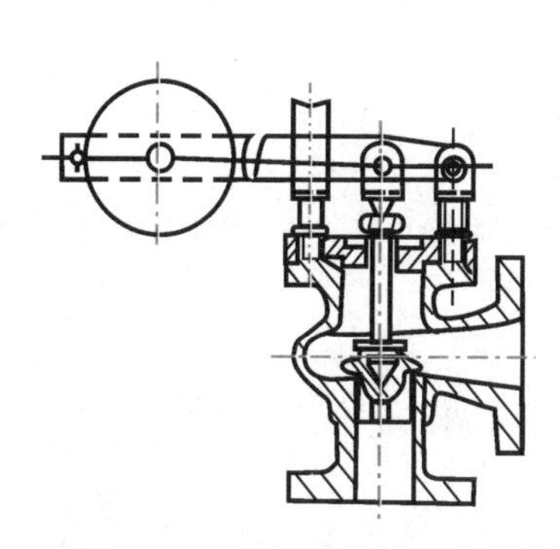

图 5.19 重锤杠杆式安全阀

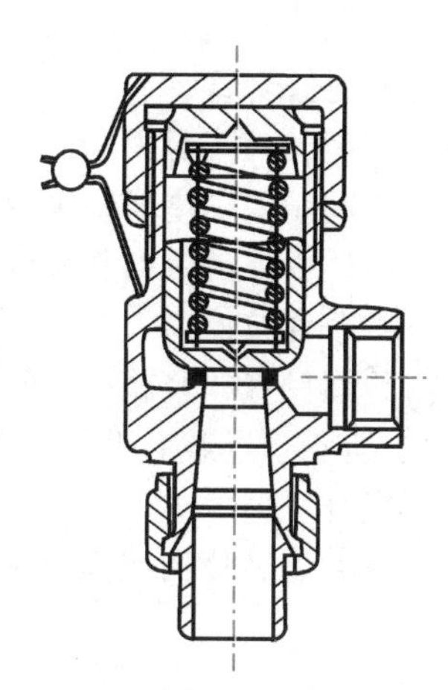

图 5.20 弹簧式安全阀

（2）按阀瓣开启高度不同，弹簧式安全阀分为全启式和微启式。

全启式安全阀的阀瓣开启高度较大，阀瓣与密封面之间形成的通道面积较大，介质的外泄流量大。宜用于高压容器和安全泄放量较大的中低压容器。

微启式安全阀的阀瓣开启高度很小，其制造、检修和调节比较方便，宜使用于排放量不大，要求不高的场合。

（3）按排放方式不同，安全阀分为全封闭式、半封闭式和敞开式。

全封闭式安全阀排出的气体全部排入排气管。宜使用于介质为易燃、有毒和需要回收的贵重气体的压力容器。

半封闭式安全阀排出的气体大部分通过排气管排放，小部分从阀道与阀杆的间隙中漏出。适用于介质为不会污染环境的气体的压力容器。

敞开式安全阀排出的气体全部通过弹簧从阀顶端泄出，有利于弹簧的降温。可使用于介质为空气或不会污染大气的高温气体的容器。

（4）按开启动力不同，安全阀可分为用工作介质的压力开启的直接作用式安全阀和借助于专门的驱动装置来开启的非直接作用式安全阀。后者通常使用于高压系统。

5.4.2　爆破片

爆破片又称防爆片或防爆膜，它是利用膜片的断裂来泄压的，泄压后容器被迫停止运行。爆破片一般用于下列场合。

（1）工作介质为黏性或粉状的物质，或者易产生结晶体的物质。在这种情况下，如果采用安全阀作为安全泄压装置，则容易堵塞安全阀，或使安全阀的阀瓣和阀座粘在一起，使安全阀不能按规定的开启压力开启。

（2）由于物料发生化学反应或其他原因压力会迅速上升的压力容器。安全阀难以及时排出大量气体而迅速降压。

（3）工作介质为剧毒的气体，使用安全阀难以达到防漏要求时。

（4）工作介质具有强腐蚀性的压力容器。这种情况下，若使用安全阀，介质易腐蚀阀瓣和阀座，使安全阀关闭不严，产生泄漏，或使阀瓣与阀座粘结而不能及时打开。

1. 爆破片的结构与类型

爆破片的结构比较简单，主要由一块很薄的膜片和夹紧装置组成，夹紧装置可以是夹盘、管法兰和螺纹套管。

爆破片断裂时，按受力变形，爆破片可分为四类：拉伸型、压缩型、剪切型和拉伸剪切型。它们之间的差别主要是膜片的形状和材料不同。

下面仅对国内外常用的几种爆破片作简单介绍。

（1）正拱普通拉伸型

膜片由塑性良好的金属如不锈钢、镍、铜等材料制成，并经过液压预拱成凸形，其构造如图5.21所示。过载后引起的是拉伸破坏。

（2）正拱开缝型

正拱开缝型爆破片的结构如图5.22所示，它是由两片曲率相同的正拱型爆破片叠在

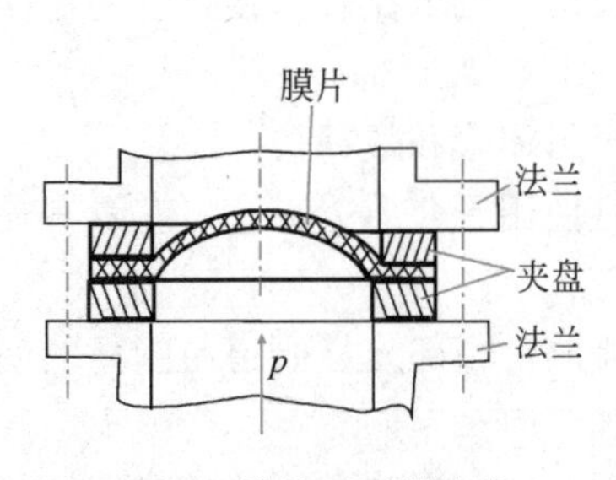

图5.21　正拱普通型爆破片

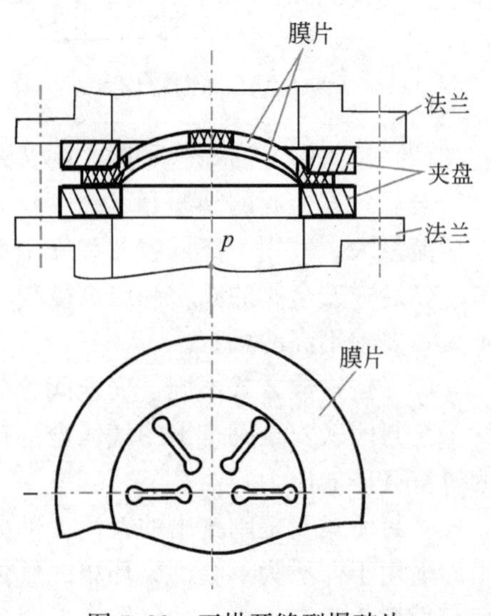

图5.22　正拱开缝型爆破片

一起而组成的。外侧为开有一圈小孔的金属膜片，内侧与介质直接接触的是耐蚀的含氟材料的膜片。这种爆破片也属拉伸破坏型。

(3) 反拱型

反拱型爆破片是把正拱型爆破片反过来安装，即凸面朝向被保护的容器。工作中凸面受压，过载时引起失稳破坏。反拱型爆破片的结构如图 5.23 所示。

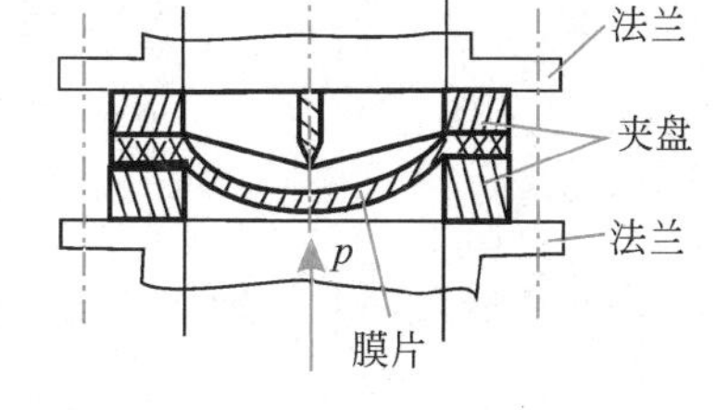

图 5.23 带刀反拱型爆破片

(4) 剪切型

剪切型爆破片的膜片是中间厚周边薄的金属片，其构造如图 5.24 所示。过载时，膜片的周边受剪切力作用而破坏。

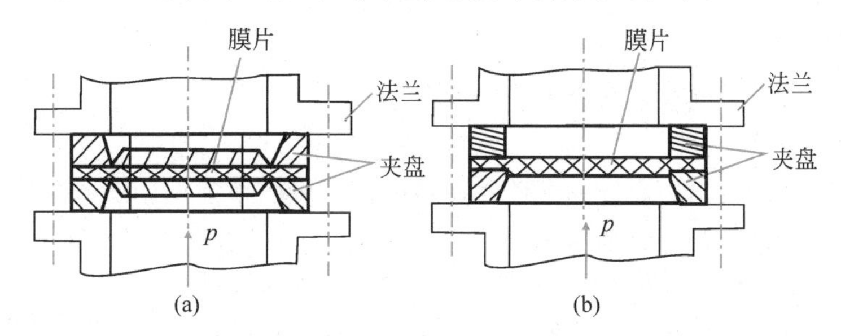

图 5.24 剪切型爆破片

(5) 弯曲型

弯曲型爆破片常用脆性材料如铸铁、硬塑料、石墨制成，其构造如图 5.25 所示。过载时，膜片在过高的压力作用下产生的弯曲应力达到材料的抗弯强度而破裂排气，为拉伸剪切型爆破片。

2. 爆破片的选用

爆破片选用时应考虑容器的工作压力、介质、温度和泄放量四方面的要求。

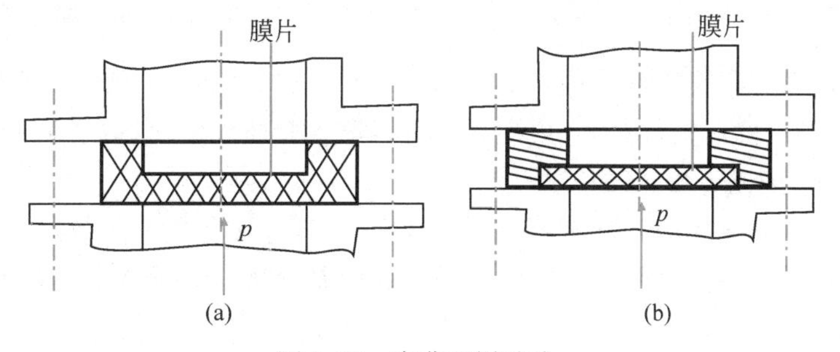

图 5.25 弯曲型爆破片

(1) 压力

我国有关标准规定了爆破片的最低标定爆破压力，可根据容器的工作压力 P_W 按表 5.4 选取，或由设计者根据成熟的经验和可靠的数据确定。

(2) 介质

首先应考虑选定的膜片在工作温度下不会被介质所腐蚀，必要时可以在与介质接触的膜面上覆盖保护膜。另外，如果介质是可燃气体，则不应选用破裂时会产生火花的铸铁和碳钢爆破片。

爆破片的最低标定爆破压力　　表5.4

爆破片形式	爆破压力(MPa)	爆破片形式	爆破压力(MPa)
正拱普通型	$1.43P_W$	反拱型	$1.1P_W$
正拱开缝型	$1.25P_W$	正拱型,脉动载荷	$1.7P_W$

（3）温度

爆破片的最高允许使用温度取决于爆破片及其保护膜，详见表5.5。

常用膜片材料的最高工作温度　　表5.5

膜片材料	铝	铜	不锈钢	镍	蒙乃尔合金
最高工作温度(℃)	100	200	400	400	430

（4）泄放量

爆破片的泄放量必须大于容器的安全泄放量。

3. 爆破片的布置

根据压力容器的用途、介质的性质和运转条件，可以单独使用爆破片作为泄压装置或爆破片与安全阀组合作为安全泄压装置。

（1）爆破片单独作为泄压装置（图5.26）

一般在爆破片进口处设置截止阀，以便更换膜片时切断气流。当使用两个或两个以上的爆破片时，根据需要可以串联安装，也可以并联安装，如图5.27所示。

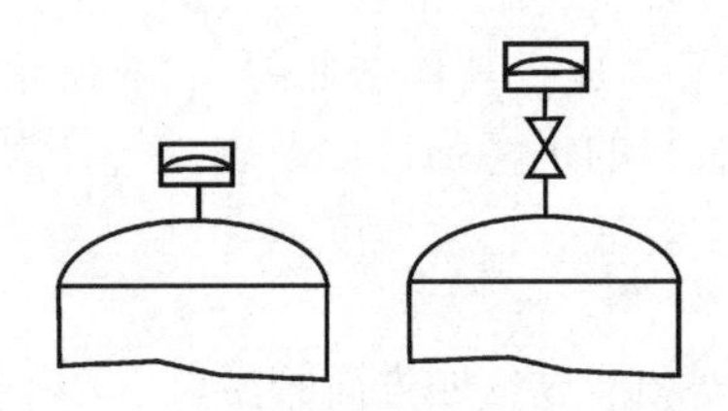

图5.26　爆破片单独用作泄压装置

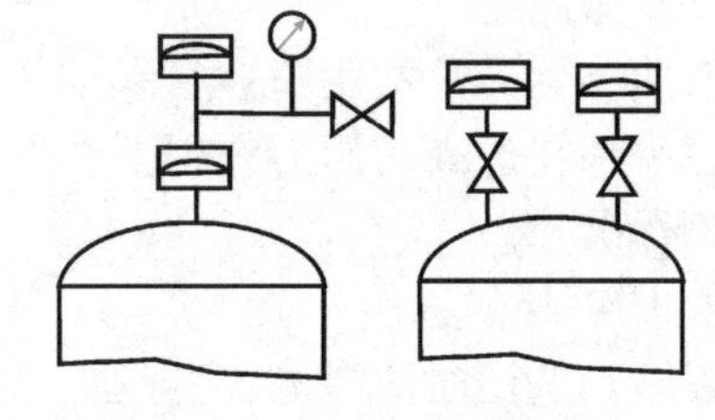

图5.27　两个爆破片的布局

（2）爆破片与安全阀串联使用（图5.28）

用爆破片将安全阀与容器内介质隔开，可以避免介质对安全阀的腐蚀和堵塞，同时也避免了介质在安全阀密封面处的微量泄漏。

（3）爆破片与安全阀的并联使用（图5.29）

这种设置中爆破片是一个附加的安全设施，以补充安全阀泄放能力的不足。

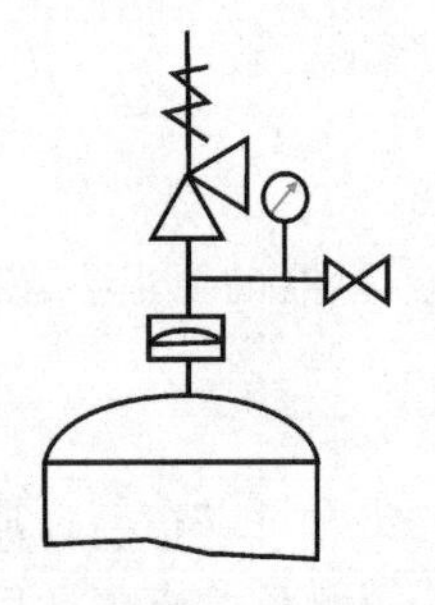

图5.28　爆破片与安全阀的串联使用

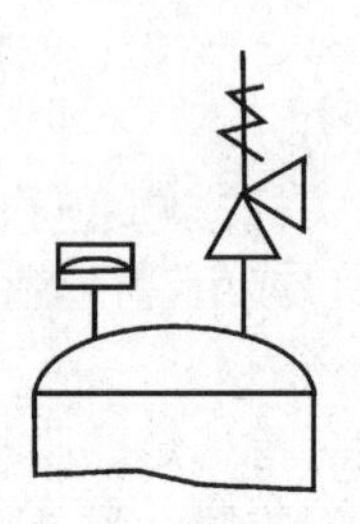

图5.29　爆破片与安全阀的并联使用

5.5 填料及其支承装置

在水处理容器设备中有许多设备按工艺的要求装有不同的填料，如离子交换柱内装有离子交换树脂，吸附塔内装有吸附剂如活性炭，压力接触过滤器内装有石英砂和无烟煤，厌氧床式反应器内装有供生长厌氧生物膜的硬性填料或细丝状的软性填料。对于这些填料在水工艺中的不同作用将在“水质工程学”或其他课程中加以论述，本书仅对水处理容器设备对填料的基本要求和几种常用的填料作简单的介绍。

5.5.1 对填料的基本要求

在填料设备中，有的填料直接参与反应过程，比如被处理的水流经填充在吸附塔内填料活性炭的表面时，水中所含的胶体或分子状杂质即被活性炭表面所吸附而从水中去除，水得到净化；有的填料不直接参与反应但为反应创造了良好的条件，例如，在厌氧反应器中，填料表面上生长着一层由厌氧微生物为主组成的生物膜，当含有有机物的废水流经生物膜表面时，有机物分子即被厌氧微生物降解和合成而得以去除。可以说填料是填料设备的核心，设备的性能如何与选用的填料有直接的关系。因此必须根据工艺要求，通过技术经济的比较，合理地选择填料。

对填料的基本要求主要有以下几点：

(1) 单位体积（或单位质量）的表面积，即比表面积要大。

(2) 具有良好的化学稳定性和物理稳定性，即耐氧化、耐腐蚀、耐高温、耐冲刷磨损，并具有较高的机械强度。

(3) 空隙率要满足工艺上的要求，不同的水处理工艺设备对填料的空隙率要求不同，一般说来，空隙率过小，水和气体通过的阻力将增大，并且易于被杂质或反应生成物所堵塞。空隙率过大，则影响处理水的水质。

(4) 易于再生，填料经过一段时间使用后，或因反应变成了新的物质而丧失反应能力，或因吸附了杂质而失效，这时就应使用化学或物理方法使失效的填料恢复处理能力，这个过程叫作再生，良好的填料应当易于再生。

(5) 价格便宜，易于取得，运输和装卸方便。

5.5.2 水工艺容器设备中常用的填料

水工艺填料设备使用的填料种类繁多，限于篇幅，仅介绍最为常用的几种。

1. 滤料

用于压力式过滤器的填料主要有石英砂和无烟煤。在压力（0.2～0.6MPa）的作用下，水通过填料颗粒的缝隙而得以净化，而水中的悬浮颗粒被滤料拦截和吸附而得以去除。

其他常用的滤料还有磁铁矿、金刚砂、钛铁矿、石榴石、陶粒、聚苯乙烯球粒和聚氯乙烯球粒。

2. 离子交换剂

水处理设备中常用的离子交换剂有离子交换树脂和磺化煤。离子交换剂是由空间网状骨架与附属在骨架上的许多活性基团所构成的不溶性高分子化合物组成，活性基团的一部分（即活动部分）能在一定范围内自由移动，并与周围水溶液中的其他离子进行交换反应。阳离子交换树脂或磺化煤常用于水的软化和脱碱软化，阴、阳离子交换树脂配合使用则用于水的除盐。

3. 吸附剂

水工艺中使用的吸附剂是多孔，具有极大比表面积的固体物质。当原水与其表面接触时，水中的溶解性杂质分子（吸附质）则被吸附剂表面吸附而水得以净化。水处理中最常用的吸附剂是活性炭。

吸附装置分为固定床、移动床和流化床吸附塔，塔径1～3.5m，塔高3～10m，填充层高度与塔径比为（1∶1）～(4∶1)。

4. 蜂窝、斜管填料

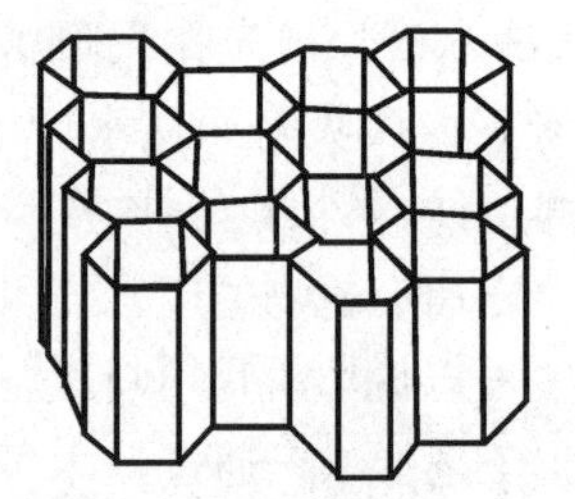

图5.30 蜂窝状填料

蜂窝、斜管填料系用塑料、玻璃钢或浸渍了树脂的纸质制成，亦可用立式波纹塑料板粘结而成，属轻质填料。蜂窝填料如图5.30所示。

蜂窝填料分为斜蜂窝（斜管）填料和直蜂窝填料两类。斜蜂窝管（斜管）填料均做成不同规格的斜蜂窝状块体，六角形的内切圆直径为19～100mm，倾斜角一般为60°，主要用于沉淀和浓缩设备。直蜂窝管填料亦为六角形蜂窝状块体，六角形的内切圆直径一般为19～36mm，主要用于生化处理设备，如生物滤塔，生物接触氧化设备，厌氧生化反应器等。这时，蜂窝填料作为载体，其上生成一层以好氧或厌氧微生物组成的活性生物膜，依靠微生物的作用降解和合成污水中的有机物。用于生物膜法的填料表面，不应过于光滑以便挂膜。直蜂窝填料也用于中小型冷却塔。

5. 除气塔、反应塔填料

这类填料大多是用聚丙烯、增强聚丙烯、聚乙烯、聚氯乙烯（PVC）和ABS塑料制成，有鲍尔环、阶梯环、多面空心球、矩鞍形、花环形填料以及瓷制的拉希环，其形状如图5.31所示。

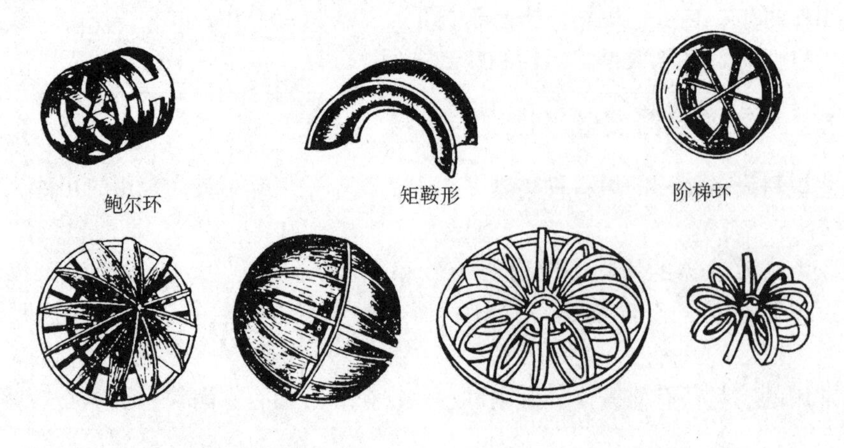

图5.31 除气塔、反应塔填料

此类填料属接触性填料，在填充了此类填料的水处理设备中水沿填料表面滴流下落形成吸附水层和流动水层，气(汽)逆流向上与水接触，气（汽）液间在填料表面进行物料的传质过程或反应过程，从而使水净化。充填此类填料的水工艺设备主要有二氧化碳脱气塔、臭氧接触反应塔以及其他的反应塔。

水处理工艺中还用到一些其他填料，如碎石、卵石、砖块、炉渣等。这些填料虽然价格低廉，但因相对密度大，比表面积小，一般不用于水工艺设备。

6. 软填料

软填料即软性纤维束填料，这种填料一般用尼龙、维纶、涤纶、腈纶等化学纤维编结成束，并用中心绳连结而成（图 5.32）。这种填料具有比表面积大（理论比表面积可达 $2472m^2/m^3$）、质量轻（干相对密度 2.5～3.0）、强度高、化学和物理稳定性好等特点，并且克服了其他材料易于堵塞的问题。常用于各种生物处理设备，生物膜生长在纤维丝的表面上。

5.5.3 填料的支承装置

填料的支承装置的主要作用是承受填料和填料层内水的质量。因此，支承装置必须要有足够的强度和刚度，并耐腐蚀，具有适当的空隙率，即支承装置的过流断面与填料层的过流断面应大致相等，而且制造、装拆方便。

水工艺填料设备中，一般选用栅板作为填料的支承装置。该装置由栅板、支承圈和筋板组成。栅板是由扁钢条（栅条）与扁钢圈焊接而成，塔径小于 500mm 时，采用整板式栅板，塔径较大时可分成多块，以便从人孔放进或取出，图 5.33 为三块式栅板的示意图。

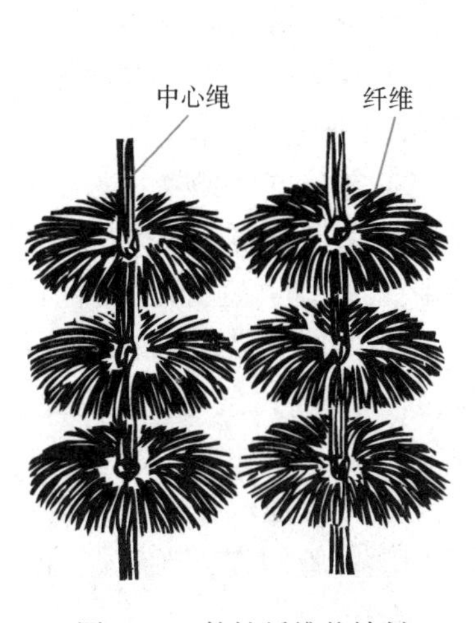

图 5.32　软性纤维状填料

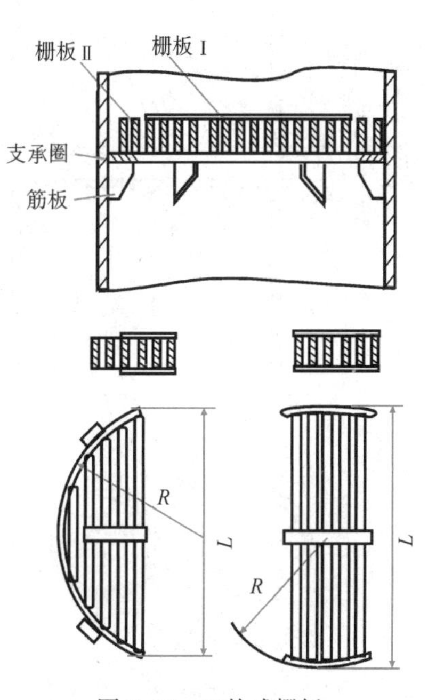

图 5.33　三块式栅板

栅条的间距，常取填料公称直径的 0.6～0.8 倍。但对于粒径很小的填料，如砂、树脂、活性炭等，应在填料与栅板间加设承托层，承托层可以是粒径较大的填料（如卵石），或者为金属筛网。对于处理有腐蚀性的废水的设备应选用不锈钢栅板。软性纤维状填料通过其中心绳悬挂在栅条下方即可。

5.6 布水（气、汽）装置

为了使水或气（汽）均匀分布于设备的整个断面，合理选用布水（气、汽）装置是非常重要的。水工艺设备对布水（气、汽）装置的要求有：

（1）布水（气、汽）均匀。

（2）不易堵塞，特别是处理污水的容器设备，因污水中含有的悬浮颗粒以及油类物质易于堵塞布水装置的通道。

（3）阻力小，不需要很大的水头和气体压力。

（4）结构简单，制造、安装、检修方便。

5.6.1 喷洒型

喷洒型是应用较为广泛的布水装置，其结构简单，但要求水头较大，布水不易均匀，且易于堵塞，故一般使用于公称直径较小的立式容器设备。

1. 穿孔管式

在直管下方开1～5排交错排列孔径为2～8mm的小孔，小孔的总面积应大致与直管的横截面积相等。按塔径大小不等可以设置成单管式、环管式和排管式。

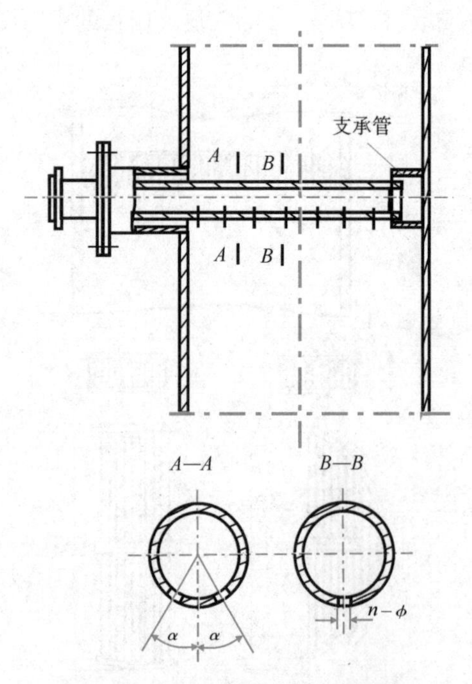

图5.34 单管式多孔喷洒器

（1）公称直径小于300mm而且均匀性要求不高的立式容器可以直接用进水管喷洒，即所谓的单管喷洒器，如图5.34所示。

（2）环管式喷洒器：当塔径在800～1000mm时，单管喷洒器已不能满足均匀布水的要求，可设环管式喷洒器，其构造如图5.35所示。

（3）排管式喷洒器：为了克服单管喷洒器和环管喷洒器布水均匀性差，适用塔径有限的问题，对于公称直径较大的塔器，或者要求布水均匀的塔器可以使用排管式多孔喷洒器。其构造图如图5.36所示。

当工作温度较低时，穿孔管喷洒布水器可用塑料管制作，当工作温度较高，可用不锈钢管制作。

2. 莲蓬头喷洒器

其结构图如图5.37所示，莲蓬头的直径一般为塔器公称直径的0.2～0.3倍，喷洒角小于80°，小孔直径多取4～10mm，安装位置与填料层上表面的间距通常为塔器公称直径

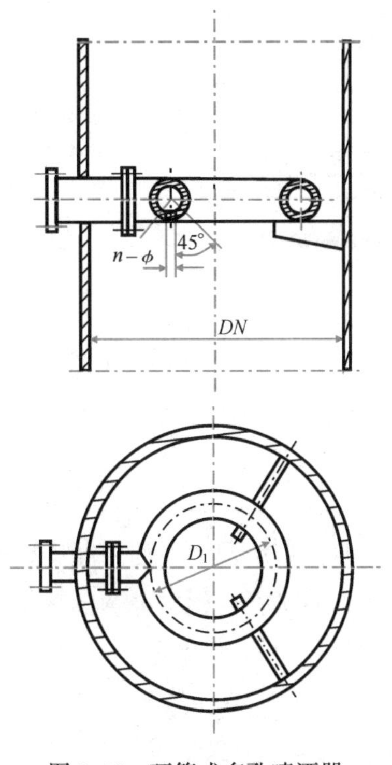

图 5.35　环管式多孔喷洒器

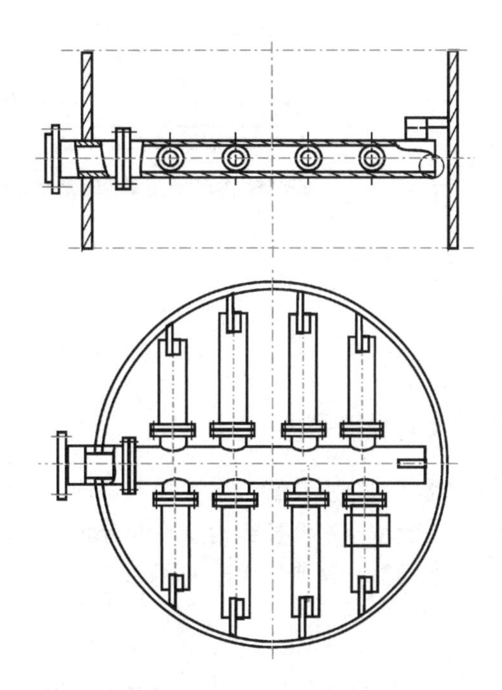

图 5.36　排管式多孔喷洒器

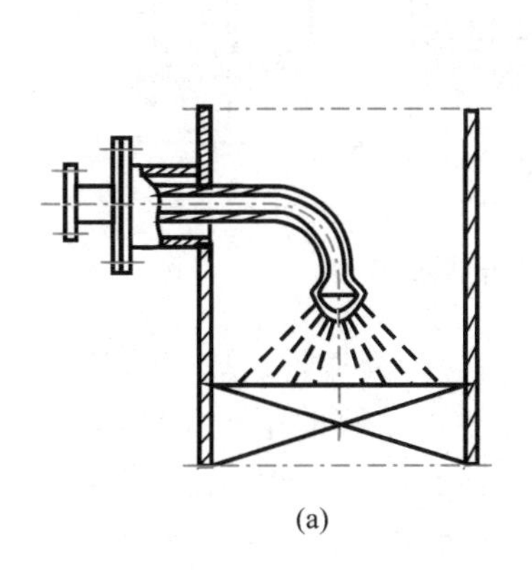

(a)

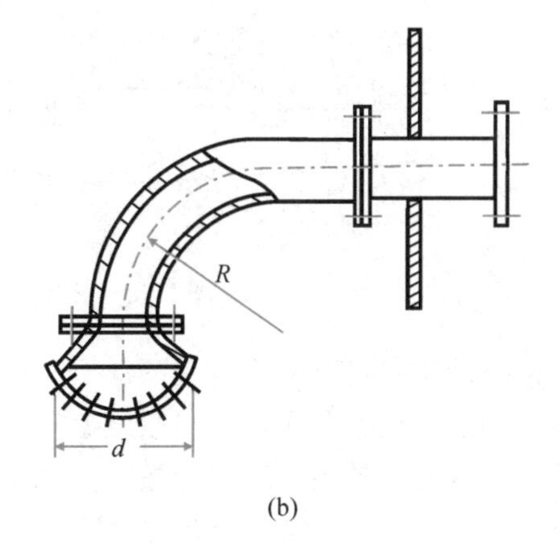

(b)

图 5.37　莲蓬头喷洒器

的 0.5～1.0 倍。莲蓬头小孔易堵塞，进水应洁净，且布水均匀性差，适用于公称直径小于 600mm 的塔器。

3. 旋转式多孔布水器（图 5.38）

水流以一定的压力流入位于池中央处的固定竖管，再流入布水横管（两根或四根），横管即洒水管，在其一侧开有一系列间距不等的孔口，中心较疏，周边较密，水流从孔口喷出产生反作用力，从而使横管按与喷水方向相反的方向旋转，布水横管也可以用电机带动旋转，生物滤塔经常使用这种布水装置。

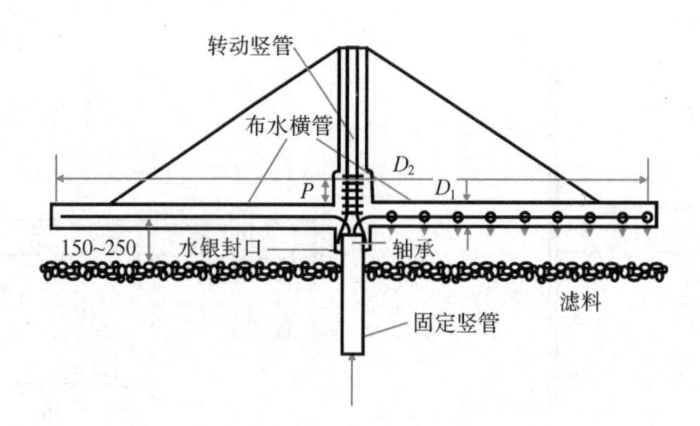

图 5.38 旋转式多孔布水器示意图

5.6.2 溢流型

由于喷洒型布水装置布水大多不够均匀，且孔眼易堵，故大型塔器一般使用溢流型布水装置。溢流型布水器按其构造不同分为溢流盘式和溢流槽式布水器。限于篇幅，仅介绍溢流盘式淋洒器，其典构构造如图 5.39 所示。

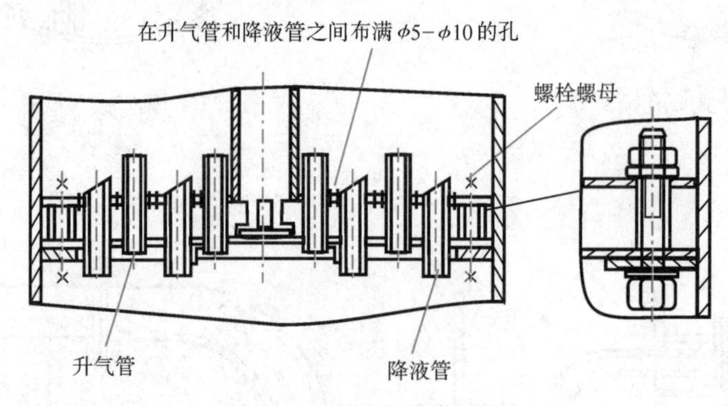

图 5.39 溢流盘式淋洒器

溢流盘式淋洒器主要由淋洒盘、喷淋管（降流管）、升气管组成。水从位于塔中心的进水管进入淋洒盘的夹层空间，经淋洒盘上板的 $\phi5 \sim \phi10$ 的小孔上升至淋洒盘上方空间，再流入降液管，洒向填料层。淋洒管按正三角形排列，中心距约为直径的 2～3 倍，内径大于 15mm，为保持布水均匀，所有淋洒管的上口应处于同一水平面上。塔内上升气流则从升气管排至上方。

溢流型布水装置水头损失小，不易堵塞，且布水较为均匀，广泛用于较大型的塔器。

5.6.3 冲击型

冲击式布水装置如图 5.40 所示。进水管管口向下，其下方设反射板，反射板的顶面可以是平板状，也可以是锥状或球状，水从进水管流出，撞击到反射板，被分散成水滴飞落至填料层表面。

冲击式布水装置结构简单，喷嘴半径大，不易堵塞；但当水流变小或水压降低时其喷洒半径变小，而且部分水变成雾状易被上升气流带走。

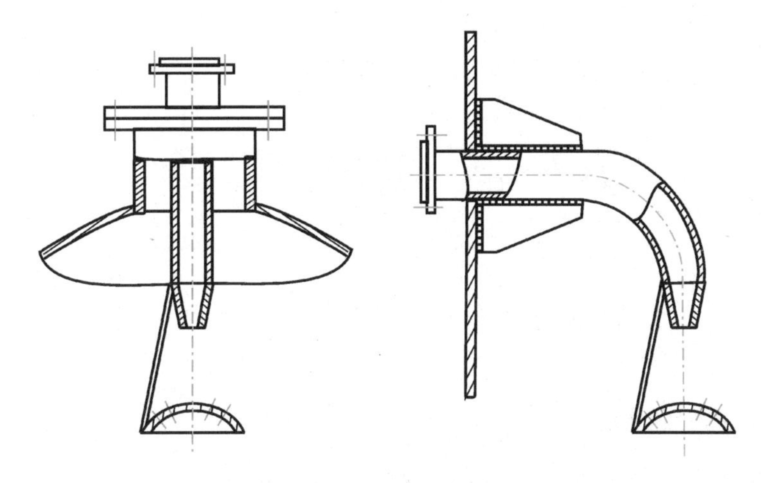

图 5.40　冲击式布水器

5.6.4　上向流填料容器的布水装置

前几种类型的布水装置均只适用于从上部进水的塔器，而无法使用于从下部进水的压力过滤器的反冲洗水和上升流的活性炭吸附塔和离子交换柱等塔器。上向流填料容器的配水系统分为大阻力配水系统和小阻力配水系统。

大阻力配水系统即设置在容器填料下方的穿孔管布水系统，反冲洗水从中间进水干管（渠）流入两侧若干根互相平行的支管，支管下方开两排小孔，与中心线呈 45°角交错排列，由孔口流出的水流经承托层后冲洗滤料并进入上方的反冲洗水排水槽流走。

小阻力配水系统以滤料底部的较大空间为配水通道，通过减小配水通道内水的流速来达到均匀布水的目的。在此基础上，可以减小出水孔口的阻力系数以减小孔口的水头损失。

另外，需要说明：反冲洗水的配水系统同时也是过滤器正常工作时的滤后水的集水系统。

大阻力配水系统和小阻力配水系统的构造、特点和设计计算参见“水质工程学”教材。

思　考　题

1. 压力容器法兰及其密封面和密封垫片分别有哪些形式？如何正确选用压力容器法兰及其密封面和密封垫片？

2. 管法兰及其密封面和密封垫片各有哪些形式？如何选用管法兰及其密封面和密封垫片？

3. 卧式容器和立式容器的支座分别有哪些形式？卧式容器为什么一般采用双支座？

4. 安全阀的作用是什么？各类安全阀分别有哪些特点？怎样选用安全阀？

5. 爆破片分为哪几类？常用的爆破片有哪些？

6. 水工艺填料设备对填料有哪些要求？常用的填料有哪几类？

7. 对布水（气、汽）装置的基本要求有哪些？水工艺设备中常用的布水（气、汽）装置有哪些形式？

第6章 搅拌设备

6.1 搅拌设备的用途及分类

6.1.1 搅拌设备的用途

在水处理工艺中，搅拌设备主要用于药剂的溶解、稀释、混合及混凝剂或助凝剂的投加。通过搅拌在溶液中产生循环和剧烈的涡流，达到药剂与水快速充分混合的目的。

6.1.2 搅拌设备的分类

在水处理工艺中，因搅拌目的不同，搅拌设备有多种形式。按搅拌功能可分为混合搅拌设备、搅动设备、悬浮搅拌设备、分散搅拌设备等。按搅拌方式可分为机械搅拌设备、水力搅拌设备、气体搅拌设备、磁力搅拌设备等，其中最常用的是机械搅拌设备。按搅拌目的可分为溶药搅拌设备、混合搅拌设备、絮凝搅拌设备、澄清搅拌设备、消化池搅拌设备和水下搅拌设备等。

6.2 机械搅拌设备结构及其工作原理

6.2.1 机械搅拌设备的组成与工作原理

机械搅拌设备主要由搅拌器、传动装置及搅拌轴系三大部分组成。其中，搅拌器主要由搅拌桨（或叶轮）和附属构件组成；传动装置由电动机、减速机以及支架等组成；搅拌轴系由搅拌轴、轴承和联轴器等组成。

水处理工艺对搅拌的要求可分为混合、搅动、悬浮、分散四种。混合是通过搅拌作用，使与水不同相对密度和黏度的物质在水中均匀混合；搅动是通过搅拌使混合液强烈流动，以提高传热、传质的速率；悬浮是通过搅拌作用，使原来静止在水体中可沉降的固体颗粒或液滴悬浮在水体中；分散是通过搅拌作用，使气体、液体或固体物质分散在水体中，增大不同物相的接触面积，加快传热和传质过程。为了达到搅拌的目的，搅拌器通过自身的旋转把机械能传递给液体，一方面在搅拌器附近的流体区域形成高湍流的充分混合区，另一方面产生一股高速射流以推动全部液体沿一定途径循环流动（图6.1）。按液体的循环流动形式，搅拌器又分成轴向流搅拌器和径向流搅拌器（图6.2）。使液体沿着与搅拌轴平行方向从轴向流入、轴向流出的为轴向流搅拌器。折叶桨或推进式搅拌器的叶片与旋转平面之间的夹角小于90°，它们均可造成轴向流动。使液体沿着与搅拌轴平行方向从轴向流入、使液体沿着搅拌器径向切向流动或从径向流出的为径向流搅拌器。如平桨搅拌

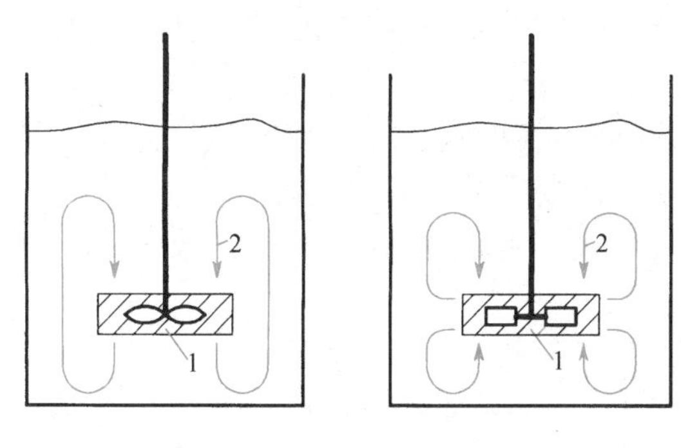

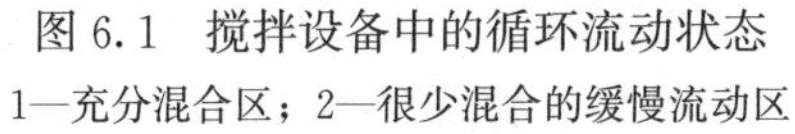

图 6.1 搅拌设备中的循环流动状态

1—充分混合区；2—很少混合的缓慢流动区

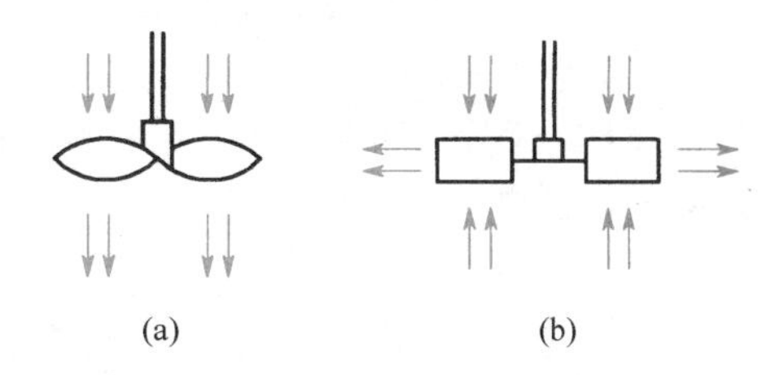

图 6.2 轴向流与径向流示意图

（a）轴向流；（b）径向流

器，其叶片对液体施以径向离心力，液体在离心力作用下沿径向流出，并在一定区域内循环。叶片与旋转平面之间的夹角等于 90°的均为径向叶轮。轴向流桨叶在一定转速下旋转时，自桨叶处排出高速流体，它同时吸引挟带着周围的液体，使静止流或低速流卷入到高速流中，这种流动属于宏观的液流。当液体的流速较低时为对流循环；当要求有效地混合或进行传热、传质、分散等搅拌操作时，必须提高液流速度，以形成强烈的湍流扩散及剪切流动。径向流自桨叶处也会排出高速流体，它同样吸引挟带着周围的液体，使静止流或低速流卷入到高速流中，这股合成的高速流在无挡板时，就形成水平循环流，当有挡板时就形成强大的沿壁面及搅拌轴的上下循环流。

6.2.2 机械搅拌器的形式与结构

搅拌器的形式多种多样，它的形状、尺寸、结构与被搅拌液体的性质和要求实现的流动形式有关，应根据工艺要求来选用。常用的搅拌器有：桨式搅拌器、涡轮式搅拌器、推进式搅拌器等。

桨式搅拌器在结构上最简单，如图 6.3 所示。其桨叶一般用扁钢制造的，强度不够时需加肋，单面加肋效果好。桨叶亦可采用角钢，但角钢桨叶不如扁钢桨叶形成的湍流强度大，效果好。当液体对钢材有显著腐蚀时，桨叶可用合金钢或有色金属制造，也可以采用钢制外包橡胶或环氧树脂、酚醛玻璃布等防腐措施。

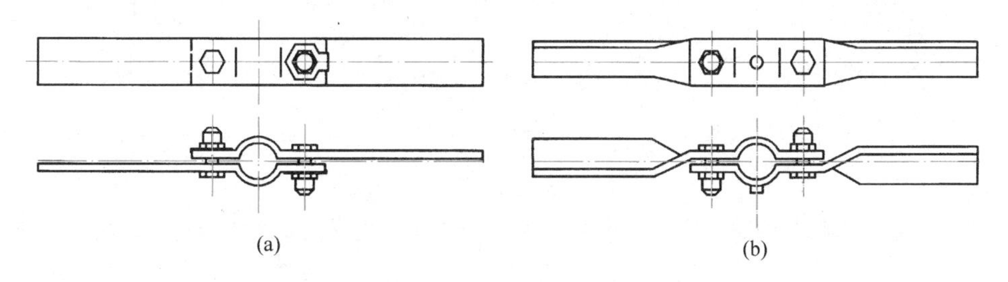

图 6.3 桨式搅拌器结构

（a）平桨；（b）折叶桨

桨叶形式可分为平直叶和折叶两种。平直叶就是叶面与旋转方向互相垂直，折叶则是叶面与旋转方向成一倾斜角度（一般 45°或 60°）。平直叶主要使液体产生切线方向的流动，加挡板后可产生一定的轴向搅拌效果。而折叶除了使液体产生切向的流动外，更重要的是它使液体产生了大量的轴向流动。折叶桨式搅拌器多在层流、过渡流状态下操作，对黏度较敏感。

搅拌器在搅拌的过程中要消耗能量，消耗的功率与桨叶直径的 5 次方成正比，因此桨式搅拌器的桨叶直径不宜过大。桨叶与搅拌轴的连接有两种形式，当搅拌轴直径 $d<$ 50mm 时，除用螺栓对夹外，再用紧固螺钉固定；当搅拌轴直径 $d>$50mm 时，除用螺栓对夹外，要再用穿轴螺栓或圆柱销固定在轴上。

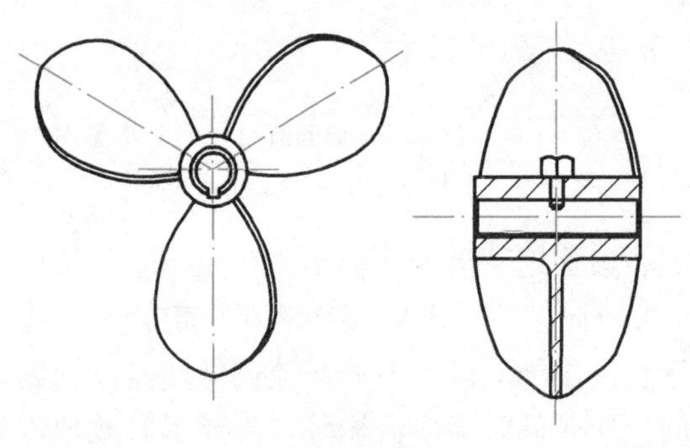

图 6.4　推进式搅拌器结构

桨式搅拌器的转速较低，一般为 1～100r/min，线速度为 1.0～6.0m/s。适用于介质黏度小于 2Pa・s 的液体。主要用于药剂的溶解和混合。

图 6.4 为推进式搅拌器构造图。一般用铸铁、铸钢整体铸造而成，有时也采用焊接，当采用焊接时，需模锻后再与轴套焊接，加工较困难，制造时应做静平衡试验。搅拌器可用轴套、平键和紧固螺钉与轴连接。

推进式搅拌器能使液体作循环流动，循环速率高，剪切作用小，上下翻腾效果好，适于药剂溶解与悬浮操作。当需要增大流速和液体循环量时，则应安装导流筒。

涡轮式搅拌器分开启式和圆盘式，桨叶有平直叶、弯叶和折叶，如图 6.5 所示。涡轮式搅拌器的桨叶数量比桨叶式搅拌器多，桨的转速高，可使液体均匀地由垂直方向的运动改变成水平方向的运动，自涡轮流出的高速液流沿切线方向散开，从而在整个液体内得到剧烈搅动。这种搅拌器广泛用于快速溶解和进行乳化操作。

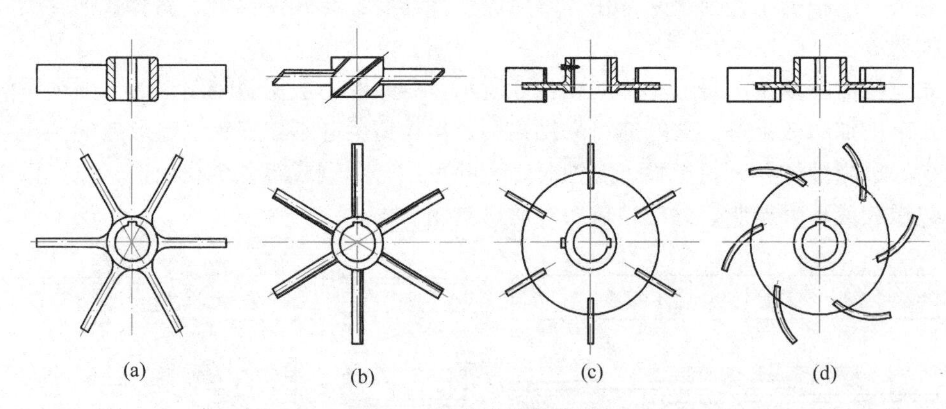

图 6.5　涡轮式搅拌器结构

(a) 平直叶开启式涡轮；(b) 折叶开启式涡轮；(c) 直叶圆盘涡轮；(d) 弯叶圆盘涡轮

开启涡轮式搅拌器的桨叶一般采用扁钢与轴套焊接（图 6.5a 和图 6.5b），而圆盘涡轮式搅拌器（图 6.5c 和图 6.5d）的桨叶一般与圆盘焊接或用螺栓连接，再将圆盘焊在轴套上，制造时都应进行静平衡试验。搅拌器的轴套以平键和止动螺钉与轴连接，并在下端用螺母紧固。涡轮的材料有：铸铁、铸钢，如 HT150、HT200、ZG200-400、ZG1Cr13、ZG1Cr18Ni8Ti 等。

涡轮式搅拌器的搅拌速度较高，约为 10～300r/min，平叶的线速度为 4～10m/s，折叶的线速度为 2～6m/s。

除了上述几种常用的搅拌器外，还有一些特殊结构的搅拌器，如框式、锚式、螺杆式和螺带式等（图 6.6），可根据不同的要求选择。

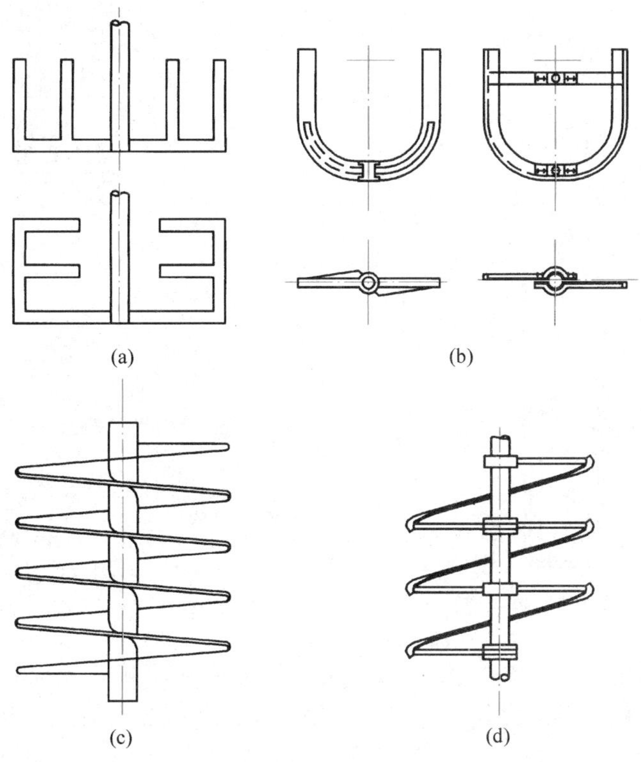

图 6.6　其他形式搅拌器
(a) 框式；(b) 锚式；(c) 螺杆式；(d) 螺带式

6.2.3　搅拌器附件

搅拌器转速足够高时，容易产生漩涡流，当有漩涡存在时，因轴向的循环速率低于径向而影响搅拌效果。此外，剧烈打旋的液体结合漩涡作用对搅拌轴产生冲击作用，从而影响搅拌器的使用寿命。为了消除湍流状态时的打旋现象，通常在搅拌池或搅拌罐内设挡板或导流筒。挡板有纵向挡板和横向挡板两种，常用的是纵向挡板，纵向挡板的安装形式如图 6.7 所示。导流筒是一个圆筒，安装在搅拌器的外面，可控制液体流动的速度和方向以确定某一特定的流动状态，涡轮式搅拌器的导流筒形式如图 6.8 所示。

6.2.4　传动装置

传动装置的作用主要是为搅拌设备提供能量，通常安装在液面以上，采用立式布置。传动装置主要由电动机、减速机和机架组成。电动机经减速机将转速减至要求的转速，再通过联轴器带动搅拌轴旋转。减速机下安设机架，为了保护转动装置与轴封装置安装的同轴性以及装拆方便，常在封头上焊一底座，整个传动装置连机架及轴封装置都一起安装在这个底座上，如图 6.9 所示。

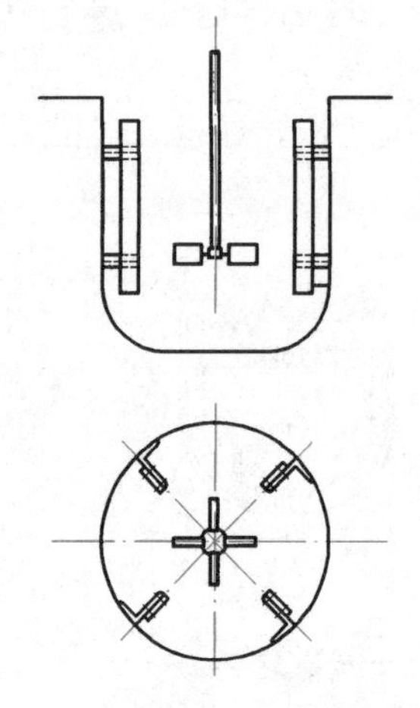

图 6.7　安装纵向挡板的搅拌器

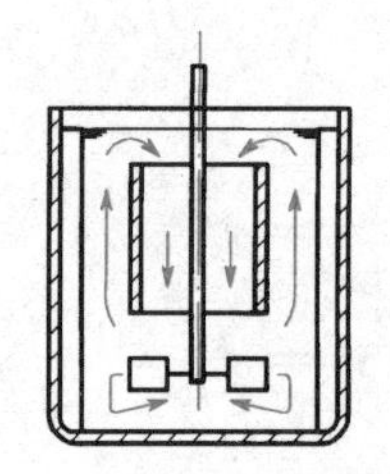

图 6.8　安装导流筒的涡轮式搅拌器

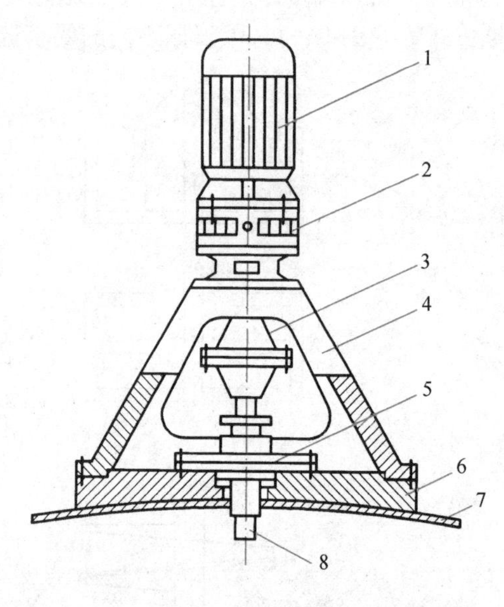

图 6.9　传动装置

1—电动机；2—减速机；3—联轴器；4—机架；5—轴封装置；6—底座；7—封头；8—搅拌轴

机械搅拌器使用的电动机一般与减速机配套使用。搅拌器常用的立式减速机主要有：三角皮带减速机、两级齿轮减速机、摆线针轮减速机和谐波减速机等。在水处理工艺中，通常采用摆线针轮减速机。摆线针轮减速机结构紧凑、体积小、质量轻、效率高、减速比大、寿命长、故障少、过载能力强、耐冲击，特别适用于启动频繁和正反转兼有的场合。

传动装置的机架是用来固定传动装置的，机架是一个锥形体，并带有上、下法兰，下法兰与底座连接，上法兰通过接板与减速机相连；在机架上一般还需有容纳联轴器、轴封装置等部件及其安装操作所需的空间，为了改善搅拌轴的支承条件，有时机架中间还要安装中间轴承装置。选用时必须先考虑上述要求，然后根据所选减速机的输出轴径及安装定位面的结构尺寸选配合适的机架。由于许多减速机与机架连成整体，常常机架与减速机配套供应，因此在水处理工艺中，往往不存在机架的选择问题。

6.2.5　搅拌轴

搅拌轴主要是用来固定搅拌器，并从减速装置的输出轴取得动力，在带动搅拌器转动的同时，将功率传递给搅拌器以克服其旋转时遇到的阻力偶矩而对流体做功。

搅拌轴主要是由轴颈、轴头、轴身三部分组成，支承轴的部分叫轴颈，安装搅拌器的部分叫轴头，其余部分为轴身。搅拌轴一般为一段，当搅拌轴较长时，为安装、检修、制造方便，有时将搅拌轴分成上下两段。搅拌轴可以是实心轴，也可以是空心轴。

搅拌轴的上端与减速机的输出轴相连，因此，必须有安装联轴器的结构。当与不同联轴器相配套时，轴端结构有所不同，对于配有凸缘联轴器的轴端，由轴肩和锁紧螺母实现轴向固定，用键来实现周向固定，所以轴端必须车制出轴肩、相应的螺纹及退刀槽和键槽等，如图 6.10 所示。对于装在夹壳式联轴器中的轴端结构，轴端车出一环形槽，将两根需要相连的轴的端部对接在一起，利用它们的环形槽和一个可拆式的悬吊环，将两根轴轴向定位，再借助夹壳式联轴器将悬吊环紧紧地扣压在两根轴的轴端环形槽内，从而实现两根轴的连接（图 6.11）。

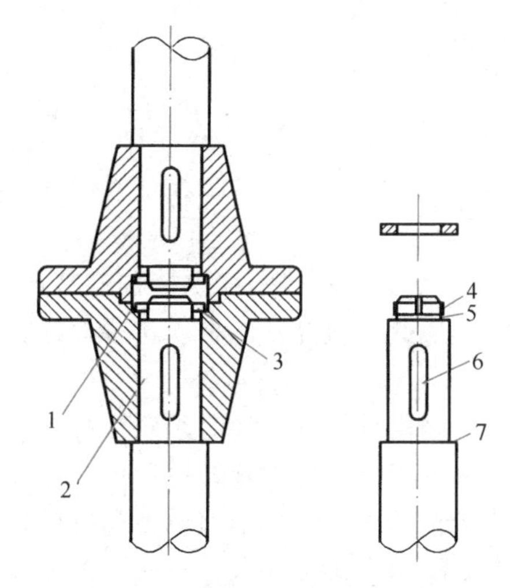

图 6.10 凸缘联轴器的轴端结构

1—凸缘联轴器；2—轴；3—锁紧螺母；4—螺纹；5—退刀槽；6—键槽；7—轴肩

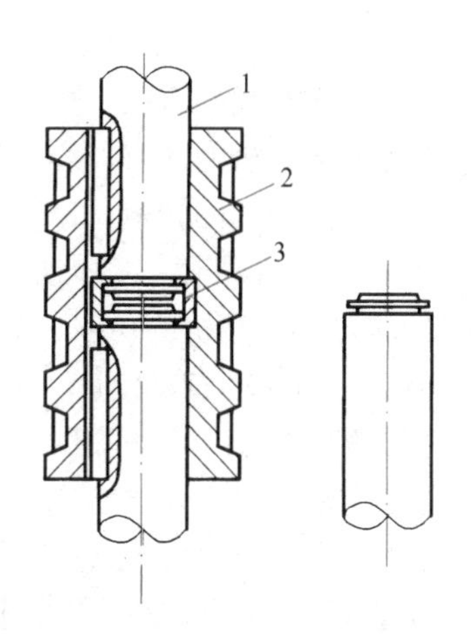

图 6.11 夹壳式联轴器的轴端结构

1—轴；2—夹壳式联轴器；3—悬吊环

搅拌轴的下端与搅拌器相连，根据搅拌器的形式及安装位置的不同，搅拌器安装固定在搅拌轴上的方法也不同。对于桨式和框式搅拌器的轴头，只需用对夹螺栓夹紧搅拌器，再加紧定螺钉或穿螺栓定位（图 6.3），因而轴头用光轴打孔即可。对于安装推进式搅拌器的轴头，需加工出轴肩、键槽、螺纹、退刀槽和穿孔。用固定螺母压紧搅拌器后，以销钉防止固定螺母松开，并用防锈螺母保护轴端螺纹，如图 6.12 所示。

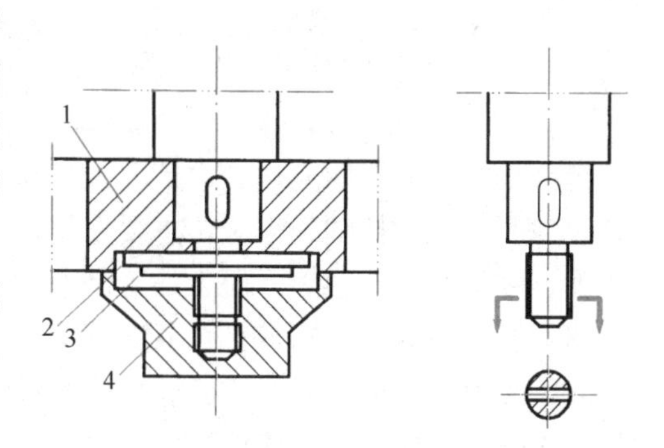

图 6.12 推进式搅拌器在轴上的固定结构

1—搅拌器；2—固定螺母；3—销钉；4—防锈螺母

在搅拌过程中，搅拌轴除了承受扭转作用外，还承受弯曲作用。由于扭转在搅拌过程中起主导作用，工程上假定搅拌轴只承受扭转作用，用增加安全系数降低材料许用应力的方法来弥补因忽略弯曲作用所引起的误差。搅拌轴受扭转作用时的强度条件是

$$\tau_{\max}=\frac{M}{W}\leqslant[\tau] \tag{6.1}$$

式中 $\tau_{\max}$——截面上最大剪应力，MPa；

M——轴传递的扭矩，N·mm；

W——抗扭截面模量，mm^3；

$[\tau]$——降低后的扭转许用剪应力，MPa。其数值可查相关材料手册。

其中
$$M=9.55\times10^6\frac{P}{n} \tag{6.2}$$

对于实心轴
$$W=\frac{\pi d^3}{16} \tag{6.3}$$

故搅拌轴的直径：
$$d=\sqrt[3]{\frac{9.55\times10^6 P}{0.2n[\tau]}} \tag{6.4}$$

式中 d——搅拌轴的直径，mm；

P——电动机的功率，kW；

n——搅拌轴的转速，r/min。

从上式中可以看出，搅拌轴的直径与轴的材质、电动机的功率和搅拌轴的转速有关。搅拌轴的转速和电动机的功率一般由工艺计算得到，因此，搅拌轴的材质选择对搅拌轴的设计具有十分重要的意义。

在搅拌轴的设计计算过程中，除了对搅拌轴进行强度计算外，还必须对搅拌轴进行刚度校核。为了防止转轴在旋转过程中产生过大的扭曲变形，避免在运转过程中产生振动而引起轴封的泄漏，常常将轴的扭转变形限制在一定的范围内，工程上以单位长度的扭转角θ不得超过许用扭转角$[\theta]$作为扭转的刚度条件，即：

$$\theta=\frac{M}{GJ}\times10^3\times\frac{180}{\pi}\leqslant[\theta] \tag{6.5}$$

式中 θ——轴扭转变形的扭转角，°/m；

G——剪切弹性模量，MPa；

J——轴截面的极惯性矩，mm^4；

$[\theta]$——许用扭转角，在一般的转动中取（0.5°～1°）/m。

搅拌轴材质的选用应从受力情况及工作条件出发，以安全、适用、容易加工制造和经济合理为原则。搅拌轴工作时，主要受扭转、弯曲和冲击力作用，因此轴的材质应有足够的强度、刚度和韧性。为了便于加工制造，还需要有优良的切削加工性能，所以常采用45号优质钢制造。对于要求较低的搅拌轴，可采用Q235-A或35号钢。当搅拌轴有耐腐蚀要求时，应根据腐蚀介质的性质和温度条件来选取合适的材料，一般采用不锈钢或对碳钢轴加防腐措施。为了防止搅拌轴弯曲对轴封的影响，加工时对搅拌轴的直线度有一定的要求，轴的直线度与转速有关，转速高，对直线度的要求也高。搅拌轴的配合面的配合公差和表面粗糙度可按所配零部件（如搅拌器、联轴器、轴承等）的标准来选取。表面硬度只有在转速、压力、温度以及填料材质使得轴会很快磨损的场合才予以考虑，如对轴进行调质处理和喷涂硬铬，提高其耐磨性能。

6.2.6 联轴器

联轴器的作用是将两个独立的轴牢固地连在一起，以进行传递旋转运动和功率。对联轴器的要求最主要是应确保两根连接轴的同心，有时还应具有一定的减少振动、缓和冲击的能力。根据连接方式联轴器可分为刚性联轴器和弹性联轴器两类。常用的联轴器有凸缘、夹壳、套筒和弹性圈柱销联轴器。

凸缘联轴器是由两个带凸缘的圆盘组成，圆盘称半联轴器，如图 6.13 所示。半联轴器与轴通过键进行周向固定，而由轴上的轴肩和锁紧螺母实现二者的轴向固定。通常一个半联轴器的端面上开有凹槽，另一个半联轴器则具有凸肩，两者嵌合对准，然后再用螺栓将两个半联轴器连接在一起。

夹壳联轴器是由两个半圆筒形的夹壳组成，如图 6.14 所示。夹壳的材料为灰铸铁 HT200，并用一组螺栓锁紧，夹壳的凸缘间留有一定的空隙，当螺母锁紧后，轴与夹壳接触，表面间产生压力。轴转动时产生摩擦力，并靠摩擦力传递扭矩。为了连接可靠，常加平键。夹壳中间有一悬挂吊环，它由两个半环组成，用来固定轴的轴向位置。

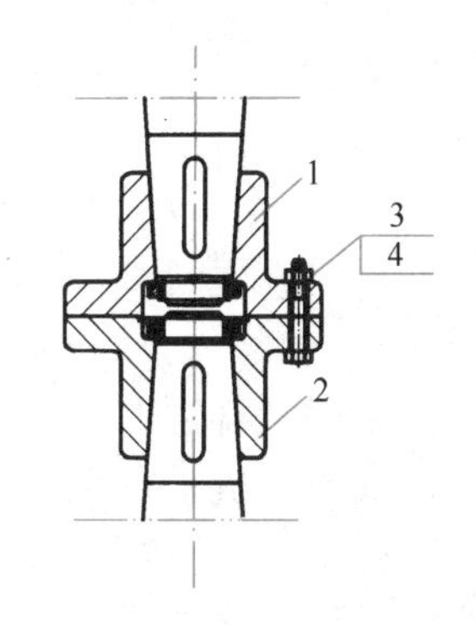

图 6.13　凸缘联轴器

1—上半联轴器；2—下半联轴器；3—铰制孔螺栓；4—螺母

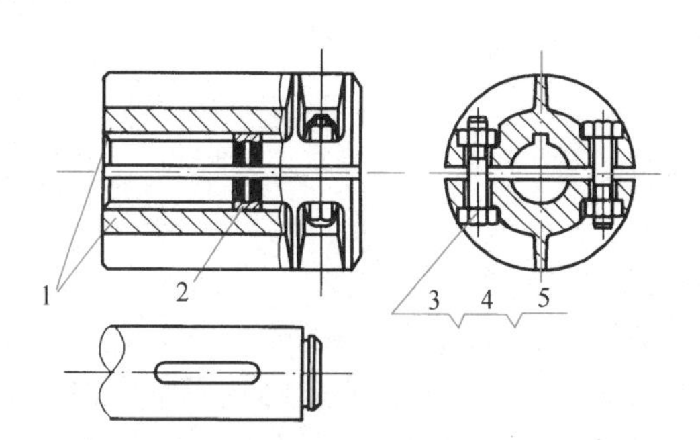

图 6.14　夹壳联轴器

1—左（右）半联轴器；2—吊环；3—螺栓；4—螺母；5—垫圈

套筒联轴器较为简单，是由键或销钉将套筒与轴连接起来的，如图 6.15 所示。

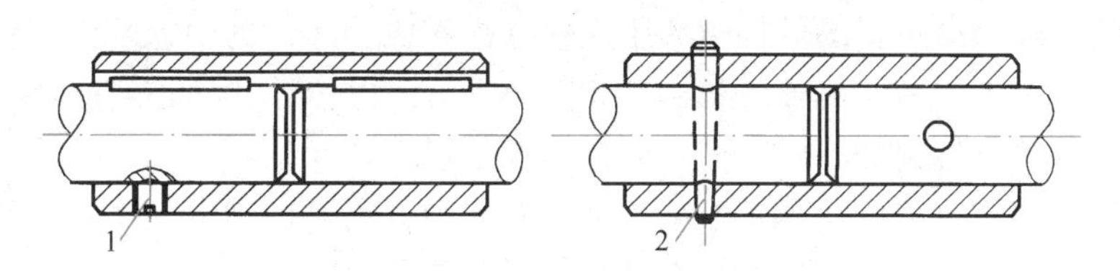

图 6.15　套筒联轴器

1—键；2—销钉

弹性圈柱销联轴器的结构与凸缘联轴器相类似（图 6.16）。只是用一个套有弹性圈的柱销代替连接螺栓，通过弹性柱销将两个半联轴器连接起来。常用的联轴器的材料多为灰铸铁 HT200 和铸钢 ZG270-500。柱销的材料不低于 45 号钢，而弹性圈材料为橡胶和皮革等。为了提高弹性圈的吸振能力，多将它做成梯形。

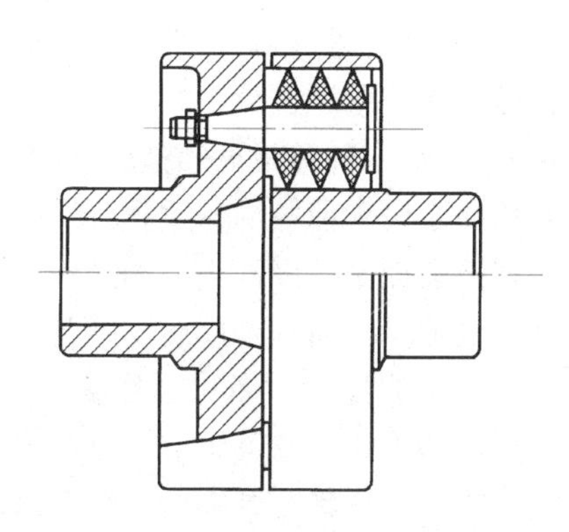

图 6.16　弹性圈柱销联轴器

联轴器的不同结构决定了它们的不同特点和使用条件。了解他们各自的特点和使用条件对于选择合适的联轴器具有重要意义。常用的联轴器的特点和适用条件见表6.1。

几种联轴器的基本特点　　表6.1

联轴器类型	许用扭矩范围（N·m）	轴径范围（mm）	最大转速范围（r/min）	主要特点	适用条件
刚性凸缘联轴器	10～20000	10～180	1400～13000	优点是结构简单、制造方便、成本低、并能传递较大扭矩。缺点是无减振性能，不能消除因两轴不同心所引起的振动	适用于低速、振动小和刚性大的轴
弹性圈柱销联轴器	6.3～16000	9～170	800～8800	靠弹性圈变形而储蓄能量，从而使联轴器具有吸振与缓冲的能力，并允许有不大的径向位移和轴向位移	适用于正反转变化多、启动频繁、高速转动的搅拌器设备中
刚性夹壳联轴器	85～9000	30～110	380～900	拆卸方便，拆装时不需做轴向移动	一般适用于低速、直径小于200mm的轴，不适用于有冲击的情况

联轴器的选择一般是根据工作条件，结合联轴器的基本特点来确定合适的类型。在减速装置中，当输出轴有牢靠的支承，而搅拌轴本身没有任何支承并设计成悬臂状态时，必须选用刚性联轴器，轴向固定结构要牢靠，以保证两轴连接可靠、同心，避免产生振动。如果搅拌轴较长，采用底轴承和中间轴承支承时，则搅拌轴同输出轴的连接选用弹性联轴器。确定联轴器类型后，再根据轴的直径、所传递的扭矩及轴的转速，在机械设计手册中选择联轴器的型号和尺寸。

6.2.7　轴承

搅拌轴的上端与减速机的外伸轴端用联轴器连接成一体，轴颈以及搅拌轴上的回转部件用轴承来支承，对于较长的搅拌轴或轴向力较大的搅拌器（例如推进式搅拌器），为了避免轴的晃动，保证轴封的正常工作，应为搅拌轴设置支承。

在搅拌器中使用最多的支承是轴承，轴承有多种分类，按轴承工作时的摩擦性质，分为滑动轴承和滚动轴承两大类；按承载方向分为：向心轴承（主要承受径向载荷）、向心推力轴承（能承受径向、轴向联合载荷）、推力轴承（承受轴向载荷）。滑动轴承按其承受载荷的方向可分为向心滑动轴承和推力滑动轴承。向心滑动轴承的结构类型有：整体式向心滑动轴承、剖分式向心滑动轴承、调心式向心滑动轴承。滚动轴承按滚动体的形状又可分为：球轴承、滚子轴承。

图6.17是一种最常见的整体式向心滑动轴承。轴承座用铸铁制成，用螺栓与机座连接，其顶部为设置油杯的螺纹孔。在轴承孔内压入用减磨材料制成的轴套，轴套上开有油孔，并在内表面上开设油沟以输送润滑油。这种轴承的特点是结构简单、成本低，但装拆时必须通过轴端，而且磨损后轴颈与轴套之间的间隙过大时无法调整，故多用于轻载、低速和间歇工作的搅拌设备中。图6.18是剖分式向心滑动轴承。它是由轴承座、轴承盖、剖分轴瓦、轴承盖螺柱等组成。轴承座用螺栓和轴承盖连接，用以压紧轴瓦。剖分面间放有少量垫片，可在轴瓦磨损后，借助减少垫片来调整轴颈与轴瓦之间的间隙。为使轴承盖和轴承座便于定位并防止工作时发生径向错动，剖分面常做成阶梯形。图6.19是调心式

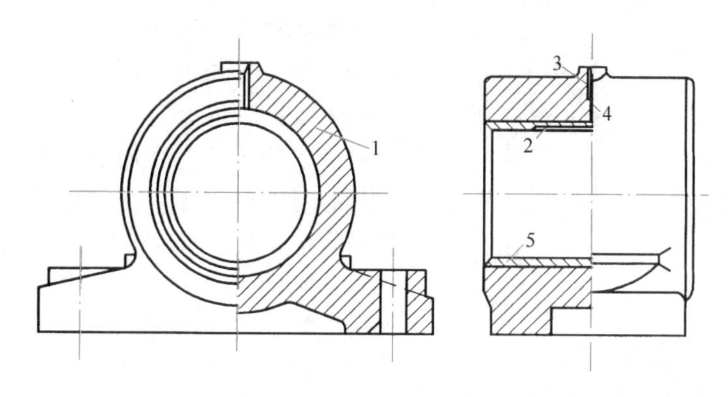

图 6.17　整体式向心滑动轴承

1—轴承座；2—油沟；3—油杯螺纹孔；4—油孔；5—轴套

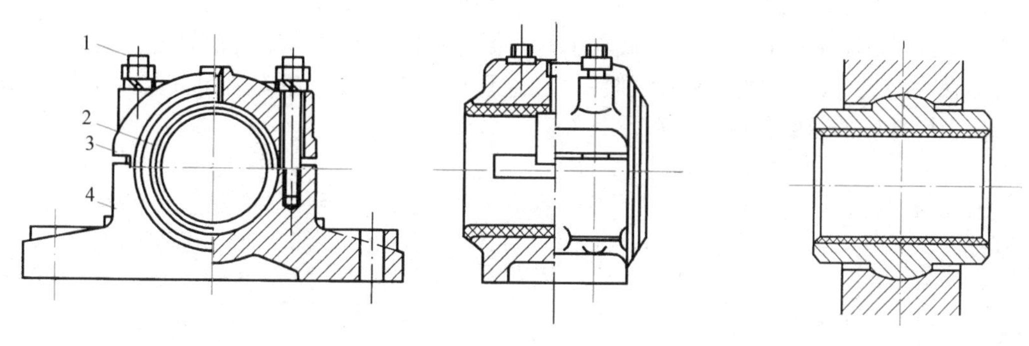

图 6.18　剖分式向心滑动轴承

1—双头螺柱；2—部分轴瓦；3—轴承盖；4—轴承座

图 6.19　调心轴承

向心滑动轴承。这种滑动轴承的轴瓦可以自动随轴偏转，它的轴瓦外表面被做成球面形状，并与轴承盖及轴承座的球状内表面相配合，使轴瓦可以自动调位以适应轴颈弯曲时所产生的偏斜。图 6.20 是普通推力滑动轴承的几种止推面形状。其中，实心端面推力轴颈在工作时，其中心与边缘的磨损不均匀，越接近边缘处磨损越快，以至中心部分压强极高，空心端面推力轴颈和环状轴颈可以避免这一点。当载荷很大时则可以采用多环轴颈，这类轴颈还能承受双向的轴向载荷。

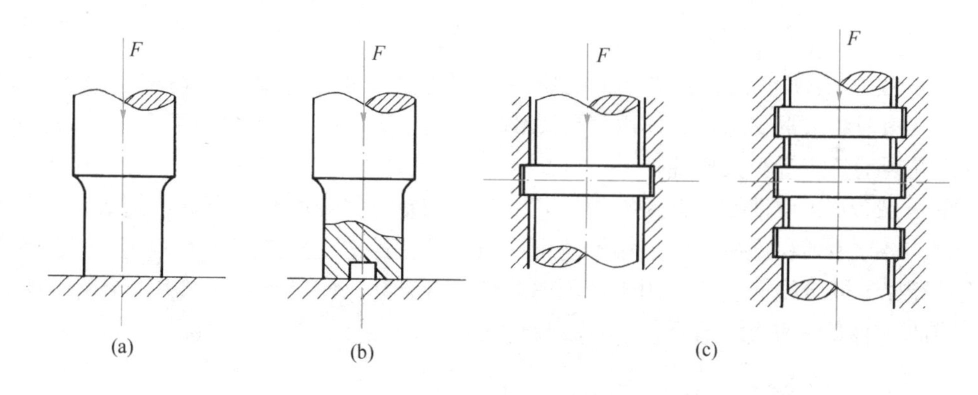

图 6.20　普通推力轴颈

(a) 实心端面推力轴颈；(b) 空心端面推力轴颈；(c) 环状轴颈

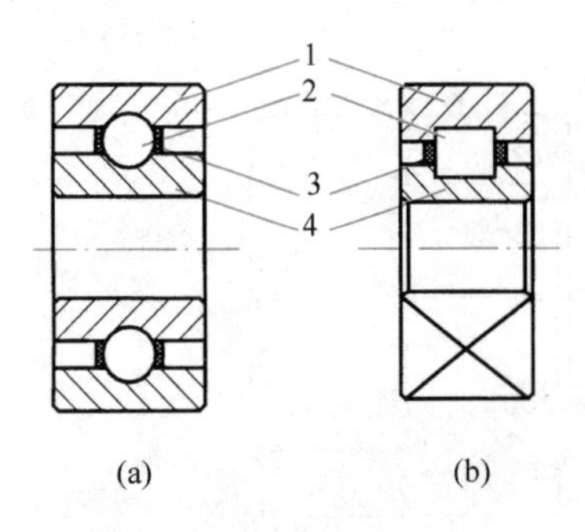

图 6.21　滚动轴承结构

(a) 球轴承；(b) 圆柱滚子轴承

1—外圈；2—滚动体；3—保持架；4—内圈

滚动轴承按滚动体的形状可分为：球轴承、滚子轴承。图 6.21 为典型的滚动轴承的结构。一般由外圈、内圈、滚动体和保持架四个部分组成。在外圈的内表面和内圈的外表面上，通常都制有凹槽滚道，滚动体沿着滚道运动，保持架将滚动体彼此隔开，使其均匀分布。一般内圈与轴配合较紧，随轴转动，外圈与轴承座或机壳配合较松，不转动。

在搅拌轴的支承中，是否安装轴承、轴承安装在何处应根据轴的长度、搅拌速度及密封要求来确定。当搅拌轴较短时，搅拌轴的上端与减速机的外伸端用夹壳联轴器连接成一体，借助减速机内的轴承支承，如果搅拌转速较快且密封要求较高时，可考虑安装底轴承；当搅拌轴较长或搅拌器的轴向力较大时，搅拌轴易出现大的晃动，易造成轴封的泄漏，在这种情况下，可考虑安装中间轴承或底轴承，一般要求搅拌轴的悬臂长度满足以下条件：

$$\frac{L_1}{B} \leqslant 4 \sim 5 \tag{6.6}$$

$$\frac{L_1}{d} \leqslant 40 \sim 50 \tag{6.7}$$

式中　L_1——悬臂轴的长度，m；

B——轴承间距，m；

d——搅拌轴直径，m。

当轴的直径余量较大、搅拌器有平衡装置或转速较低时，L_1/B 及 L_1/d 可取偏大值。

6.3　水处理工艺中常用的机械搅拌设备

在水处理工艺中，常用的搅拌设备有用于配制溶液的溶液搅拌设备、用于充分混合处理水的混合搅拌设备和使药剂与处理水混合反应形成絮凝体的絮凝搅拌设备。

6.3.1　溶液搅拌设备

图 6.22 为 JBT 型推进式搅拌机，它采用螺旋桨叶式搅拌器，并与钢制搅拌罐配套，罐内设有挡板和水下支承，罐体内衬玻璃钢。适用于大、中型污水处理厂或给水厂投加絮凝剂或混凝剂的溶解和稀释搅拌。

图 6.23 为 SJ 型带罐框架式搅拌机，一般与钢制搅拌罐配套，罐体内衬玻璃钢，防腐性能好，桨叶主轴和罐体也可采用不锈钢材质。其特点是搅拌强度大且均匀，根据介质的性质和搅拌桨外缘线速度分别用于药剂的溶解、混合和反应，因而常被用于给水处理厂投加絮凝剂、助凝剂的溶解稀释、混合及反应等过程的搅拌。

6.3.2　混合搅拌设备

图 6.24 为 WHJ 型机械混合搅拌机，具有产生对流循环和剧烈涡流的特点，从而使混

凝剂与水快速充分混合，以满足混凝工艺的要求，适用于给水厂和污水处理厂的溶药搅拌。对于较深容器，应增加搅拌器数量，采用双层搅拌器进行混合搅拌。

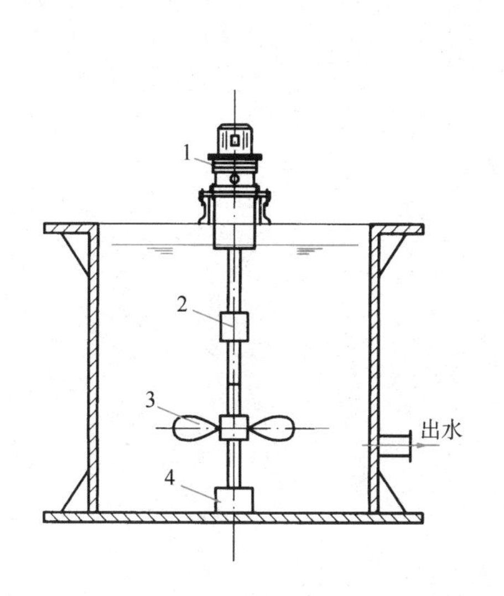

图 6.22 JBT 型推进式搅拌机结构示意图
1—传动装置；2—联轴器；
3—搅拌器；4—水下轴承

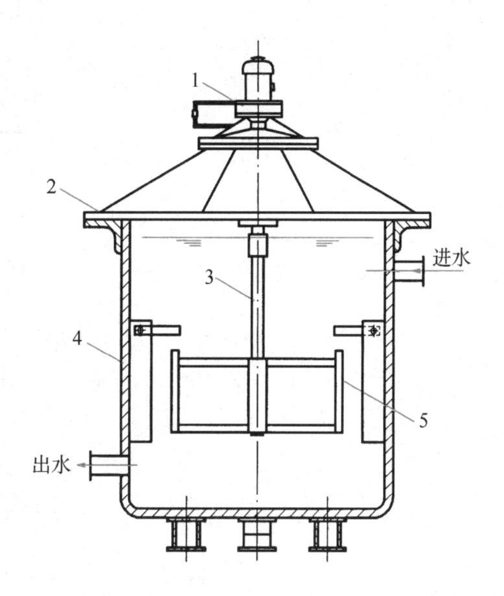

图 6.23 SJ 型带罐框架式搅拌机结构示意图
1—传动装置；2—支座；3—主轴；
4—罐体；5—搅拌器

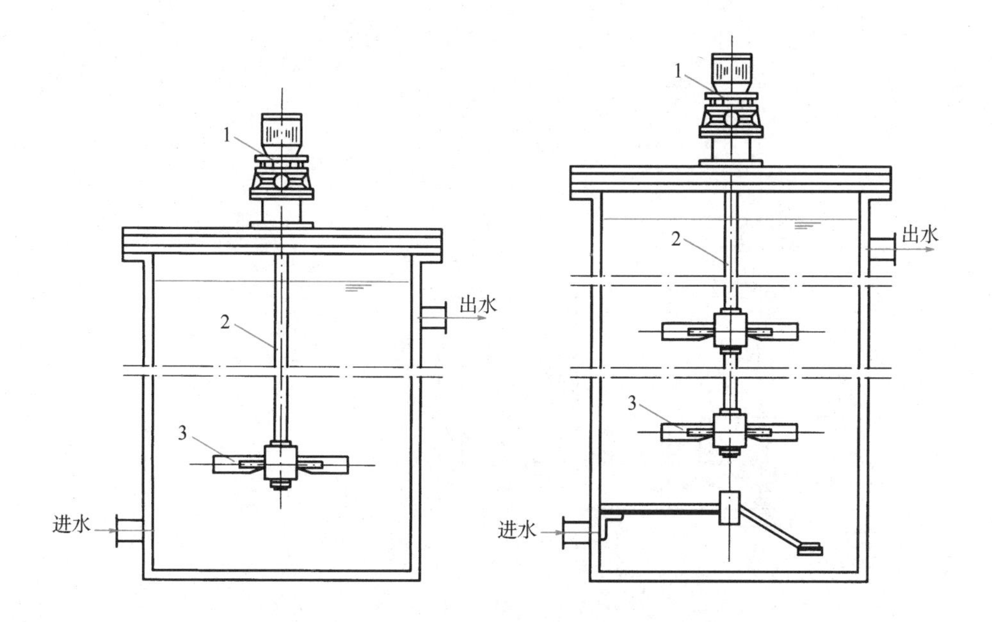

图 6.24 WHJ 型机械混合搅拌机结构示意图
1—传动装置；2—主轴；3—搅拌器

图 6.25 为 JBJ 型折桨式混合搅拌机，具有运行平稳，搅拌均匀的特点，适用于大水量的混合搅拌。常用于给水处理过程中原水与混凝剂或助凝剂的混合反应搅拌。

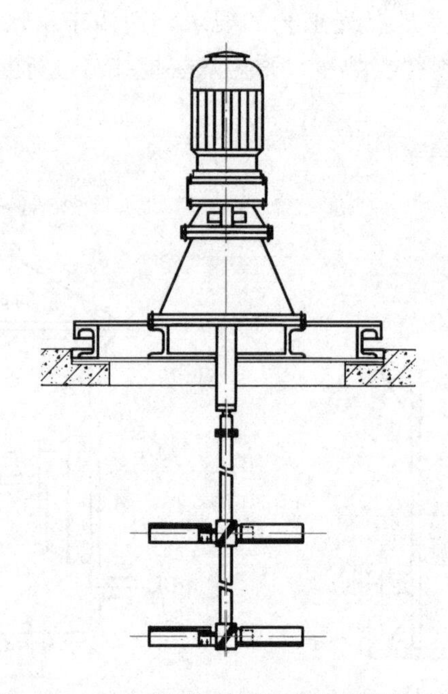

图 6.25 JBJ 型折桨式混合搅拌机结构示意图

6.3.3 絮凝搅拌设备

LJF 型立轴式机械絮凝搅拌机的转速较小（图 6.26），能使药剂在水体中结成絮凝体，有单层、双层、三层等几种，可以根据絮凝的实际需要选择。一般适用于给水处理混合之后的絮凝搅拌。

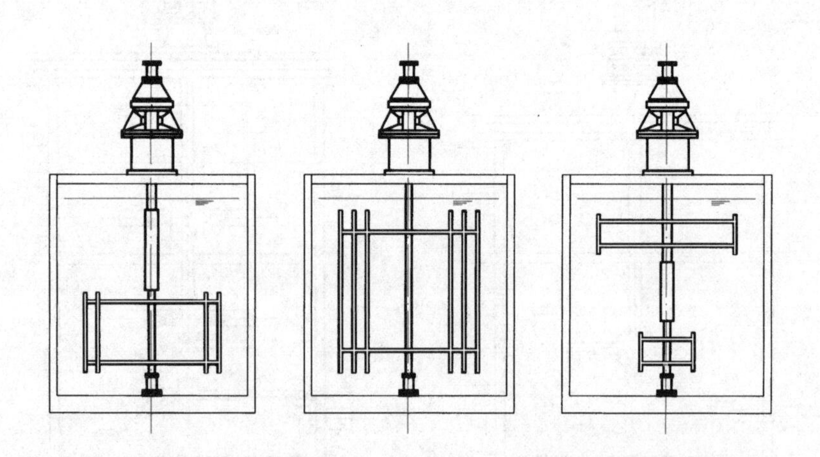

图 6.26 LJF 型立轴式机械絮凝搅拌机结构示意图

WJF 型卧轴式机械絮凝搅拌机应用于混合工序之后的絮凝搅拌阶段，通过搅拌使药剂与水中悬浮物絮凝反应形成絮凝体，按水流速度 0.6～0.2m/s 顺序在絮凝池内设置成三挡式或四挡式，每挡搅拌机成串设置搅拌器 3～4 个，由同一驱动机构驱动，絮凝搅拌机分定速和变速两种。一般适用于大中型水厂的机械絮凝搅拌池（图 6.27）。

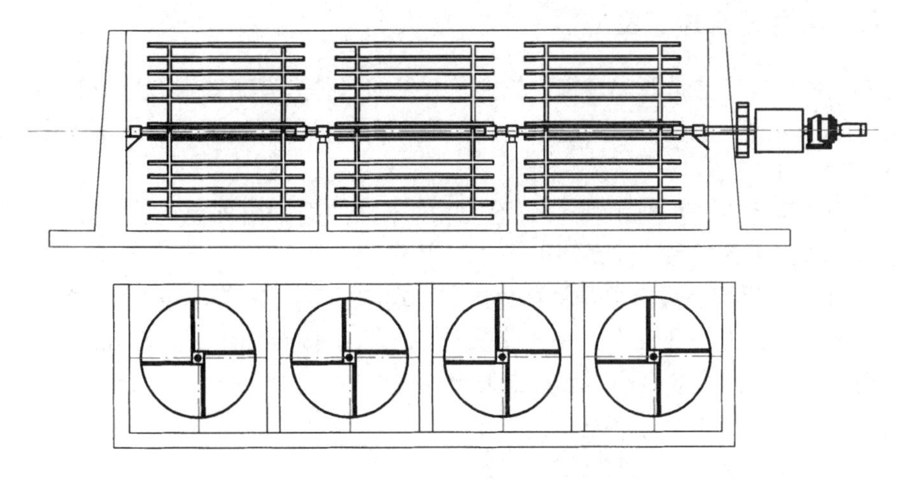

图 6.27 WJF 型卧轴式搅拌机结构示意图

6.4 其他搅拌设备

在水处理工艺中最常使用的搅拌设备是机械搅拌设备，除机械搅拌设备外，搅拌设备还包括气体搅拌设备、管道混合设备、射流混合设备等。

6.4.1 管道静态混合器

典型的管道混合设备为静态混合器，静态混合器的基本工作原理是利用固定在管内的混合单元体改变流体在管内的流动状态，达到流体均匀混合的目的。在水处理工艺中最常使用的是管道静态混合器（图 6.28），具有快速高效和混合性能好的特点。混合的方法有3 种，分别为喷嘴式、涡流式、多孔板/异形板式。常见的管道静态混合器一般由三节组成，每节混合器有一个 180°扭曲的固定螺旋叶片，分左旋和右旋两种。相邻两节中的螺旋叶片旋转方向相反，并相错 90°。为便于安装螺旋叶片，筒体做成两个半圆形，两端均用法兰连接，筒体缝隙之间用环氧树脂粘合，保证其密封要求。管道静态混合器的材质分为玻璃钢、碳钢和不锈钢三种，采用玻璃钢材质具有加工方便，坚固耐用耐腐蚀等优点。适用于给水厂、污水处理厂处理过程中混凝剂或助凝剂与水的混合搅拌。

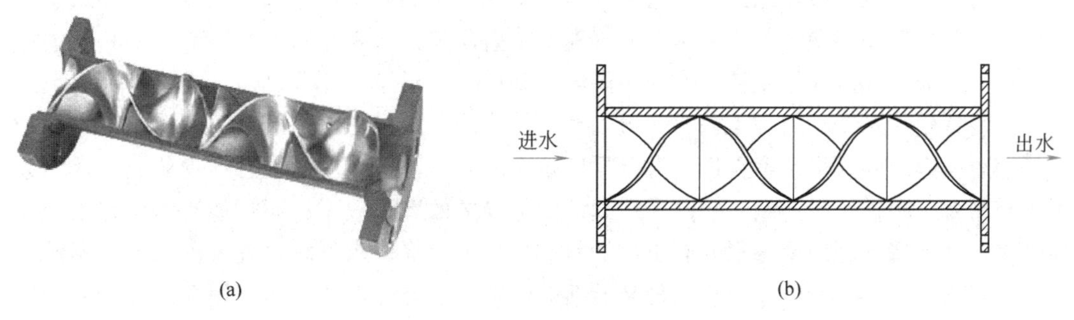

图 6.28 管道静态混合器
（a）Kenic KM 管道静态混合器；（b）管道静态混合器结构示意图

6.4.2　深井混合增压反应器

深井混合增压反应器是西安建筑科技大学开发的一种具有高效混合反应和增压控藻双重功能的水处理装置。该装置主要应用于高藻地表水的水厂预处理，以及水体藻类污染的原位控制。

深井混合增压反应器主要由两个直径、深度不同的同轴内外筒体、Kenic HEV 管道静态混合器、进出水管道和冲洗系统组成（图 6.29）。

Kenic HEV 管道静态混合器是将翼片按照一定倾角设置在管道内壁上（图 6.30），并根据设计流量、水头损失和混合效率确定翼片的尺寸、倾角和组数。Kenic HEV 静态混合器具有构造简单、混合效率高、水头损失小等优点。

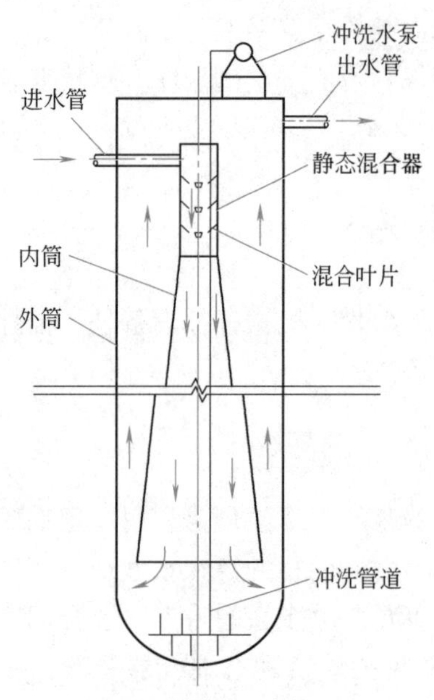

图 6.29　渐变截面深井混合增压反应器结构示意图

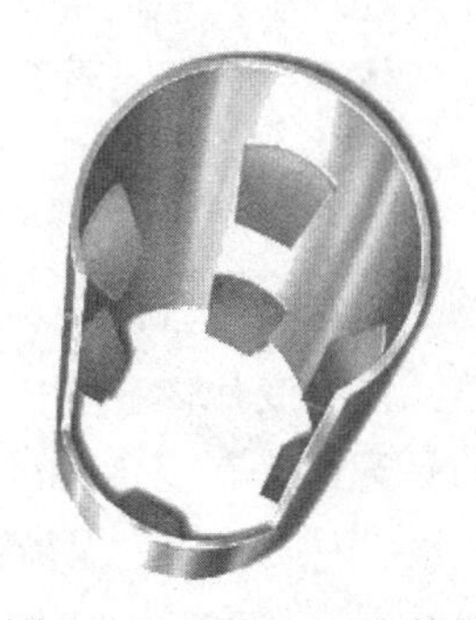

图 6.30　Kenic HEV 管道静态混合器

深井混合增压反应器的工作原理是原水由进水管引入内筒，同时在内筒顶部投加水处理药剂，水和药剂通过静态混合器实现快速高效混合，混合后的水流在内筒和外筒中以近似推流的状态进行反应，经出水管流出。其控藻原理是利用重力作用在反应器底部产生的高压消除破坏蓝藻（微囊藻）细胞内的气囊，使蓝藻失去气囊浮力，其调节功能和藻类活性降低，丧失了光合作用繁殖的能力，藻体密度增大，易于沉淀分离。

该装置用作水厂预处理工艺时，可以替代传统的混合设备，并部分替代反应阶段的功能，缩短反应时间。该装置在提高混合反应效率的同时，破坏了蓝藻悬浮生长条件，增大了藻类密度，降低了投药量，提高了后续沉淀除藻的效率和效果；而且加压作用并未破坏藻细胞，不会造成胞内藻毒素和有机物的释放，会大幅降低水处理过程中藻毒素、藻源有机物、嗅味、消毒副产物等对水质带来的新的污染。另外，该装置是利用高效静态混合器混合、变截面递减强度反应和重力作用控藻，能耗极低，具有高效、节能、节地、省投资的特点和优势。该装置根据反应要求可分为等截面深井混合反应增压控藻和渐变截面深井混合反应增压控藻两种形式。等截面深井混合反应增压控藻装置主要是针对反应阶段要求混合强度 G 值保持恒定的情况（如化学反应、微絮凝反应等）。渐变截面深井混合反应增压控藻装置则是适用于反应阶段要求均匀改变混合强度 G 值的情况（如絮凝反应），是通过将内筒反应段设计成渐变截面来满足这一要求，从而达到更好的反应效果。

思 考 题

1. 搅拌设备的功能是什么？在水处理工艺中，搅拌器主要作用是什么？简述其工作原理。

2. 常用机械搅拌器有哪几种形式？它们之间的区别是什么？

3. 搅拌轴工作时受力状况如何？设计计算时需考虑哪些因素？

4. 与机械搅拌设备相比，管道静态混合器有何优缺点？Kenic KM 型管道静态混合器和 Kenic HEV 型管道静态混合器性能有何差异？

5. 深井增压混合反应器的主要功能和技术原理是什么？

第7章 曝气设备

7.1 曝气设备的用途及分类

7.1.1 曝气设备的用途

在水处理工艺中，曝气设备是给水生物预处理、污水生物处理的关键性设备。其功能是采取一定的技术措施，通过曝气装置将空气中的氧气转移到曝气池的液体中，以供给好氧生物新陈代谢所需要的氧量，同时对池内水体进行充分均匀地混合，达到生物处理的目的。

曝气的主要作用有二：一是充氧，向活性污泥微生物提供足够的溶解氧，以满足其在代谢过程中所需的氧量；二是搅拌、混合，使曝气池内的各相物质处于悬浮状态。

7.1.2 曝气设备的分类

水处理中常用的曝气设备可分为以下几类：表面曝气设备、鼓风曝气设备、水下曝气设备、纯氧曝气设备和深井曝气设备等。

表面曝气设备在水体表面旋转时产生水跃，把大量水滴和片状水幕抛向空中，水与空气的充分接触，使氧气很快溶入水体。充氧的同时，在曝气器的推流作用下，将池底含氧少的水体提升向上环流，不断地充氧。

鼓风曝气是鼓风机送出的压缩空气通过管道系统送到安装在曝气池中的空气扩散装置（曝气器）上，空气从那里以微小气泡的形式逸出，并在混合液中扩散，使气泡中的氧转移到混合液中去。同时气泡在混合液中强烈扩散、搅动，使混合液处于剧烈混合、搅拌状态。

水下曝气设备在水体底层或中层充入空气，与水体充分均匀混合，完成氧的气相到液相的转移，并具有搅拌的作用。

纯氧曝气设备由制氧、输氧和充氧装置等组成。由于纯氧中的氧含量为90%～95%，纯氧氧分压比空气高4.4～4.7倍，用纯氧进行曝气能够提高氧向混合液中传递速度，缩短曝气时间，减小曝气池容积。

深井曝气的深井一般达50～150m，远远超过所有曝气池。深井中的高静压水为微生物提供更充足的溶解氧，同时井内混合液反复循环所造成的强烈搅拌作用，更强化了向微生物的传质作用。深井曝气高效、节能、省地，对城市污水和工业废水均可应用。

鼓风机、压缩机作为鼓风曝气、水下曝气、纯氧曝气和深井曝气等的气源设备，是曝气系统的重要组成部分。

7.2 表面曝气设备

7.2.1 表面曝气设备的用途和分类

表面曝气设备应用较为普遍，与鼓风曝气相比，不需要修建鼓风机房及设置大量布气管道和曝气头，设置简单、集中。但表面曝气设备一般不适用于曝气过程中产生大量气泡的污水。其原因是产生的泡沫会阻碍曝气池液面吸氧，使溶氧效率急剧下降。

表面曝气设备适用于中、小规模的污水处理厂。当污水处理量较大时，采用多台表面曝气设备会导致基建费用和运行费用的增加，同时维护管理工作比较繁重，此时应考虑鼓风曝气工艺。

表面曝气设备按照转轴的方向不同可以分为立轴式和水平轴式两类。

7.2.2 立轴式表面曝气设备

立轴式表面曝气设备可分为低转速立轴式表面曝气和高转速立轴式表面曝气两类。但一般所谓的表面曝气设备都是专指低转速表面曝气设备，其特征参数如下：转速一般20～100r/min；最大叶轮直径可达4m；最大线速4.5～6m/s；动力效率2～3kg O_2/(kW·h)。

低转速表面曝气设备有多种形式，其机械传动结构大致相同，主要区别在于曝气叶的结构形式，有泵（E）形叶轮、倒伞形叶轮、K形叶轮和平板形叶轮等。

1. 泵（E）形叶轮表面曝气机

泵（E）形叶轮表面曝气机由电动机、联轴器、减速器、叶轮升降装置、泵（E）形叶轮等部分组成。泵（E）形叶轮是我国自行研制的高效表面曝气叶轮。广泛用于石油化工、制革、印染、造纸、食品、农药和燃气等行业以及城市污水的生物处理。

泵（E）形叶轮表面曝气机有多种不同的分类方法，按电动机输出轴的位置分为卧式安装与立式安装。按叶轮浸没度可调与否分为可调式与不可调式，按整机安装方式可分为固定式与浮置式两类。其中固定式指的是整机固定安装在构筑物的上部，如图7.1所示；浮置式指的是整机固定安装于浮筒上，如图7.2所示，其主要用于液面高度变动较大的氧化塘、氧化沟和曝气湖，根据需要还可以在一定范围内移动。

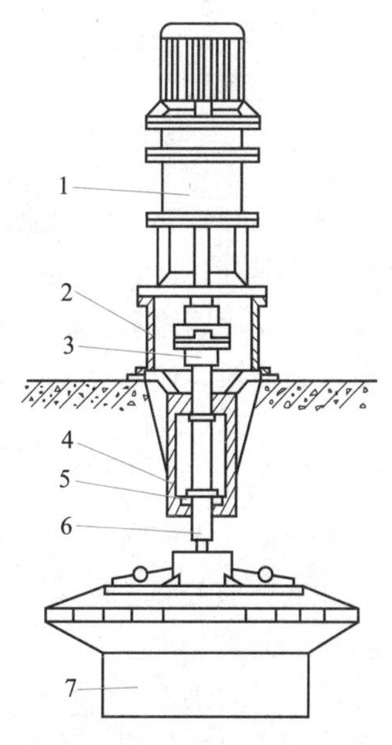

图7.1 固定式叶轮曝气机
1—行星摆线针轮减速机；2—机座；3—浮动盘联轴器；4—轴承座；5—轴承；6—传动轴；7—叶轮

2. 倒伞形叶轮表面曝气机

倒伞形叶轮表面曝气机由电动机、联轴器、减速器、叶轮升降装置、倒伞形叶轮等部分组成。倒伞形叶轮表面曝气机广泛应用于工业废水和城市生活污水的处理中，如活性污泥法处理污水的各种曝气池以及氧化塘和河流曝气等，特别适用于卡鲁塞尔氧化沟中。倒伞形叶轮表面曝气机为垂直轴低速曝气机，径向推流能力强，充氧量高，混合作用大。

倒伞形叶轮表面曝气机按整机安装方式有固定式与浮置式两种，按电动机出轴轴线的位置可分为卧式安装和立式安装。其可以做成水下浸没度可调式，浸没度的调节可采用叶轮轴可升降的传动装置，以及由螺旋调节器调整整机高度，达到叶轮浸没度调节的目的。也可以通过调节曝气池的出水堰门来实现。浮置式叶轮浸没度的调节靠增加或减少浮筒内的配重。

倒伞形叶轮结构如图7.3所示。直立在倒置浅锥体外侧的叶片，自轴身顶端的外缘，以切线方向对周边放射，其尾端均布在圆锥体边缘水平板上，并外伸一小段，与轴垂直。叶轮一般采用低碳钢制作，表面涂防腐涂料，当应用在腐蚀性强的污水中时，可采用耐腐蚀金属制作，如合金钢、不锈钢等。

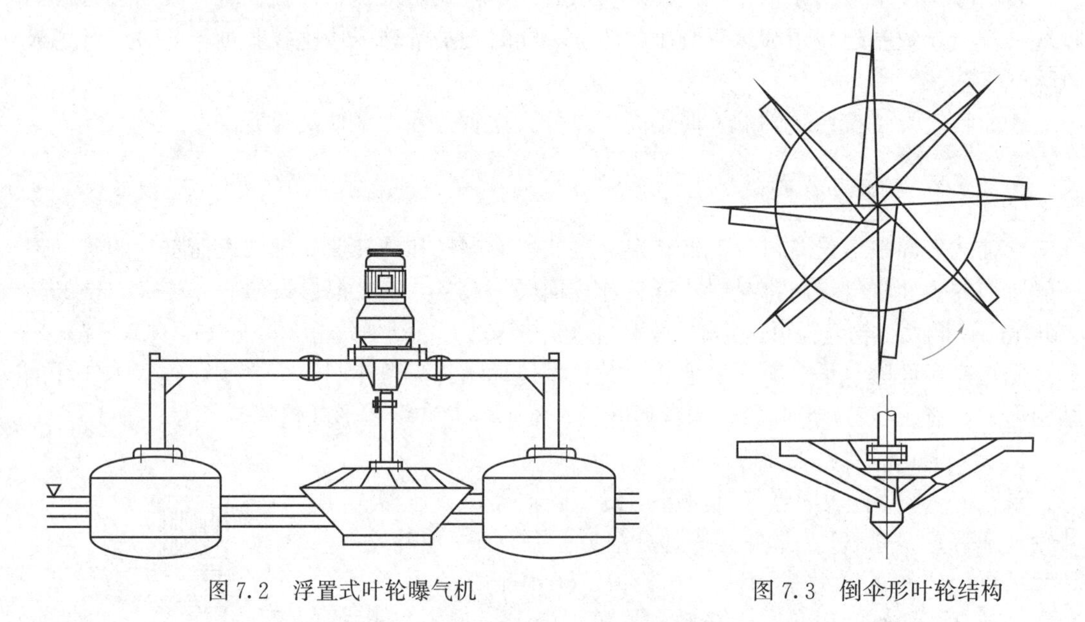

图7.2　浮置式叶轮曝气机

图7.3　倒伞形叶轮结构

倒伞形叶轮充氧作用原理为：(1) 当倒伞形叶轮旋转时，在离心力作用下，水体沿直立叶片被提升，然后呈低抛射线状向外甩出，造成水跃与空气混合、进行充氧。(2) 叶轮旋转时，叶片后侧形成低压区，吸入空气充氧。(3) 叶轮旋转时产生离心推流作用，不断地提水和输水，使曝气池内形成环流，更新气液接触面，进一步进行氧传递。

7.2.3　水平轴式表面曝气设备

水平轴式表面曝气设备有多种形式，机械传动结构大致相同，总体布置有异，主要区别在于水平轴上的工作载体——转刷或转盘。

1. 转刷曝气机

转刷曝气机主要应用于城市污水和工业废水处理的氧化沟技术，可在矩形也可以在圆形曝气混合池中应用，兼有充氧、混合和推进等功能。转刷曝气机由电动机、减速传动装置和转刷主体等主要部件组成，如图7.4所示。

转刷曝气机具有推流能力强，充氧负荷调节灵活，效率高且管理维修方便等特点。在氧化沟技术发展的同时，转刷曝气机也得到广泛的应用。

转刷曝气机分类方法很多。按整机安装方式分固定式和浮筒式，固定式是整机横跨沟池，以池壁构筑物作为支撑安装。浮筒式是整机安装在浮筒上，浮筒内充填泡沫聚氨酯，以防止浮筒漏损而影响浮力，同时顶部配重调整刷片浸没深度，达到最佳运行效果。按转刷主体顶部是否设置钢板罩而分为敞开式和罩式结构，敞开式转刷主体顶部不设钢板罩，刷片旋转时，抛起的水滴自由飞溅；罩式是转刷主体顶部设钢板罩，当刷片旋转飞溅起的水滴与壳板碰撞时，会减速破碎与分散，增加和空气混合，可以提高充氧量。按减速机输出轴与转刷主体间连接，分有轴承座过渡连接与悬臂连接。有轴承座的过渡连接，是指转刷主体两端，设置轴承座固定转刷主体，减速机输出轴与刷体的输入轴间，采用联轴器或其他机械方式的传动连接。悬臂连接，是指减速机输出轴与刷体的输入轴直连，联轴器采用柔性联轴器。柔性联轴器由球面橡胶与内外壳挤压组成，是联轴器中的新类型。既可以承受弯矩，传递扭矩；同时具有减振、缓冲及补偿两轴相对偏移的作用。由于减少了支撑点，使得曝气机轴向整体安装尺寸缩小。

转刷由多条冲压成形的叶片用螺栓连接组合而成，如图 7.5 所示。叶片形状多样，有矩形、三角形、T 形、W 形、齿形、穿孔叶片等。目前应用较多的是矩形窄条状，叶宽一般在 50～76mm 之间，用 $\delta=2\sim3$mm 的薄钢板制作。为防止污水对叶片的腐蚀，叶片采用不锈钢或浸锌碳素钢板制作，特殊情况采用钛合金钢板加工，但成本较高。传动轴一般采用厚壁热轧无缝钢管或不锈钢管加工而成。

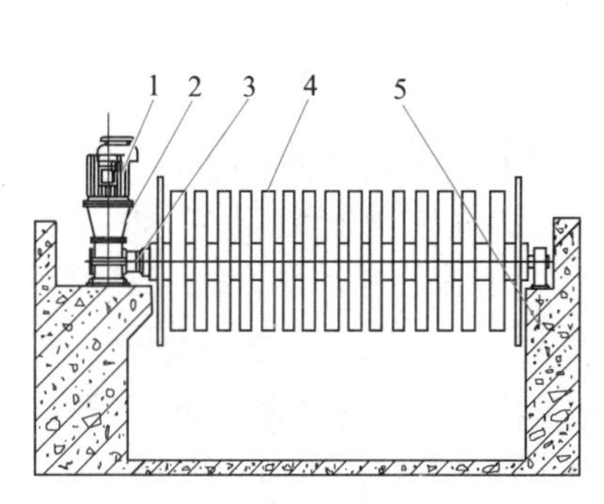

图 7.4　转刷曝气机

1—电动机；2—减速装置；3—柔性联轴器；4—转刷主体；5—氧化沟池壁

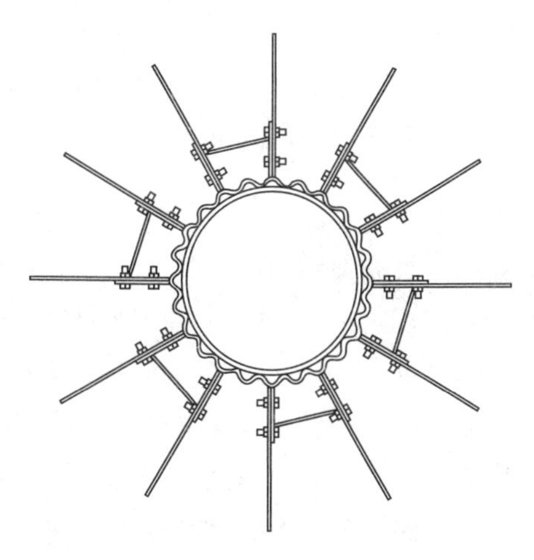

图 7.5　转刷

转刷曝气机在氧化沟中的作用：(1) 向处理污水中充氧。水在不断旋转的转刷叶片作用下，切向呈水滴飞溅状抛出水面与裹入空气强烈混合，完成空气中的氧向水中转移。(2) 推动混合液以一定的流速在氧化沟中循环流动。

2. 转盘曝气机

转盘曝气机是氧化沟的专用机械设备，主要用于奥贝尔（Orbal）型氧化沟，通常称之为曝气转盘或曝气转碟。在推流与充氧混合功能上，具有独特的性能。运转中可使活性污泥絮体免受强烈的剪切，SS 去除效率高，充氧调节灵活。

它是利用安装于水平转轴上的转盘转动时，对水体产生切向水跃推动力，促进污水和活性污泥的混合液在渠道中连续循环流动，进行充氧与混合。

整机由电动机、减速传动装置、传动轴及曝气盘等主要部件组成，安装方式为固定式，如图7.6所示。

转盘曝气机按电动机输出轴的位置分为卧式安装与立式安装。卧式安装指的是电动机输出轴线呈水平状，其减速机输入轴线与输出轴呈同轴线或平行状；立式安装指的是电动机输出轴线为垂直状，与转刷曝气机形式类同。转盘曝气机的转动轴采用厚壁热轧无缝钢管或不锈钢管加工而成，而其他主要工作部件，由抗腐蚀玻璃钢或高强度工程塑料压铸成形。

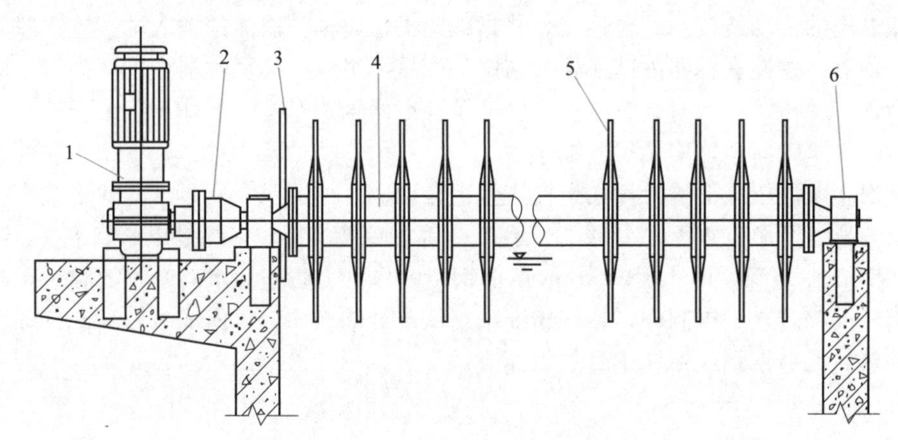

图7.6 转盘曝气机结构示意图

1—传动机构；2—联轴器；3—挡水板；4—主轴；5—转盘；6—轴承座

转盘曝气机在氧化沟中运行，有充氧和推流两种作用。(1) 向污水混合液中充氧。转盘转动时，盘面及楔形凸块与水体接触部分产生摩擦，由于液体的附壁效应，使露出的转盘面形成帘状水幕，同时由于凸块的切向抛射作用，液面上形成飞溅分散的水跃，将凹穴中载入和裹进的空气与水进行混合，使空气中的氧向水中迅速转移溶解，完成充氧过程。设置导流板可增加转盘的充氧能力。(2) 推动混合液以一定流速在氧化沟中循环流动。按照水平推流的原理，运转的转盘曝气机以转轴中心线划分的上游和下游液面间，同样存在液面高差，即推流水头，从而使混合液在氧化沟中定向流动。

7.3 空气压缩机与鼓风机

7.3.1 空气压缩机的分类和用途

压缩机是一种压缩气体、提高气体压缩压力或输送气体的机械，其种类较多，分类方法各异，结构及工作特点各有不同。压缩机作为曝气系统的供气设备具有重要作用。

(1) 按压缩机的公称排气压力分类

广义讲，凡是用以获得压缩气体的机械都叫压缩机，但习惯上根据机械所能到达的压力高低分为：通风机、鼓风机和压缩机，分类见表7.1。通风机和鼓风机主要用于输送气体，压缩机主要用于提高气体压力。

通风机、鼓风机和压缩机的压力范围 **表 7.1**

分类		排气压力(×10^5Pa)
通风机		≤0.147
鼓风机		0.147～2.0
低压	压缩机	2.0～10
中压		10～100
高压		100～1000
超高压		＞1000

(2) 根据压缩介质分类

压缩机可分为空气或各种气体（如氮、氢、氧、氯）、天然气、石油气、乙烯及稀有气体（如氦、氖、氩、氙等）气体压缩机。

(3) 按作用原理分类

按照作用原理，可以分为容积式压缩机和动力式压缩机两大类。

容积式压缩机直接对一可变容积中的气体进行压缩，使该部分气体容积缩小、压力提高。其特点是压缩机具有容积可周期变化的工作腔。

动力式压缩机首先使气体流动速度提高，即增加气体分子的动能，然后使气流速度有序降低，使得动能转换为压力能，与此同时气体的容积也相应减小。其特点是压缩机具有驱使气体获得流动速度的叶轮。

(4) 按压缩级数分类

单级压缩机气体仅通过一次工作腔或叶轮压缩；两级压缩机，气体顺次通过两次工作腔或叶轮压缩；多级压缩机，气体顺次通过多次工作腔或叶轮压缩，相应通过几次便是几级压缩机。

(5) 空气压缩机在水处理中的使用

空气压缩机在给排水工程中被广泛地使用。通风机主要用于泵房、鼓风机房、加药间、加氯间、化验室等处，主要起到通风、降温和排除有害气体等作用。鼓风机主要用于曝气池等好氧生化处理过程的气源、气水反冲滤池的气源、气浮池气源，有时也用作气动阀门的动力源，水处理中常用的有离心式鼓风机和罗茨鼓风机。压缩机主要用于气动蝶阀的动力控制气源，有时也用作气水反冲滤池的气源，常用的压缩机有滑片式压缩机、双螺杆压缩机等。

下面分别介绍在各类水处理中应用广泛的几种鼓风机。

7.3.2 离心式鼓风机

1. 工作原理及性能

离心式鼓风机是根据动能转换为势能的原理，利用高速旋转的叶轮将气体加速，然后减速、改变流向，使动能（速度）转换为势能（压力）。在单级离心式鼓风机中，如图 7.7 所示，气体经轴向进入叶轮，气体流经叶轮时变成径向，然后进入扩压器（气流减速器）。在扩压器中，气体

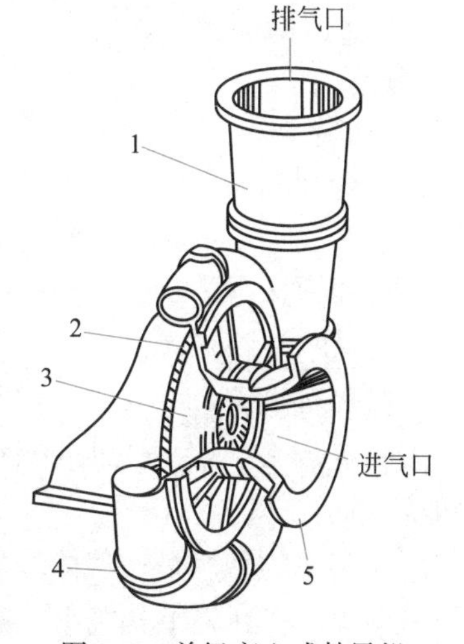

图 7.7 单级离心式鼓风机
1—过渡接头；2—扩压器；3—叶轮；4—涡壳；5—过渡接头

改变了流动方向造成减速，这种减速作用将动能转换成压力能。压力增高主要发生在叶轮中，其次发生在扩压过程。在多级鼓风机中，用回流器使气流进入下一个叶轮，产生更高的压力。离心式鼓风机中所产生的压力受进气温度或密度变化的影响较大。对一个给定的进气量，最高进气温度（空气密度最低）时产生的压力最低。

2. 结构

本节以单级高速离心式鼓风机为例，介绍离心式鼓风机的结构。这种形式的鼓风机组使用比较普遍，主要由下列几部分组成：鼓风机、增速器、联轴器、基座、润滑系统、控制和仪表系统、驱动设备。

（1）鼓风机

鼓风机由转子、机壳、轴承、密封结构和流量调节装置组成，如图7.8所示。

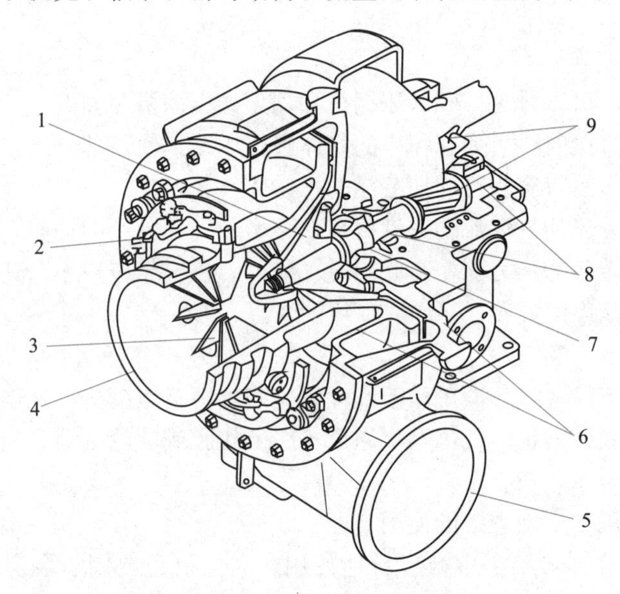

图7.8 鼓风机组成的立体透视图

1—叶轮；2—调整机构；3—进口导叶；4—进气口；5—排气口；
6—机壳；7—密封；8—轴承；9—增速齿轮

1）转子

叶轮和轴的装配体称为转子。叶轮是鼓风机中最关键的零件，常见的有开式径向叶片叶轮、开式径后弯式叶片叶轮和闭式叶轮。叶轮叶片的形式影响鼓风机的压力流量曲线、效率和稳定运行的范围。制造叶轮的常用材料为合金结构钢、不锈钢和铝合金等。

2）机壳

鼓风机机壳由进气室、扩散器、涡壳和排气口组成，机壳要求有足够的强度和刚度，一般机壳用灰铸铁或球墨铸铁铸造，高压鼓风机用铸钢机壳，大型鼓风机可以用焊接机壳。

进气室的作用是使气体均匀地流入叶轮。扩压器分无叶扩压器和叶片扩压器两种基本形式，无叶扩压器结构简单，进气速度和方向的变化对工况影响不显著，性能曲线平坦。叶片扩压器的叶片呈机翼型，叶片可以制成固定的或可转动的。叶轮外径和叶片扩压器之间有一定径向间隙，气流经过这一间隙后流速降低，流态均匀，能改善叶片扩压器进口条件。涡壳的作用是集气，并将扩压后的气引向排气口。涡壳的截面有圆形、梯形和不对称等外径等形状。

3）轴承

转速低于3000r/min、功率较小的鼓风机可以采用滚动轴承。一般有下列情况之一应采用强制供油的径向轴承和推力轴承：①轴传递功率大于336kW或转速高于3600r/min；②*DN*系数大于300000（*DN*系数为轴承内径尺寸与额定转速的乘积）；③标准型滚动轴承不能满足设计寿命，即在设计条件下连续运行25000h或在最大轴向和径向荷载下，以1.5倍额定转速运行16000h。常用的滑动轴承有对开式径向轴承、自位式径向轴承和自位式推力轴承。

4）密封结构

常用的密封结构有浮环密封、机械密封和迷宫式密封三种。浮环密封指的是运行时注入高压油或水，密封环在旋转的轴上浮动，环与轴之间形成稳定的液膜，阻止泄漏。注入的油压力比被密封的气体压力高0.038～0.042MPa。机械密封由动环和静环组成的摩擦副，阻止高压气体泄漏。密封性能好，结构紧凑，但摩擦副的线速度不能过高，一般转速不大于3000r/min时采用。

5）流量调节装置

多数污水处理厂利用电动机驱动鼓风机，鼓风机给曝气系统供气时，其排气压力相对稳定，但需气量和环境温度是变化的。为适应不同运行工况，最大限度地节约电能，可以用变转速、进口导叶或蝶阀节流装置进行调节和控制。①变转速装置：在变工况运行时，利用变转速装置具有较高效率，省功，并具有较宽的性能范围，但是变转速装置的价格昂贵。②进口导叶：多数离心式鼓风机经常利用可调进口导叶调节流量以满足需要，部分负荷运行时，可以获得高效率和较宽的性能范围。因此进口导叶已经成为污水处理厂单级离心式鼓风机普遍采用的部件。进口导叶的调节可以手动或自动，使流量在50%～100%额定流量的范围内变化。③蝶阀节流装置：离心式鼓风机可以在进气管路上或靠近鼓风机进口处安装蝶阀进行节流，以控制进气量和排气压力。

（2）增速器

多数离心式鼓风机的叶轮转速远远超过原动机的转速，因此必须配备增速器。增速器与鼓风机可以综合在一起成为整体式，离心式鼓风机常用平行轴齿轮增速器，增速比大于5时采用行星齿轮增速器。平行轴增速器的齿轮型有渐开线形和圆弧形，目前国内广泛采用圆弧形，大齿轮做成凹齿，小齿轮做成凸齿。

（3）联轴器

常用的联轴器有齿式和套筒式两种，对离心式鼓风机所用联轴器要求是：①有一定的调心作用；②联轴器最好采用锥形孔与轴结合，联轴器拆装方便；③联轴器要有一定刚度，其刚度对轴系扭振临界转速有影响；④安装联轴器的轴端、轴身不宜过长，以免影响转子弯振的临界转速。

（4）机座

机座用型材和钢板焊成，兼作油箱。机座应该有足够的强度和刚度。

（5）润滑系统

润滑系统主要包括主油泵、辅助油泵、滤油器、油冷却器、必要的仪表、油箱、管路和阀门等。

（6）控制和仪表系统

离心式鼓风机的检测仪表、监控与安全装置，很大程度上是按鼓风机的特定用途、地点、规格与型号的不同而变化的，但至少应配备下列仪表：进气温度表、排气压力表、排气温度表、油泵出口压力表、冷却器进油温度表、冷却器出油温度表、油箱温度表、油箱油位指示器、轴承温度指示器、进气过滤器压差计、滤油器压差计。

每台鼓风机组应配备就地控制盘，它必需包括下列功能：①启动/停车；②远方/就地停车；③防喘振和超负荷保护；④工作状态显示；⑤保护性停车和报警；⑥与全场控制系统联网所必须的接点。

（7）驱动设备

离心式鼓风机通常用交流电机驱动，使用维修较为方便。规模较大的污水处理厂若能产生足够的沼气，可以用燃气发动机或燃气轮机驱动鼓风机。应根据污水处理厂的能源供应特点选择鼓风机驱动设备。

7.3.3 罗茨鼓风机

1. 工作原理及性能

罗茨鼓风机的基本组成部分如图7.9所示，在长圆形的机壳1内，平行安装着一对形状相同、相互啮合的转子4。两转子间及转子与机壳间均留有一定的间隙，以避免安装误差及热变形引起各部件接触。两转子由传动比为1的一对齿轮3带动，作同步反向旋转。转子按图示方向旋转时，气体逐渐被吸入并封闭在空间内，进而被排到高压侧。主轴每回转一周，两叶鼓风机共排出气体量4倍的封闭空间，三叶鼓风机共排出气体量6倍的封闭空间。转子连续旋转，被输送的气体便按图中箭头所示方向流动。

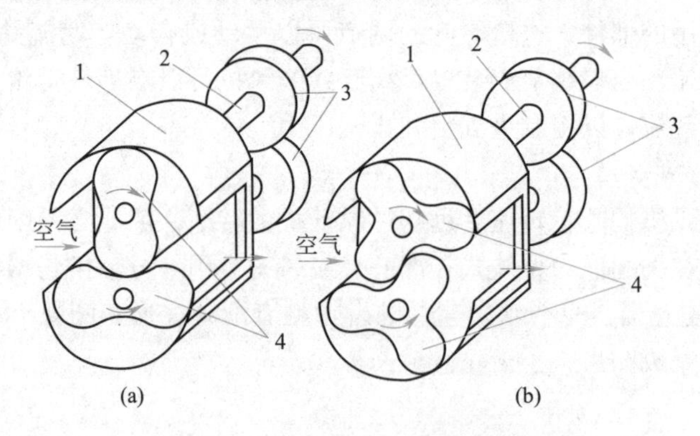

图7.9 罗茨鼓风机结构原理图

（a）两叶罗茨鼓风机；（b）三叶罗茨鼓风机

1—机壳；2—主轴；3—同步齿轮；4—转子

罗茨鼓风机没有内压缩过程，当转子顶部越过排气口边缘时，封闭空间便与排气侧连通，高压气体反冲到封闭空间中，使腔内气体压力突然升高，继而反冲气体与工作腔内的气体一起被排出机外。理论上讲，这种机器的压缩过程是瞬间完成的，犹如等容压缩。

2. 结构及选用

罗茨鼓风机的转子叶数（又称头数）多为2叶或3叶，4叶及4叶以上则很少见。转子型面沿长度方向大多为直叶，这可简化加工。型面沿长度方向扭转叶片在三叶中有采用，具有进排气流动均匀、可实现内压缩、噪声及气流脉动小等优点，但加工较复杂，故扭动叶片较为少见。

罗茨鼓风机结构简单，运行平稳、可靠、机械效率高，便于维护和保养；对被输送气体中所含的粉尘、液滴和纤维不敏感；转子工作表面不需润滑，气体不与油接触，所输送气体纯净。

罗茨鼓风机是低压容积式鼓风机，排气压力是根据需要或系统阻力确定的。在理论上罗茨鼓风机的压力—流量特性曲线是一条垂直线。由于内部间隙，产生气体“回流”（或内部泄漏），实际的压力—流量曲线是倾斜的。

与离心式鼓风机相比较，进气温度的波动对罗茨鼓风机性能的影响可以忽略不计。当相对压力低于或等于 48kPa 时，罗茨鼓风机效率高于相同规格的离心鼓风机的效率。当流量小于 $14m^3/min$ 时，罗茨鼓风机所需功率是离心鼓风机的一半，设备费用也是离心鼓风机的一半。

选用罗茨鼓风机还是离心式鼓风机，最终取决于使用要求。例如，罗茨鼓风机比较适合于好氧硝化池曝气、滤池反冲洗以及渠道和均和池等处的搅拌，因为这些构筑物由于液位的变化，会使鼓风机排气压力不稳定。离心式鼓风机比较适合于大供气量和变流量的场合。

罗茨鼓风机的使用范围：容积流量 $0.25\sim80m^3/min$，功率 0.75～100kW，压力 20～50kPa，最高可达 0.2MPa。罗茨式结构还常用于真空泵，由于其抽速大而被称为快速机械真空泵，多作为前级真空泵使用。罗茨鼓风机的选型应遵循如下原则：①根据生产工艺条件所需要的风压和风量，选择不同性能规格的鼓风机；②根据输送介质的腐蚀情况，选择不同材质的零件；③根据工作地点的具体情况决定冷却方式，有水的地方选择水冷式鼓风机，无水的地方可选择风冷式鼓风机。

7.3.4 磁悬浮鼓风机

1. 工作原理及性能

磁悬浮离心式鼓风机是采用高速电机、变频器和磁悬浮轴承一体化结构，将磁悬浮轴承技术和高速电机技术融入传统鼓风机之中的新型鼓风机。其标准配置包括高速电机、变频器、无油磁性轴承、放空阀、本地控制、安全监控系统和隔声罩，所有部件集成整体安装在普通底座上，无须特殊固定基础，其中电机出力轴与叶轮直接相连，省去增速器及联轴器，由高速电机驱动，由变频器调速。没有任何机械接触，无须油润滑系统。高速电机带动转轴旋转，随转轴一同作高速旋转的叶轮带动空气从涡壳的进气口进入，空气在涡壳的导向与增压作用下成为具有一定流速与压力的气体，最后从涡壳的出气口鼓出，这就实现了风机的鼓风。磁悬浮离心式鼓风机的核心是磁悬浮轴承和永磁电机技术。其结构组成部分如图 7.10 所示。

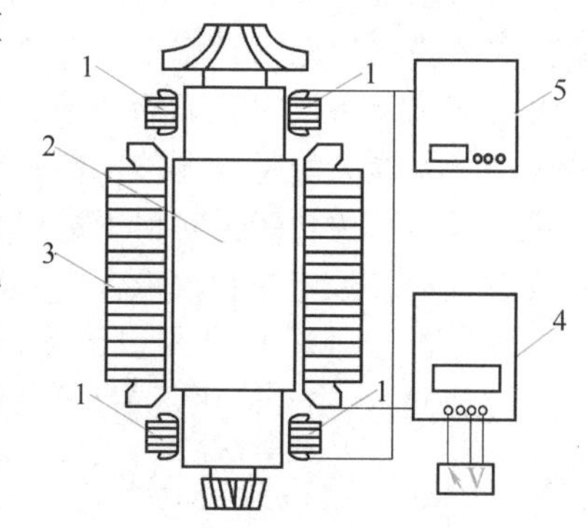

图 7.10 磁悬浮鼓风机结构图

1—磁悬浮轴承；2—同步永磁电机；3—转子；4—磁悬浮轴承控制器；5—变频器

2. 结构及选用

本节以磁悬浮单级离心鼓风机为例，介绍磁悬浮鼓风机的结构以及磁悬浮鼓风机与传统单机离心鼓风机的区别。磁悬浮鼓风机主要由下列几部分组成：磁悬浮轴承、同步永磁电机、转子、磁悬浮轴承控制器、变频器。

（1）磁悬浮轴承

磁悬浮鼓风机采用主动式磁悬浮轴承，磁悬浮轴承通过可控的电磁吸力稳定地悬浮，在旋转过程中转轴不受任何机械阻力，因此效率高、无磨损、无须维护、无须油润滑，鼓出的空气不含油。磁悬浮轴承的功能是通过内置的径向传感器和轴向传感器检测转轴的位移信号，将得到信号送入磁悬浮轴承控制器进行调理、运算和放大得到控制电流，再将该控制电流输入径向磁轴承和轴向磁轴承，通过电流产生磁场，又由磁场产生吸力，从而实现转轴的悬浮。同步永磁电动机采用磁悬浮轴承，具有无机械摩擦、低噪声、低振动以及寿命长的特点。

（2）同步永磁电机

同步永磁电机的功能是通过变频电源产生频率可调的交变电流，将此交变电流输入电机定子即产生旋转磁场，驱动转轴高速旋转。

（3）高速离心叶轮

高速离心叶轮采用三元流设计方法，使效率达到最大化。用高强度铝合金材料，采用CAM技术在数控中心精密加工锻造而成，叶轮工作最高效率可达85%。

（4）电机控制系统

电机控制系统采用调节频率的方法来控制永磁电机的转速，进而控制鼓风机的流量。电机控制系统、磁悬浮控制系统以及整机控制系统合为一体。

磁悬浮离心式鼓风机与传统单级离心鼓风机相比：传统单级离心鼓风机采用低速电机、增速齿轮箱、滚动或滑动机械轴承，运行效率低，运转速度小，而磁悬浮离心式鼓风机采用自主设计的高效离心叶轮、高效同步永磁电机驱动和无接触式磁悬浮轴承技术，实现了高转速无极变转速调节，使得风机效率可高达84.5%；磁悬浮鼓风机采用先进的磁悬浮轴承系统，无任何机械接触及机械摩擦，无须润滑系统，无须固定基础，运转稳定，振动小，整机噪声很低，而传统单机离心鼓风机采用滑动或滚珠机械轴承，需要防振装置和基础施工，噪声高，机械摩擦产生很大的能量损失，轴承使用寿命短，需要复杂的油润滑和轴密封系统；磁悬浮鼓风机没有齿轮变速箱及油性轴承系统，做到了无机械保养，日常维护仅需要更换空气过滤布，有效地降低了用户的维护成本。而传统的单机离心鼓风机运动部件多，设备发生故障的频率高，设备维修的工作烦琐；磁悬浮离心式鼓风机重量轻、体积小，无须大型起吊设备，传统单机离心鼓风机体积大、质量大，需设吊车；磁悬浮鼓风机有远程监控功能，实现了远程集中控制及数据的无线远程传输，为风机的运行提供了必要的技术参数依据和故障查询依据。

现有磁悬浮鼓风机入口流量均小于180m^3/min，效率大于80%，效率调节范围为40%～120%，主要应用于中小型城镇污水处理的曝气。

7.3.5　空气悬浮鼓风机

1. 工作原理及性能

空气悬浮鼓风机是容积式风机的一种，外形结构组成如图7.11所示。叶轮在由机壳和墙板密封的空间中相对转动，每个叶轮都采用渐开线或是外摆线的包络线为叶轮加工型线，每个叶轮的叶片都相同，同时叶轮也是完全相同的，这样大大降低了加工难度。叶轮在加工时采用数控设备，保证了叶轮旋转时都能保证一定的间隙，也能保证气体泄漏在允许范围内。叶轮与叶轮、叶轮与墙板之间、叶轮与机壳之间的间隙极小，从而使进气口形成了真空状态，空气在大气压的作用下进入进气腔，然后，每个叶轮的其中两个叶片与墙板、机壳构成了一个密封腔，进气腔的空气在叶轮转动的过程中，被两个叶片所形成密封腔不断地带到排气腔，又因为排气腔内的叶轮是相互啮合的，从而把两个叶片之间的空气挤出来，这样连续不断地运转，空气就源源不断地从进气口送到出气口。

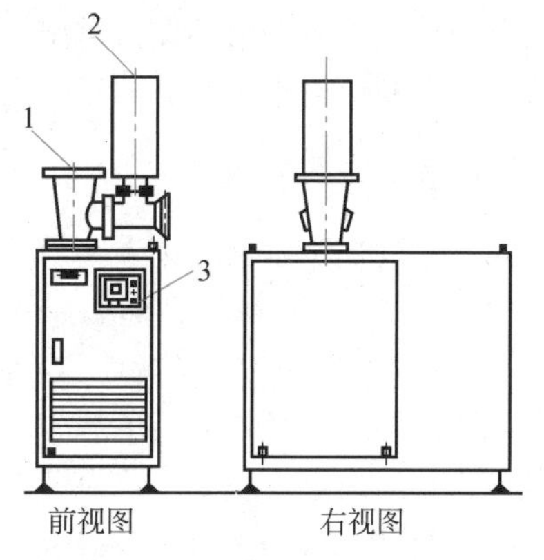

图 7.11 空气悬浮鼓风机外形图

1—出口；2—消声器；3—控制系统

2. 结构及选用

空气悬浮鼓风机由高速直联电机、空气悬浮轴承、三维模拟涡轮叶轮、空气自冷却技术、控制模式五部分组成。

(1) 高速直联电机

空气悬浮鼓风机采用大功率高速直联电机，可提高设备技术性能、运行可靠性及节约能耗。

(2) 空气悬浮轴承

空气悬浮轴承主要包括径向轴承及止推轴承等部件。启动前回转轴承和轴承之间有接触，启动时回转轴和轴承相对运动，形成流体动力场，在径向轴承内此流体动力形成浮扬力，导致轴与轴承不同心。轴回转时在径向轴承里形成流体压力场，使轴承处于悬浮状态，而无接触，达到回转自如的目的。这种轴承无油润滑系统，能量损耗低，效率高。

(3) 三维模拟涡轮叶轮

采用 SVS 钛合金材料，抗变形能力强，选择最佳效率角度设计，效率高达 88%。采用变频调节方式，使悬浮离心鼓风机的可调范围更宽。

(4) 空气自冷却技术

采用空气自冷却技术，空气流道配有电机散热翼翅。200 HP 以上大机型设有冷媒内循环系统，无须另设冷却风扇或补充水。可确保悬浮离心鼓风机在炎热的夏季仍保持可靠的工作性能。

(5) 控制模式

空气悬浮鼓风机通过风机自身的控制面板就可以实现风量、风压、转速等的设定以及对流体温度、电机转数、出风压力、风量、消耗功率等参数的查询。该系统同时支持数字式远程控制、监测功能，可由中央控制室进行控制。

空气悬浮鼓风机与磁悬浮鼓风的设计原理相同，二者的节能效果显著，无须油润滑系统，长期无须保养，没有机械振动，噪声小。两者的主要区别在于磁悬浮鼓风机采用主动式磁悬浮轴承，利用常导磁吸原理，通过电磁吸力来实现转轴悬浮高速稳定无摩擦运转，而空气悬浮鼓风机采用空气轴承，利用空气静压形成气膜支撑电机转轴悬浮高速运转。磁悬浮轴承能够对电机转轴进行实时状态检测、调整和故障诊断、抑制转轴的不平衡振动并对断电保护有着严格的保护措施，而空气悬浮轴承没有这些功能。另外空气悬浮轴承的刚度低，承载能力小，可靠性差，在完全启动前有机械接触。

7.3.6 气体净化

压缩气体中可能含有一些有害成分，主要有固体颗粒、水、油及一些有害气体，如H_2S，SO_2，CO_2等。这些杂质在某些情况下会对设备产生腐蚀和破坏，或对特定的生产工艺和流程产生严重的影响，除去这些杂质的方法统称为气体的净化。各个行业对空气品质的要求是不一样的，为了达到一个统一的衡量标准，国际标准化组织（ISO）在全世界范围内，对压缩空气及净化设备进行标准化和统一化，以便交流。其最新标准为ISO 8573系列，包括一般用压缩空气污染物和质量等级、悬浮油粒的测试方法、湿度的测量、固体粒子的测量、油蒸气的测量、气体污染物的测量和微生物的测量等。

压缩空气的净化主要包括压缩空气的干燥和过滤。

（1）压缩空气干燥工艺的选择原则

① 按干燥度要求选择。要求压力露点2℃以上的系统，通常选择冷冻干燥；要求压力露点2℃以下则采用吸附干燥。

② 按处理气量选择。一般小气量（$20m^3/min$以下），优选无热再生吸附式；中、大气量（$20m^3/min$以上），宜选择有热再生吸附式或微热再生吸附式。

③ 按气体压力选择。气体压力越高越有利于变压吸附，压力过低只能采用变温吸附。即无热再生吸附宜用于操作压力0.5MPa以上的气体，而且压力越高优势越明显。当气体压力低于0.3MPa时，选择有热再生吸附或微热再生吸附式。

④ 按气量供需平衡选择。当压缩空气系统气量有富余时，可考虑采用无热再生吸附式，如果供气量和用气量基本平衡，则宜选择有热再生方式。

⑤ 对于干燥度要求低于－40℃（压力露点）的超干燥系统，可以考虑选择冷冻干燥串联吸附干燥工艺。

（2）压缩空气过滤工艺

压缩空气中含有的多种杂质主要是液态油、水及固体微粒。压缩空气完成压缩后经过冷却器冷却，将高温压缩空气降到40～50℃，气体中约有60%的油、水被冷凝后分离出来，残余的微量油、水气溶胶及固体微粒则需要通过过滤方法去除。对于过滤精度要求高的净化系统，往往采取多级过滤，逐级提高过滤精度以满足要求。根据过滤精度不同可以分为粗过滤和精过滤。

粗过滤的目的是滤除气体中残余的微量固体粒子，以保护后面的高精度过滤器，其次是分离气体中具有一定粒径的油、水气溶胶粒子。市场提供的粗过滤商品等级有$1\mu m$、$5\mu m$、$10\mu m$，过滤效率大于99%。

精过滤是对气体中残余的油、水气溶胶粒子彻底清除。市场提供的精过滤器最高过滤精度$0.01\mu m$，过滤效率高达99.9999%以上，过滤后残余油量小于$0.01mg/m^3$。

精过滤一般和粗过滤配合使用，以保护延长精过滤器的寿命。

（3）除菌过滤流程

在压缩空气终端增加灭菌消毒系统。具有一定湿度的洁净压缩空气经过灭菌过滤器过滤，将气体中的细菌清除，并定期用蒸汽过滤器的高温蒸汽对灭菌过滤器消毒，从而提供无菌压缩空气，满足无菌用气要求。

7.4 鼓风曝气设备

7.4.1 鼓风曝气设备的用途和分类

鼓风曝气系统由鼓风机、空气扩散装置（即曝气器）和空气输送管道所组成。鼓风机将空气通过管道输送到安装在曝气池底部的曝气器，在曝气器出口处形成不同尺寸的气泡，气泡经过上升和随水循环流动，最后在液面处破裂。在这一过程中空气中的氧转移到混合液中。

鼓风曝气系统的空气扩散装置主要分为：微气泡、中气泡、大气泡、水力剪切、水力冲击及空气升液等类型。大气泡型曝气装置因氧利用率过低，现在已极少采用。其他类型的曝气装置分述于后。

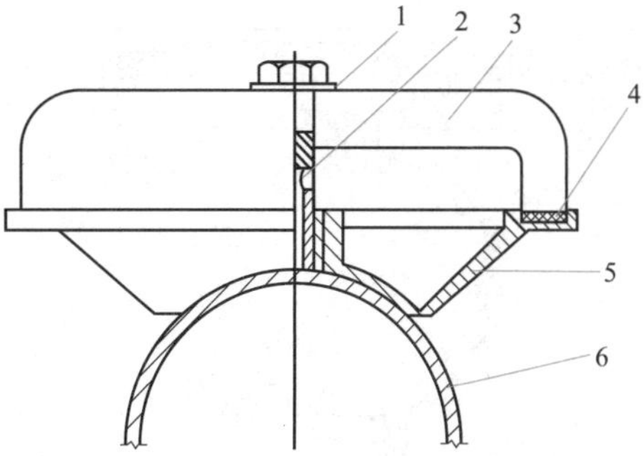

图 7.12 GY-ZZ 型钟罩形刚玉微孔曝气器
1—橡胶垫；2—通气螺杆；3—刚玉曝气板；4—密封圈；5—底座；6—进气管

7.4.2 微气泡曝气器

微气泡曝气器按其曝气板（壳）材质一般可以分为：刚玉微孔曝气器、橡胶膜微孔曝气器、微气泡发生曝气器、聚乙烯微孔曝气器以及用多孔性材料（如陶粒、粗瓷等）高温烧结成的扩散板、扩散管和扩散罩。

1. 刚玉微气泡曝气器

空气通过多孔刚玉曝气板在水中产生微气泡，其氧利用率和动力效率都较高，但易堵塞，空气需净化。按曝气器的形状可以分为：钟罩形、圆拱形和球形三种，结构如图 7.12～图 7.14 所示。

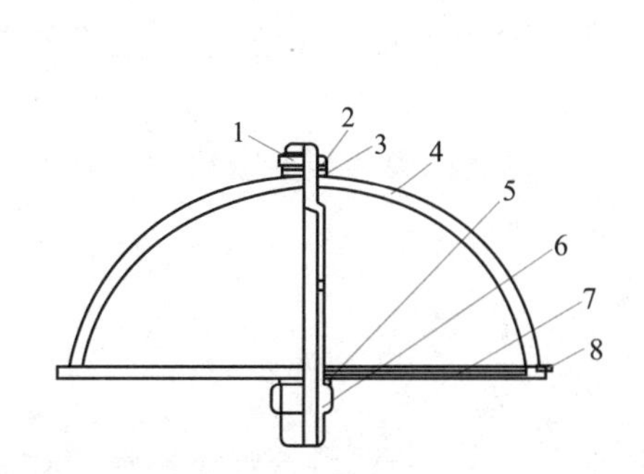

图 7.13 BG-L 型圆拱形刚玉微孔曝气器
1—M14 紧固螺母；2—垫片；3—密封圈；4—刚玉曝气壳；5—密封圈；6—通气螺杆；7—底盘；8—密封圈

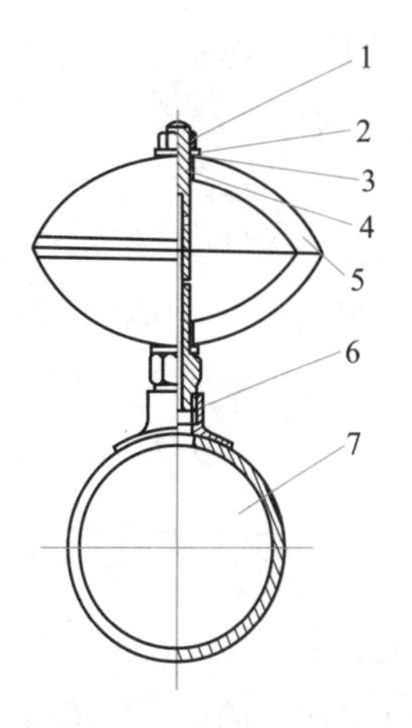

图 7.14 GY-Q 型球形刚玉微孔曝气器
1—螺母；2—垫圈；3—橡胶垫；4—通气螺杆；5—刚玉曝气壳；6—连接座；7—布气管

2. 橡胶膜微气泡曝气器

橡胶膜微气泡曝气器的气体扩散板是由弹性的合成橡胶膜片制成，膜片上开有大量同心圆布置的自闭孔眼，随着充氧和停止运行，孔眼能自动张开和闭合。因此不会产生孔眼堵塞、沾污等弊病，进入曝气器的空气不需要除尘净化。当曝气停止运行时，污水混合液不会倒灌。

由于曝气器的气体扩散板是合成橡胶的，其托盘、空气管道及其他配件都是 ABS 材质的，因此不怕锈蚀。

按形状一般可分为：盘形、球冠形、管形三种，其中盘形和球冠形结构如图 7.15、图 7.16 所示。

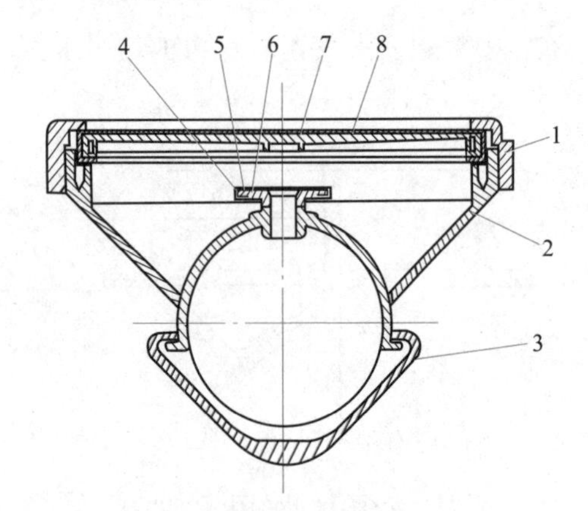

图 7.15　盘形橡胶膜微孔曝气器

1—压盖；2—曝气底座；3—卡瓦；
4—止回膜架；5—止回膜；6—密封圈；
7—布气盘；8—曝气膜

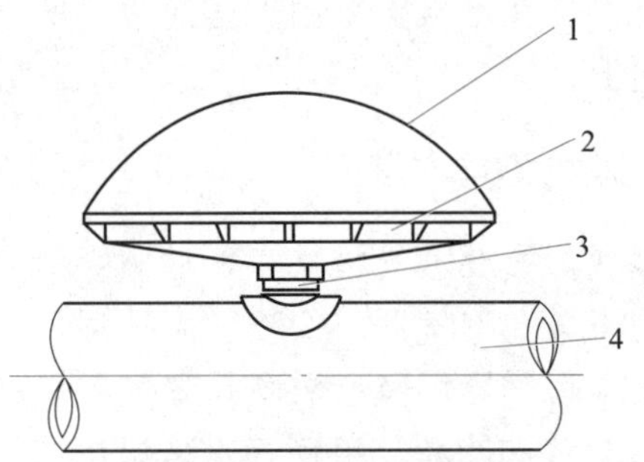

图 7.16　BZQ-W 型球冠形橡胶膜微孔曝气器

1—橡胶膜；2—支承托盘；
3—接头；4—进气管

3. 微纳米气泡

3. 微气泡发生曝气器

微气泡发生曝气器产生的气泡直径小，比表面积大，具有双电层结构以及自身增压溶解特性，气泡湮灭溶解时具有高温高压效应，可产生具有强氧化性的羟基自由基（·OH)。微气泡发生曝气器能够有效提高气液传质效率，快速增加水体溶解氧，促进污染物的降解。目前微气泡发生曝气器已用于黑臭水体治理及强化臭氧氧化等环境污染控制领域。

微气泡发生曝气器根据微气泡发生原理可分为水力空化型和超声空化型，其基本结构如图 7.17、图 7.18 所示。

7.4.3　中气泡曝气器

1. 穿孔管

应用较为广泛的中气泡空气扩散装置是穿孔管（图 7.19)，由钢管或塑料管制成，管径介于 25～50mm 之间，由计算确定。在管壁两侧向下相隔 45°角，留有直径为 3～5mm 的孔眼或缝隙，间距 50～100mm，空气由孔眼溢出。这种扩散装置构造简单，不易阻塞，阻力小，但氧的利用率较低。

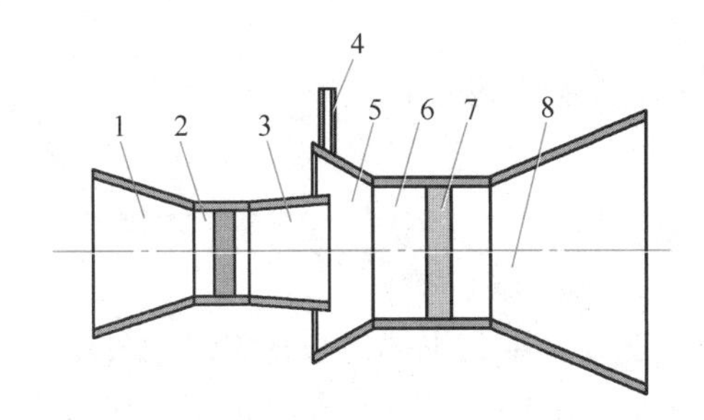

图 7.17 水力空化型微气泡发生曝气器

1—喷嘴；2—第一混合段；3—第一渐扩段；4—气相入口管；5—吸气室；6—第二混合段；7—旋转叶轮；8—第二渐扩段

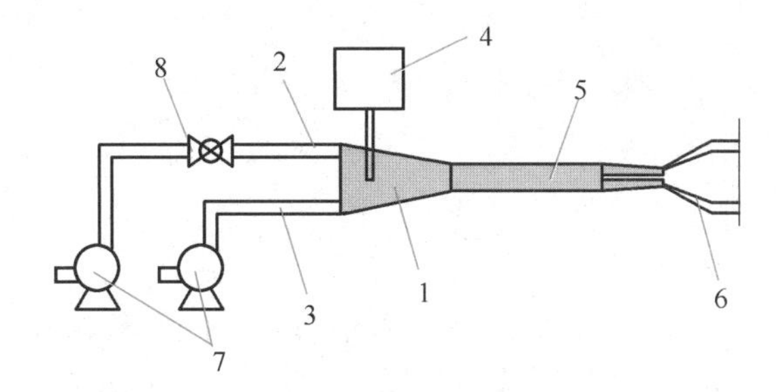

图 7.18 超声空化型微气泡发生曝气器

1—腔体；2—进气管；3—进水管；4—超声波发生器；5—气泡传输管；6—喷嘴；7—高压水泵；8—控制阀门

2. 网状膜空气扩散装置

网状膜扩散装置由主体、螺盖、网状膜、分配器和密封圈所组成。主体骨架用工程塑料铸塑成形，网状膜则由聚酯纤维制成。该装置由底部进气，经分配器第一次切割并均匀分配到气室，然后通过网状膜进行二次分割，形成微小气泡扩散到混合液中。这种装置的特点是不易堵塞、布气均匀，构造简单，便于维护管理，氧的利用率较高。

3. 可变微孔曝气装置

KBB 型可变微孔曝气器如图 7.20 所示，其底盘、托板及压盖由 ABS 工程塑料制成，布气板由特殊合成橡胶制成，表面布满微细的小孔。曝气器在充氧曝气时，布气板上的可变微孔在气体的作用下能自行鼓胀且微孔张开，以确保气体从可变微孔中通过。在静止状态时，布气板上的可变微孔呈封闭状态，由于布气板的变形及可变微孔的自行扩张和收缩，避免以往曝气器微孔受堵现象。其次在曝气器的底盘设有气阀装置，当管道系统停止供气时阻止混合液进入布气支管，这样，可避免支管进入混合液而被堵塞。进入的空气不需特殊过滤，间歇曝气均不受堵。KBB 型可变微孔曝气器在造纸、纺织、印染、毛纺、针织、石油、化工、啤酒、食品、医药、制革等工业废水处理工程中应用较多，适合于安装在直径为 63mm、75mm、100mm 的 UPVC、ABS 工程塑料等空气管道上。

图 7.19 空气扩散装置

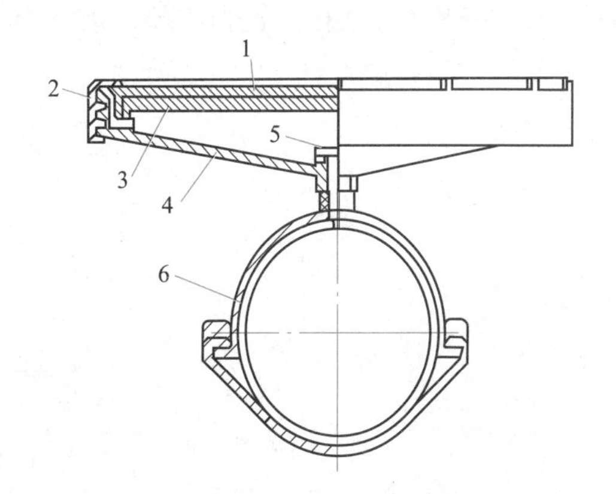

图 7.20 KBB 型可变微孔曝气头结构示意图

1—橡胶布气板；2—压盖；3—托板；4—底盘；5—单向阀；6—卡扣

7.5　水下曝气设备

7.5.1　水下曝气设备的用途和分类

水下曝气器置于被曝气水体中层或底层，将空气送入水中与水体混合，完成空气中氧由气相向液相的转移过程。多用于工业废水和城市生活污水的生化处理曝气池中，对污水和污泥进行混合充氧，活跃和繁殖好氧菌，在水源原位修复中应用较多。

与表面曝气方式相比，水下曝气器突出的优点是能够提高氧的转移速度。并且由于底边流速快，在比较大的范围内可防止污泥沉淀。另外，水下曝气无泡沫飞溅，噪声小，避免了二次污染；在水下运行保温性好，尤其适于寒冷地区使用。

水下曝气器种类较多，其设备技术发展较快，按进气方式可以分为压缩空气送入与自吸空气式两类。

常用的水下曝气设备有：射流曝气机、泵式曝气机、自吸式螺旋曝气机、水下叶轮曝气器、两用曝气器和扬水曝气器等。

7.5.2　射流曝气机

射流曝气机有自吸式和供气式两种，除具有曝气功能外，同时兼有推流及混合搅拌的作用。其中自吸式射流曝气器由潜水泵和射流器组成的，BER型水下射流曝气机如图7.21所示。当潜水泵工作时，高压喷出的水流通过射流器喷射产生射流，通过扩散管进口处的喉管时，在气水混合室内产生负压，将液面以上的空气吸入，与水充分混合后混合液从射流器喷出，与池中的水体进行混合充氧，并在池内形成环流。

自吸式射流曝气机适用于建筑的中水处理以及工业废水处理的预曝气，通常处理水量不大。在进气管上一般装有消声器与调节阀，用于降低噪声与调节进气量。

7.5.3　泵式水下曝气机

泵式水下曝气机是集泵、鼓风机和混合器的功能于一体的曝气设备。直接安装于池底对水体进行曝气。如图7.22所示，水下曝气机的叶轮与潜水电机直连，叶轮转动时产生

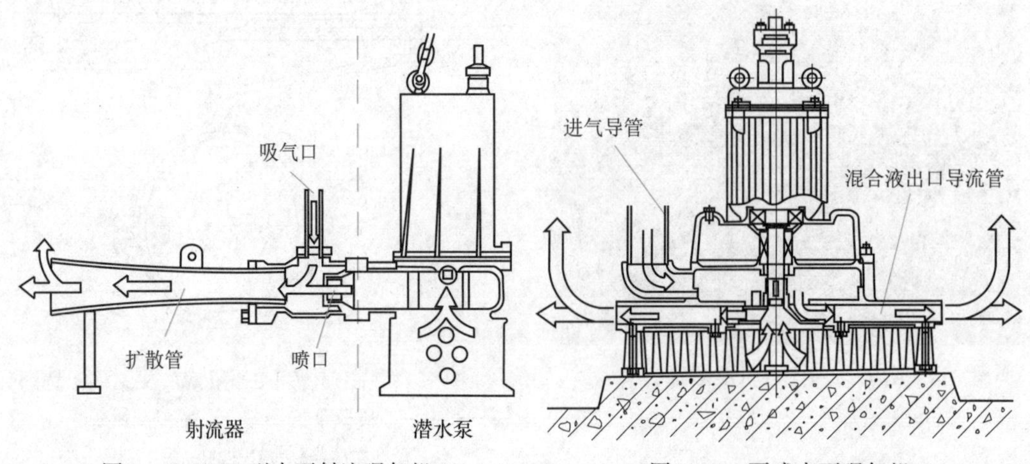

图7.21　BER型水下射流曝气机　　图7.22　泵式水下曝气机

的离心力使叶轮进水区产生负压，空气通过进气导管从水面吸入，与进入叶轮的水混合形成气水混合液，从导流孔口增压排出，水流中的小气泡平行沿着池底高速流动，在池内形成对流和环流，达到曝气充氧的效果。

泵式水下曝气机适用于：中水污水处理过程中的预曝气和好氧反应过程的曝气；畜牧业污水、食品加工废水、屠宰废水、肉类加工废水等工业废水的处理；以培养活性污泥为目的的供氧曝气工艺。

7.5.4 自吸式螺旋曝气机

自吸式螺旋曝气机是一种小型曝气设备，其大致结构与工作原理如图 7.23 所示。该曝气机安装于氧化沟（或曝气池）中，利用螺旋桨转动时产生的负压吸入空气，并剪切空气呈微气泡扩散，进而对水体充氧。由于螺旋桨的作用，该曝气机同时具有混合推流的功能。

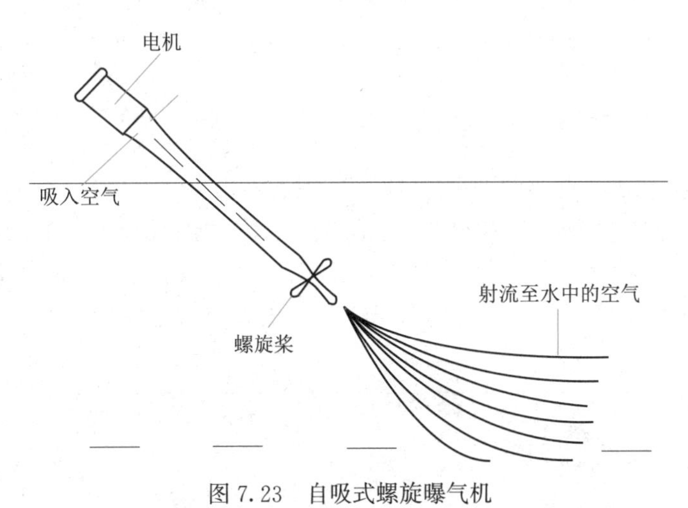

图 7.23 自吸式螺旋曝气机

该曝气装置一般用于小型曝气系统，或者作为大中型氧化沟为增强推流与曝气效果而增添的附加设施。其动力效率在 1.9kgO_2/(kW·h) 左右。这种类型的曝气机的优点是安装容易，运行费用低，噪声小，操作也较简单。

7.5.5 水下叶轮曝气器

水下叶轮曝气器如图 7.24 所示。空气由水下通过环形穿孔管或喷嘴送入，水下叶轮由电动机及齿轮箱传动，将气泡打碎。叶轮转速一般为 37～100r/min。叶片可为一层或多层，可为辐流式或轴流式，轴流式可以提水亦可压水。动力效率一般为 1.1～2kgO_2/(kW·h)，包括风机功率在内。

该设备的优点是可以调节风量，尤其适用于寒冷地区，无结冰及溅水问题。在硝化及脱氮过程中可以用作曝气器，也可以用作搅拌器。需要在脱氮区创造缺氧条件时，停止供风，只用搅拌器搅拌，进行生物脱氮。其缺点是既需设鼓风设备，又需搅拌设备，造价高，所需功率大。

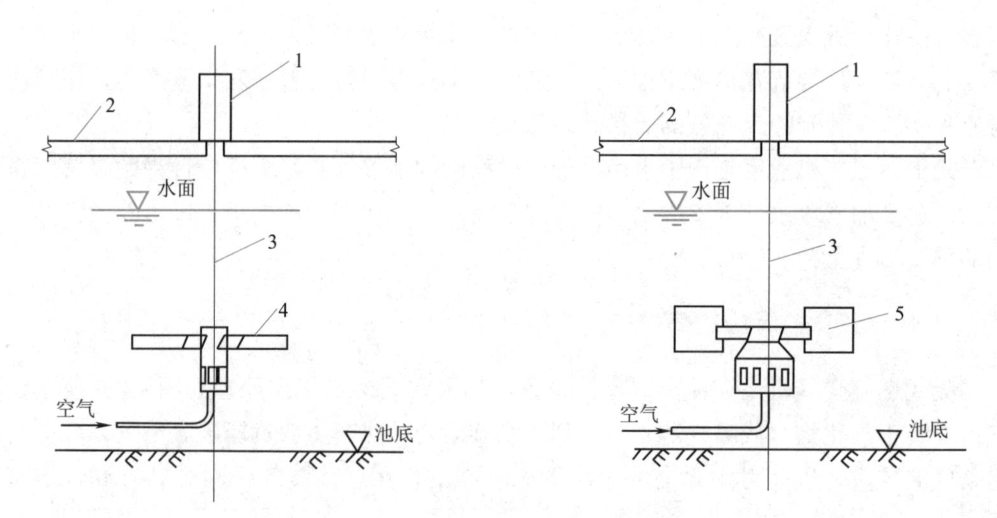

图 7.24　水下叶轮曝气器示意图

1—电动机；2—平台；3—轴；4—轴流叶轮；5—辐流叶轮

7.5.6　扬水曝气强化生物净水设备

扬水曝气强化生物净水设备是西安建筑科技大学在扬水曝气器基础上，通过与生物反应器相耦合，开发的新型多功能水质净化设备。该设备主要用于湖库水源的水质原位净化与改善。

扬水曝气强化生物净水设备主要由生物反应器、空气释放器、曝气室、回流室、气室、导流筒、水密舱、供气管道和锚固墩组成，如图 7.25 所示。

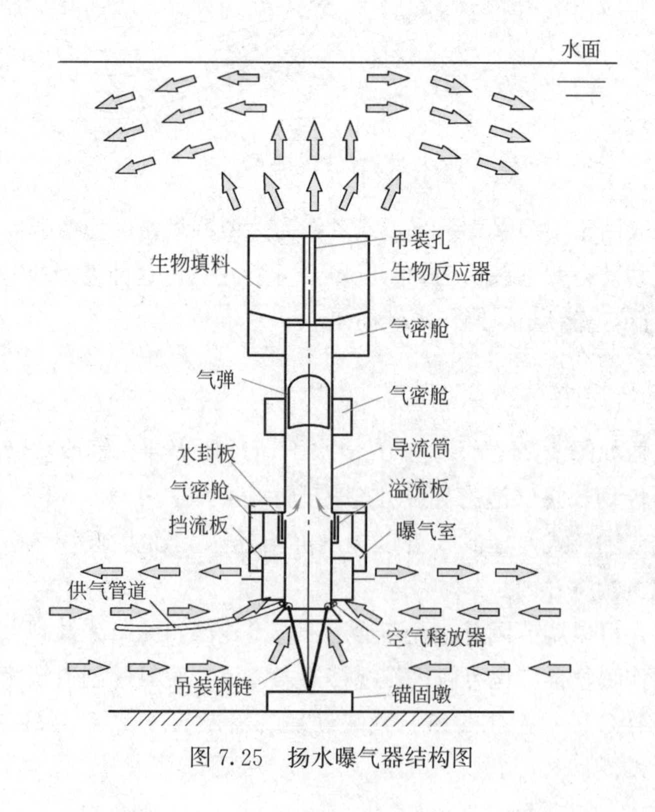

图 7.25　扬水曝气器结构图

扬水曝气强化生物净水设备顶部为生物反应器，下部为扬水曝气器，两者由导流筒相连接。设备高度决定于水深，通过导流筒高度调节。导流筒底部进口为喇叭形，导流筒高度可根据设备的设计高度加以调节，各段导流筒之间采用法兰连接。

曝气室和气室为一环形空间，是由设置在导流筒下端外部的同轴直筒与导流筒间围成空间，下部开口，上部由顶板封闭。该环形空间的下半段为循环曝气室，上半段为气室。气室的环形空间又被环形水封板和溢流板分隔成三层环形空间。三层环形空间由外向内依次为贮气室、水封室和出气狭缝，三室依次相通。空气释放器位于曝气室的下方进口处，采用微孔曝气管产生微米级气泡。水密仓为中空的浮体，用于提供浮力，保证扬水曝气器竖直悬浮于水中。锚固墩沉于水库（湖泊）底，用于锚固扬水曝气器。

设备底部的扬水曝气器的主要作用是，对水库等温层厌氧水体进行循环高效充氧，将底层水体提升至上层，形成的气弹和上升水流源源不断地为生物膜提供基质和氧气，并持续混合上层水体（如上部箭头所示）。

扬水曝气器的作用原理是：输送的压缩空气通过微孔曝气器向水中释放出大量的微气泡，微气泡上升带动水流向上流动，并同时完成氧气向水中的高效传质，该部分富氧水从曝气室中流出，返回至底层水体。随着压缩空气的持续通入，曝气室中排出的富氧水通过回流室不断返回至水库底部缺氧水层，在缺氧区持续循环，对底层水体形成循环充氧（如底部箭头所示）。曝气室充氧后的大量微气泡直接上升至贮气室并释出，迫使贮气室中原有的水体排出，水面不断下降。当水面下降到水封板下沿时，贮气室中的气体通过出气狭缝瞬间释放至导流筒，并聚集成大型气弹。进入导流筒的气弹占据了整个横断面，在浮力作用下迅速上浮，形成活塞流，带动水库底层水体和导流筒中的水体加速上升，直至气弹冲出上部的生物反应器。随后，导流筒中的水流在惯性作用下减速上升，直至下一个气弹形成。

设备顶部的生物反应器，是由上部的柱状生物填料舱和其下部的浮体组成，其顶部和底部均采用细格栅与筒体连接。生物填料作为生物膜的载体，其种类主要根据功能需要和材质性状进行选用，可以是单一填料，也可以是复合填料。常用的生物填料包括聚氨酯、陶粒、活性炭等。填料的生物挂膜可以是将筛选培养的优势功能微生物采用人工方式挂膜，也可以是利用水中的功能微生物通过设备运行实现自然挂膜。

生物反应器的作用主要是去除水中可被生物分解和利用的污染物，如氮、磷、有机物等。其功能原理是，利用设备下部扬水曝气器的形成气弹的循环提水和充氧作用，不断地为生物膜输送基质（碳、氮、磷等）和氧气，并通过间歇性的水流和气流冲刷，使水中基质和氧气能与生物膜充分接触，保证了生物膜的适时更新和代谢活性。

扬水曝气强化生物净水设备适用于湖库富营养化、有机污染、内源污染、藻类繁殖等水质问题突出，厌氧分层，水深不低于 8m 的水体原位水质改善与污染控制。其主要功效包括：①削减氮、磷、有机物等；②抑制藻类繁殖；③去除水中臭味和挥发性污染物；④抑制底泥中氮、磷、铁、锰、硫化物等污染物的释放；⑤提高水中微生物的活性与水体自净能力、实现水质的综合改善；⑥修复污染沉积物、稳定和钝化保守性污染物。

7.6 其他曝气方式

7.6.1 纯氧曝气

随着制氧技术的发展，用氧气（纯氧或富氧）代替空气进行生物曝气是近 30 年来的重要发展。纯氧曝气与空气曝气的机理基本相同，但空气中氧的含量仅为21%，而纯氧中的氧含量为90%～95%，纯氧氧分压比空气高4.4～4.7倍，用纯氧进行曝气能够提高氧向混合液中传递效率。

采用纯氧曝气系统的主要优点有：氧利用率可达80%～90%，而鼓风曝气系统仅为10%左右；曝气池内混合液的MLSS值可达4000～7000mg/L，能够提高曝气池的容积负荷；曝气池混合液的SVI值较低，一般都低于100，污泥膨胀现象发生的较少；产生的剩余污泥量少。

纯氧曝气系统需要专设一套供氧设备，为了有效地利用氧气，纯氧曝气法的池型、溶氧装置等与空气曝气法有许多不同。按曝气池的不同可分为：加盖表面曝气叶轮式氧气曝气池、联合曝气式氧曝池和敞开式超微气泡氧曝池等。

7.6.2 深井曝气

随着钻井技术的发展，出现了深井曝气。深井一般深达50～150m，远远超过所有曝气池。依据亨利定律，气体在水中的溶解度与水深成正比，因此井底DO浓度可达30mg/L以上。所以深井中的高静压水为微生物提供更充足的溶解氧，同时井内混合液反复循环所造成的强烈搅拌作用，更强化了向微生物的传质作用。深井曝气高效、节能、省地，对城市污水和工业废水均可应用。由于深井面积小，便于加盖，特别适用于寒冷地区和环境要求高的地区。

深井的类型有U形管型、中隔板型和同心圆型。其中，U形管型深井设有沉降区和升流区，靠两区中水的密度差形成不断循环（图7.26）。

U形管型深井的降流区与升流区一般采用相同的断面面积，两管间距不小于0.2m。

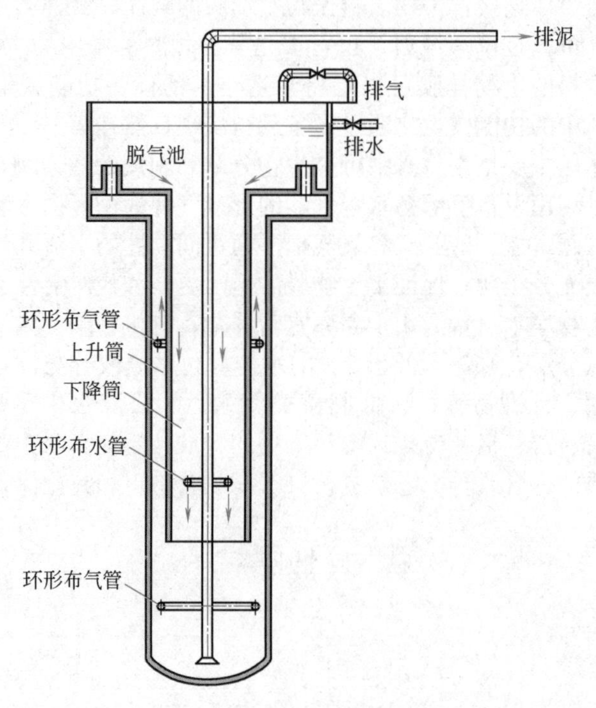

图7.26 U形管型深井

思 考 题

1. 曝气设备的功能是什么？在水处理工艺中，曝气器的主要作用是什么？简述其工作原理。

2. 常用机械曝气器有哪几种形式？它们之间的区别是什么？

3. 常见的水下曝气设备主要由哪些材料制造？其原因主要是什么？

4. 常用鼓风曝气器有哪几种形式？它们之间的区别是什么？

5. 简要阐述扬水曝气器的工作原理、功能作用和适用条件。扬水曝气强化生物净水设备是如何实现其水质净化功能的？

第8章　换热设备及热水器

8.1　换热设备的功能和分类

温度不同的两种流体相互交换热量的设备叫换热设备，也叫换热器。在建筑内部热水供应中的换热设备与化工和采暖中的换热设备不完全相同。热交换设备中的流体有热媒（蒸汽或高温水）和冷水，冷水加热后的温度不高（≤70℃），且加热后的热水从卫生器具流出，不进行循环使用。因此，在水工艺设备中，热交换设备也叫换热设备或换热器。

建筑内部热水供应中，换热设备的分类方法有许多种，常用的分类方法有以下几种：

（1）按贮热容积的大小，分为容积式、半容积式、半即热式和快速式。容积式换热器贮存的热水量最多，快速式换热器没有贮热容积。

（2）按工作原理，分为间壁式和混合式。固体壁面将热媒和被加热的冷水隔开，通过对流和热传导传递热量的换热设备叫间壁式换热器，间壁式换热器中的热媒可以循环使用，间壁式换热器按热媒又分为水-水式和汽-水式。热媒和被加热水直接接触，彼此混合进行热量交换和质交换的设备叫混合式换热器，混合式换热器又分为汽水混合换热器、蒸汽喷射消声换热器、涡旋式蒸汽换热器。混合式换热器中的热媒与被加热水一起从卫生设备流出，不能循环使用。

（3）按换热器的构造分为管壳式、板式和螺旋板式。

（4）按换热器的放置，分为卧式和立式。卧式换热器占地面积大，但所需空间高度低；立式换热器占地面积小，但所需空间高度大。

（5）按换热管的形式，分为列管式、固定U形管式和浮动盘管式。按换热管的多少，又分为单管束、双管束和多管束。

8.2　常用换热器的构造和特点

8.2.1　容积式换热器

4. 容积式换热器

1. 传统的容积式换热器

容积式换热器是带有贮热容积的间壁式换热设备，具有加热冷水和贮备热水两种功能，又叫贮存式换热器，有卧式和立式两种形式。主要由壳体（罐体）和换热管组成，热媒在换热管内流动，换热管和壳体间是被加热水。换热管有U形管和盘管两种，图8.1是传统的容积式换热器。

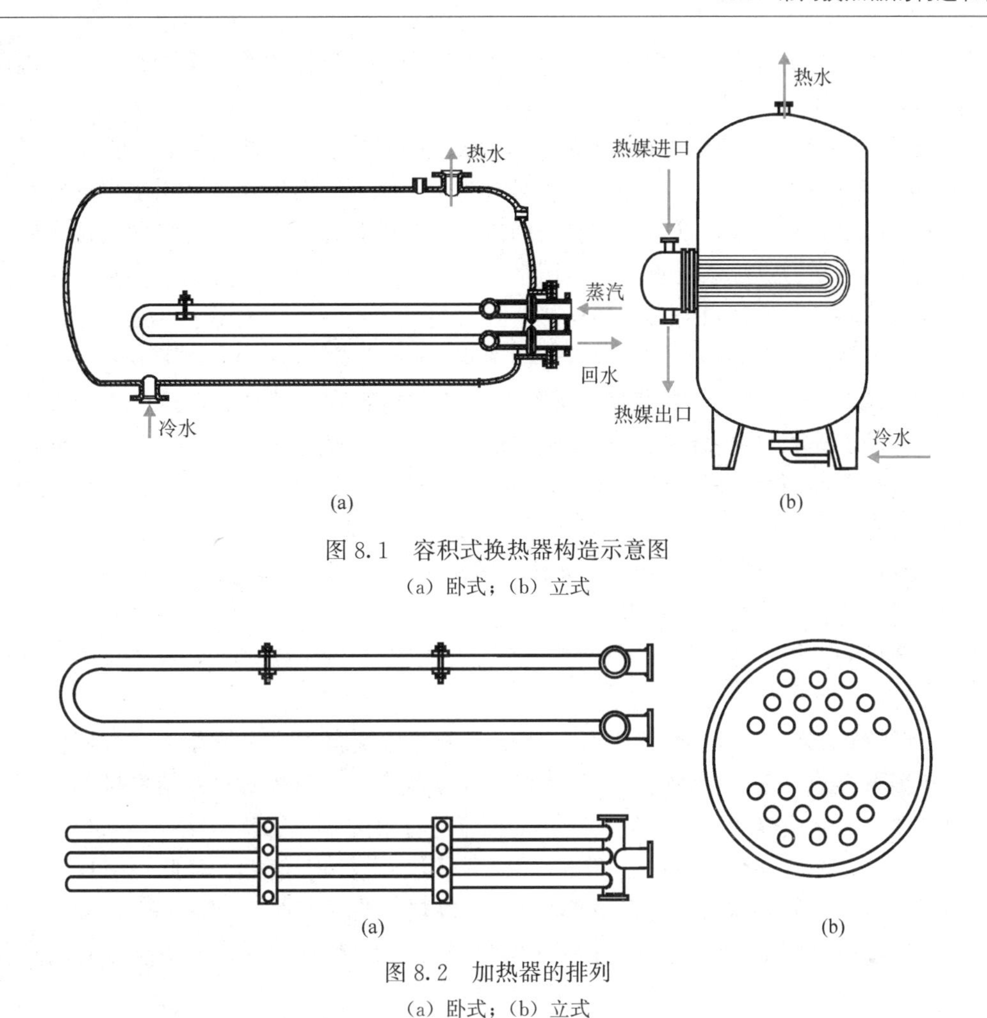

图 8.1　容积式换热器构造示意图

(a) 卧式；(b) 立式

图 8.2　加热器的排列

(a) 卧式；(b) 立式

传统容积式换热器壳体材料为碳素钢 A_{3R}，换热的 U 形管为碳素无缝钢管，卧式容积式换热器的换热管与分气管连接，布置如图 8.2（a）所示，换热管规格为 $\phi42\times3.5$ 或 $\phi38\times3.0$；立式容积式换热器换热管与管板连接，布置如图 8.2（b）所示，换热管规格为 $\phi34\times2.5$。U 形管束是将管子弯成 U 形，管子两端固定在同一块管板上，U 形管束与壳体是分离的，可以随管板一起从壳体中抽出。U 形管束受热膨胀时，彼此间互不约束，消除了热应力，管外清洗方便，构造简单，造价低。因弯管必须保证一定的曲率半径，管束中央部分存在较大空隙，约为换热管外径的两倍，加之流体易走短路，而对传热不利；因管内清洗困难，应让清洁、不易结垢的介质通过管内。当操作中 U 形管束泄漏损坏时，除其最外层的管子可更换外，其他管子不能更换，此时只能将泄漏部分的管子堵死，这将造成换热面积的减少。

(1) 传统容积式换热器的优点

在建筑内部热水供应中，传统容积式换热器是使用时间最长、使用最多的换热设备，其优点是：

1) 兼具换热、贮热功能　容积式换热器的换热管束上部是贮热部分，属同温热水区，贮热量大，相当于冷水供水系统的高位水箱，能适应小时耗热量的变化；它能够为不均匀用水的热水供应系统提供一个较大的贮存与调节容积，以适应用水负荷变化；出水温度稳定，供水安全可靠。

2）被加热水通过罐体阻力损失很小　由于冷水通过容积式换热器时，过水断面很大，流速不到0.01m/s，阻力损失很小，一般只有0.1～0.2m，这对于保持用水点的冷热水供水压力平衡极为有利。通常设有热水供应的供水系统中，冷、热水均为同区高位水箱或同一水源供给，冷水通过配水管直接送至用水点，阻力小，而热水要先通过换热器再供至用水点，配水管路长，沿程阻力大，如换热器阻力超过1m就会造成用水点尤其是最不利用水点冷、热水供水压力的不平衡，以致使用者频繁调节、费水耗能，使用不便。

3）对热媒要求不严　容积式换热器有较大的贮热容积，其供热负荷可按最大小时耗热量来计算，而无贮热容积的快速式换热器却需按瞬时耗热量来设计热媒负荷。使用容积式换热器时可将锅炉及管网负荷减半，大大节省了热媒供给系统的投资，同时热媒的使用相对均匀，有利于提高锅炉热效，延长其使用寿命。

4）结构简单，管理方便，可承受水压，噪声低。

（2）传统容积式换热器的缺点

经过多年的使用，特别是与国外常用换热器比较，传统容积式换热器的缺点也很突出，主要有：

1）传热效果差、一级换热难以满足使用要求　传统容积式换热器热媒流速低、流程短，换热很不充分。进入罐体的冷水呈无组织流动状态，只有少部分水流经换热管束，吸收管束的放热而变成热水，而其他大部分没有流经管束的水全靠罐内冷、热水本身的对流及传导来换热，因此整个传热过程换热效果差，传热系数 K 值低。经此一级换热，以蒸汽为热媒时，出来的凝结水温度在100℃以上；以热水为热媒时，被加热水在设计流量下达不到所需的供水温度。为此，以往一些工程设计不得不采用二级串联换热来满足使用要求。

2）容积利用率低　传统容积式换热器换热管束上部为同温热水区（图8.3），约占罐体容积的60%，换热管束处的变温区约占15%～20%，其下的冷水区约占20%～25%。因此传统容积式换热器的有效贮热容积为75%～80%，容积利用率低。

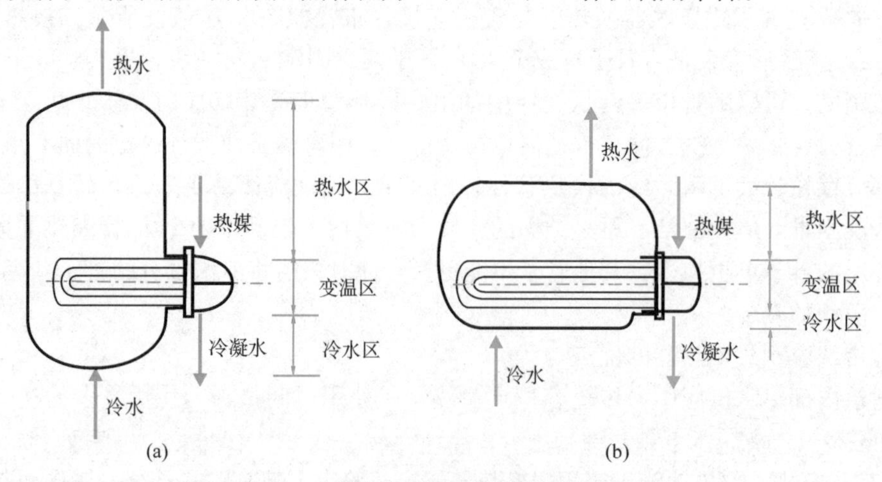

图8.3　传统容积式换热器内水温分布图
（a）立式；（b）卧式

3）体积大，一次投资高 卧式传统容积式换热器的罐体长（2087～5875mm），加上维修时为抽出换热管束所需的空间，占地很大，如一台容积 $10m^3$ 的传统容积式换热器所需的占地面积约为 $27m^2$。尤其是当以70℃左右低温热水为热媒时，需要两个换热器串联，换热器数量和占地面积成倍增加。立式传统容积式换热器占地面积虽然不大，但是高度高（2050～3220mm），耗钢材多，一次投资大。

4）水质易受污染 罐体下部的变温区和冷水区，容易导致细菌滋生（军团菌），影响水质。

5）不节能 主要有因罐体表面积大引起的热损失多、因热交换效率低和蒸汽回水温度高造成的热量利用不充分，以及因水垢不易消除而影响传热效率等几个方面。

针对传统容积式换热器存在的缺点，对其结构作了一些改进，出现了几种新型容积式换热器。

2. 新型卧式容积式换热器

提高换热设备换热效果的关键是提高其传热系数 K 值。K 值由三部分组成，即换热管束内热媒向管束内壁的放热系数 α_1，管束内壁向外壁的导热系数 λ 及管束外壁向被加热水的放热系数 α_2，其表达式为

$$\frac{1}{K}=\frac{1}{\alpha_1}+\frac{\delta}{\lambda}+\frac{1}{\alpha_2}$$

式中 δ——管束壁厚。

由上式可知，为提高传热系数 K 值，可以通过减小换热管的管径和附加导流、阻流装置来实现，传统容积式换热器采用的换热管束规格为 $\phi38\times3$、$\phi42\times3.5$；而新型卧式容积式换热器采用换热管束规格为 $\phi19\times2$、$\phi25\times2.5$。管径的减小可在保持相同换热面积的条件下减小过水断面积，从而在相等的热媒流量时可增大热媒流速。经此改进，"新卧罐"换热管束内的热媒流速可比传统容积式换热器提高1倍左右。增大流速不仅直接提高了 α_1 值，而且可以改变热媒在管束内流动的流态，使其形成紊流，更进一步提高了热媒的放热效果。同时由于热媒管束管径的减小，管壁厚度可相应减小，即 δ 值减小，相应地减小了热阻。

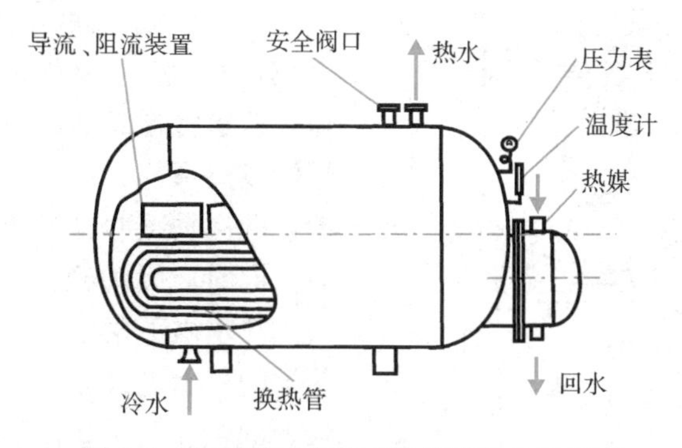

图8.4 新型卧式容积式换热器结构示意图

在传统容积式换热器原有结构基础上，附加一些导流、阻流装置，组织被加热水流经换热管束，局部提高其流速，从而增大换热管外壁向被加热水的放热系数 α_2。同时，导流、阻流装置还可促使换热器内被加热水在升温阶段形成较强的对流，提高换热效果和最

大限度地减少冷水区容积，提高了容积利用系数。新型卧式容积式换热器结构示意图如图8.4所示。

新型卧式容积式换热器的特点如下：

1）提高了传热系数　减小换热管管径和附加导流、阻流装置，改善了换热性能，热媒温降与被加热水温升大幅度提高。

2）提高了容积利用率　在升温阶段，从下到上各个断面基本处于同一温度，消除了罐底的冷水滞水区，容积利用率达到95%以上。保障了水质，防止军团菌的滋生。

3）面积小　钢材用量明显减少，降低了一次性投资。与传统容积式换热器相比，一次性投资较汽—水换热时可省17%；较水—水换热时可省51%。

4）节能　凝结水出水温度在50℃以下，蒸汽热能利用率高，节能约10%～15%。另外，因传热系数提高，换热器数目减少，减少了罐体表面的散热损失而节能。

5）换热系统简化　因凝结水温度低，不需串加换热器，可省掉疏水器，维护管理费用低，回水阻力小，还可防止因高温凝结水二次蒸发产生的蒸汽对环境造成的污染，以改善操作的环境条件。

3. 新型立式容积式换热器

针对立式传统容积式换热器存在的主要问题，新型立式容积式换热器做了如下改进：

1）采用立式交错双盘管结构　换热管束规格为$\phi 19\times 2$，$\phi 25\times 2.5$的钢管或铜管。这样既增大了换热面积，解决了立式传统容积式换热器因换热面积小得不到发展的问题，又不需为在罐体上开双孔而增加罐体壁厚，且两换热盘管上下错开，方便平面布置，节省占地面积。

2）合理布置盘管管束　在管程局部地方改变介质流态使其形成紊流，提高传热效果。

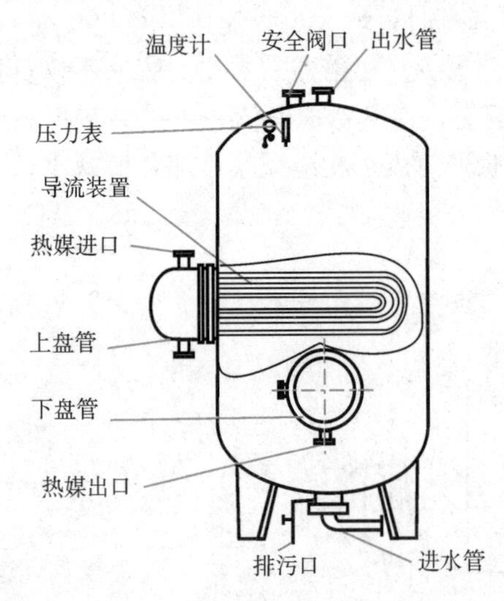

图8.5　新型立式容积式换热器结构示意图

3）罐内适当配置导流装置　局部提高被加热水的流速，并使其形成强制自然循环，减少罐内的冷水区。新型立式容积式换热器结构如图8.5所示。

新型立式容积式换热器的特点如下：

1）传热系数K值提高　立式双盘管上、下交错排列的管程结构，既提高了热媒流速，造成管程局部紊流，提高了热媒对管内壁的放热系数α_1；又使被加热水在上升过程中，两次垂直冲刷换热管束，提高了换热能力。同时，因为换热过程是热媒由上而下，被加热水由下而上，两者呈逆向流动，在换热器的冷水进口处是温度最低的热媒与温度最低的被加热水相碰，随后，两者温度越来越高，温差基本保持稳定，直到出口处，温度最高的被加热水与温度最高的热媒相遇，其换热处于一种最佳的工况。无论是水—水换热，还是汽—水换热，被加热水出水温度均高于热媒出口温度，达到了理想的换热效果。罐体内设置的导流结构起到组织被加热水流经换热管束，提高被加热水流速的作用，从而提高了管外壁对被加热水体的换热系数α_2。

2）提高了容积利用率　当新型立式容积式换热器不出水时，罐内设置的导流装置能促进罐体内被加热水的自然循环，将靠近底部的部分冷水加热，减少其冷水区的容积。新型立式容积式换热器的冷水区只占整个罐体容积的5%～10%，容积利用率比立式传统容积式热水器大大提高。

3）节能效果明显　以蒸汽为热媒时，回收凝结水的温度低。110℃至140℃的蒸汽变成50℃左右的凝结水，热媒出口温度比一般传统的“容积式换热器”降低约30℃，回收凝结水的热量约占整个换热量的15%。另外，新型立式容积式换热器换热量大，换热能力强，升温快，达到定温时间短，一级换热就满足使用要求，换热器数量大大减少，也减少了表面散热损失，起到节能作用。

4）阻力增大　新型立式容积式换热器的换热盘管部分较传统的容积式换热器有较大的改进，热媒阻力损失也有所增大。经测定：当热媒为热水且达到设计流量时，其阻力约为37kPa，在一般工况所允许的压降范围之内。而当热媒为蒸汽时，虽然管盘内阻力稍有增加，但系统不用设疏水器，因而也就没有疏水器所引起的阻力。

5）系统简化，方便维修使用　不需像传统的容积式换热器那样搞二级串联换热，设备少，管道少，系统简单，便于操作、维护和管理。安装与维护管理费用少。

4. 浮动盘管容积式换热器

浮动盘管换热器是近年来国内生活热水集中供热系统中较典型的设备。浮动盘管容积式换热器内部盘管的形式有立体螺旋形和水平螺旋形两种。立体螺旋形浮动盘管的基本构造是几个不同旋转直径的竖向螺旋管组成一组管束，按管束末端的构造又可分为两种类型，一种设自由浮动的分配器（也称惰性块），另一种设集水短管，如图8.6所示。分配器既能使热媒在各管束内较均匀的分配，增大流程，以利充分换热；又起阻尼作用，防止共振破坏。其中图8.6（b）图带有两个惰性块，可起诱导振动的作用，能提高传热效率。集水短管式构造简单，便于生产，目前大多数生产厂家采用这种做法。

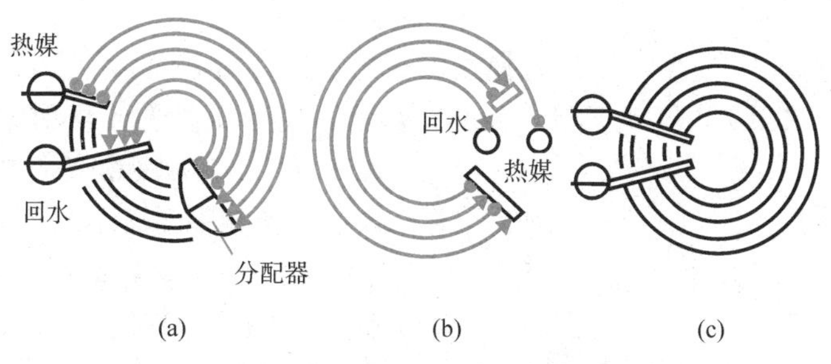

图8.6　立体螺旋形浮动盘管结构示意图
（a）单分配器；（b）双分配器；（c）集水短管

水平螺旋形浮动盘管是由一根根水平螺旋管组成，按其分水与集水立管的位置又分为立管边置形和立管中置形两种，如图8.7所示。水平螺旋形浮动盘管的优点是螺旋管的旋转半径大，换热面积大，换热量大。缺点是其构造有如串糖葫芦，中间只要有一根管出了问题，则整个管束都报废，无法更换，也无法采取其他补救措施。

与传统容积式换热器一样，按罐体的放置方式，浮动盘管容积式换热器也有卧式和立式两种，根据在换热器内的布置方式，又分为浮动盘管卧置和立置两种，立置式又分

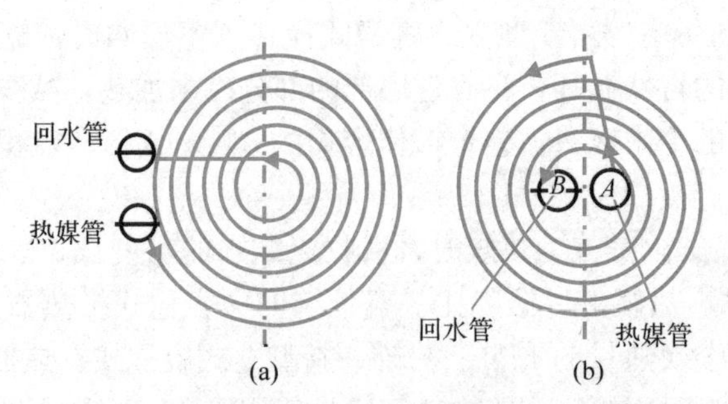

图 8.7　水平螺旋形浮动盘管结构示意图
(a) 边置式；(b) 中置式

为上置式和下置式，如图 8.8 和图 8.9 所示。卧置式换热器便于将换热盘管抽出检修更换，立置式换热器中，下置式罐体的容积利用率高，上置式罐体便于将换热盘管抽出检修更换。

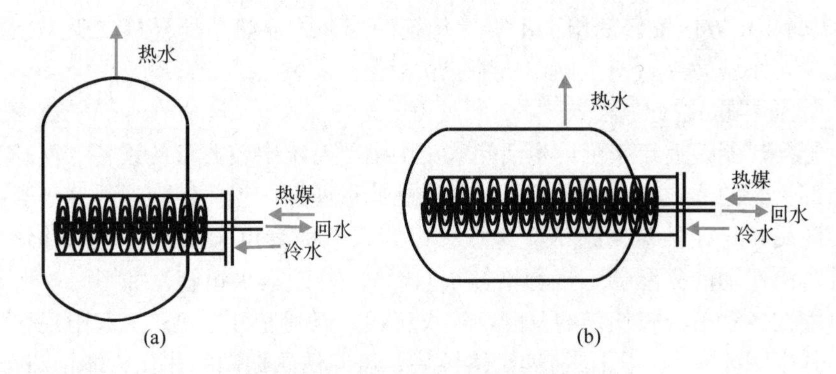

图 8.8　卧置式浮动盘管换热器示意图
(a) 立式；(b) 卧式

浮动盘管容积式换热器与 U 形管换热器相比，具有如下优点：

1）提高了传热系数　浮动盘管一般是紫铜管，管径和管壁比 U 形管小，管径 $\phi 16$，管壁厚 0.8～1.2mm，传热系数中的 δ/λ 值减小，传热系数 K 值有所提高。经热工性能测试，浮动盘管型换热器的 K 平均值分别为新型卧式容积式换热器和新型立式容积式换热器的 1.40 和 1.31 倍。

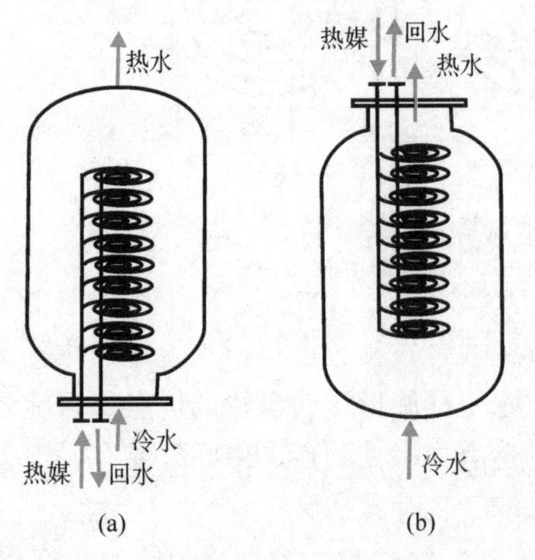

图 8.9　立置式浮动盘管换热器示意图
(a) 上置式；(b) 下置式

2）提高了容积利用率　U 形管容积式换热器受容器构造的限制，换热管距容器的底部需有相当大的距离，增大了冷水区容积。浮动盘管形换热器的换热盘管距容器底可以近到 100mm 左右。其冷水区就很小，有效贮热容积可达 95%左右，大大提高了换热器的容积利用率。

3）自动除垢，降低了检修工作量　浮

动盘管内流动的高温热媒是不断变化的，紫铜盘管会不断伸缩，盘管局部发生变形，附着在管外壁的水垢也会产生膨胀和收缩。水垢的热膨胀系数比管壁小，两者的胀缩量不同，使水垢自动脱落。

浮动盘管容积式换热器的主要缺点是热媒短路，如图 8.6（c）所示，图中内圈螺旋管旋转半径小、流程短；外圈螺旋管旋转半径大、流程长。各圈管的流程相差很大，最外圈约是最内圈长度的 8 倍，因此，内圈热媒流量大，外围流量小，热媒分布极不均匀。浮动盘管立置时（图 8.9a），热媒沿分水立管、集水立管自下而上均匀分布也会造成热媒短路，显而易见，与下部盘管相连的分水立管、集水立管管段短、阻力小，当热媒从下端进入容器后，相应地通过这部分盘管的流量大，上部盘管则反之。热媒只流经一组或一根螺旋管，很难做到充分换热，汽水换热时不易将高温凝结水的温度降下来。

盘管卧置用于汽—水换热时，会造成汽水撞击和噪声。由于换热器是间断工作的，凝结水会积聚在盘管下部，且无法及时排除，这样就会出现汽、水撞击，产生噪声，每次汽、水撞击都可能使管束与分水立管、集水立管连接处脱焊，损坏管束。

8.2.2　半容积式换热器

1. 半容积式换热器的构造

半容积式换热器源于英国，是一种带有适量调节容积的内藏式快速换热器，与容积式换热器的最大区别是换热部分与贮热部分完全分开。半容积式换热器主要由贮热水罐、内藏式快速换热器和内循环水泵三个部分组成。当热水用量 Q_r 低于内循环泵流量 Q_b 时，其工作状态如图 8.10（a）所示，当管网中热水用量出现瞬时大于内循环泵流量时，其工作状态如图 8.10（b）所示。

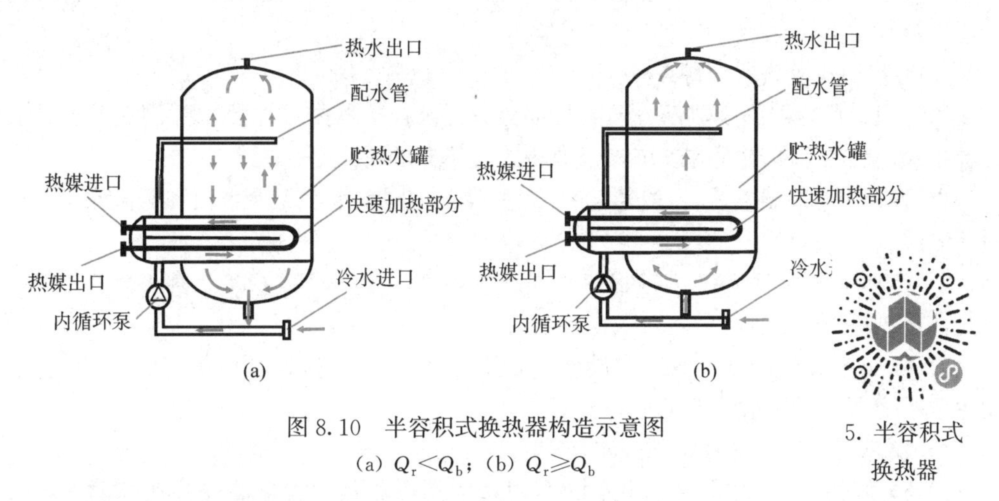

图 8.10　半容积式换热器构造示意图

（a）$Q_r < Q_b$；（b）$Q_r \geqslant Q_b$

半容积式换热器中的内循环泵是关键组件，有 3 个作用：①提高被加热水通过换热器时的流速，即提高传热系数 K 值和换热能力；②克服被加热水流经换热器时的阻力损失；③使被加热水在贮热水罐与内藏式快速水换热器之间不间断的循环，罐体容积利用率可达 100%。内循环泵必须不间断地运行，其流量和扬程应与相应换热能力和克服因流速的提高产生的阻力损失相符合，不能过大，避免引起用水点冷热水压力的不平衡。

内循环泵是半容积式换热器的核心部件，质量要求严，生产难度大，价格高，为此，我国研制出了HRV半容积式换热器，取消了内循环泵，其性能与国外的相同，如图8.11所示。其结构特点是：

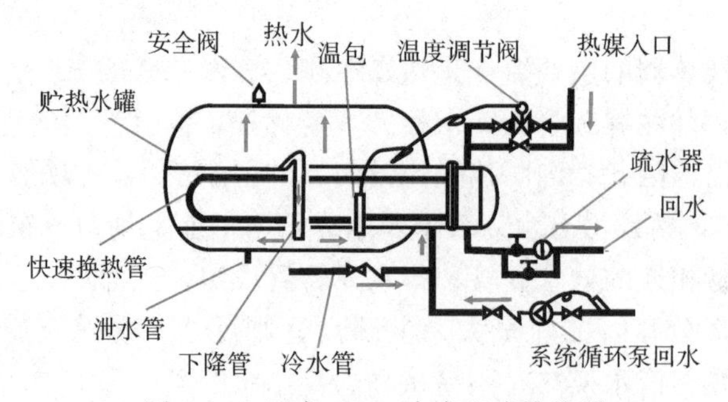

图8.11　国产HRV半容积式换热器

1）设置一组传热系数高，阻力损失小，供水安全，水温、水压稳定的改进型快速式换热器。

2）换热部分与罐体部分完全分离，加热后的热水先进入罐底再上升，使系统用水时整罐水为同温热水。

3）系统不用水或很少用水时，借助热水系统回水管上外循环泵的工作来保持罐内水温。在热水供应系统中，为保证管网用水点随时取到所需温度的热水，需设回水干管和循环泵。因回水管断面要比换热器断面小得多，热容量相应地也小得多，回水管温降快于换热器的温降，所以利用回水管温降控制循环泵的启闭，以此可将换热器下部温水不断加热而保持一定温度。

4）半容积式水换热器的换热结构仍以U形管为主，管外壁净间距$b=11\sim25$mm，便于清垢维修。

2. 半容积式换热器的特点

半容积式换热器因换热部分与贮热部分分开及换热器内被加热水强制循环，使其性能比容积式换热器有了很大的改进，半容积式换热器的特点是：

1）容积利用率高　利用率达100%，整罐水为同温水，无冷水区和低温水区，防止军团菌的滋生。

2）传热系数K值高　因被加热水强制循环，流速大，K值高，换热充分，单罐产热量高，换热量大。

3）被加热水阻力损失小　在设计流量下，水头损失小于2kPa。供水压力变化很小，能保证系统内冷、热水供水压力的平衡。

4）换热器体积小　是容积式水换热器的1/3～1/2。

5）构造简单　温控条件基本上同容积式水换热器，不需要设置特殊的温度和安全控制装置。

6）节能　汽—水换热时，能回收部分高温凝结水的余热，冷凝水温度小于75℃，换热充分，节约能源。

7）减少设备数量　其占地面积只为容积式换热器的1/6～1/3，节省了工程造价，罐体选用不锈钢材质，为保证水质、防止污染和延长设备使用寿命创造了条件。

8）罐型小，质量轻，便于安装、维修。

8.2.3 快速式换热器

换热器管束内外的两种介质流速快、传热系数高，换热量大，阻力损失大、没有贮热调节功能的换热器叫快速式换热器。在化工企业和建筑采暖系统中，因用热水较均匀，且被加热水不从系统中流出，快速式换热器应用较广。在建筑物内部的热水供应系统中，因生活用水不均匀，快速式换热器不宜单独使用，应与贮热设备如热水箱或热水罐配套使用，才能保证水温水压的稳定可靠。

快速式换热器有壳程式、板式、螺旋板式等几种，建筑给水排水工程中使用较多的是壳程式。壳程式又分为单管式和管束式两种，单管式有 2 管程、4 管程、6 管程和 8 管程四种，管束式有 2 管程和 4 管程两种。单管式多用于汽—水换热器；管束式有汽—水和水—水两种。图 8.12 为单管式 4 管程汽—水换热器，图 8.13 为管束式 2 管程水—水换热器。

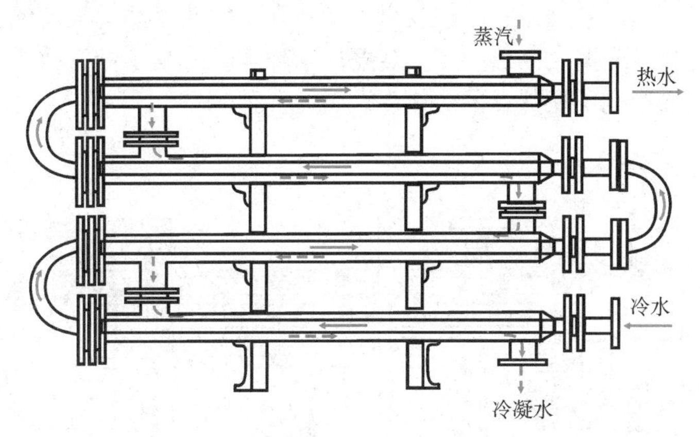

图 8.12 单管式 4 管程汽—水换热器

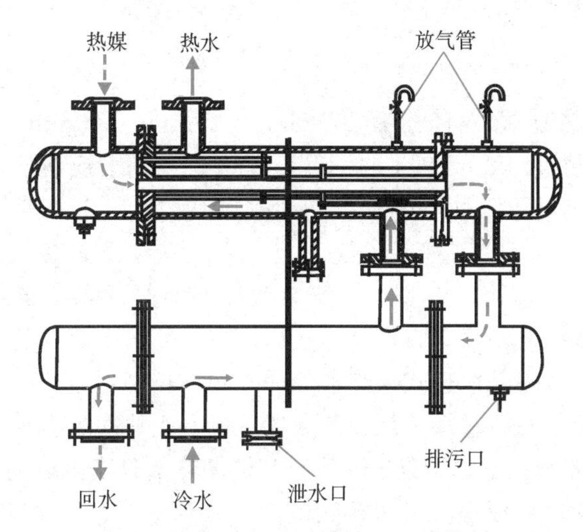

图 8.13 管束式 2 管程水—水换热器

单管式汽—水换热器的壳程管径 DN_1 有 57mm、73mm、89mm，管程管径 DN_2 有 25mm、34mm、45mm，单行程有效长为 3000～4000mm，热媒蒸汽在壳程和管程之间由上向下流动，被加热水在管程内由下向上流动。

管束式换热器主要由壳体、管箱、管板、换热管束、管箱连接管、壳体连接管组成。换热器两端的管箱由封头、短节和法兰构成，在管箱的侧面设有管程介质的进、出口接管。管箱的作用是把管道中来的流体，均匀地分配到各个换热管中去，并把换热管内的流体汇集到一起送出换热器。换热管束与管板连接，有固定管扳式和浮头式两种。

固定管板式换热器两端的管板被焊接在壳体上，如图 8.13 所示。其结构简单而紧凑，制造成本低。在壳体直径相同时，排管数量最多，而会因壳程不能用机械方法清洗带来检查困难的缺点。它适用于被加热水硬度低，壳体与管束温差小；或温差稍大但壳程压力不高以及壳程内介质不易结垢，或结垢能用化学方法清洗的场合。

图 8.14 为浮头式换热器。所谓“浮头”是指换热器两端的管板，一个与壳体固定连接，另一个可在壳体内自由浮动。浮头式换热器的优点：壳体和管束的热变形是自由的，当壳程与管程两种介质的温差较大时，管束与壳体之间不会产生热应力；管束可从壳体内抽出，便于检修、清洗。其缺点：结构复杂，造价高；为使浮动管板能随管束一起从壳体中抽出，在管束外缘与壳壁之间形成了一定宽度的环隙，减少了排管数目，增大了管束外围的旁路流量，从而影响了换热器的热效率。

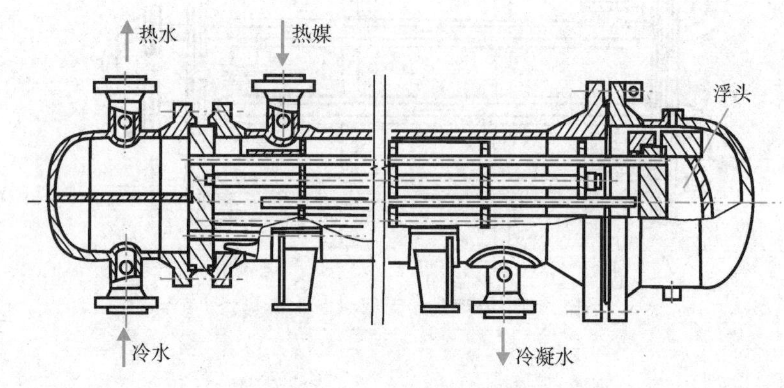

图 8.14　浮头式换热器

管束式汽—水换热器壳体直径有 273mm、325mm、400mm、500mm、600mm 和 800mm 六种，换热管束为 $\phi25\times2.5$ 的钢管，管束式水—水换热器壳体直径有 150mm、200mm、300mm 和 400mm 四种，单程换热管分别为 11、22、57、98 根，换热管束为 $\phi25\times2.5$ 的钢管。

快速式换热器具有效率高、体积小、安装搬运方便的优点，缺点是没有贮热调节容积，水头损失大，出水温度不稳定。

图 8.15 和图 8.16 分别是快速式换热器的另外两种类型：板式和螺旋板式。板式换热器是由若干四角开有角孔的波纹形传热板片叠置压成，板片间装有控制两板间距的密封垫片，每两个板片间形成 3～4mm 的流道。热媒和被加热水分别由板的上、下角孔进入换热器，并相间通过奇数和偶数流道，沿对角线方向，分别从下、上角孔流出，（该板的另外两个角孔由垫片堵住），传热板片是板式换热器的关键元件，不同形式的板片直接影响到传热系数、流动阻力和承受压力的能力。板片的材料，通常为不锈钢。板式换热器具有传热系数高、结构紧凑、密封可靠、金属消耗量低、组装使用灵活（传热面积可以灵活变更）、拆装清洗方便等优点。

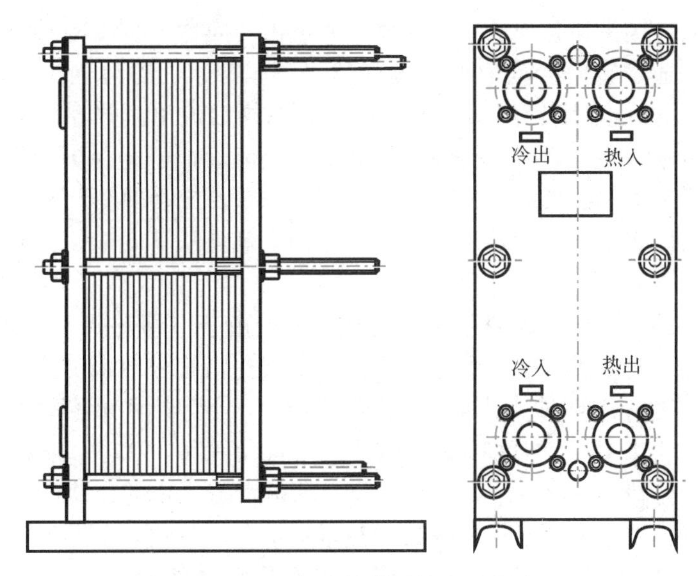

图 8.15 板式换热器构造示意图

螺旋板式换热器是由两块平行的金属板卷成螺旋形，构成两个螺旋通道，两端用盖板封堵。冷热两种流体分别在两个螺旋通道中流动，一种流体从中心进入，沿螺旋形通道流到周边流出；另一种流体由周边进入，沿螺旋通道流到中心流出。螺旋板换热器结构紧凑，占地面积小，流动阻力较小，造价低，缺点是清洗检修困难，承压能力低。

8.2.4 半即热式换热器

半即热式换热器是一种带有超前控制，具有少量贮水容积的快速式换热器。半即热式换热器主要由内衬铜的壳体、连接在竖管和冷凝水回水管上的多组紫铜盘管和需求积分预测器温度控制组件三部分组成，如图 8.17 所示。

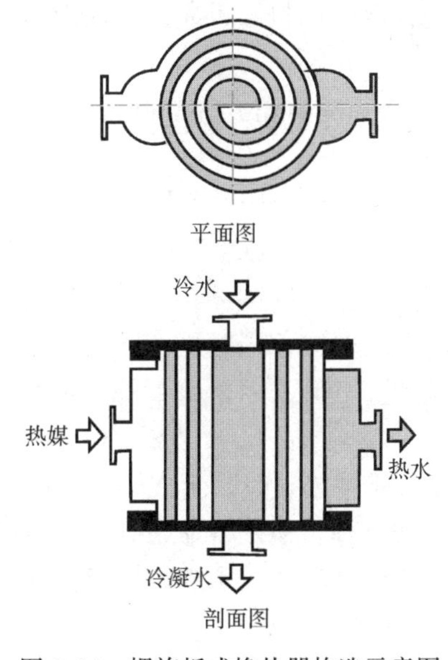

图 8.16 螺旋板式换热器构造示意图

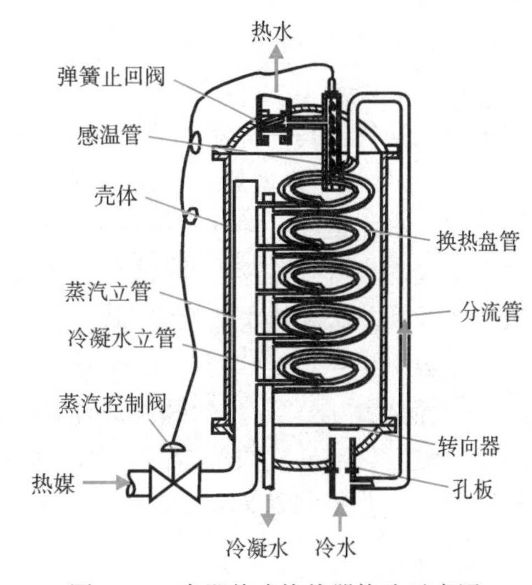

图 8.17 半即热式换热器构造示意图

冷水从底端入口接头和孔板进入换热器，并碰击转向器，少量冷水经孔板进入分流管，大量的冷水则通过转向器均匀地进入壳体底部。冷水在罐体内由下向上流过盘管（换热表面）并被加热成热水。热水经上端盖的止回阀后流出换热器。蒸汽经控制阀后从底端的蒸汽入口进入蒸汽立管，分流到并联的各个盘管，于此将热量传递给冷水，到达盘管出口端成为冷凝水。最后，从底端的冷凝水出口流出换热器。在换热器内，被加热水流动的方向与因密度造成的热水对流方向相同，都是从下向上，因此换热器顶部的水最热。

换热器的功能是制备能满足使用要求的热水。但由于半即热式水换热器容积较小，水在换热器中停留的时间短，热容量也随之减少，当热水管网用水负荷变化时，如不采取措施，水换热器出口处的水温很难保持稳定。为此，半即热式水换热器采用设置分流管和温控系统的方法来解决。温控系统由温控阀和感温管组成，感温管内有热敏元件，感温管底部是一个开口（图8.17）。换热器顶部的热水与一定的比例的分流管的冷水进入感温管，感温管内混合水流动方向与罐内热水流动方向一致，呈顺流状态，混合水沿程流动阻力小，压差大，流速快，热敏元件感受热水温度迅速、准确，超前反馈性能好。

分流管下端与冷水进口连接，上端连接在感温管附近。当管网用水量增加时，冷水向换热器进水，并通过分流管进入上部感温管。冷、热水在感温管中混合后的温度低于换热器顶部的热水温度。感温元件读出任一瞬间感温管内水的平均温度并向蒸汽控制阀发出信号，按需要对控制阀在全开和全闭之间进行调节，以保持所要求的热水出水温度。如果热水供应系统无人用热水，没有热水从换热器流出，感温元件读出的是换热器出口处的热水水温，如果水温已达到设计水温，感温元件发出信号关闭蒸汽控制阀。只要热水供应系统有人用热水，热水出口处的水温还没有下降，就能发出信号开启蒸汽控制阀，当感冷时，控制阀打开，增加热媒供应量，当感热时，控制阀关闭，减少热媒供应量，以保证水换热器的热水出水温度稳定。由于冷水经分流管到达温度感应器的时间比经过换热器筒身要早，所以控制阀可以超前动作，及时控制热媒控制阀的开启度和热媒供应量，从而确保热水出水温度。

半即热式换热器有汽—水式和水—水式两种，罐直径有450mm和600mm两种，换热器总高在1726～3916mm之间。

半即热式换热器是一种强化的换热设备，在国外已得到广泛应用，其特点是：

1）传热系数高　半即热式水换热器缩小了容器的内部体积，减少了被加热水的过水断面，加大了水流速度，同时螺旋形浮动盘管在加热时所产生的高频振荡，使管外壁附近的水体处于局部紊流区，管内的热媒由于螺旋形盘管的多次转向，同时也由于高频振荡而产生紊流。被加热水和热媒的紊流都有利于提高传热系数。盘管采用薄壁铜管，也有利于提高传热系数。

2）自动除垢　悬臂安装的螺旋形浮动换热铜盘管在通过热媒时，会产生高频振荡和伸缩现象，盘管外部形成的水垢将会自动脱落，便于维修管理，使用寿命长。出水温度稳定，预测器连续监测水温及流量，调节进入换热器的热媒流量，使出水温度能保持在设定值的±2.2℃范围内。

3）体积小　热水贮存容量小，仅为半容积式水换热器的1/5。结构紧凑，占地面积小，且便于搬运和安装。

4）节能　凝结水有自动过冷却装置，冷凝水温度≤60℃，使热媒的热量能充分利用，可节约蒸汽耗量15%。温度控制系统使热水的供需达到动态平衡，减少热能损失。另外换热器小，外表面积小，热损失少。

5）适用范围广　可使用蒸汽、高温水和低温水3种热媒。

6）水质好　罐体内用铜质材料衬砌，不易污染热水。

8.2.5 混合式换热器

混合式换热器是一种热媒与被加热水直接在管状或罐状容器中混合，不断加热被加热水的换热器，属直接加热方式。混合式换热器具有加热快，效率高，噪声低、无振动，安装方便，成本低廉的特点。图8.18为汽-水管道混合加热器构造示意图，汽-水管道混合换热器由壳体、喷管、过滤网板、填料、排污塞、密封垫组成。喷管管壁上有许多斜向小孔通向壳体，壳体内壁面采用吸声减振波纹壁形式。壳体与喷管之间的空隙内充满特殊填料，以消除因水锤造成的振动和噪声。当被加热水通过喷管时，进入壳体的蒸汽从喷管管壁上的斜向小孔进入喷管内，蒸汽和被加热水在高速流动中迅速完全混合，将冷水加热成热水。

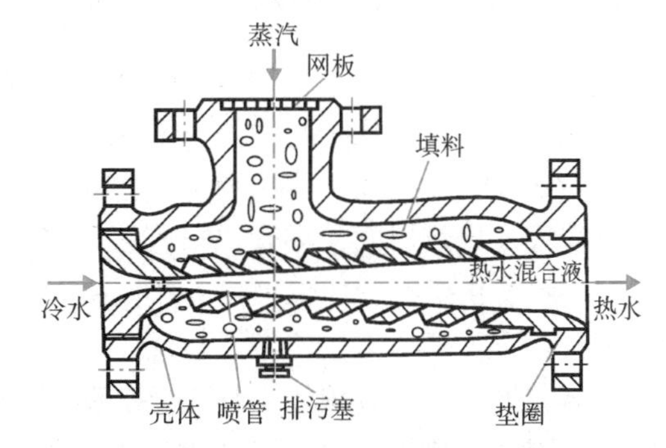

图8.18　汽-水管道混合加热器构造示意图

8.3 换热器的适用条件和选型

8.3.1 换热器选择的基本要求

（1）效率高，换热效果好。满足使用热水的水温、水量要求。

（2）生活热水侧阻力损失小，有利于冷热系统平衡。

（3）安全可靠、操作维修方便。

（4）节能、节省用房、投资少、运行管理方便。

8.3.2 换热器性能评价

换热器的类别和形式很多，在选型和设计时，一般应考虑下列几项基本要求：①满足用热水需要（如换热量、水温）；②强度可靠；③便于制造、安装和检修；④节能、投资少。这些要求有时是相互制约的。为了给换热器的选型和设计提供依据，就需要对换热器的性能进行定量的评价。

换热器性能评价涉及热力学性能、传热性能、阻力性能、机械性能（容积、强度、重量、材质）、可靠性及经济性（投资、运行、维修），所以，全面评价换热器的性能比较困难，一般进行单项或双项性能的评价。评价方法有以下几种类型：

1）单项性能评价　对换热器的各个单项性能分别进行评价，如传热系数、阻力降、换热器效能、单位传热面积的价格、耗钢材量等。这种方法不考虑其他因素的影响，简单易行，但不全面，适宜于相同工作条件下同类型换热器的比较判别。

2）双项性能评价　通过实际实验测试或模型计算，找出两指标间的变化规律，反映换热器这两项主要性能的综合效果，如传热量与动力消耗、能量转换和利用率、传热面积与换热器体积、传热面积与金属消耗量、传热面积与造价、传热面积与占地面积等。这些指标能表达不同类型换热器的主要优点或缺陷，是换热器选型的重要依据。也适用于各类型换热器在合理利用能源方面的评价。

8.3.3　换热器的适用条件

容积式换热器容积大，有较大的贮热量，可以提前加热，将热水贮存在换热器内，热媒的小时耗热量可随加热时间的加长而减小其峰值。容积式换热器适用于热水用量大且用水不均匀的建筑物，如民用建筑和工业企业的生活用水。

半容积式水换热器的贮热容积只有容积式换热器的1/3～1/2，因此，采用半容积式水换热器时，热媒供给必须能保证最大小时耗热量的要求，温控装置要可靠，而且热水系统应设循环泵。半容积式水换热器不适用于以低温水为热媒的工况。

半即热式换热器的容积较小，无贮热调节功能，即时加热，热媒的耗用量随热水用量不断变化。因此，热媒要按秒流量供给（需要考虑最大时内热水用水量的变化），热媒供给流量为半容积式换热器的2倍以上。如不这样考虑，就可能出现换热器瞬时升温过快而烫伤人；或因贮热调节量太小，热水不能正常供应的现象。

快速式换热器既没有贮热调节容积，又没有灵敏可靠的温度调节、温度控制及超温超压保护装置，只适用于用热水均匀的工业建筑和大型公共建筑。因民用建筑的生活用水不均匀，快速式换热器不宜单独用于生活热水系统。若生活热水系统使用快速式换热器，应与专用贮热设备热水箱或热水罐配套使用，这样才能保证热水供应系统中水温水压的稳定。

混合式换热器适用于生产蒸汽的用水不需要处理，用热量不大的一次性加热或循环加热系统，如浴池、游泳池等。

8.3.4　换热器的选型

对于建筑物内部的热水供应系统，在选择换热器类型时应综合考虑以下5个方面的因素：

（1）热媒供给条件

影响换热器选择的主要因素是热媒种类和供应情况，生活热水供应系统的热媒有蒸汽或软化高温热水两种，来源于区域热网或自备热源。热媒为蒸汽时，只要热源充足，选用快速式、半即热式、半容积式和容积式换热器都可以；热媒为热水时，在换热面积相同的条件下，以热水为热媒的换热能力只有蒸汽为热媒换热能力的1/4～1/3，因此，宜选用带一定贮热调节容积的半容积或容积式换热器，否则有可能产生供热不足的问题。当采用燃油燃气机组等自备热源时，宜选用贮热容积为20min左右的半容积或容积式换热器，降低燃油燃气机组的负荷，供水安全可靠。在区域热网的末端，热媒的供回水资用压差很小，热媒在换热管束内的流速小，传热系数 K 值低，换热量达不到要求。

（2）热工性能

传热系数 K、阻力 Δh 和热媒温差 ΔT 是换热器的三个主要技术参数，都与换热管内、外两侧热媒和被加热水的流速 v 有关。通常 K 值与 $v^{0.8}$ 成正比，阻力 Δh 与 v^2 成正比，若只注重 K 值，而忽略了 Δh，会造成系统的冷热水压力不平衡。如板式快速式换热器的传热系数 K 值是容积式换热器的 4～6 倍，而被加热水一侧的阻力则是容积式换热器的 15～20 倍。所以，生活热水供应系统不宜采用板式快速式换热器。另外，若热媒流速大，在换热管中停留时间缩短，回水温度较高，即热媒温差 ΔT 减小，总换热量 W 增加并不多。

（3）换热面积

若固定传热系数 K 值不变，增大换热面积 F 虽然可以提高换热量，但同时会影响换热设备的运行效果和维修。增大 F 值通常采取两种做法：一是密集管束，将管束外表面间的净距减少到只有 4～7mm；二是采用外螺纹管、管外壁加肋或用鳍片式管束作为换热管，这两种方法可以将换热面积增大 1～3 倍。

（4）材质

换热器材质必须保证热水水质，提高换热效果和延长罐体使用寿命。在冷水硬度大的地方，可采用碳钢制换热器，内壁不作特殊处理，换热器使用一段时间后，罐体内壁形成了一层薄薄的水垢膜，防止内壁锈蚀。但当冷水水质较软时应有可靠适用的防腐措施，保障水质，如碳钢罐体内衬铜、镀锌、衬树脂，或罐体采用不锈钢、铜或复合钢板制作。内表镀锌不能用于铜管热水管网的系统，以避免铜与镀锌钢壳连接处的电解作用和严重的点蚀。水中含有氯化物时不能用不锈钢罐体；如用树脂衬里，则应考虑树脂成分的卫生指标、耐热性能及粘固程度。换热管束宜选用铜管，铜管的 K 值高，阻力小，使用寿命长，清垢维修方便。

（5）运行管理

生活热水供应系统中的换热设备比其他换热设备更容易结垢和腐蚀，因此不能忽视换热设备的检修与更换。所选的换热器要能抽出换热盘管，而且能够更换修理盘管。

8.4 换热器计算

换热器的传热计算有设计计算与校核计算两种情况。设计计算是根据换热条件和要求，确定换热器的形式、面积及结构参数，设计新式换热器。校核计算则是根据换热量，计算出换热面积，选择现有的换热器。无论设计计算还是校核计算，在确定传热系数时，应考虑水垢热阻和系统热损失。

换热器计算中常用平均温差法，其基本依据是传热公式

$$Q=KF\Delta T_{\mathrm{m}} \tag{8.1}$$

式中，换热量 Q 为已知，传热系数 K 按下式计算

$$K=\frac{1}{\dfrac{1}{\alpha_1}+\dfrac{\delta}{\lambda}+\dfrac{1}{\alpha_2}} \tag{8.2}$$

式中 δ——管壁厚度，mm，钢管为2～3mm，铜管为1～2mm；

λ——导热系数，W/(m·℃)，钢管为40～50W/(m·℃)，铜管为90W/(m·℃)，水垢为0.1～0.2W/(m·℃)；

α_1，α_2——换热系数，W/(m^2·℃)。紊流时，按下式计算：

$$\alpha=(1400+18T-0.035T^2)\frac{v^{0.8}}{d^{0.2}} \tag{8.3}$$

式中 T——水的平均温度,℃；

d——管径，m；

v——水的流速，m/s。

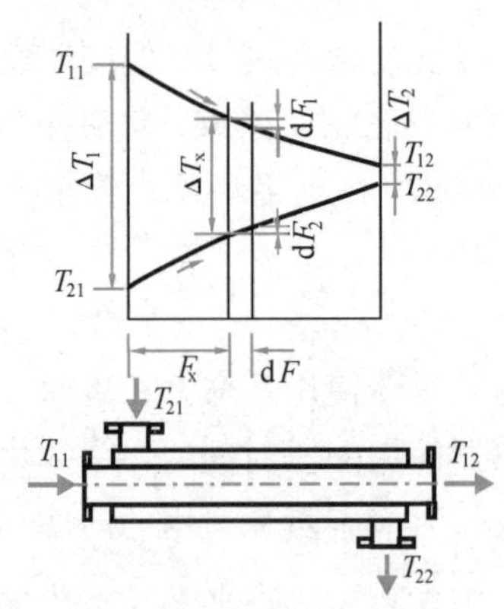

图8.19 顺流换热热媒和被加热水温度变化示意图

ΔT_m是热媒和被加热水两种流体的温差。热媒和被加热水沿换热管壁面进行换热时，其温度沿流向不断变化，所以热媒和被加热水之间的温度差ΔT也是不断变化的，图8.19为顺流时热媒和被加热水温度沿换热管变化的示意图。

图中T_{11}和T_{12}分别表示热媒的进口端温度和出口端温度；T_{21}和T_{22}分别表示被加热水的进口端温度和出口端温度。ΔT_1和ΔT_2分别表示换热管两端热媒和被加热水之间的温度差，且$\Delta T_1>\Delta T_2$。

换热器中热媒换热量为

$$Q=M_1c_1(T_{12}-T_{11}) \tag{8.4}$$

被加热水换热量为

$$Q=M_2c_2(T_{22}-T_{21}) \tag{8.5}$$

在F_X处的dF面积上，热媒的温度变化了dT_1，被加热水的温度变化了dT_2。在F_X处的传热量为：

$$dQ=F_X(T_1-T_2)_X dF \tag{8.6}$$

其中热媒换热量为

$$dQ=-M_1c_1dT_1 \tag{8.7}$$

被加热水换热量为

$$dQ=M_2c_2dT_2 \tag{8.8}$$

式中 M_1，M_2——分别为热媒和被加热水的质量流量；

c_1，c_2——分别为热媒和被加热水的定压比热。

将式（8.7）和式（8.8）联立得

$$dT_1-dT_2=d(T_1-T_2)=-dQ\left(\frac{1}{M_1c_1}-\frac{1}{M_2c_2}\right) \tag{8.9}$$

将式（8.6）代入上式得

$$\frac{d(T_1-T_2)_X}{(T_1-T_2)_X}=\frac{d(\Delta T)_X}{\Delta T_X}=-K\left(\frac{1}{M_1c_1}-\frac{1}{M_2c_2}\right)dF \tag{8.10}$$

对上式积分得

$$\ln\frac{\Delta T_1}{\Delta T_2}=-KF\left(\frac{1}{M_1c_1}-\frac{1}{M_2c_2}\right) \tag{8.11}$$

将式（8.4）和式（8.5）代入上式得

$$\ln\frac{\Delta T_1}{\Delta T_2}=-\frac{KF}{Q}[(T_{12}-T_{11})-(T_{22}-T_{21})] \tag{8.12}$$

其中

$$\begin{aligned}(T_{21}-T_{11})-(T_{22}-T_{21})&=-[(T_{11}-T_{21})-(T_{12}-T_{22})]\\&=(\Delta T_1-\Delta T_2)\end{aligned} \tag{8.13}$$

将式（8.13）代入式（8.12）整理，并与式（8.1）比较得

$$\Delta T_{\mathrm{m}}=\frac{\Delta T_1-\Delta T_2}{\ln\dfrac{\Delta T_1}{\Delta T_2}} \tag{8.14}$$

ΔT_{m} 称为对数平均温差，当 $\Delta T_1/\Delta T_2<2$ 时，可按算术平均温差计算

$$\Delta T_{\mathrm{m}}=\frac{1}{2}(\Delta T_1-\Delta T_2) \tag{8.15}$$

式（8.14）和式（8.15）也适用于逆流式，一般 ΔT_1 是较大温差，ΔT_2 是较小温差。温差随换热面变化表现为指数曲线，顺流与逆流相比，顺流时温差变化较显著，而逆流时较平缓，在进出口的温度 T_{11}、T_{12}、T_{21}、T_{22} 不变的情况下，逆流比顺流平均温差大。此外，顺流时被加热水的出口温度必然低于热媒的出口温度，而逆流则不是这样。所以，换热器一般都尽可能采用逆流布置。逆流换热器的缺点是高温部分集中在换热器的一端。

8.5 热　水　器

热水器是指通过各种物理原理，在一定时间内使冷水温度升高变成热水的一种装置。按照原理不同可分为电热水器、燃气热水器、太阳能热水器、磁能热水器、空气能热水器，暖气热水器等。建筑热水供应系统中常采用的热水器主要有燃气（油）热水器、电热水器和太阳能热水器。

8.5.1 燃气热水器

1. 构造

燃气热水器主要由热交换器、燃烧器、保险丝、燃气比例阀、连接管道、控制系统等组成，如图 8.20 所示。

2. 工作原理

燃气热水器就是利用燃气燃烧放出的热量来加热水的一种小型热力设备。燃气在燃烧室内燃烧，产生高温烟气，高温烟气流经热交换器，将其中流过的冷水加热产生热水。

冷水进入热水器，流经水气联动阀体在流动水的一定压力差值作用下，推动水气联动阀门，并推动微动开关将电源接通并启动脉冲控制器，打开燃气通气电磁阀门，将燃气热水器燃烧器点燃；燃烧器点燃后，火焰检测元件通过检测火焰给出火焰信号予脉冲控制

器，通过维持电流将电磁阀打开，维持燃烧器的正常燃烧。如果点火失败，脉冲点火器因无检测到火焰的维持电流信号，无法维持电磁阀的正常开启，关闭电磁阀，切断燃气供应。

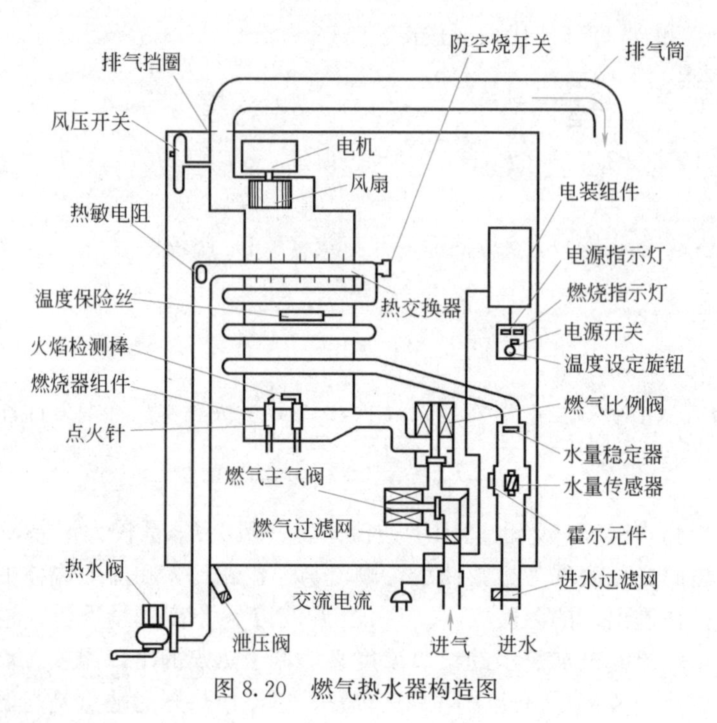

图 8.20 燃气热水器构造图

3. 分类及特点

燃气热水器按其排烟方式可分为直排式、烟道式、强制排气式和平衡式热水器等几种。

(1) 直排式

直排式热水器利用顶部排出废气，四面进气，没有烟管连接到室外，燃烧产生的废气主要是一氧化碳等有害气体直接排在室内，对人体有害。燃烧所需要的空气直接从室内吸取，导致长时间工作后，室内废气堆积，空气越来越污浊。该产品具有极大的安全隐患，已被国家明令禁止生产和销售。

(2) 烟道式

在直排式基础上改进型产品，在热水器顶部增加了烟管，烟管直径较粗。由于烟管的排气是靠自身的燃烧热力将废气自动排出烟管，所以其排放力度不够，容易造成废气泄漏，倒灌等事故，安全性仍不高。另外燃烧所需空气仍是从室内吸取，长时间使用会降低空气浓度造成缺氧，会对人身造成安全隐患。空气自然流入燃烧室的燃烧方式，使得燃烧不够充分，燃烧效率低，不利于节能。

(3) 强制排气式

强制排气式热水器主要特点是有风机、烟管，烟管较细、需要交流电。该产品的安全性很高，风机可以强行将废气通过烟管排出，不会出现废气泄漏倒灌等安全事故。但其燃烧所需空气仍是从室内吸取，长时间使用会降低空气浓度造成缺氧，造成安全隐患。另外，该产品属于强制吸气，空气在鼓风机带动下快速进入燃烧室，使得燃烧充分，效率更高，更加节省燃气。

（4）平衡式

平衡式热水器是目前最先进、安全的热水器。主要特点是有双层烟管、有风机、需要交流电。废气通过内层烟管强行排到室外，空气通过外层烟管室外强制吸取。安全可靠，环保、燃烧效率高。

8.5.2　电热水器

1. 构造

电热水器主要由内胆、电加热管、阳极保护装置、连接管道等组成，如图 8.21 所示。

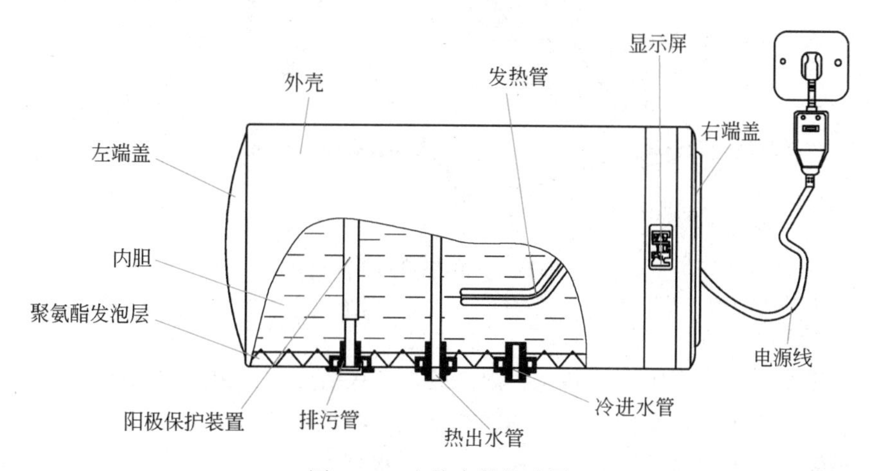

图 8.21　电热水器构造图

2. 工作原理

电热水器的工作原理都一样，冷水靠管网的压力进入储水桶底部，桶内有加热管，温控器、定时器等控制加热管，当冷水慢慢加热后，由于热水的相对密度比冷水轻，热水在桶内会浮在上面，这时打开热水龙头，冷水就会进入桶内，将浮在上面的热水顶出来。

3. 分类及特点

电热水器分为即热式和储水式电热水器。

（1）即热式电热水器一般需 20A、甚至 30A 以上的电流，即开即热。即热式电热水器优点是功率较大，加热快速，无需等待。没有预热时的热能量散失和剩余热水的能量消耗，更加节能省电。水温恒定，制热效率高，大多体积小、质量轻、易安装。缺点是功率大，对安装线路要求高。

（2）储水式电热水器使用一根电加热管通电加热。内胆储存热水并承载压力，外壳保温。加热管有 1.2、1.5 及 2.5kW 等功率可供选择。加热管由一个温控器来控制，能设定所需温度并保持内胆中水温恒定，且在 40～75℃范围内可调。储水式电热水器每次使用后都有一定的水会滞留在内胆底部，再次使用时会被反复加热。储水式电热水器优点是安全性能高、安装简单、使用方便。缺点是一般体积较大、占用空间，使用前需要预热，加热水温较高，易产生水垢，清洗麻烦。

8.5.3　太阳能热水器

1. 构造

太阳能热水器主要由真空集热管、保温储水箱、支架、连接管道等组成，如图 8.22 所示。

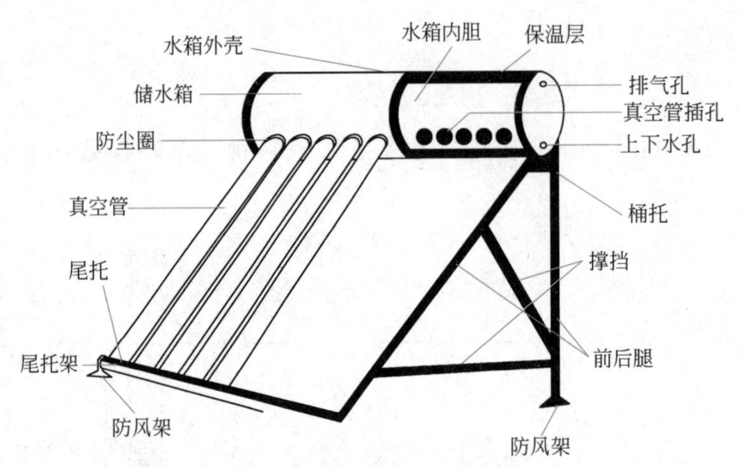

图 8.22　太阳能热水器构造图

2. 工作原理

太阳能热水器是将太阳光能转化为热能的加热装置，将水从低温加热到高温，以满足人们在生活、生产中的热水使用。太阳能热水器按结构形式分为真空管式太阳能热水器和平板式太阳能热水器，主要以真空管式太阳能热水器为主。

（1）真空管式热水器

太阳辐射透过真空管的外管，被集热镀膜吸收后沿内管壁传递到管内的水。管内的水吸热后温度升高，相对密度减小而上升，使水产生微循环而得到所需热水。随着热水的不断上移并储存在储水箱上部，同时温度较低的水沿管的另一侧不断补充如此循环往复，最终整箱水都升高至一定的温度。

（2）平板式热水器

介质在集热板内自然循环或泵循环，将太阳辐射在集热板的热量及时传送到水箱内，水箱内通过热交换（夹套或盘管）将热量传送给冷水。

3. 特点

（1）优点

系统保温性能好，蓄热能量大，保温水箱有蓄水功能，可满足大批量人员集中使用热水，亦可作停水时应急水源之用；系统全自动静态运行，无需专人看管、无噪声、无污染、无漏电、失火、中毒等危险，安全可靠，环保节能；具有排污净化功能，水源洁净无污染；大面积安装对楼面有隔热作用。

（2）缺点

对太阳光的依赖大，在阴天或冬天，制热效果会变差；采光板安装在屋顶上，既庞大笨重，存在安全隐患，又影响建筑美观，日常维护麻烦，还容易损坏屋顶防水层；若太阳能热水器安装在高处，必须保证其处在避雷针的保护范围内或给太阳能热水器加装避雷设施，避免雷击事故；热水管路长，热水输送途中有热量和水量消耗。

思　考　题

1. 换热设备的分类方法有哪些？每种方法又将换热设备分为哪些常用类型？
2. 试述容积式换热设备的类型和特点。
3. 试述半容积式换热设备的构造和特点。
4. 常用的快速式换热设备有哪些？各自的特点是什么？
5. 如何选用换热设备？
6. 常用热水器的种类有哪些？各有什么特点？

第9章　分离设备

9.1　分离设备的用途及分类

9.1.1　分离设备的用途

混合物中的各个组分在物理性质和化学性质上总有一些差别，有时需要采用一定的技术方法和手段将他们分离开来。分离就是利用其中的某项差别，通过一定的分离设备进行物质的迁移，从而实现组分的分离。在水处理工艺中，分离设备是去除水中杂质用得最多的技术设备之一。

9.1.2　分离设备的分类

在水处理工艺中，使用的分离设备有多种形式。根据分离设备所采用分离方法的不同，可分为物理法分离设备和物理化学法分离设备。根据设备功能原理的不同，物理法分离设备又可分为筛滤设备、砂滤设备、沉淀设备、澄清设备、上浮分离设备、气浮分离设备、离心分离设备、蒸发设备等；物理化学分离设备又可分为萃取设备、吸附设备、离子交换设备、除气设备以及膜分离设备等。本章主要讲述在水处理工艺中常用的气浮分离设备、筛滤设备、膜分离设备及其他分离设备。

9.2　气浮分离设备

9.2.1　气浮分离设备的功能与种类

水中密度比水大的悬浮固体，可利用沉淀设备去除；密度比水小的固体悬浮物，可利用上浮分离设备去除；当水中固体密度非常接近水的密度时，利用沉淀与上浮分离设备无法取得满意的去除效果，此时，可利用气浮分离设备进行处理。

气浮分离设备是向水中加入压缩空气或通过抽真空，在水中形成高度分散的微小气泡，微小气泡作为载体与固体颗粒粘附，将水中的悬浮颗粒浮于水面，从而实现固液分离。

按产生气泡的方式不同，气浮分离设备可分为微孔布气气浮设备、压力溶气气浮设备和电解气浮设备等多种类型，其中压力溶气气浮设备应用最广泛。微孔布气气浮设备按气泡粉碎方法的不同又可分为：水泵吸水管吸气气浮设备、射流气浮设备、扩散气浮设备和叶轮气浮设备四种；压力溶气气浮设备又可分为加压溶气气浮设备和溶气真空气浮设备，加压溶气气浮设备又可分为全溶气式、部分溶气式和部分回流溶气式三种类型。

在水工艺过程中常常在下列情况下使用气浮分离设备：

（1）低温低浊水。在低温水中生成的矾花是形状不固定的松散体，对沉淀非常不利，而对气浮十分有利。此外，水的温度低，密度大，也对颗粒上浮有利。低浊原水水中胶体杂质少，很难形成大且重的矾花，对沉淀不利，又小又轻不太密实的矾花容易被气泡黏附上浮。气浮法不适用于高浊度原水，因杂质越多，所需气泡量也越多，排渣次数相当频繁。一般认为气浮法用于原水常年悬浮物含量低于 100mg/L 为宜。

（2）含藻类较多的水。藻类轻漂于水中，质地黏稠，易吸附溶于水中的微气泡而上浮去除。

（3）受有机物污染的水。应用于造纸、炼油、食品加工、纺织、印染等工业废水的处理中，气泡中有大量的氧溶于水中能氧化水中的有机物，使部分有机物被去除。

（4）近年来，溶气气浮趋向于对于天然有机物、有机氯化物及有机氯化物前驱物、微生物有机体去除和污泥浓缩的应用。

9.2.2 微孔布气气浮设备

微孔布气气浮设备是利用机械剪切力，将混合于水中的空气粉碎成微细气泡，从而进行气浮的设备。

1. 泵吸水管吸气气浮设备

这是一种最简单的气浮设备，在水泵吸水管上开一孔，接一根吸气管，在吸气管上安装进气量调节阀和计量仪表（图 9.1）。当水泵运行时，吸水管为负压，将空气吸入水泵吸水管，在水泵叶轮的高速搅拌和剪切作用下形成气水混合体，进入气浮池后，气泡与水中固体颗粒粘附，载着水中固体颗粒上浮，实现固液分离。这种设备的优点是结构简单。缺点是由于水泵工作特性的限制，吸入空气量不能过多，一般不大于吸水量的 10%（按体积计算），否则将破坏水泵吸水管的负压工作条件。此外，气泡在水泵内破碎得不够完全，粒度大，因此，处理效果不够理想。这种分离设备常用于处理经除油池去除可浮油后的石油废水，除油效率一般在 50%～60%。

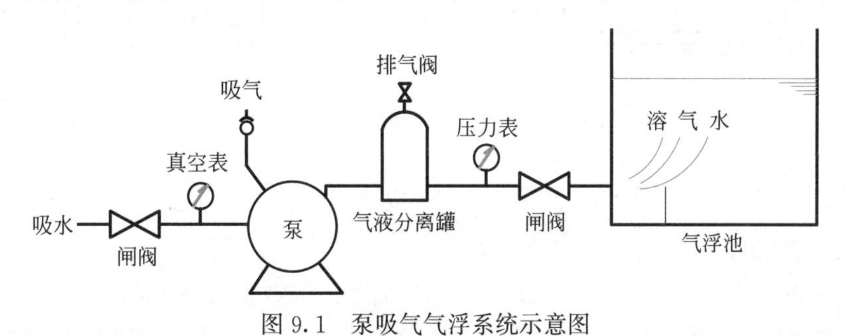

图 9.1 泵吸气气浮系统示意图

2. 射流气浮设备

射流气浮设备主要包括射流器和气浮池（或气浮罐），利用射流器（图 9.2）喷嘴将水以高速喷出，使吸入室形成负压，空气从吸气管进入，气水混合体进入喉管后进行激烈的能量交换，空气被粉碎成微小气泡，然后进入扩散段，将动能转化成势能，进一步压缩气泡，增大空气在水中的溶解度，最后进入气浮池（或气浮罐）中进行分离。射流器可与加压泵联合供气进入溶气罐，构成加压溶气气浮设备。

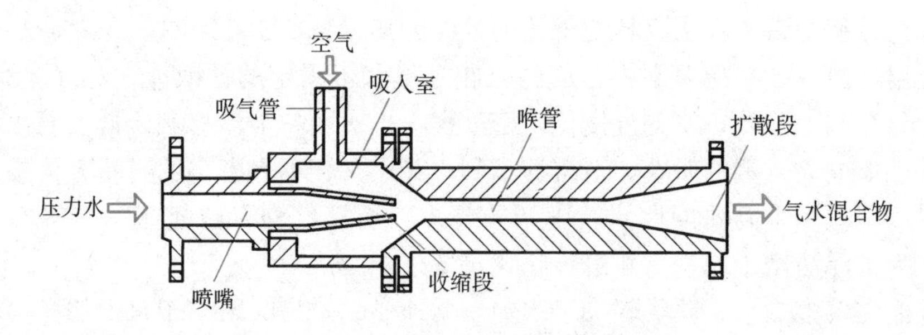

图 9.2　射流器结构示意图

3. 叶轮气浮设备

叶轮气浮设备主要由气浮池（罐）、叶轮、盖板、进气管、进水槽和出水槽等构成，如图 9.3 所示。在气浮池（罐）的底部设有旋转叶轮，在叶轮上部装有固定盖板，如图 9.4 所示，盖板下设 12～18 片导向叶片，为了减小水流阻力，导向叶片与直径成 60°角。盖板与叶轮间距为 10mm，盖板上开孔 12～18 个，孔径 20～30mm，位置在叶轮中间，作为循环水流的入口。叶轮上装有 6 个叶片，叶轮和导向叶片之间的间隙为 5～8mm。当叶轮高速旋转时，在固定盖板上形成负压，空气从进气管中吸入，进入水中的空气与循环水流一起被叶轮充分搅混，成为细小的气泡被抛离导向叶片，经过整流挡板消能后，气泡垂直上升，进行气浮，形成的浮渣不断地被缓慢旋转的刮板刮入泡沫槽。叶轮气浮设备适用于处理水量不大、污染物浓度较高的废水。可用于含油废水的处理，处理效率可达 80%左右。

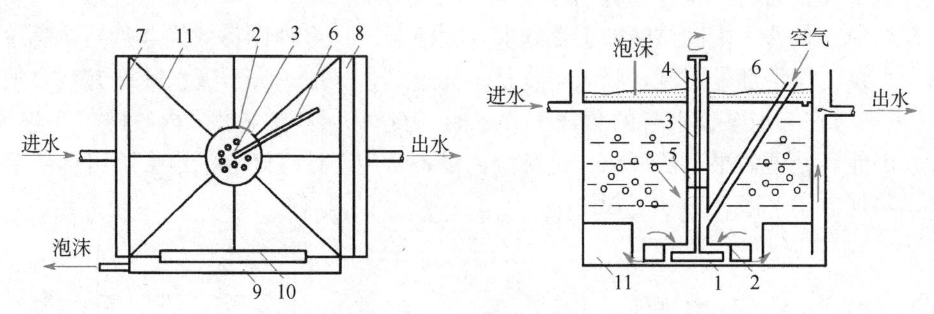

图 9.3　叶轮气浮示意图

1—叶轮；2—固定盖板；3—转轴；4—轴套；5—轴承；6—进气管；
7—进水槽；8—出水槽；9—泡沫槽；10—刮沫板；11—整流板

4. 扩散气浮设备

扩散气浮设备主要由气浮池（罐）、空气压缩机、扩散板或微孔板组成（图 9.5）。空气压缩机出来的压缩空气通过具有微细孔的扩散板或微孔板，使空气以细小的气泡形式进入水中进行气浮。这种设备的优点是设备结构及工作原理比较简单，以前使用较广，但是因为空气扩散装置的微孔易堵塞，气泡较大，气浮效果较差，近年来已很少使用。

9.2.3　加压溶气气浮设备

1. 加压溶气气浮设备的基本工作原理

加压溶气气浮设备工作时，首先在一定压力（通常为 300～400kPa）下，将空气溶入欲处理的水中，并达到指定压力状态下的饱和值，然后将饱和液突然降至常压，这时溶解在水中的空气即以微小气泡（气泡直径约为 20～100μm）释放出来，数量众多的微小气泡与水中呈悬浮状态的颗粒互相粘附，形成密度比水小的带气颗粒，产生上浮作用。

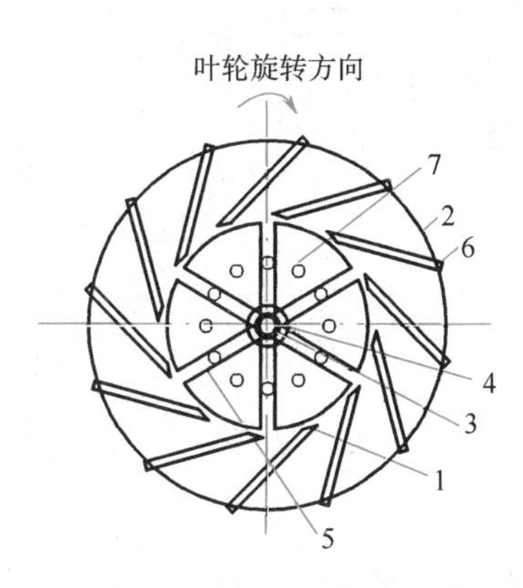

图 9.4 盖板顶视图

1—叶轮；2—盖板；3—转轴；4—轴套；5—叶轮叶片；6—导向叶片；7—循环进水孔

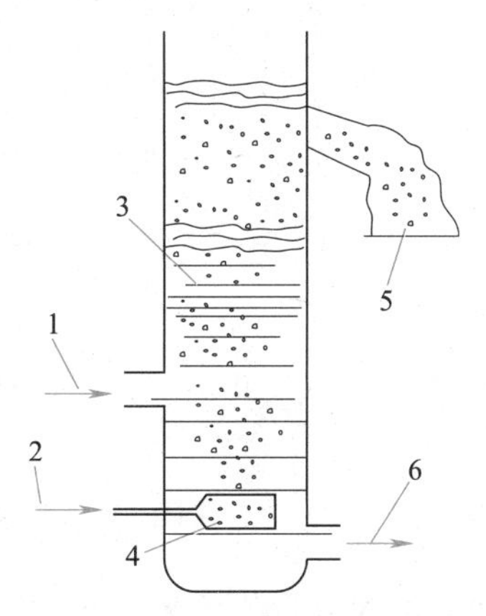

图 9.5 扩散气浮设备示意图

1—入流液；2—空气进入口；3—分离柱；4—微孔扩散板；5—浮渣；6—出流口

2. 加压溶气气浮设备的组成

加压溶气气浮设备主要由加压溶气装置、溶气释放装置和固—液或液—液分离装置三部分组成。图 9.6 为一种加压溶气气浮设备的工艺原理图。

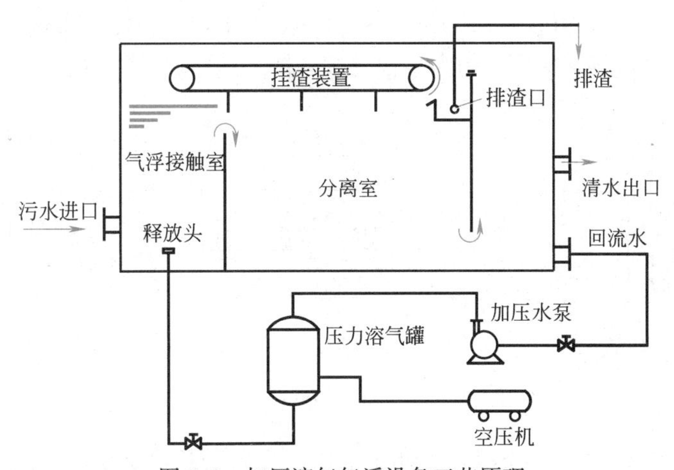

图 9.6 加压溶气气浮设备工艺原理

加压溶气装置也称加压空气饱和装置，它包括水泵、空压机（或射流器）、压力溶气罐以及其他附属设备，其中溶气罐是影响溶气效果的关键设备。

溶气罐的作用是在一定的压力下，保证空气能充分地溶于水中，并使气水充分混合。为了增大紊流程度，防止溶气罐内短流，促进气水充分混合，加快气体扩散，常在罐内设格网、挡板或填料。溶气罐可分为静态和动态两大类型，如图 9.7 所示。静态型包括纵隔板式、花板式、横隔板式等，这种溶气罐多用于泵前进气，气水混合时间较短。动态型分为填充式、涡轮式等，多用于泵后进气，气水混合时间较长。国内主要采用花板式和填充

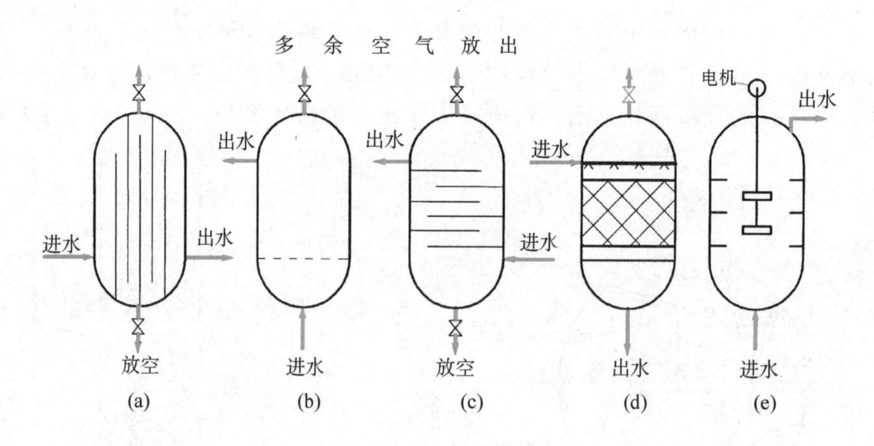

图 9.7 溶气罐形式

(a) 纵隔板式；(b) 花板式；(c) 横隔板式；(d) 填充式；(e) 涡轮式

式。溶气罐的顶部设有排气阀，以便定期将积存在罐顶部未溶解的空气排掉。因为多余的空气占据空间、减少溶气罐的有效容积，同时，多余的空气随溶气水进入气浮池后形成游离气泡，如不排出，由于游离气泡的搅动，会影响气浮的效果。此外，在溶气罐底设放空阀，以便清洗时放空溶气罐。

溶气释放装置一般由释放器（或穿孔管、减压阀）与溶气管路组成。溶气释放器的功能是将压力溶气水通过消能、减压，使溶入水中的气体以微气泡的形式释放出来，并能迅速而均匀地与水中的杂质相粘附。常用的溶气释放器有 TS 型、TJ 型、TV 型等几种形式，如图 9.8 所示。减压阀一方面可以保持溶气罐出口处的压力恒定，控制出罐后气泡的粒径和数量，另一方面流经减压阀的溶气水由于形成强烈的搅动和涡流，便产生微细气泡。

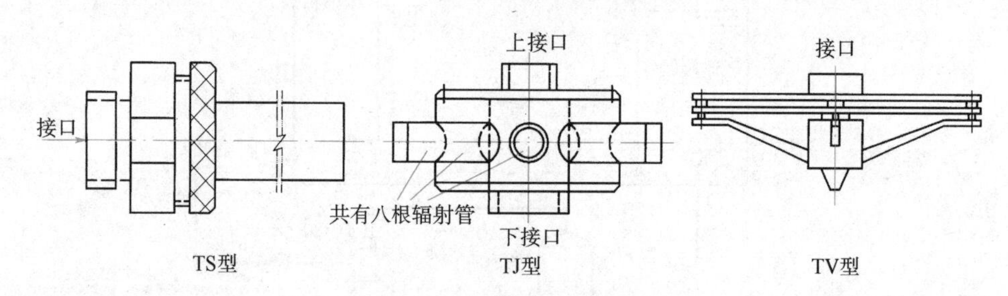

图 9.8 溶气释放器外形

分离装置即气浮池，是一个敞口的水池，有一定的容积与池表面积。其作用是使微气泡群与水中杂质充分混合、接触、粘附，并使其与清水分离。当饱和溶气水溶液从溶气释放器或减压阀流入气浮池后，溶解于水中的空气以微小气泡形式逸出，气泡在上升过程中吸附乳化油和细小悬浮颗粒，上浮至水面形成浮渣，由刮渣机去除。气浮池的种类较多，可以根据需要设计成不同形式，一般可分为三种类型：平流式（图 9.9）、竖流式（图 9.10）以及综合式。

3. 加压溶气气浮设备的特点与适用范围

加压溶气气浮设备具有空气气泡数量多、气泡微细、粒度均匀、密集度大、上浮稳定、对液体扰动微小、气浮效果好、设备比较简单、便于维护管理等优点。加压溶气气浮

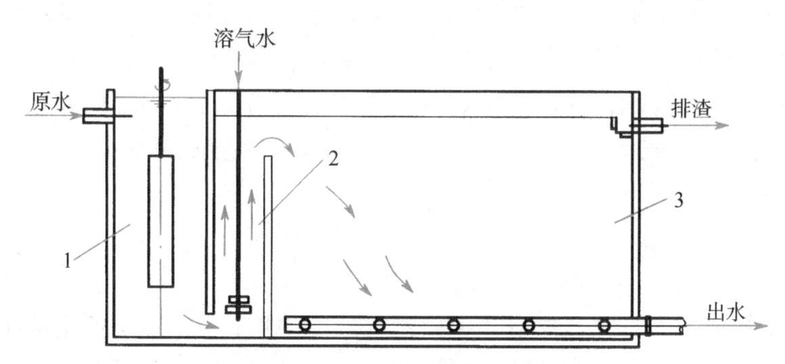

图 9.9 平流式气浮分离系统

1—反应池；2—接触室；3—分离室

设备对疏松絮凝体、细小颗粒的固液分离效果显著，是目前应用较为广泛的气浮设备，该设备可适用于给水处理、废水处理和污泥浓缩处理，特别是含油废水的处理。

9.2.4 溶气真空气浮设备

溶气真空气浮设备是使空气在常压或加压条件下溶入水中，在负压条件下析出的气浮设备。图 9.11 为一溶气真空气浮设备的构造简图，在溶气真空气浮设备中，气浮分离池（罐）是一个密闭的池（罐）子。需要处理的水经入流调节器后进入曝气器，在常压下曝气，使水中空气达到饱和溶解状态，然后进入消气井，使混杂在水中的小气泡从水中脱除，再进入气浮分离池（罐），从气浮分离池（罐）中抽气，使其呈真空状态，溶于水中的空气遂以细微气泡逸出，水中的悬浮颗粒与水中逸出的细小气泡相粘附，一起上浮至水面形成浮渣。旋转的刮渣板把浮渣刮至集渣室，然后进入出渣室，处理后的出水经环形出水槽收集后排出。

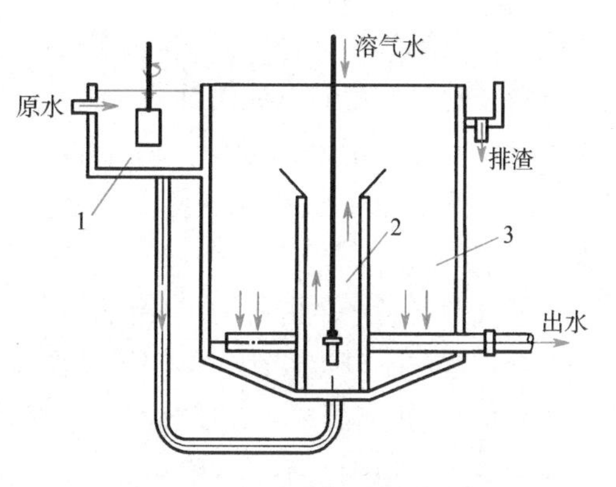

图 9.10 竖流式气浮分离系统

1—反应池；2—接触室；3—分离室

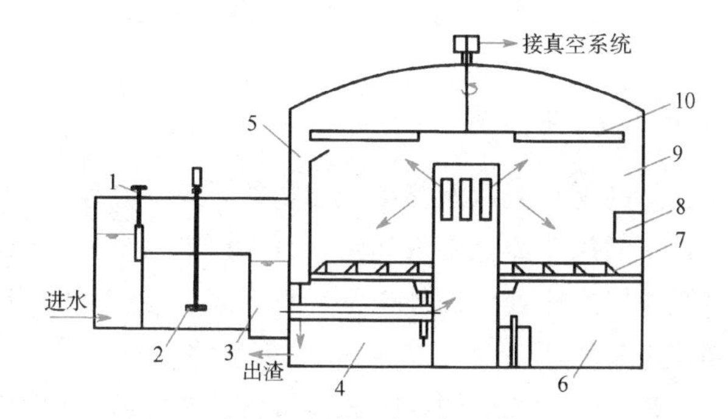

图 9.11 溶气真空气浮装置

1—入流调节器；2—曝气器；3—消气井；4—出渣室；5—集渣室；
6—操作室；7—池底刮池板；8—环形出水槽；9—分离区；10—刮渣板

在溶气真空气浮设备中，空气溶解于水中所需压力比加压溶气气浮设备低，动力设备和电能消耗较少。但气浮过程在负压下进行，有些设备部件，如除渣设备、刮泥设备，都要在密封的气浮池内，因此，气浮池结构复杂，给运行与维护带来很大的不便。此外由于受到真空度的限制，一般运行真空度为0.04MPa，故可逸出的微气泡数量有限。因此这种设备正逐渐被加压溶气气浮设备所代替。

9.2.5　电解气浮设备

电解气浮设备是用不溶性电极直接电解液体，靠电解产生的微小气泡将已絮凝的悬浮颗粒载浮至水面，达到分离的目的。图9.12是电解气浮设备的示意图。它是将正负相间的多组电极安装在水溶液中，在直流电的作用下，在正负两极间产生氢和氧的细小气泡。气泡与水中悬浮颗粒相粘附，一起上浮至水面，达到固液分离的目的。以前采用的电极是用铝或钢制的损耗电极，目前，一般使用各种复合电极，使用寿命大大延长。电解气浮设备所需的电能是经过变压器和整流器后向电极提供的5～10V的直流低压电源。溶液的导电率和极板之间的距离决定了电解气浮设备所需电能的多少。

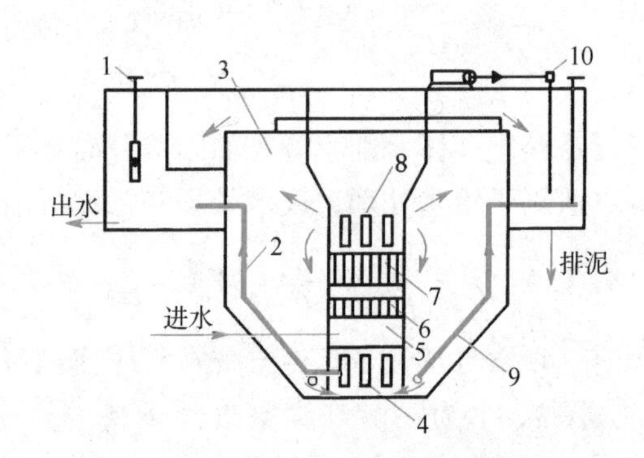

图9.12　电解气浮装置

1—水位调节器；2—出水管；3—分离室；4—集水孔；5—入流室；6—整流栅；7—电极组；8—出流孔；9—排泥管；10—刮渣机

电解气浮设备产生的气泡尺寸比微孔布气气浮设备和压力溶气设备产生的气泡都小得多，上浮过程中不产生紊流。电解气浮设备可去除水中多种污染物，除了可降低有机废水的BOD外，还可起到氧化、脱色和杀菌作用，这种设备对废水负荷变化的适应性强，生成污泥量少，占地少，不产生噪声。由于电能消耗、极板消耗量大以及操作运行管理要求高，电解气浮设备主要用于处理水量不大的工业废水。

9.3　筛滤设备

9.3.1　筛滤设备的用途与分类

筛滤设备是采用有孔眼的材料截留液体中悬浮物的设备。在水处理工艺中，筛滤设备是一种简单的拦污装置，一般用于清除雨水和污水泵站以及水处理厂（站）进水中含有的较大悬浮物或漂浮物，以保持后续处理设施正常运行，减少后续处理设施的处理负荷，并起到保护水泵、管道和仪表等作用。

根据筛孔材料和去除杂质大小的不同，筛滤设备可分为格栅、滤网。格栅用于去除大的漂浮物和悬浮物，按所截留的污染物清理方法的不同可分为人工清理格栅和机械格栅；筛网用于去除细小纤维，有固定平面式和旋转式筛网。

9.3.2 格栅

6. 格栅

格栅是一组（或多组）相平行的金属栅条与框架组成，倾斜安装在进水的渠道，或进水泵站集水井的进口处，主要作用是去除污水中较大的悬浮或漂浮物，以减轻后续水处理工艺的处理负荷，并起到保护水泵、管道、仪表等作用。

按格栅栅条间距的大小不同，格栅分为粗格栅、中格栅和细格栅 3 类。按格栅的清渣方法，有人工格栅和机械格栅两种。当拦截的栅渣量大于 $0.2m^3/d$ 时，一般采用机械清渣方式；栅渣量小于 $0.2m^3/d$ 时，可采用人工清渣方式，也可采用机械清渣方式。

（1）人工清理格栅

当所需截留的污染物量较少时，可采用人工清理的格栅。这类格栅是用直钢条制成，一般与水平面呈 45°～60°倾角安放，倾角小时，清理时较省力，但占地则较大。人工清渣的格栅，其设计面积应采用较大的安全系数，一般不小于进水管渠有效面积的 2 倍，以免清渣过于频繁。人工清理格栅构造简单、安装灵活，可分为条形格栅和网状格栅两种，格栅栅条是人工格栅的主要组成部分，栅条的断面形状有正方形、圆形、矩形和带半圆的矩形，一般多采用矩形断面的栅条。人工清理格栅多用于中小型污水处理厂（站）。

（2）机械格栅

为了减轻劳动强度和改善工作条件，工程上使用较多的是机械格栅。机械格栅种类较多，一般由拦截污染物的格栅、清除格栅所拦截污染物的齿耙、带动齿耙运行的牵引部件及传动装置等组成。根据除污耙的位置分为三大类：前清式、后清式和自清式。机械格栅的形式和类型详见表 9.1。

机械格栅形式和分类 **表 9.1**

<table>
<tr><th>分类</th><th>传动方式</th><th>牵引部件工况</th><th>格栅形状</th><th colspan="2">格栅安装形式</th><th>代表性格栅</th></tr>
<tr><td rowspan="11">前清式
（前置式）</td><td>液压</td><td>旋臂式</td><td rowspan="3">弧形</td><td rowspan="3" colspan="2">固定式</td><td>液压传动伸缩臂式弧形格栅</td></tr>
<tr><td rowspan="3">臂式</td><td>摆臂式</td><td>摆臂式弧形格栅</td></tr>
<tr><td>回转臂式</td><td>旋臂式弧形格栅</td></tr>
<tr><td>伸缩臂</td><td rowspan="10">平面格栅</td><td rowspan="3">移动式</td><td rowspan="2">台车式</td><td>移动式伸缩臂格栅</td></tr>
<tr><td rowspan="4">钢丝绳</td><td rowspan="2">三索式</td><td>钢丝绳牵引移动式格栅</td></tr>
<tr><td>悬挂式</td><td>葫芦抓斗式格栅</td></tr>
<tr><td rowspan="2">二索式</td><td rowspan="8" colspan="2">固定式</td><td>三索式格栅</td></tr>
<tr><td>滑块式格栅</td></tr>
<tr><td rowspan="5">链式</td><td>干式</td><td>高链式格栅</td></tr>
<tr><td rowspan="5">湿式</td><td>耙式格栅</td></tr>
<tr><td>回转式多耙格栅</td></tr>
<tr><td>后清式
（后置式）</td><td>背耙式格栅</td></tr>
<tr><td rowspan="2">自清式
（栅片移动式）</td><td>回转式固液分离机</td></tr>
<tr><td>曲柄式</td><td>阶梯形</td><td>阶梯式格栅</td></tr>
</table>

(3) 几种常用机械格栅结构及其工作原理

链条回转式格栅由驱动机构、主传动链轮轴、从动链轮轴、牵引链、齿耙、过力矩保护装置和机架等组成，如图 9.13 所示。驱动机构布置在栅体上部的左侧或右侧，通过安全保护装置将扭矩传给主传动链轮轴，主传动链轮轴两侧主动链轮使两条环形链条作回转运动，在环形链条上均布 6～8 块齿耙，耙齿间距与格栅栅距配合并插入栅片间隙一定深度，运行时耙齿栅片上的污物随齿耙上行，当齿耙转到格栅体顶部牵引链条换向时齿耙也随之翻转，格栅截留的栅渣脱落到工作平台上端的卸料处，由卸料装置将污物卸至输送机或集污容器内。

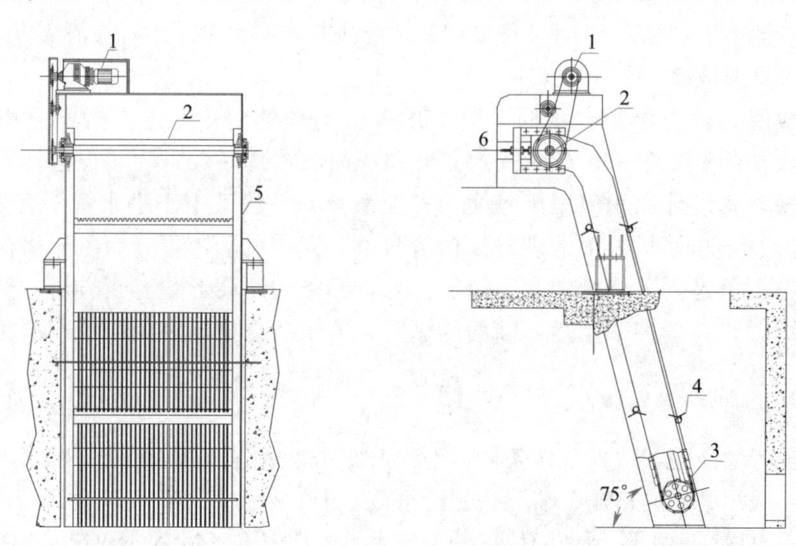

图 9.13　链条回转式机械格栅

1—驱动机构；2—主传动链轮轴；3—从动链轮轴；4—齿耙；5—机架；6—卸料溜板

由于链条回转式格栅平台以下部分全部浸没在水下，易于腐蚀，难以维修保养，且链条和链轮都易缠绕水中的污物。于是出现了一种高链式格栅，这种格栅的传动部件均在水面上，适用于深池。

自清式格栅由动力装置、机架、犁形耙齿、清洗机构及电控箱等组成，如图 9.14 所示。动力装置一般采用悬挂式涡轮减速机，犁形耙齿采用工程塑料（通常为 ABS、尼龙 1010）或不锈钢制成。耙齿互相叠合串接，装配成一组回转链。

当运行时，耙齿链的下部浸没在水中，在动力装置的驱动下，耙齿链进行回转运动，把液体中的杂物分离出来，当运转到上部时，由于链轮和弯轨的导向作用，使每组耙齿之间产生相对运动，大部分固体杂物靠自重脱落向来，另一部分粘在耙齿上的杂物依靠橡胶刷清理和压力冲洗水冲刷去除。

弧形格栅可分为旋臂式、摆臂式和伸缩耙式。结构分别如图 9.15～图 9.17 所示。弧形格栅工作时，耙齿插入弧形栅片间隙内，自下而上耙除栅渣。旋臂式弧形格栅的旋臂绕固定的传动轴旋转，带动耙齿作圆周运动，旋臂每旋转一周耙污两次。摆臂式弧形格栅通过四连杆机构（由曲柄、摆臂及机座上的摇杆组成），使摆臂下端的齿耙运行呈曲线轨迹，耙齿上行除污，当耙齿到达弧栅顶部时，带缓冲装置的刮渣板把污物推卸至盛污器内，与此同时摆臂将耙齿退出栅片，随即下行复位。伸缩耙式弧形格栅启动时，耙臂在重力的作

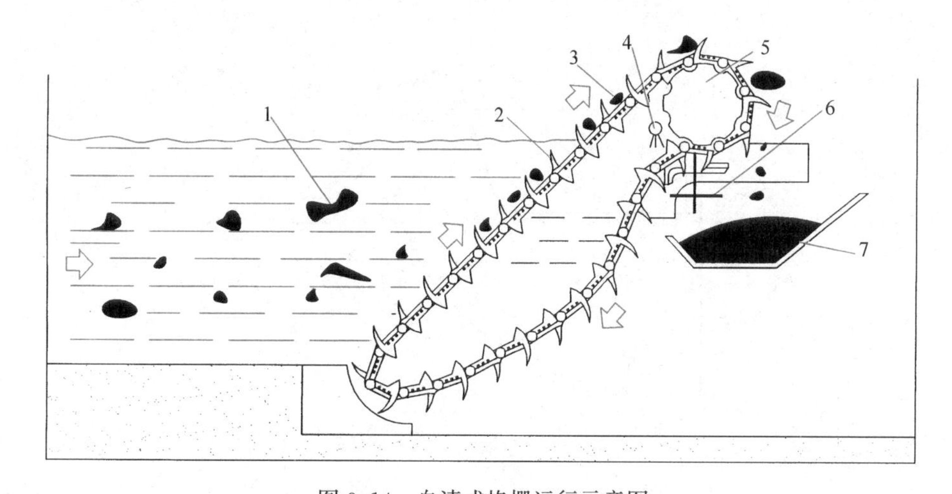

图 9.14 自清式格栅运行示意图

1—漂浮物；2—犁形耙齿；3—栅渣；4—压力喷淋管；5—链轮；6—橡胶刷；7—污物盛器

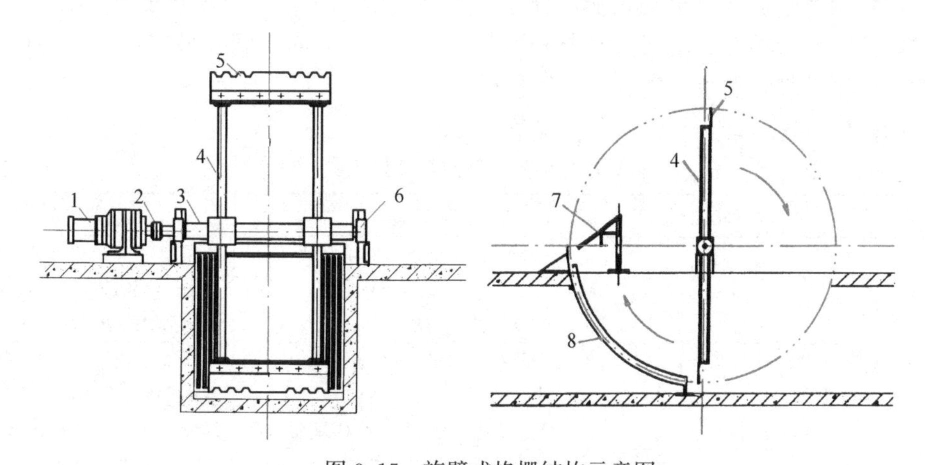

图 9.15 旋臂式格栅结构示意图

1—带电机减速机；2—联轴器；3—传动轴；4—旋臂；5—耙齿；6—轴承座；7—除污器；8—弧形格栅条

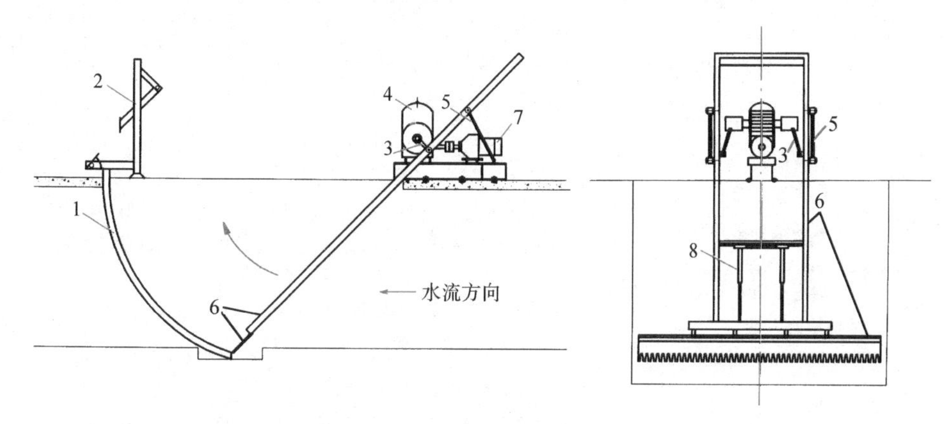

图 9.16 摆臂式格栅结构示意图

1—弧形格栅条；2—刮渣板架；3—曲柄；4—双出轴减速箱；5—摇杆；
6—摇臂及齿耙；7—带电机的减速机；8—齿耙缓冲器

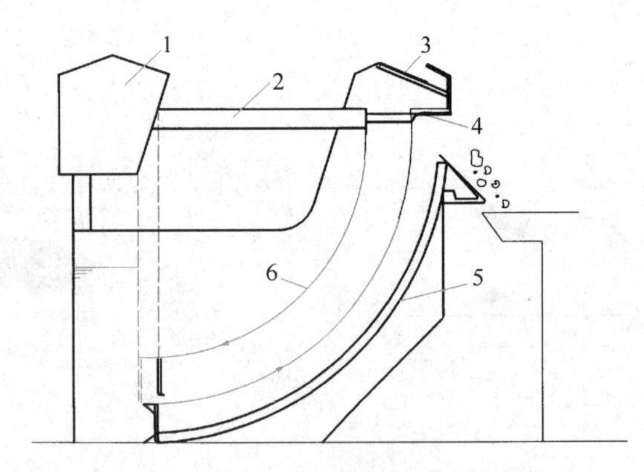

图 9.17　液压传动伸缩耙式弧形格栅

1—电动液压驱动机构；2—耙臂；3—除污器；4—齿耙；5—格栅架；6—齿耙移动路径

用下，沿旋转轴下降，当到达垂直位置时，电动液压驱动机构将齿耙外伸，插入栅片间隙内，然后耙臂通过电动液压驱动机构的作用，自下而上耙污，当齿耙快要到达最高点时，耙齿与除污器刮渣板相交，刮渣板将栅渣外推，卸入盛污器内，到达最高点时耙齿在液压驱动机构的作用下收缩复位，完成一个工作循环。

常用的机械格栅的特点与适用范围见表 9.2。

常见机械格栅的特点与适用范围　　　　**表 9.2**

名称	优　　点	缺　　点	适用范围
链条回转式多耙格栅	1. 构造简单，制造方便 2. 占地面积小	1. 杂物易进入链条和链轮之间，停止运行 2. 环形链造价较高	深度不大的中小型格栅。主要清除长纤维、带状物等生活污水中的杂物
高链式格栅	1. 链条链轮均在水面上工作，易维修保养 2. 使用寿命长	1. 只适应浅水渠道，不适用超出耙臂长度的水位 2. 耙臂超长啮合力差，结构复杂	深度较浅的中小型格栅。主要清除生活污水中的杂物、纤维、塑料制品等废弃物
臂耙式格栅	耙齿从格栅后面插入，除污干净	栅条在整个高度之间不能有固定的连接，由耙齿夹持力维持栅距，刚性较差	适用于浅水渠道。主要清除生活污水的杂物
三索式格栅	1. 无水下运动部件维护检修方便 2. 可应用于各种宽度、深度的渠道，范围广泛	1. 钢丝绳在干湿交替处易腐蚀，需采用不锈钢丝绳 2. 钢丝绳易延伸，受温差变化影响大，需经常调整	固定式适用于各种宽度、深度的格栅。移动式适用于宽大的格栅，逐格清除
回转式固液分离机	1. 有自清能力 2. 动作可靠 3. 污水中杂物去除率高	1. ABS材料做成的犁形齿耙老化快 2. 绕缠上棉丝、杂草时，易损坏 3. 个别清理不当的杂物返入栅内 4. 格栅宽度较小，池深较浅	适用于后道格栅。扒除纤维和细小的生活和工业污水的杂物，栅距为 1～25mm，适用于深度较浅的小型格栅
移动式伸缩臂格栅	1. 不清污时，设备全部在水面上，维护检修方便 2. 可不停水养护检修 3. 寿命较长	1. 需三套电动机、减速器，构造复杂 2. 移动式耙齿与栅条间隙的对位较困难	中等深度的宽大格栅。主要清除生活污水中的杂物
弧形格栅	1. 构造简单，制作方便 2. 动作可靠，容易检修、保养	1. 占地面积较大 2. 动作较为复杂 3. 制作困难	适用于水浅的渠道。主要清除头道格栅清除不了的污水中杂物

9.3.3 滤网

滤网主要有固定平面式和旋转式两大类。在水处理工艺中使用较多的是旋转式滤网。旋转式滤网又可分为板框型旋转滤网、转鼓式旋转滤网和连续传送带型旋转滤网。图 9.18 为转鼓式旋转滤网构造图，主要由转鼓池、转鼓滤网、传动装置、挤压装置和除渣装置组成。需处理水进入转鼓池后，转鼓绕水平轴旋转，水由转鼓外进入，水中细小的杂物被截留在鼓外，并随转鼓转出，经滤渣挤压轮挤压脱水，最后用刮刀刮下。

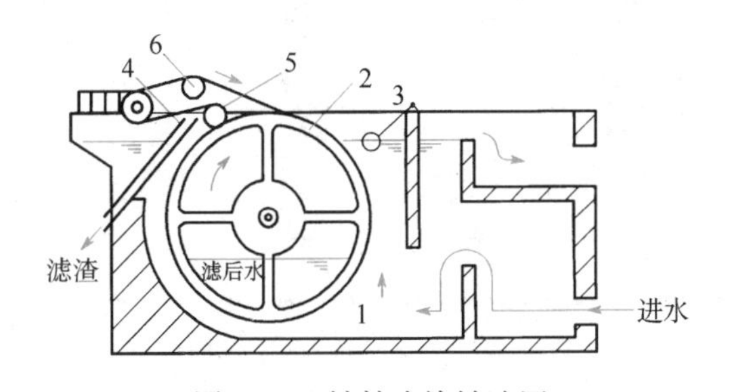

图 9.18 转鼓式旋转滤网

1—转鼓池；2—转鼓；3—水位浮球；4—刮刀；5—滤渣挤压机；6—调整轮

滤网设置在渠道内或取水构筑物内，滤网用不锈钢丝、尼龙丝、铜丝或镀锌钢丝编织而成。网孔孔眼大小根据拦截对象选用，一般为 0.1～10mm。为适应污染物浓度和流量的变化，便于检修和维护管理，常采用一些措施，如水下不设传动部件，用喷嘴喷出的高压水流清洗滤网；用无级变速电机来改变滤网的旋转速度，并用滤网前后的水压来控制滤网启动。

滤网可用于拦截及排除作为水源的淡水或海水内大于网孔直径的悬浮物和固体颗粒杂质，为供水系统中的主要拦污设备，也可用于去除并回收废水中的纤维、纸浆等较细小的悬浮物。但不能拦截水体中较大的杂物，如漂木、浮冰等具有较大冲击力的粗大悬浮物或漂浮物。实际使用中，滤网和格栅往往联合起来使用。

9.4 膜分离设备

9.4.1 膜分离设备分类及分离原理

膜分离设备是利用膜的选择透过性进行分离以及浓缩水中离子或分子的设备。通过膜分离设备可实现混合物的组分分离。膜分离设备有渗析设备、电渗析设备、反渗透设备、纳滤设备、超滤设备和微滤设备等，其中电渗析设备、反渗透设备和超滤设备为目前水处理工艺中常用的三种膜分离设备。

电渗析器是利用阴、阳离子交换膜对溶液中阴、阳离子的选择性，在直流电场的作用下，使溶液中的阴、阳离子在隔室内发生离子迁移，分别通过阴、阳离子交换膜从而达到除盐或浓缩的目的，工作原理如图 9.19 所示。

反渗透设备的分离原理如图 9.20 所示。其中图 9.20（a）表示当盐水和纯水或两种不同浓度的液体被一张半透膜隔开时，水从纯水或低浓度液体的一侧透过半透膜向盐水或高

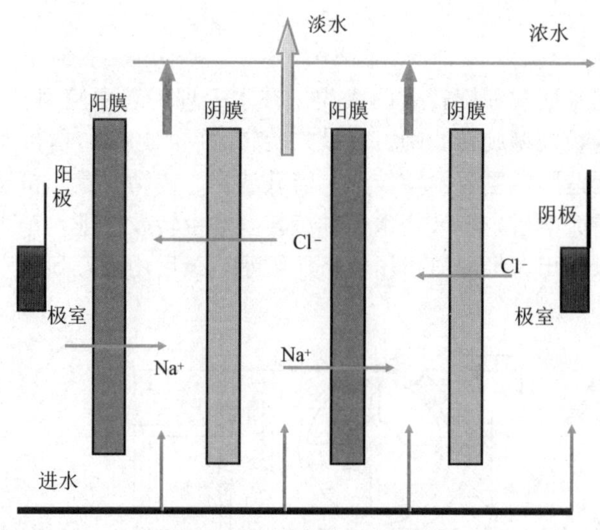

图 9.19 电渗析器工作原理图

浓度液体的一侧扩散渗透，盐水或高浓度液体的一侧体积逐渐增加；图 9.20（b）表示扩散渗透使盐水或高浓度侧溶液液面升高，直至达到动态平衡为止，此时，半透膜两侧溶液的液位差被称为渗透压 π，这种现象称为正渗透；图 9.20（c）表示在盐水或高浓度液体一侧施加一个外部压力 P，当 $P>\pi$ 时，盐水或高浓度侧的水分子将渗透到纯水或低浓度液体一侧，这种现象称为反渗透。反渗透设备就是利用反渗透原理进行工作的。

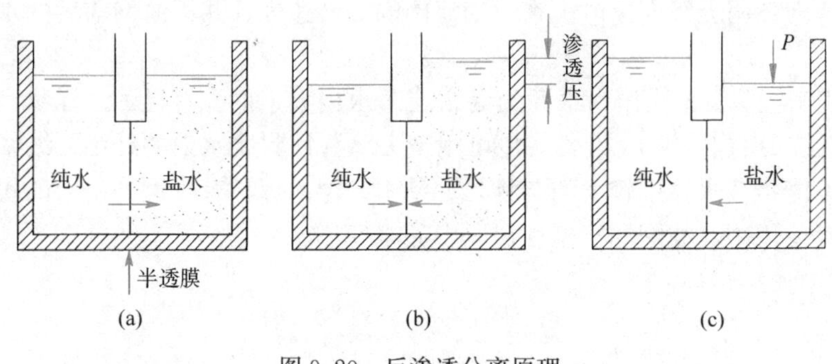

图 9.20 反渗透分离原理

（a）渗透；（b）渗透平衡；（c）反渗透

任何溶液都具有相应的渗透压，但要有半透膜才能表现出来。渗透压与溶液的性质、浓度和温度有关，而与膜无关。反渗透不是自发进行的，只有当外部压力大于溶液的渗透压时，反渗透才能进行。

超滤、微滤和纳滤设备也是依靠膜和压力来进行分离的，但作用的实质与反渗透设备并不完全相同。超滤、微滤和纳滤设备的分离原理是膜孔对溶液中悬浮微粒的筛分作用，在介质压力作用下，小于孔径的小分子溶质随溶液一起透过膜上的微孔，大于孔径的大分子溶质则被截留（图 9.21）。膜上微孔尺寸决定了膜的分离性质，超滤膜比反渗透膜的孔径大，超滤设备截留的物质颗粒较大，约为 0.001～1μm，分离物质的分子量较大，一般在 500～500000 之间，微滤只能截留更大的分子，而反渗透截留的物质颗粒较小，约为 0.0001～0.001μm。纳滤的分离特性位于反渗透和超滤之间，适宜于分离分子量在 200 以上，分子大小约1nm的溶解性组分。为了使溶液或废水能够透过滤膜，克服通过滤膜的阻力，需要加压。反渗透适用的跨膜压差大于2.8MPa，纳滤的跨膜压差为2.0MPa左右，超滤的跨膜压差为0.3～1.0MPa，而微滤操作的跨膜压差一般为0.1～0.3MPa。

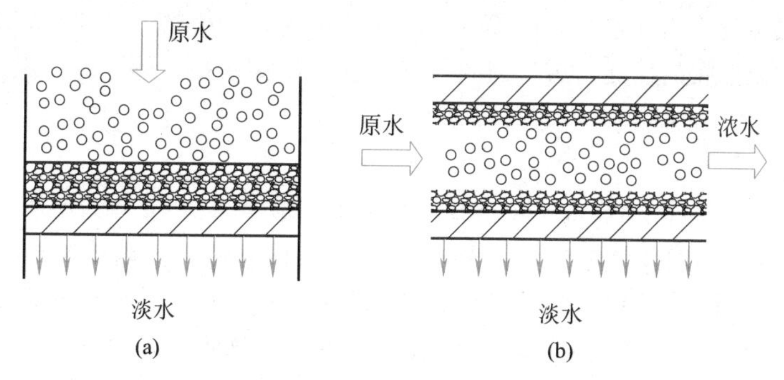

图9.21 超滤、微滤和纳滤工作原理示意图
(a) 无流动操作；(b) 错流操作

由于微粒的尺寸，分子或胶体的结构形式以及膜与被截留组分之间的相互作用，各种膜工艺过程的使用范围在很大程度上部分重叠，如图9.22所示。

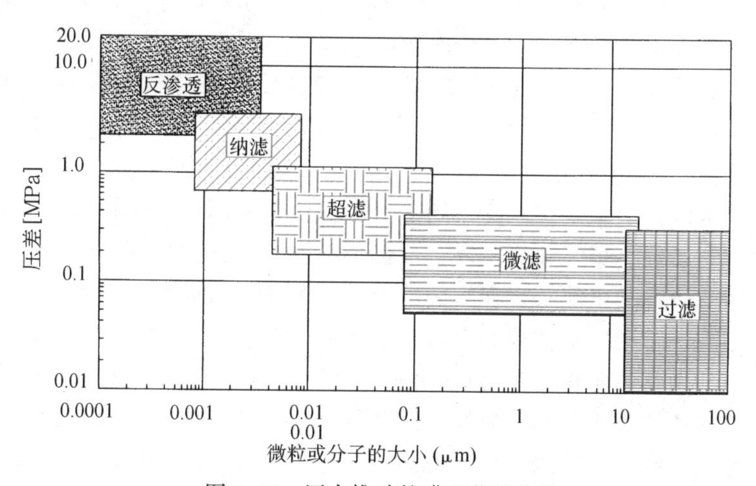

图9.22 压力推动的膜工艺的分类

9.4.2 膜的分类

分离设备所使用的膜，不仅是物料薄层，还具有半透性。膜对透过的物质有选择性，或膜对不同物质具有不同的透过速率。为了适应不同的分离对象，必须采用不同分离设备，因而要求分离用膜也是多种多样。

根据膜的材质从相态上可分为固膜、液膜和气膜三类，目前大规模应用的多为固膜，固膜以高分子合成膜为主，近年来，无机材料膜，特别是陶瓷膜，因其化学性质稳定、耐高温、机械强度高等优点，发展势头迅猛，正进入工业应用，特别是在微滤、超滤及膜催化反应及高温气体分离中的应用。固膜按形态可分为平面膜、管状膜和中空纤维膜；按结构又可分为对称膜和非对称膜两类。对称膜可为致密膜或多孔膜，其在膜截面方向（渗透方向）的结构都是均匀的，非对称膜则相反，膜截面方向的结构是非对称的，其表面为极薄的、起分离作用的致密表皮层或具有一定孔径的细孔表皮层，表皮层下是多孔的支撑层。膜在形态和结构方面的区别与膜的分离机理有密切的联系，因此直接与膜的应用相关联，多孔膜主要用于超滤、微滤和渗析过程，电中性的致密膜主要用于反渗透、渗透汽化和气体渗透过程。

从来源上膜可分为天然膜和合成膜，后者又可分为无机材料（金属、玻璃）膜和有机高分子膜。此外，根据膜的功能，可分为离子交换膜、反渗透膜、超滤膜、微滤膜、纳滤膜和气体渗透膜。

1. 离子交换膜

离子交换膜用于渗析装置，是带电荷的膜，根据所带电荷可分为阴膜、阳膜和复合膜（或镶嵌膜）三类。阴膜膜体上连有阳离子基团，带正电荷，膜内的阴离子能与周围溶液中的阴离子互换位置。阳膜膜体上连有阴离子基团，带负电荷，膜内的阳离子能与周围溶液中的阳离子互换位置。复合膜（或镶嵌膜）由一面阴膜和一面阳膜组成。溶液中与膜体固定离子电荷相同的离子称为同荷离子；与膜体固定离子电荷相反的离子称为反荷离子。反荷离子在离子交换膜内的孔道中迁移时，受到孔道壁上异种电荷的吸引而加快，同荷离子在膜内迁移时，受到同种电荷的排斥而迟缓。不同电荷的离子在膜内的迁移速度有很大的差别，这就是离子交换膜对离子透过的选择性。

离子交换膜是由聚电解质制成的，聚电解质是一种功能高分子材料，最常用的是离子交换树脂，它不溶于水，但能吸收水分而溶胀，并发生电离。制成离子交换膜的聚电解质分为两类：一类是聚合酸，在离子交换膜的网状骨架上连接许多酸性基团，如磺酸基—SO_3H。另一类是聚合碱，网状骨架上连接的是胺类基团，如叔铵—$NR_2H^+X^-$。

离子交换膜按结构分为均相、半均相、异相膜三种。均相膜是由具有离子交换基团的高分子材料直接成膜，组织是完全均一的。一般做法是先用高分子材料如丁苯橡胶、纤维素衍生物、聚四氟乙烯、聚三氟氯乙烯、聚偏二氟乙烯、聚丙烯腈等制成膜，然后引入单体如苯乙烯、甲基丙烯酸甲酯等，在膜内聚合成高分子，再通过化学反应引入所需功能基团。也可通过甲醛、苯酚等单体聚合制得。异相膜由离子交换树脂粉末加粘合树脂制成，组织不均匀。一般做法是用粒度为200～400目的离子交换树脂和普通成膜性高分子材料如聚苯乙烯、聚氯乙烯等充分混合后加工成膜制得。为免失水干燥而变脆破裂，须保存在水中。半均相膜的宏观结构是均匀的，成膜材料和聚电解质虽然混合得很均匀，但两者之间没有化学的结合。

离子交换膜的基体是空间的网状结构，它是由单个双键的单体聚合成线状结构，同时还加入适量含两个双键的单体，将线状结构联成网状结构。加在聚合物中的含两个双键的单体为交联剂，交联剂用量占总量的百分数称为交联度，交联度越高，膜体越紧密。离子交换膜上的微孔孔径比反渗透膜小，平均约为0.5nm。离子交换膜对中性分子的选择是筛分作用和位阻作用，能透过尿素、乙醇等中性分子，阻拦较大的分子。

离子交换膜的基本性能：一是交换容量，指每克干膜所含交换基团的毫克当量数。交换容量不随外界条件而改变。二是含水率，指在工作状态下每克干膜的含水克数。膜的含水率随外液浓度的提高而下降，交联度高的膜，交换容量和含水率均较低。膜的机械强度随交联度的提高而增加，但膜的脆性也随之增加。膜的化学稳定性即耐酸、耐碱、耐热和耐氧化性取决于膜体材质。此外，电渗析所用的离子交换膜要求有较好的导电性。导电性和选择透过性是评价电渗析膜性能的基本数据。

2. 反渗透膜

一般认为反渗透膜的透过机理是选择性吸附与毛细管流，即界面现象和在压力下流体通过毛细管的综合结果。反渗透膜是一种多孔性膜，具有良好的化学性质，当溶液与这种膜接触时，由于界面现象和吸附作用，对水优先吸附或对溶质优先排斥，在膜面上形成一纯水层，被优先吸附在界面上的水以水流的形式通过膜的毛细管被连续排出。

反渗透膜为一种半透膜，只能通过溶液中某种组分，不具有离子交换性质，属中性膜。水处理工艺中所用的半透膜要求只能通过水分子，但是这种对水的透过选择性并不排斥少量的其他离子或小分子也能透过。半透膜厚度一般为几个 μm 到 0.1mm，反渗透膜可按形状分为平面膜和中空纤维膜。中空纤维膜的外径为 45μm，内径为 25μm。每立方米容器所装的中空纤维膜可提供约 10000m^2 的过滤面积，比平面膜大 15～50 倍，但平面膜的透过通量比中空纤维膜高。图 9.23 为电子显微镜下半透膜的断面结构图，由表皮层、过渡层和多孔层组成。其中，表皮层致密，多孔层孔隙大，两者之间为过渡层，使半透膜成为一种连续的结构。表皮层为一种微晶片结构，含有结晶水，这种结构使它具有透水而又不被堵塞的特性。过渡层和多孔层为一种凝胶体的海绵状结构，含有结合水及毛细水。

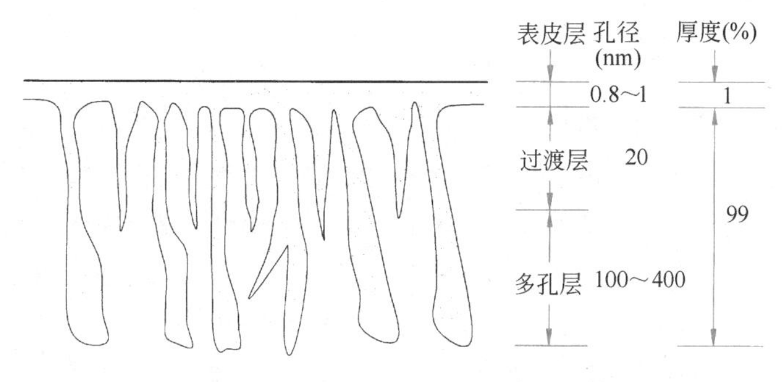

图 9.23 半透膜的结构

反渗透膜的材料主要有醋酸纤维素、芳香聚酰胺、脂肪族聚酰胺等多种。

3. 纳滤膜

纳滤膜与反渗透膜相类似，绝大多数是多层结构。纳滤膜的商品生产较其他膜晚，它具有离子选择性；具有一价阴离子的盐可以大量地渗过膜（但并不是无阻挡），然而，纳滤膜对多价阴离子的盐（例如硫酸盐和碳酸盐）的截留率则高得多，因此，盐的渗透性主要由阴离子的价态决定。纳滤膜具有离子选择性是由于膜上或膜中有负的带电基团，它们通过静电相互作用，阻碍多价阴离子的渗透。

4. 超滤膜

超滤过程使用的膜都是微孔膜。微粒是否被截留，除了与操作条件有关外，主要还取决于微粒的大小和结构以及膜微孔的大小和结构。

超滤膜多数为非对称膜，由一层极薄（通常仅 0.1～1μm）具有一定孔径的表皮层和一层较厚（通常为 200～500μm）具有海绵状或指状结构的多孔层组成。表皮层微孔排列有序，孔径也均匀，主要起筛分作用。多孔层支撑着表皮层，使膜具有足够的强度。此外，多孔层疏松，孔径大，流动阻力小，从而保证高的透水速率。超滤膜的分离特性，主要取决于表皮层上孔径的大小、孔径的分布、开孔密度和孔隙率等参数。

超滤膜用醋酸纤维素、聚砜、聚酰胺、聚碳酸酯等高分子聚合物制成。将聚合物在适当的溶剂中溶解，配制成铸膜液，在玻璃板上刮膜，经表面蒸发、凝胶和相转换等步骤，成膜后剥下，即为平面膜。超滤膜还可以制成管状膜和中空纤维膜，也可在微孔支持件的表面直接成膜。用于超滤的中空纤维膜，内径为0.5～1.5mm。超滤膜表皮层的微孔孔径为2～20nm，铸膜液中聚合物的浓度越高，制成的膜越紧密，微孔孔径越小。调整铸膜液的溶剂组成，也影响膜孔孔径。

超滤膜的工作条件取决于膜体的材质，只能应用于温和的环境。如醋酸纤维素膜只适用于pH=3～8；芳香聚酰胺膜适用于pH=5～9，使用温度是0～40℃；聚砜膜适用于pH=2～12，使用温度是0～100℃。

5. 微滤膜

微滤过程使用的膜也是微孔膜。微滤膜多数为对称膜，其中最常见的是曲孔型，结构类似于内有相连孔隙的网状海绵；另外还有一种毛细管型，膜孔呈圆筒状垂直贯通膜面。微滤膜的孔径较大，相对来说它的流动阻力较小。

微滤膜用聚丙烯和聚四氟乙烯、纤维素脂、聚砜、聚酰胺、聚偏氟乙烯等高分子聚合物制成。

9.4.3　膜分离装置

膜分离装置通常要有很大的膜面积，且应适应不同的场合。用膜直接构成符合各种要求的单件的膜分离装置是很困难的，主要原因是制造技术和装备的限制。通常的做法是由专业制造厂提供几种规格化的部件或小型的单元设备，即膜组件。膜组件可分为板式膜组件、管式膜组件、螺卷式膜组件和中空纤维式膜组件（图9.24）。此外还有毛细管式膜组件。

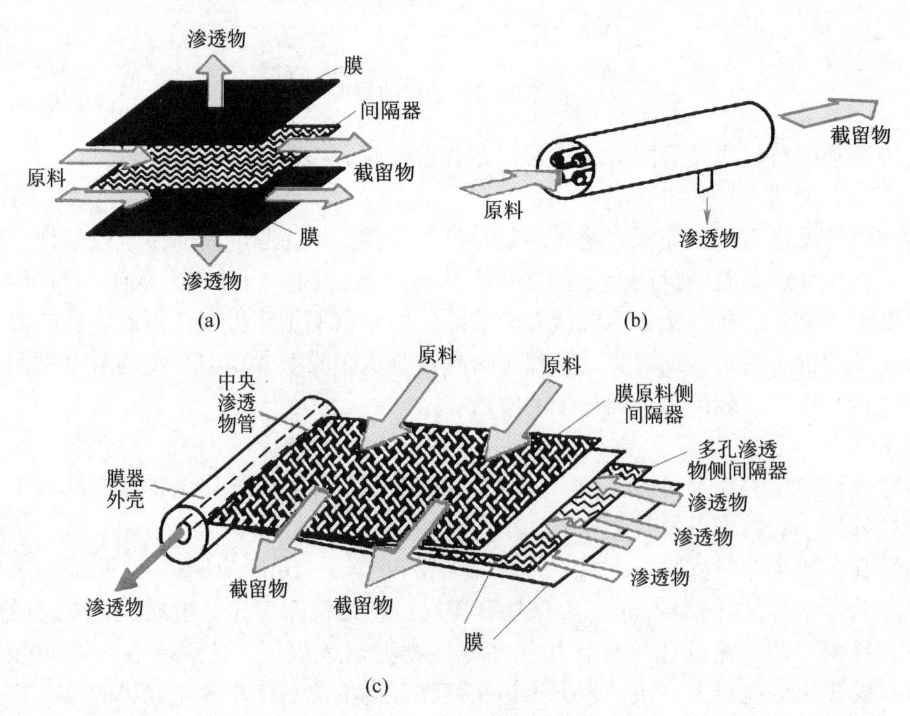

图9.24　几种常见膜组件示意图（一）

(a) 板框式；(b) 管式；(c) 螺卷式

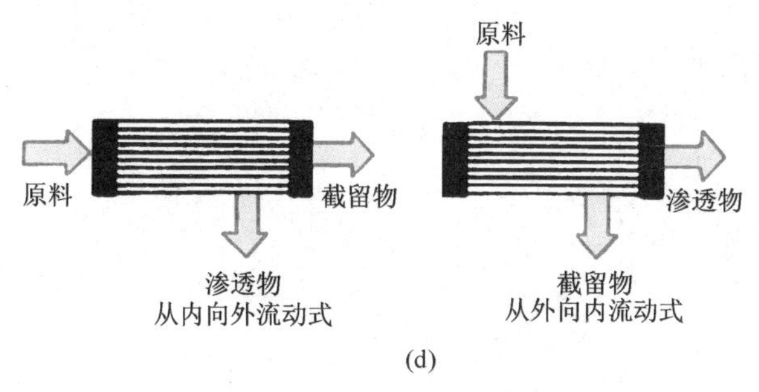

(d)

图 9.24 几种常见膜组件示意图（二）

(d) 中空纤维式

1. 板框式膜分离装置

板框式膜分离装置的构造与板框式压滤机相类似，由若干板式膜组件重叠起来组成。板式膜组件又由板体、多孔薄板和膜三部分组成。板式膜组件是在工程塑料压铸成形的滤板两面铺以多孔板，再在多孔板上贴上过滤膜；或在多孔板上直接刮浆成膜。板式膜组件可成组地封装在压力容器中，如图 9.25 所示，也可在各组件之间装以隔板而省去外壳。另一类板式膜组件是边缘厚而中间薄，并有开孔，它类似于凹板式压滤机的滤板，成组叠装，也不需外壳。板片外环有密封圈支撑，使内部形成一个压力容器，高压水串流通过每块板片，板片中间部分是多孔性材料，用以支撑膜并引出被分离的水。每块板的两面都装有膜，膜周边用胶粘剂和半片外环密封。板式装置上下安装有进水和出水管，使处理水进入和排出，板周边用螺栓把整个装置压紧。

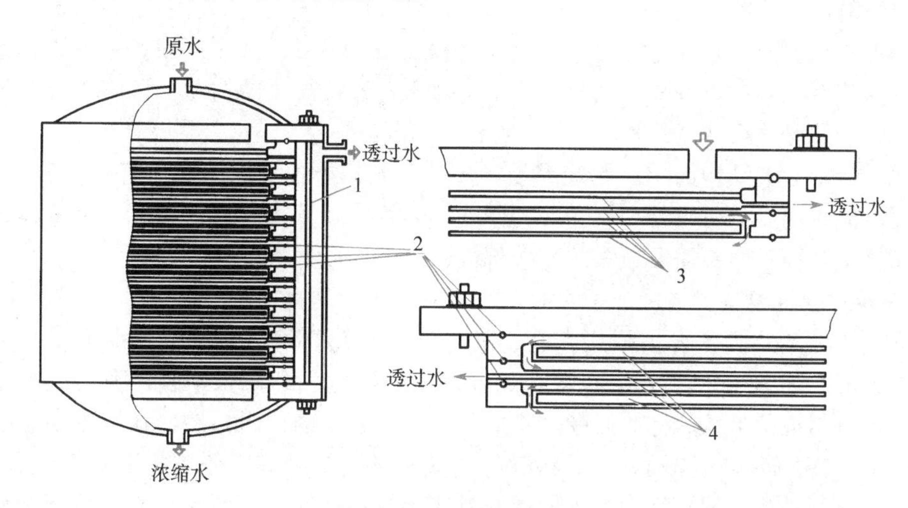

图 9.25 板框式膜装置

1—双头螺栓；2—橡胶密封圈；3—膜；4—多孔薄板

板式膜装置结构简单，容易制造，体积比管式的小，其缺点是装卸比较麻烦，单位体积膜的表面积小。

2. 管式膜分离装置

管式膜分离装置与多管式热交换器相类似（图 9.26），它是将若干根反渗透管状膜组件装入多孔高压管中构成，管膜与高压管之间衬尼龙布以便透水。高压管常用铜管或玻璃钢管，管端部用橡胶密封圈密封，管两头有管箍和管接头用螺栓连接。此外，也有在微孔管的内壁或外壁直接刮浆制膜而形成。

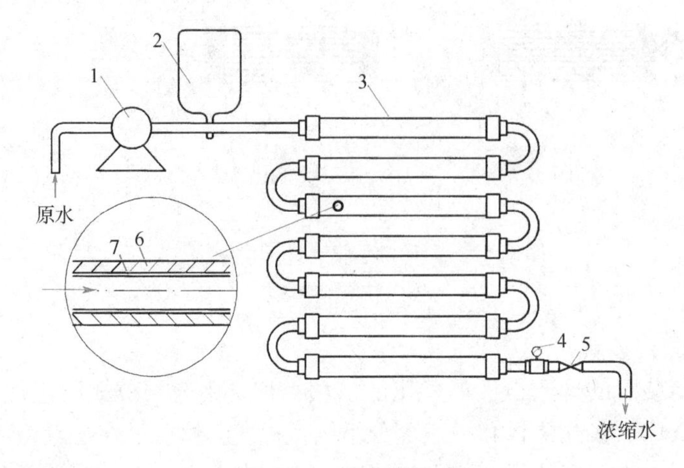

图 9.26　管式膜装置

1—高压水泵；2—缓冲器；3—管式组件；4—压力表；5—阀门；6—玻璃钢管；7—膜

管式膜组件分为内压式与外压式。内压管式膜组件的膜体表层在内壁，外压管式膜组件的膜体表层在外壁。在有均布小孔的金属管内壁，先衬滤布，再覆上管状膜，就构成内压管式膜组件；在聚氯乙烯、聚乙烯或陶瓷质的微孔管的内壁或外壁，直接刮浆成膜，可装配成内压管式或外压管式的膜组件。内压管式膜组件的内径一般为 12～25mm，用内压管式膜组件时，料液容易实现均匀的高速运动，且方便膜表面的清洗，不易堵塞。外压管式膜组件可做成更小的直径，也有在外径为 6～8mm 的微孔芯棒上成膜。用管式膜组件构成的膜分离装置，早期设备是一壳装一管，类似于套管换热器的构型；目前设备多为一壳多管，类似于管壳式换热器的构型。

管式膜分离装置结构简单，制造容易，安装、维修方便；水力条件好，不容易堵塞，清洗方便；能耐高压，可以处理高黏度的原液。但管式膜分离装置体积大，单位体积内膜的表面积最小，而且两头需要较多的连接部件，现在使用并不广泛。

3. 螺卷式膜分离装置

螺卷式膜分离装置主要由耐压套管、膜组件、穿孔管组成。膜组件由平膜、导水垫层、格网组成，如图 9.27 所示。在多孔的导水垫层两侧各贴一张平膜，膜的三个边与垫层用胶粘剂密封成信封状，称为膜叶。将一个或多个膜叶的信封口胶接在接收淡水的穿孔管上，在膜与膜之间放置隔网，然后将膜叶绕淡水穿孔管卷起来便制成了圆筒状膜组件。将一个或多个组件放入耐压管内便可制成螺卷式膜分离装置。工作时，原水沿隔网轴向流动，而通过膜的淡水则沿垫层流入多孔管，并从那里排出。

螺卷式膜组件的外径为 100～200mm，长约 1000mm。螺卷内一个单元组合（即膜—多孔薄板—膜—隔网，共四层）的厚度约为 2mm。一个直径为 100mm，长度为 1000mm 的组件，膜面积可达 6～7m^2。卷式膜组件必须封装在管子制成的耐压筒内，每筒装 1～6 个组件，中心管互相串联，料液依次通过各个组件。料液是在膜间隔网的缝隙中作轴向流动，透过膜的渗滤液是在多孔薄板的孔隙内沿螺旋方向向中心管流动，从中心管导出。为了防止料液从卷式膜组件与筒壁间的环隙短路流过，在膜组件外周套以密封环。为了缩短

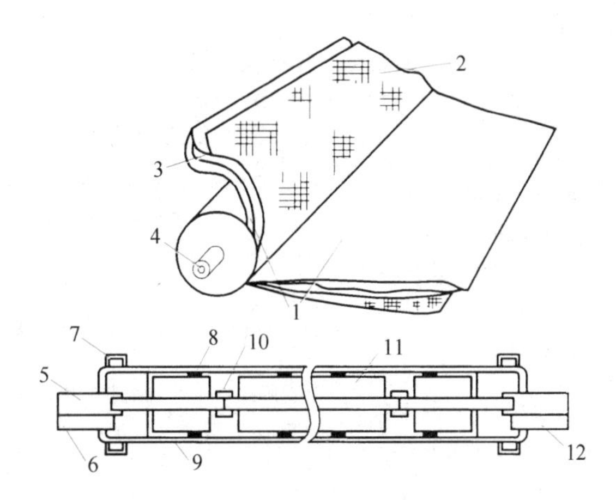

图 9.27 螺卷式膜装置

1—膜；2—格网；3—淡水垫层；4—中心集水管；5—透过水出口；6—原水入口；7—盖帽；8—密封圈；9—耐压套管；10—接头；11—膜组件；12—浓缩液出口

渗滤液在多孔薄板内的流动路程，可改为同一中心管上粘接二或三个短的膜袋。

螺卷式膜分离装置的优点是结构紧凑，单位体积的膜表面积大，所以处理效率高，占地面积小，操作方便。缺点是容易堵塞，不能拆洗，浓水难于循环，不能处理含有悬浮物的液体，原水流程短，压力损失大，密封长度大。

4. 中空纤维式膜分离装置

中空纤维膜分离装置类似于单管程管壳式换热器的结构。其膜组件用细径的中空纤维膜组装而成（图 9.28），且一般为外压式。所用的中空纤维膜，在内壁或内、外壁形成表层。将许多根中空纤维捆成膜束，膜束外侧覆以保护性格网，内部中间放置供分配原水用的多孔管，膜束外侧两端用环氧树脂加固。将其一端切断，使纤维膜束呈开口状，并在这一侧放置多孔支撑板。将整个膜束装在耐压圆筒内，在圆筒的两端加上盖板，其中一端为穿孔管进口，而放置多孔支撑板的另一端则为淡水排放口。高压原水从穿孔管的一端进入，沿轴向均匀分布并按半径方向向外辐射流出，并在纤维膜隙间空隙流动，淡水渗入纤维膜中，汇流到有多孔支撑板的一侧，通过排放口流出，而浓水则汇集于另一端排出。为了制造简单，通常将中空纤维弯折成 U 形，从两端的开口同时流出淡水，所有各纤维的弯折端都固封在用环氧树脂浇铸的端板中，而各纤维的开口端也用环氧树脂粘集成管板。

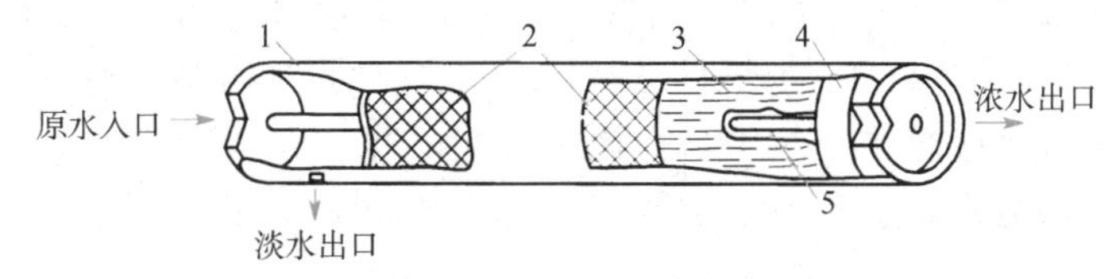

图 9.28 中空纤维膜装置

1—耐压容器；2—格网；3—中空纤维；4—环氧树脂管板；5—原水分布多孔管

中空纤维膜装置结构简单、单位体积膜的表面积最大，液流流程短，分布均匀。缺点是不能用于处理含有悬浮物的废水，必须预先经过过滤处理，另外难以发现损坏的膜，维护管理不便。

各种膜组件的特点见表9.3。

各种膜组件的特点　　表9.3

组件类型	主要优点	主要缺点	适用范围
板框式	结构紧密，密封牢固，能承受高压，成膜工艺简单，膜更换方便，较易清洗，有一张膜损坏不影响整个组件	装置成本高，水流状态不好，易堵塞，支撑体结构复杂	适用于中小处理规模，要求进水水质较好
管式	膜的更换方便，进水预处理要求低，适用于悬浮物和黏度较高的溶液。内压管式水力条件好，很容易清洗	膜装填密度小，装置成本高，占地面积大，外压管式不易清洗	适用于中小规模的水处理，尤其适用于废水处理
螺卷式	膜的装填密度大，单位体积产水量高，结构紧凑，运行稳定，价格低廉	制造膜组件工艺较复杂，组件易堵塞且不易清洗，预处理要求高	适用于大规模的水处理，进水水质较好
中空纤维式	膜的装填密度最大，单位体积产水量高，不要支撑体，浓差极化可以忽略，价格低廉	成膜工艺复杂，预处理要求最高，很易堵塞，且很难清洗	适用于大规模水处理，且进水水质需很好

9.5　其他分离设备

9.5.1　循环结团造粒流化床高速固液分离设备

循环结团造粒流化床高速固液分离设备是西安建筑科技大学在原有的结团造粒流化床固液分离设备基础上，将混合反应、污染物去除、固液分离和污泥浓缩有机集成而开发的一种新型一体化水处理设备。该设备主要特点是水力停留时间短，体积小，占地面积小，适用性广，使用灵活，处理效率高。

该设备主要针对高浊、低温低浊、高藻、高有机物等多变和复合污染原水水质的处理需求，将两阶段结团絮凝、功能颗粒介质强化造粒与除污染、流化床内循环等关键技术相耦合，大幅提高了原有设备的水力负荷与抗水量水质的冲击能力，拓展了除污染功能，可广泛应用于水质多变地表水的净化处理、水厂排泥水/反冲洗废水处理、污泥浓缩、工矿企业废水处理、初期雨水快速处理与资源化、灾害应急处理等水处理领域。

循环结团造粒流化床高速固液分离设备（简称：循环造粒流化床设备），通过增设循环回流区使结团颗粒循环流化，解决了低温低浊条件下流化床运行的稳定性问题。对于高藻、高有机物、高磷等不同水质的处理，通过在流化床中投加微砂、磁粉、活性炭等功能颗粒介质，提高了流化床的致密作用与除污染效能，进一步提升了水处理负荷和处理效果，保证了设备长期运行的稳定性。另外，该设备运行灵活方便，既能连续运行也可间歇操作。间歇状态下，可实现快速启动运行。

循环造粒流化床设备具有水力负荷高、排泥含水率低、适用范围广等技术优势。其水力负荷可达40～100m/h，排泥含水率90%～95%；适用于浊度1～20000NTU及复合污染的原水处理，出水浊度为0.8～5NTU，并可有效去除水中有机物、藻类、总磷、重金属等多种污染物。设备系统占地面积小，工程投资省。

循环造粒流化床设备主要由主体设备、搅拌装置和进出水与管路系统组成（图9.29）。

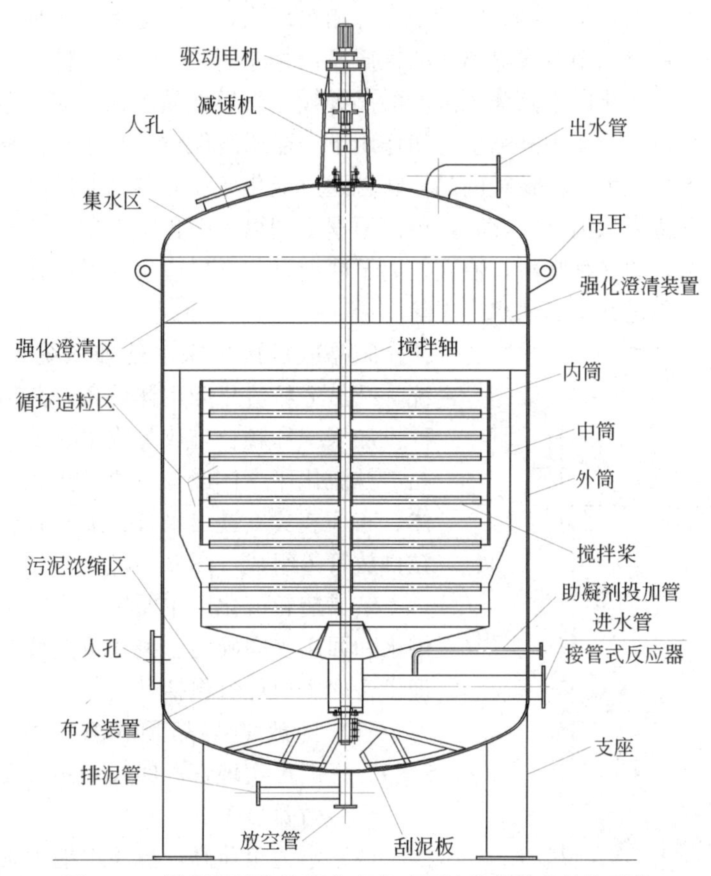

图 9.29 循环结团造粒流化床高速固液分离设备结构示意

1. 主体设备

主体设备功能区分为循环造粒区、强化澄清区、集水区和污泥浓缩区，其中循环造粒区内包括中筒和内筒，内筒内为造粒流化区，内筒和中筒之间为回流区；循环造粒区上部为强化澄清区，强化澄清区可以采用垂向涡流强化分离、旋转滤网过滤分离等方式；强化澄清区上部为清水区，设备底部为污泥浓缩区。

2. 搅拌与刮泥装置

在设备造粒流化区设有机械搅拌装置，污泥浓缩区设有刮泥装置。机械搅拌装置和刮泥装置采用同轴传动，由安装在罐体顶端的电机驱动。

3. 管路系统

管路系统主要由进水管、出水管、排泥管和加药管组成。进水管内接助凝剂加药管，外接管式反应器和静态混合器，进水由造粒流化区底部流入；出水管设置在罐体顶部；排泥管设置在污泥浓缩区底部。

9.5.2 化学结晶循环造粒流化床水处理设备

化学结晶循环造粒流化床水处理设备（以下简称“结晶造粒流化床”）是西安建筑科技大学研发的一种新型水处理设备。该设备是在传统造粒流化床设备基础上的升级改进。改进后的该设备在结晶效率、流化床稳定性、水处理负荷等方面性能得到显著提升。

该设备的技术原理是基于诱导化学结晶等相关理论，以一定量的晶种颗粒填充至流化床反应器中，同时针对水中待去除离子的性质投加相应的化学药剂，使待去除离子通过化学反应生成微晶体，流化床中高体积浓度的晶种颗粒诱导微晶体在其表面结晶生长，从水中去除。结晶颗粒在流化床中高强度剪切作用下，能始终保持球状生长。随着运行时间的延长，结晶颗粒不断长大，大粒径的晶体颗粒通过流化床反应器底部排出。

对于水中多种待去除离子共存时，可以根据不同离子的化学性质，选择性投加相应的化学药剂和诱导结晶的晶种颗粒，使这些离子能通过化学反应生成微晶体，并在晶种颗粒表面结晶生长，或通过共结晶从水中去除。

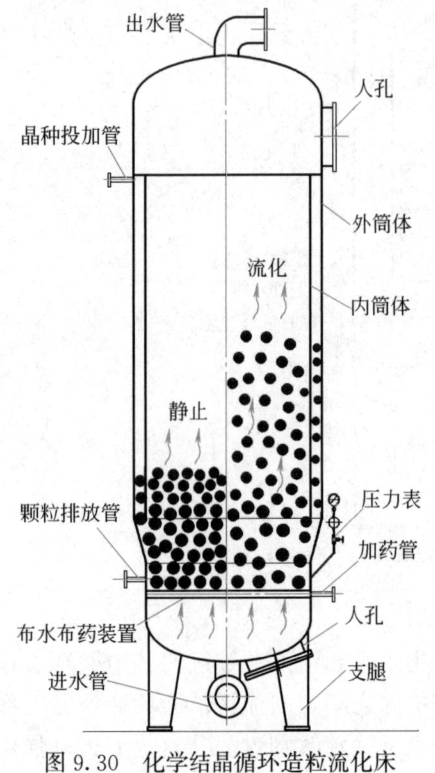

图 9.30 化学结晶循环造粒流化床水处理设备结构示意图

结晶造粒流化床水处理系统主要由进出水系统、结晶造粒流化床主体设备、药剂投加系统、晶种投加系统和颗粒排放与收集系统几部分组成。结晶造粒流化床主体设备主要由支座、内筒体、外筒体、布药装置、进出水管、加药管、晶种投加和颗粒排放管等组成（图 9.30）。

结晶造粒流化床主要用于去除工业用水、市政供水和回用水中硬度、氟和重金属等污染物。该处理设备的主要优势包括：

(1) 排放的结晶颗粒含水率低（通常低于5%），一般可实现资源回收利用。无其他副产物产生，环境效益显著。

(2) 水力负荷高，抗冲击能力强。结晶造粒流化床水力负荷可达到 60～150m/h，且运行稳定性高。设备结构紧凑，占地面积小。

(3) 处理系统易于实现自动控制，运行和维护较少，减少人力成本。

(4) 结晶造粒流化床设备专有的布药和布水装置，可实现药剂的精准投加和水与药剂的高效混合，节省药剂投量。

(5) 对复合污染水质，通过优化化学结晶条件，可实现多种污染离子的同步去除。结晶造粒流化床反应器特殊的布药和布水装置，可实现药剂和水的高效混合，可达到精准投药，节省药剂投加量。

9.5.3 砂滤设备

在水工艺中，常采用各种形式的滤池来分离水中的悬浮物，除此之外，还采用各种形式的过滤器来处理。下面简要介绍应用较广泛的压力过滤器，如图 9.31 所示。

压力过滤器是一个承压的密闭过滤装置，通常采用的压力过滤器是立式的，直径不大于 3m。外部主要由罐体、滤料层、进水管、出水管、冲洗水管、冲洗排水管等管道及附件组成；内部主要是由滤层、垫层以及配水系统组成。滤层以下为厚度 100mm 的卵石垫层，反冲洗废水通过顶部的漏斗或设有挡板的进水管收集并排除。压力过滤器外部还安装有压力表、取样管，能及时监督过滤器的压力和水质变化。过滤器顶部设有排气阀，用来排除过滤器内和水中析出的气体。在一些水处理系统中，排水系统处还安装有压缩空气管，用以辅助反冲洗。

压力过滤器设备可分为两种：一种为双层滤料，一种为单层滤料。压力过滤器主要特点是承受压力，可利用过滤后的余压将出水送到用水地点或远距离输送。压力过滤器过滤能力强、容积小、设备定型、使用的机动性大，但单个过滤器的过滤面积较小，一般用于小型废水处理站。

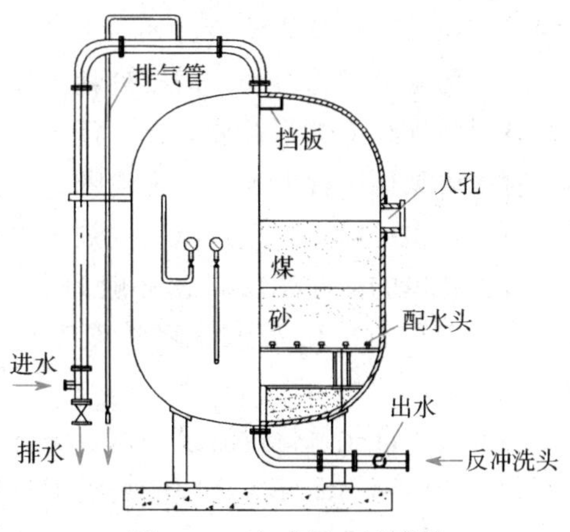

图 9.31 立式压力过滤器

9.5.4 逆流充氧催化氧化过滤设备

逆流充氧催化氧化过滤设备是西安建筑科技大学研发的一种将化学催化氧化技术和过滤工艺有机集成的水处理设备。该设备的主要功能是，利用活性滤料和溶解氧同步催化氧化去除水中氨氮、铁锰等污染物，同时，利用滤料的截留作用将水中浊质粒子过滤去除。

逆流充氧催化氧化过滤设备可以采用全封闭压力式和顶部敞开重力式两种形式。压力式设备主要由罐体、活性滤料、微孔曝气装置、承托层、反冲洗系统、排气阀、进出水管路系统及其他附件组成（图 9.32）。

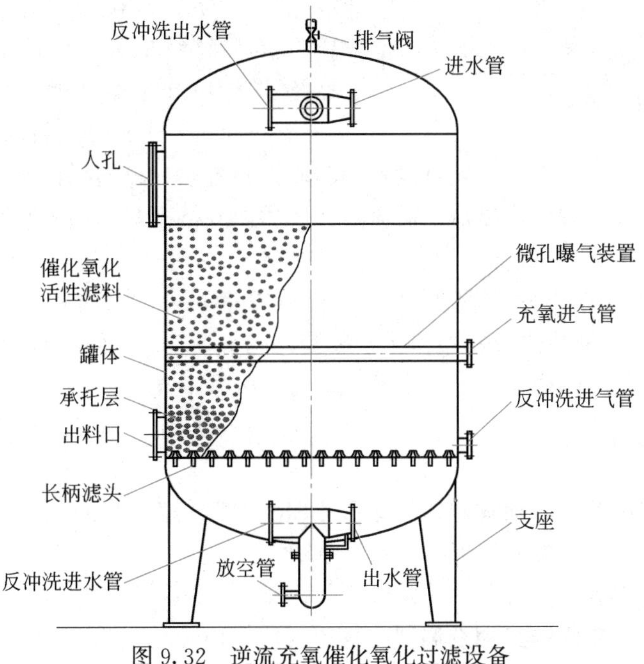

图 9.32 逆流充氧催化氧化过滤设备

该设备的结构形式是基于活性滤料催化氧化氨氮等污染物对氧的需求而设计的。活性滤料是西安建筑科技大学研制的一种具有催化氧化功能的新型过滤介质或称为催化剂，是通过控制条件下在常规滤料（如石英砂）表面负载具有催化活性的复合铁锰氧化膜制备而成。由于污染物氧化过程中需要消耗大量溶解氧，因此需要利用设备中下部安装的微孔曝气装置对活性滤层进行补氧，以保证整个活性滤层的催化氧化能力得以充分发挥。微孔曝气装置可以采用多种形式，但无论哪种形式都不能影响滤层的正常反冲洗；采用的气源可以是氧气，也可以是空气，以氧气效果更佳。

设备装填的活性滤层高度一般为0.8～1.6m，滤速为4～16m/h，过滤周期1～5d。在污染负荷较低时，水中溶解氧能满足氧化需求，不需补氧，设备可控制在高滤速下运行。

逆流充氧催化氧化过滤设备运行稳定性强，受温度影响小，水处理过程中不需投加化学药剂，即可利用活性氧化膜的持续催化氧化作用将水中氨氮、铁锰等污染物同步高效去除，去除率可达90%以上；同时，活性滤层的过滤功能，可有效去除水中的浊质粒子，保证出水浊度在1.0NTU以下。

9.5.5 砂水分离器

砂水分离器用于将沉砂池排出的砂水混合物进行彻底的砂水分离。

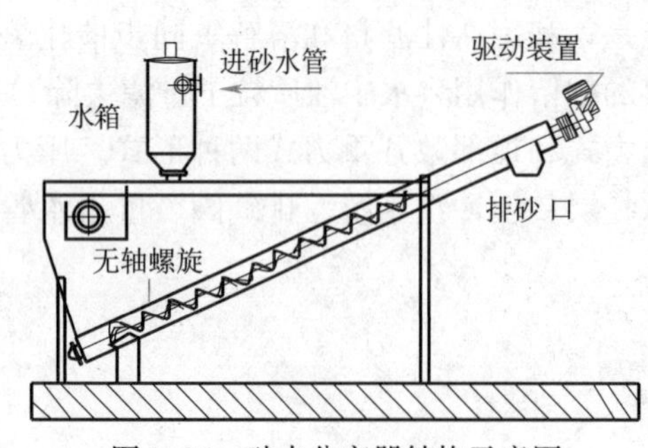

图9.33 砂水分离器结构示意图

螺旋砂水分离器由无轴螺旋体、水箱、U形槽和传动装置等组成（图9.33）。来自除砂池的砂水混合液从分离器一端顶部输入集水槽，混合液中相对密度较大的如砂粒等将沉积于槽底部，传动装置带动螺旋体机构旋转，在螺旋叶片的推动下，砂粒沿斜置的U形槽底提升，离开液面后继续推移一段距离，在砂粒充分脱水后经排砂口卸至盛砂桶，而与砂分离的水则从溢流口排出，达到分离目的。

另外，砂水分离器进水口处还可设置一圆筒式旋流预分离器，污水沿圆筒切线方向进入涡流使砂粒沉下进入螺旋分离器，溢流液回沉砂池或格栅井，起到预沉砂及调节水量的作用。

砂水分离器具有分离效率高的特点，分离效率可达98%以上，可分离出粒径≥0.2mm的颗粒；采用轴装式减速器和无轴螺旋，无水下轴承，结构简单，安装维护方便；特殊设计的进水口及溢流槽，最大限度消除紊流，收砂率高。

9.5.6 滗水器

滗水器又称滗析器、移动式出水堰，是SBR工艺处理污水的关键设备。主要有机械式、自力（浮力）式、虹吸式三种。

（1）机械式滗水器

机械式滗水器现有旋转式和套筒式（图9.34、图9.35）两种形式。旋转式滗水器由电动机、减速执行装置、四连杆机构、载体管道、浮子箱（拦渣器）、淹没出流堰口、回转接头等组成。通过电动机带动减速执行装置和四连杆机构，使堰口绕出水汇管作旋转运动，滗出上清液，液面也随之同步下降。浮子箱（拦渣器）可在堰口上方和前后端之间形

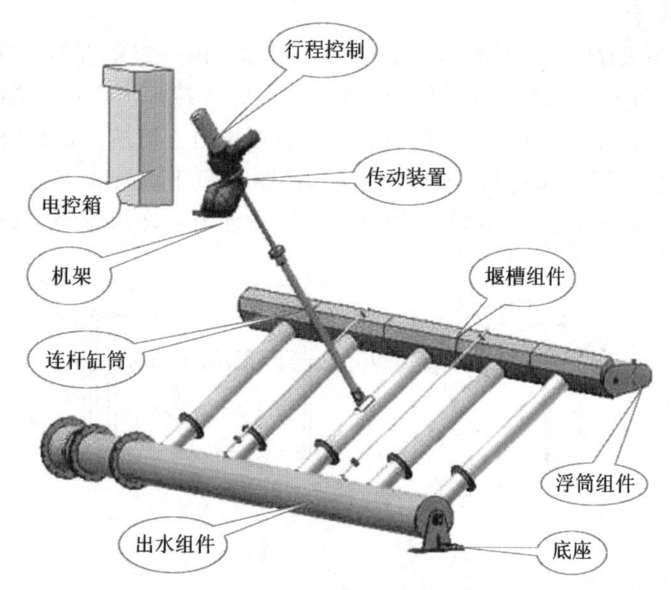

图 9.34 机械旋转式滗水器

成一个无浮渣或泡沫的出流区域，并可调节和堰口之间的距离，以适应堰口淹没深度的微小变化。套筒式滗水器有丝杠式和钢丝绳式两种，都是在一个固定的池内平台上，通过电动机带动丝杠或滚筒上的钢丝绳，牵引出流堰口上下移动。堰口下的排水管插在有橡胶密封的套筒中，可以随出水堰上下移动，套筒连接在出水总管上，将上清液滗出池外，在堰口上也有一个拦浮渣和泡沫用的浮箱，采用剪刀式铰链和堰口连接，以适应堰口淹没深度的微小变化。

(2) 自力（浮力）式滗水器

自力（浮力）式滗水器主要由浮筒、集水堰槽、柔性软管和阀门组成（图 9.36），如前所述的两种机械式滗水器也都可以制成自力式滗水器，不同的是它只依靠堰口上方的浮箱本身的浮力，使堰口随液面上下运动而不需外加机械动力。按堰口形状可分为条形堰式、圆盘堰式和管道式等。堰口下采用柔性软管或肘式接头来适应堰口的位移变化，将上清液滗出池外。浮箱本身也起拦渣作用。为了防止混合液进入管道，在每次滗水结束后，采用电磁阀或自力式阀关闭堰口，或采用气水置换浮箱，将堰口抬出水面。

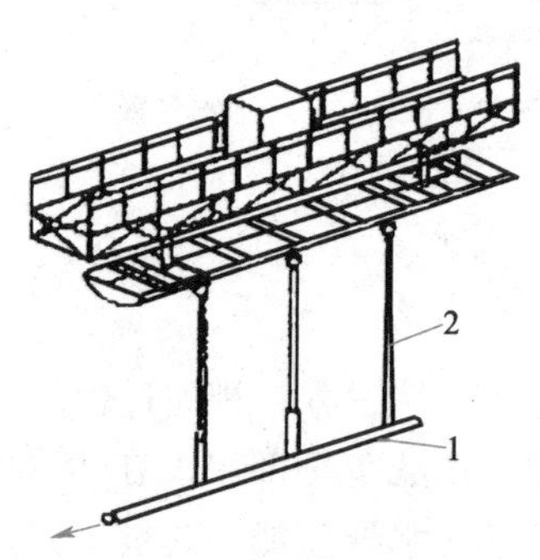

图 9.35 机械套筒式滗水器

1—底板下管道；2—直管及套筒管

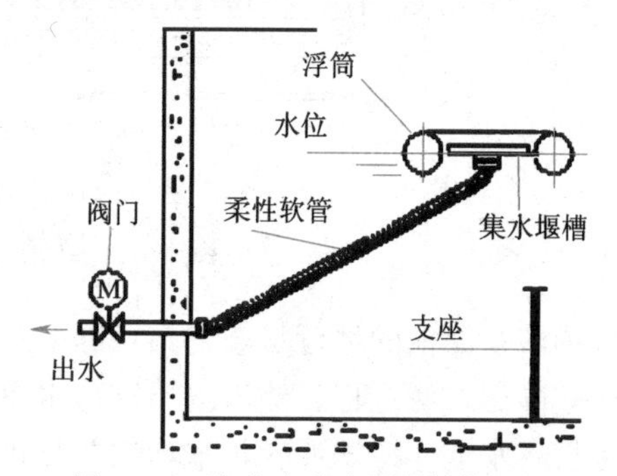

图 9.36 自力式滗水器的结构形式

(3) 虹吸式滗水器

虹吸式滗水器（图9.37）实际是一组淹没出流堰，由一组垂直的短管组成，短管吸口向下，上端用总管连接，总管与U形管相通，U形管一端高出水面一端低于反应池的最低水位，高端设自动阀与大气相通，低端接出水管以排出上清液。运行时通过控制进、排气阀的开闭，采用U形管水封封气，来形成滗水器中循环间断的真空和充气空间，达到开关滗水器和防止混合液流入的目的。滗水的最低水面限制在短管吸口以上，以防浮渣或泡沫进入。

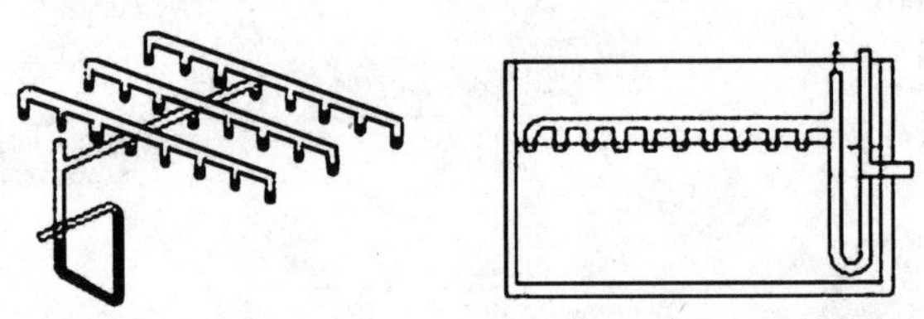

图9.37　虹吸式滗水器

9.5.7　纤维转盘滤池

纤维转盘滤池是目前最先进的过滤器之一，目前在全世界已广泛应用。其主要特征是处理效果好，出水稳定，承受高水力及悬浮物负荷能力强，全自动运行，操作简便，运行及土建费用低、占地极小等。主要用于废水的深度处理与中水回用，可有效去除SS、COD_{Cr}、BOD_5 和TP等。

纤维转盘滤池结构如图9.38所示，设备的核心装置是滤盘，上面包裹着滤布，中间是中空的中心集水筒；右上方的驱动电机带动转盘旋转；反冲洗装置包括反抽吸吸盘、反洗水泵；排泥装置包括排泥泵、斗型集泥槽；此外还有自控系统（PLC自动控制盘）。

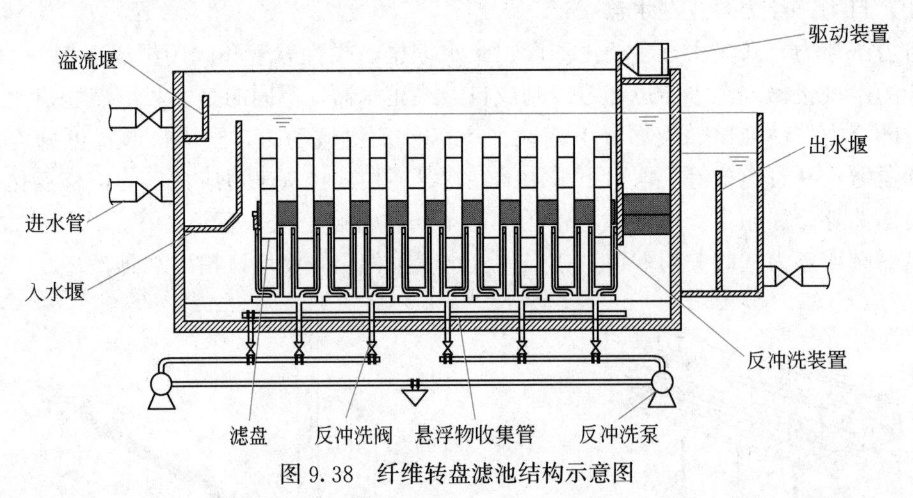

图9.38　纤维转盘滤池结构示意图

纤维转盘滤池的运行状态包括：静态过滤过程、负压反冲洗过程、排泥过程。

(1) 静态过滤过程。外进内出，污水重力流进入滤池，使滤盘全部浸没在污水中。在滤池中设布水堰，使滤池内布水均匀并且进水产生低扰动。污水通过滤布过滤，过滤液经中空管收集后，经过出水堰排出滤池，整个运行过程中过滤是连续进行的。

(2) 负压反冲洗过程。过滤中部分污泥吸附于纤维毛滤布中，逐渐形成污泥层，滤布过滤阻力逐渐增加，滤池水位也逐渐升高。当液位到达清洗设定值时，PLC 即可启动反洗泵，开始清洗过程。滤盘以 0.5～1r/min 的速度旋转，抽吸泵负压抽吸滤布上积聚的污泥颗粒，滤盘内的水同时被自里向外抽吸，对滤布起清洗作用，并排出反洗过的水。

（3）排泥过程。纤维转盘滤池的滤盘下设有斗形池底，有利于池底污泥的收集。污泥池底沉积减少了滤布上的污泥量，可延长过滤时间，减少反洗水量。经过设定的时间段，PLC 启动排泥泵，通过池底排泥管路将污泥回流至污水预处理构筑物。

思 考 题

1. 分离设备的类型主要有哪些？各有什么功能？

2. 气浮分离设备有哪几种？它们的共同点是什么？

3. 格栅与滤网的作用是什么？谈谈它们之间有何区别？

4. 离子交换膜与反渗透膜的区别是什么？它们各自的渗透机理是什么？

5. 常用的膜分离设备有哪些？它们是如何工作的？

6. 循环结团造粒流化床固液分离设备主要有哪几部分构成？简述各部分的工作原理和该设备的功能特点。该设备与化学结晶循环造粒流化床水处理设备的工作原理及功能有何不同？

7. 逆流充氧催化氧化过滤设备与传统的砂滤设备的功能和工作原理有何异同？

8. 纤维转盘滤池的运行主要包括哪几个过程？

9. 简述砂水分离器的工作原理。

10. 滗水器有哪几种形式？各有什么特点？

第10章 污泥处置设备

10.1 排泥设备

10.1.1 排泥设备的分类

在水处理工艺中，去除水中杂质的同时会产生大量的污泥和泥渣。其中，沉淀池、澄清池是产生污泥较多的场所。其中，水工艺中沉淀池和澄清池中排泥效果直接影响水质净化效果，因此，沉淀池和澄清池必须有高效可靠的排泥设备以保证沉淀效果。排泥设备的种类较多，其形式随工艺条件与池型的结构而有所不同，常用的排泥机械分类见表10.1。

排泥设备的分类 **表10.1**

<table>
<tr><td rowspan="6">行车式</td><td rowspan="4">吸泥机</td><td rowspan="2">泵吸式</td><td>单管扫描式</td><td rowspan="6">中心传动式</td><td rowspan="5">垂架式</td><td rowspan="2">刮泥机</td><td>双刮臂式</td></tr>
<tr><td>多管并列式</td><td>四刮臂式</td></tr>
<tr><td colspan="2">虹吸式</td><td rowspan="3">吸泥机</td><td>水位差自吸式</td></tr>
<tr><td colspan="2">泵/虹吸式</td><td>虹吸式</td></tr>
<tr><td rowspan="2">刮泥机</td><td colspan="2">翻板式</td><td>空气提升式</td></tr>
<tr><td colspan="2">提板式</td><td colspan="3">悬挂式刮泥式</td></tr>
<tr><td rowspan="2">链板式</td><td colspan="3">单列链式</td><td rowspan="2">周边传动式</td><td colspan="3">刮泥机</td></tr>
<tr><td colspan="3">双列链式</td><td colspan="3">吸泥机</td></tr>
<tr><td rowspan="2">螺旋输送式</td><td colspan="3">水平式</td><td rowspan="2"></td><td colspan="3"></td></tr>
<tr><td colspan="3">倾斜式</td><td colspan="3"></td></tr>
</table>

10.1.2 行车式吸泥机

行车式吸泥机主要由行车钢结构、驱动机构、吸泥系统、配电及行程控制装置组成，如图10.1所示。

行车钢结构指的是吸泥机的行车架为钢结构，由主梁、端梁、水平桁架及其他构件焊接而成。主梁通常分为型钢梁、板式梁、箱式梁、L形梁和组合梁五种。主梁在设计时有一定的上拱度，要承受钢架自重以及驱动机构等设备的重量。

行车驱动机构指的是行车车轮的驱动，它的驱动方式一般有分别驱动和集中驱动两种。分别驱动指行车两侧的驱动轮分别由独立的驱动装置驱动。两侧驱动装置均以相同的机件组成，并且要求同步运行；而集中驱动机构两侧的驱动轮均由一套驱动装置通过一根长轴驱动。

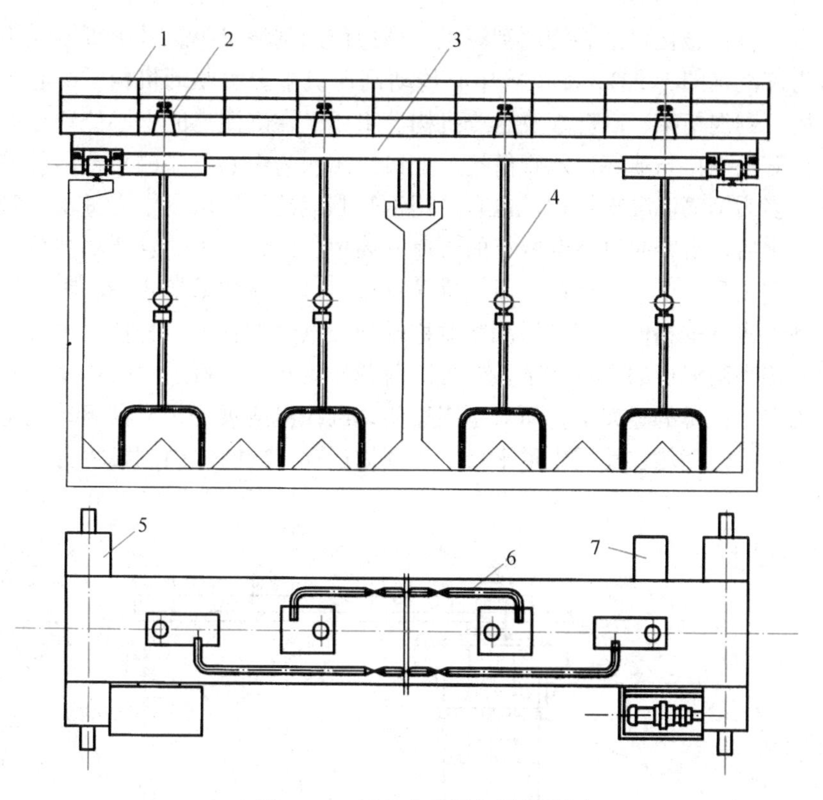

图 10.1 行车式吸泥机结构简图

1—栏杆；2—液下污水泵；3—主梁；4—吸泥管路；5—端梁；6—排泥管路；7—电缆卷筒

吸泥机排泥的方式有虹吸、泵吸和空气提升三种，在行车式吸泥机中主要采用虹吸排泥与泵吸排泥两种形式。吸泥机的虹吸管路一般由吸口、排泥直管、弯头、阀门等管配件组成。从吸泥口到排泥口均以单管自成系统，管材可选用镀锌水煤气管。运行前先把水位以上排泥管内的空气用真空泵或水射器抽吸或用压力水倒灌等方法排除，从而在大气压的作用下，使泥水充满管道，开启排泥阀后形成虹吸式连续排泥，如图 10.2 所示。

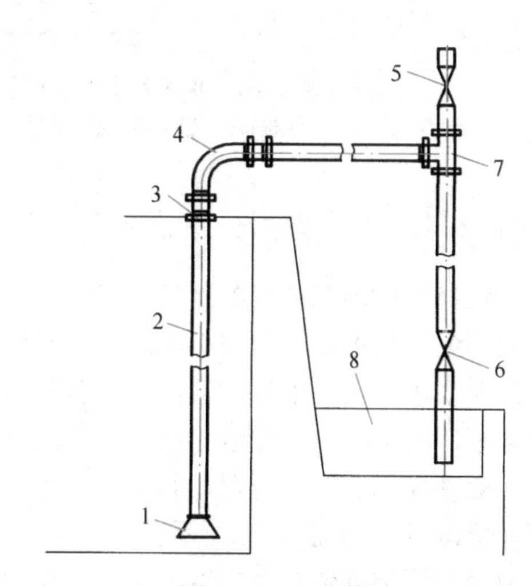

图 10.2 虹吸管

1—吸口；2—排泥管；3—活接头；4—90°弯头；5、6—阀；7—三通接头；8—排泥槽

泵吸泥管路主要由泵和吸泥管路组成。它与虹吸式的差别是各根吸泥管在水下（或水上）相互连通后由总管接入水泵，通过水泵的抽吸将污泥排出池外。

10.1.3 中心与周边传动排泥机

中心传动或周边传动排泥机有多种形式（表 10.1），如垂架式中心传动刮泥机、垂架式中心传动吸泥机、悬挂式中心传动刮泥机、周边传动刮泥机等。其中垂架式中心传动刮泥机使用最为广泛（图 10.3）。垂架式中心传动刮泥机主要由驱动机构、中心支座、中心竖架、工作桥、刮泥桁架、刮泥板及撇渣机构等组成。在沉淀池的中心位置设有兼作进水管的立柱，柱管的下口与池底进水管衔接，上口封闭作为中心支座的平台，管壁四周开孔出水。柱管大多为钢筋混凝土结构，也有采用钢管制成的。原水由中心进水柱管流入，经中心配水管布水后，沿径向以逐渐减小的流速向周边出流，水中的悬浮物被分离而沉降于池底。然后由刮板刮集至集泥槽内，通过排泥管排出。其他如垂架式中心吸泥机的结构与垂架式中心刮泥机基本相似，只是沿刮臂对称排列设置吸泥管道；悬挂式中心传动刮泥机同垂架式中心传动刮泥机的差别在于，前者的荷载作用在工作桥的中心传动立轴上，而后者的荷载作用在工作桥的竖架上；而对于周边传动刮泥机或吸泥机，其驱动机构在工作桥的两端，它是通过传动轮在池周走道平台上作圆周运动，同时池内刮板将污泥刮向池中心的集泥槽内。

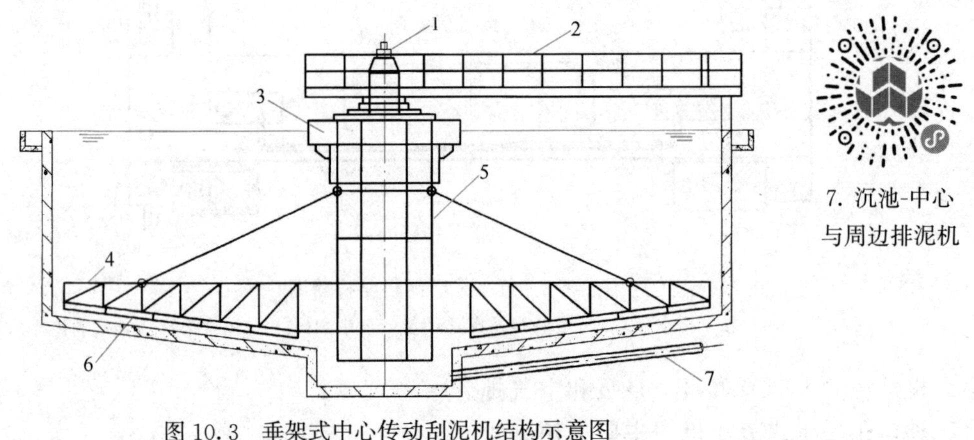

7. 沉池-中心
与周边排泥机

图 10.3　垂架式中心传动刮泥机结构示意图

1—传动装置；2—工作桥；3—稳流筒；4—刮泥桁架；5—中心架；6—刮板；7—排泥管

10.1.4　钢索牵引式刮泥机

钢索牵引式刮泥机有单钢丝绳牵引式刮泥机和双钢丝绳牵引式刮泥机两种。单钢丝绳牵引式刮泥机很难控制刮泥小车的跑偏现象，而双钢丝绳牵引式刮泥机将一套驱动机构和两台刮泥小车组成一个运动整体，完全避免了单绳牵引刮泥机的弊端，广泛适用于水厂和污水处理厂的平流式沉淀池、斜管沉淀池以及浮沉池的刮集污泥。双钢丝绳牵引式刮泥机主要由驱动卷扬装置、刮泥车行走式（刮泥小车）、换向机构、立式滑轮、卧式滑轮及牵引钢丝绳组成，如图 10.4 所示。

驱动卷扬装置装有两只绳筒，其转向相反。工作中一个卷绳的同时另一个放松绳，用以牵引刮泥车的前进和返程。

刮泥小车在池底的预埋轨道上行走，通过钢丝绳牵引及连杆的作用，前进时刮泥板呈垂直于水平方向，处刮泥状态；返程时，刮泥板向上翻转，保证了小车返程不带泥。

换向机构是刮泥机换向和停机的发讯装置。当刮泥小车刮泥到终点时，触及该机构，能使卷扬机反转，钢丝绳牵引刮泥小车返回，同时另一台刮泥小车开始正向刮泥。

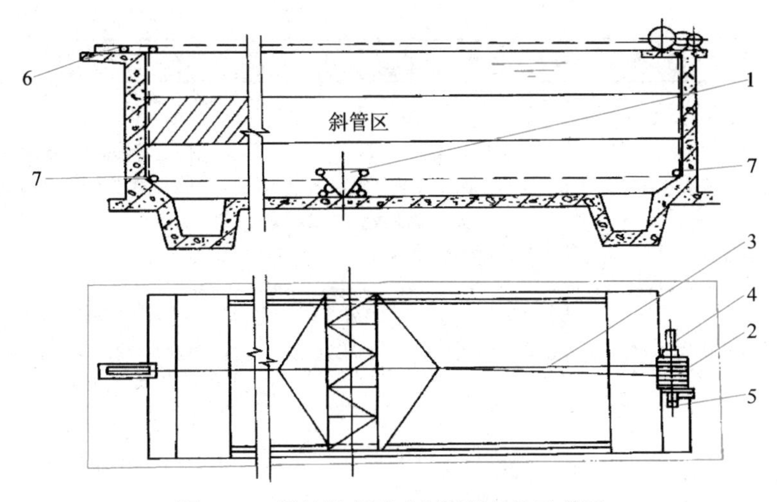

图 10.4 钢丝绳牵引式刮泥机结构示意图

1—刮泥小车；2—卷筒；3—钢丝绳；4—行程机关控制机构；5—减速机；6—张紧装置；7—导向滑轮

10.1.5 常用排泥设备的特点与适用范围

在水处理工艺过程中，由于污物种类、性质、含量以处理构筑物形式的不同，各类排泥设备都存在一定的局限性。表 10.2 为常用排泥设备的适用范围与特点，设计时可视具体情况选择应用。

常用排泥设备的适用范围及特点 **表 10.2**

序号	机种名称	适用范围	特　点
1	行车式虹吸、泵吸吸泥机	给水平流沉淀池 排水二次沉淀池 斜管沉淀池 悬浮物含量应低于 500mg/L 固体粒重不大于 2.5mg/粒	优点:边行进边吸泥,效果好;可根据污泥量多少,调节排泥次数;往返工作,排泥效率高 缺点:除采用液下泵外,吸泥前须先引水,操作较麻烦;池内不均匀沉淀,吸泥浓度不一;吸出污泥的含水率高
2	行车式提板刮泥机	给水平流沉淀池 排水初次沉淀池	优点:排泥次数可由污泥量确定;传动部件均可脱离水面,检修方便;回程时,收起刮板,不扰动沉淀 缺点:电器原件如设在户外,易破坏
3	链板刮泥(撇渣)机	沉砂池 排水初次沉淀池 排水二次沉淀池	优点:排泥效率高,刮板较多,使刮泥保持连续,刮泥撇渣两用,机构简单 缺点:池宽受到刮板的限制,链条易磨损,对材质要求较高
4	螺旋输送式刮泥机	沉砂池 沉淀池	优点:排泥彻底,污泥可直接输送出池外,输送过程中起到浓缩的效果;连续排泥 缺点:倾斜安装式,效率较低;螺旋槽精度要求较高;输送长度受到限制

续表

序号	机种名称	适用范围	特　点
5	悬挂式中心传动刮泥机	给水辐流式沉淀池 排水初沉池 排水二次沉淀池刮泥 排水二次沉淀池吸泥 污泥浓缩池	优点:结构简单;连续运行,管理方便 缺点:刮泥速度受到刮板外缘的速度控制
6	垂架式中心传动吸泥机		
7	周边传动吸泥、刮泥机		
8	机械搅拌澄清池刮泥机	机械搅拌澄清池	优点:排泥彻底 缺点:水下传动部件的检修困难;销齿磨损,不易察觉
9	钢索牵引刮泥机	斜板斜管沉淀池 机械搅拌澄清池	优点:驱动装置简单,传动灵活;适用各种池形,适用范围广 缺点:磨损腐蚀较快,维修工程量较大;钢索伸长,需经常张紧

10.2　污泥浓缩与脱水设备

10.2.1　浓缩与脱水设备的用途与类型

在水处理工艺中，常产生大量的污泥。在常规给水处理主要有混凝沉淀后产生的化学污泥，城市污水常规处理中常见有初沉污泥和剩余活性污泥两类。污泥的含水率一般在96%以上，其主要为空隙水和毛细水。因污泥含水率非常高，所以体积很大，输送、处理和处置都不方便。污泥通过浓缩设备的浓缩后，可将污泥颗粒间的空隙水分离出来，减小污泥的体积，为后续处理和处置带来方便，如减少消化池容积、减少消化所需耗热量、减少脱水机台数，降低脱水所需絮凝剂的投加量，节省运行成本。一般地，污泥经浓缩后，其含水率仍在94%以上，呈流动状态，体积还很大，因此，污泥经浓缩设备浓缩后，需采用脱水设备将污泥中的毛细水进一步分离出来，以降低污泥体积和最终处置费用。

污泥浓缩设备主要有重力式污泥浓缩池、浓缩机、带式浓缩机和卧螺式离心机等。其中重力式污泥浓缩池浓缩机有：周边传动浓缩机、中心传动浓缩机等几种形式。脱水设备种类较多，最常用的有带式压滤机、离心脱水机、板框压滤机和真空过滤机等。

10.2.2　带式压滤机

1. 带式压滤机的组成及其功能

带式压滤机主要由滤带、辊、絮凝反应器（污泥混合筒）、驱动装置、滤带张紧装置、滤带调偏装置、滤带冲洗装置、滤饼剥离及排水装置组成（图 10.5）。不同规格的辊排列起来，相邻辊之间有滤带穿过。

滤带是带式压滤机的一个重要组件，它不但起了过滤介质的主要作用，同时具有压榨和输送滤渣的作用，因此，滤带必须具有良好的过滤性和滤饼的剥离性。由于滤带要不断地经过过滤、滤饼剥离、清洗的循环过程，所以滤带也必须具有良好的再生性能。此外滤

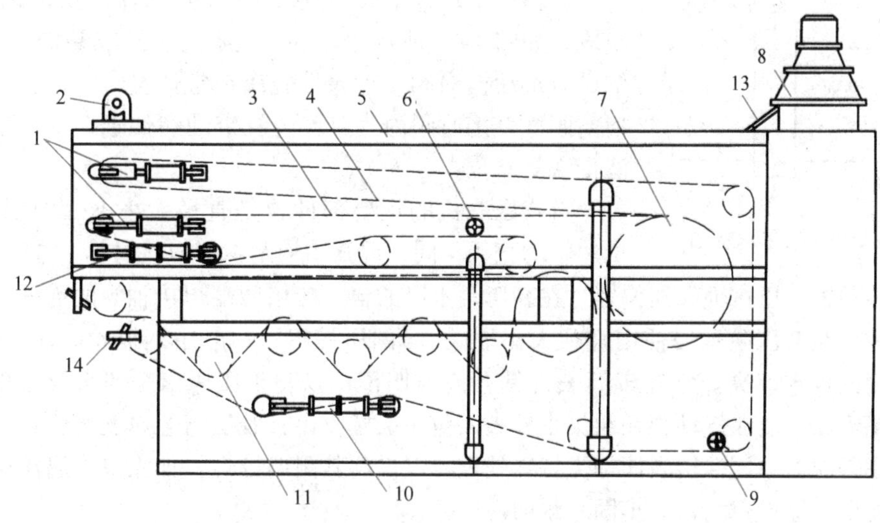

图 10.5 带式压滤机结构示意图

1—上下滤带气动张紧装置；2—驱动装置；3—下滤带；4—上滤带；5—机架；
6—下滤带清洗装置；7—预压辊；8—絮凝反应器；9—上滤带冲洗装置；
10—上滤带调偏装置；11—高压辊系统；12—下滤带调偏装置；13—布料口；14—滤饼出口

8. 带式压滤机

带还必须具有足够的强度、耐磨和变形量小等特点。常用的滤带材质为聚酯和尼龙。过去滤带常采用单丝编织，近年来为了提高滤带的强度和捕集性能，开始采用一层半和双层网，如图 10.6 所示。上层由丝径较细、结构较为紧密材料构成，主要起捕集作用，下层由丝径较粗、强度高的材料构成，主要起过滤和增加强度的作用。

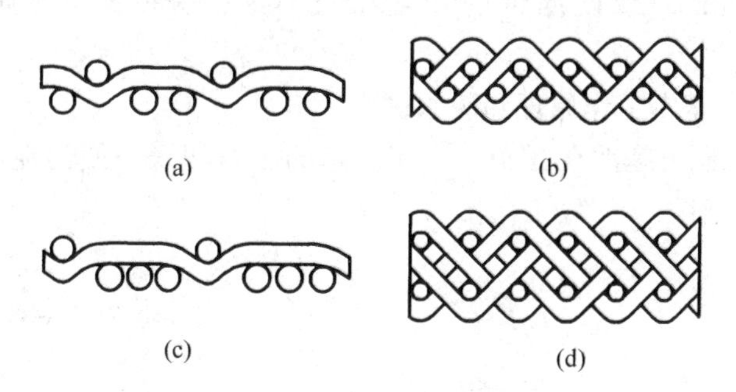

图 10.6 滤带编织方法

(a) 二综单层网；(b) 三综一层半网；(c) 四综单层网；(d) 四综双层网

主传动装置的作用是将动力传给滤带，带动整个机械运转。主传动装置一般由电动机、联轴器、调速器、链条等转动及传动部件组成。采用无级调速，滤带速度一般为 0.5～5m/min，生活污水产生的污泥以及有机成分较高的不易脱水的污泥取低速；而消化污泥及含无机成分较高的易于脱水的污泥取高速。

滤带张紧装置的作用是拉紧并调节滤带的张紧力，以便适应不同性质的污泥处理。常用气动或液动装置产生的拉力来拉紧滤带，气动装置主要由空压机、减压阀、压力表等元件组成。

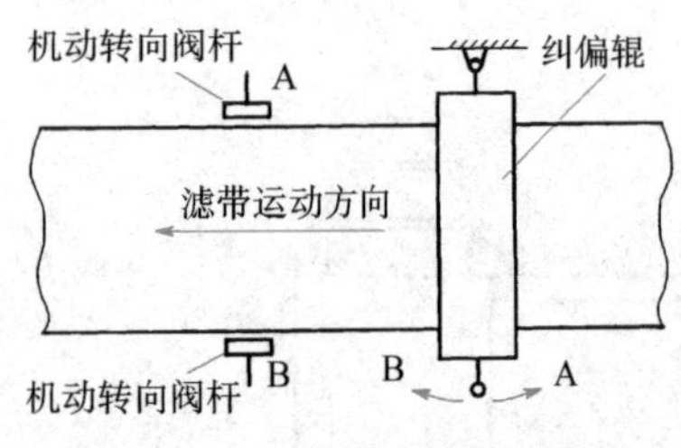

图 10.7　滤带矫正装置示意图

滤带矫正装置主要由气缸、机动换向阀和纠偏辊组成，如图 10.7 所示。在带式压滤机上、下滤带的两侧设有机动换向阀，当滤带脱离正常位置时，将触动换向阀杆，接通阀内气路，气缸带动纠偏辊运动，使滤带恢复原位。

带式压滤机的主要部件辊是直径大小不一的辊，虽然辊的直径不同，但其结构基本相似。根据它们功能的不同分为传动辊、压榨辊和纠偏辊。在高压脱水段的辊一般用两端焊接轴头的无缝钢管一次加工而成。在低压脱水段使用直径大于 500mm 的压榨辊，一般用钢板卷制而成。由于工作段污泥的含水率高，常在辊筒表面钻孔或开凹槽，以利于压榨出来的水及时排出。为增大摩擦力，一般在传动辊和纠偏辊外表面包一层橡胶，其胶层与金属表面应紧密贴合、牢固、不得脱落。压榨辊表面均需特殊处理，以提高其耐腐蚀性，如涂以防腐涂层或采用不锈钢材质，涂层应均匀、牢固、耐磨。

滤带冲洗装置是带式压滤机不可缺少的组成部分。滤带经卸料装置卸去滤饼后，上、下滤带必须清洗干净，保持滤带的透水性，以利于脱水工作连续进行。对于混合污泥（含有活性污泥），因为污泥的黏性大，常堵塞在滤带的缝隙中不易清除，故冲洗水压必须大于 0.5MPa，清洗水管上装有等距离的喷嘴，喷出的水呈扇形，有利于减小水的压力损失。有的清洗水管内设置铜刷，用于洗刷喷嘴，避免堵塞。

安全保护装置是带式压滤机发生严重故障、不能保证机器的正常、连续运行时应自动停机并报警的装置。安全保护装置在下列情况下会动作：主电动机、污泥泵、加药泵停止转动；冲洗水压小于 0.4MPa，滤带不能被冲洗干净会影响循环使用；张紧滤带的气源压力小于 0.5MPa，致使滤带的张紧压力不足；滤带偏离中心超过 40mm 无法矫正。

2. 带式压滤机的基本工作原理和脱水过程

带式压滤机是把压力施加在滤布上，用滤布的压力和张力使污泥脱水，图 10.8 为带式压滤机的工作原理图。

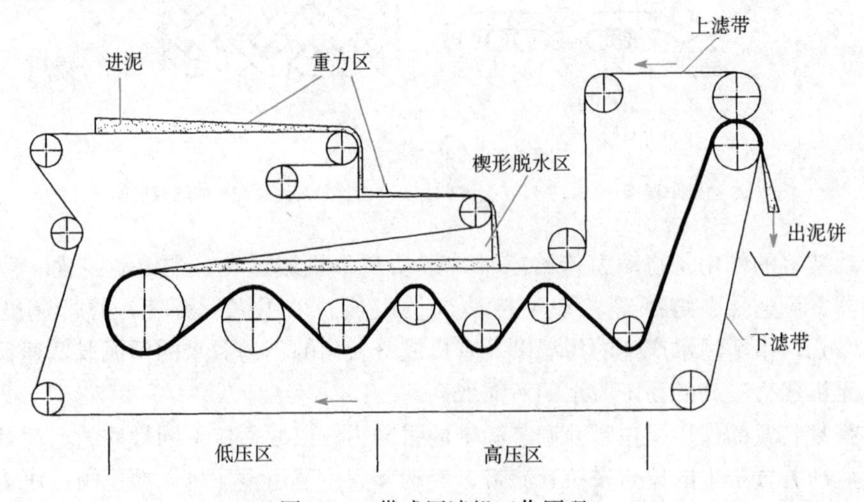

图 10.8　带式压滤机工作原理

带式压滤机主要靠压榨方式脱水，压榨方式一般有两种，即相对压榨式和水平滚压式，如图 10.9 所示。相对压榨式的压榨辊处于上下垂直的位置，压榨时间短，压榨力大，压榨力等于 $2F$。水平滚压式的压榨辊处于前后位置，压榨辊施加的压力 F 对滤带产生张力为 T，起压榨作用。张力 T 由于受滤带强度的限制，产生的压榨力比相对压榨式要小，但压榨时间长，并且由于压榨辊对两层滤带的旋转半径不同，内侧为 r，外侧为 R，压榨时两层滤带间产生一个错位 ΔS，因此，对污泥产生一个剪切力，可促进污泥脱水。

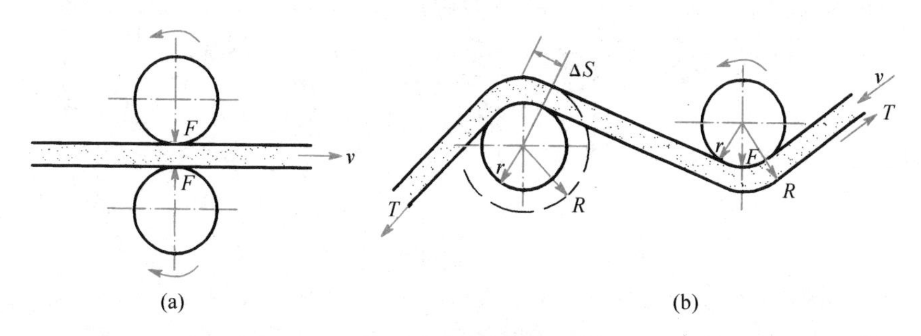

图 10.9 滚压压榨方式

(a) 相对压榨方式；(b) 水平压榨方式

带式压滤机的脱水过程分为：污泥絮凝、重力脱水、楔形脱水和压榨脱水四步进行。

污泥絮凝是在污泥混合筒内进行的。将高分子絮凝剂投加在欲处理的污泥中，送入污泥混合筒内，进行充分的混合反应，使其絮凝。絮凝后的污泥在压滤之前需经过 2.5～4.5m 长的水平段，即重力脱水段。这一段污泥中 50%～70%的水（大部分为游离水）靠重力脱掉，使污泥失去流动性，便于后面的挤压。在重力脱水区内设有分料耙和分料辊，可将污泥疏散并均匀地分布在滤带表面，使脱水效果更好。

重力脱水后的污泥进入三角形的楔形脱水区，两滤带逐渐靠拢并开始受到挤压。在重力脱水和挤压脱水的共同作用下，污泥的含水量进一步减少，逐渐向固态转变，为进入压榨脱水区作准备。

脱水过程的最后一步压榨脱水又包括低压脱水和高压脱水两步。污泥经楔形区后，被夹在两条滤带之间绕压榨辊的辊筒移动。在张力一定的情况下，辊筒直径越大，压榨力就越小。压滤机前面三个辊直径较大，一般为 500～800mm，施加到泥层的压力较小，为低压脱水区。后面辊筒的直径越来越小，一般为 200～300mm，压力较大，为高压脱水区，经高压脱水后含固率一般达到 25%左右。

3. 带式压滤机的特点及适用条件

带式压滤机是连续运转的污泥脱水设备，进泥的含水率一般为 96%～97%，脱水后滤饼的含水率为 70%～80%。这种污泥脱水机的特点是：操作简便，可维持稳定的运转，其脱水效果主要取决于滤带的速度和张力；结构紧凑、简单，低速运转，易保养；处理能力高、耗电少，允许负荷有较大范围的变化；无噪声和振动，易于实现密闭操作。带式压滤机适用于城市水处理工艺及化工、造纸、冶金、矿业加工、食品等行业的各类污泥的脱水处理。

10.2.3 带式浓缩机

带式浓缩机的结构及其工作原理与带式压滤机基本相似，是根据沉淀池排出的污泥含水率高的特点利用带式压滤机重力脱水段的原理设计的一种新型的污泥浓缩设备。带式浓缩机的结构如图 10.10 所示，絮凝后的污泥进入重力脱水段，为了顺利地脱水，在重力段设置了许多犁耙，将均匀铺在滤带上面的污泥耙起很多垄沟，垄背上污泥的水分通过垄沟处透过滤带而分离。

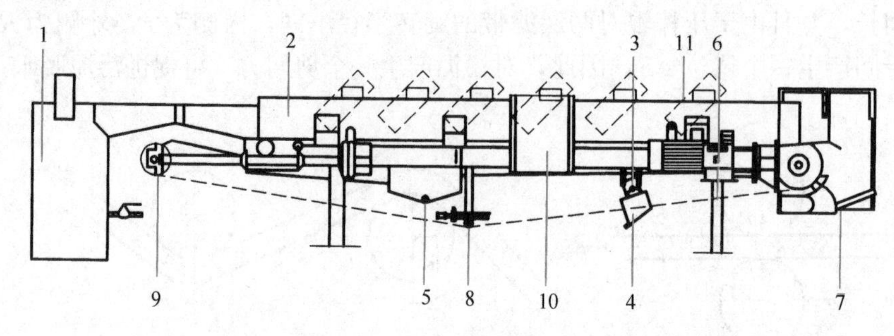

图 10.10　带式浓缩机结构示意图

1—絮凝反应器；2—重力脱水段；3—冲洗水进口；4—冲洗水箱；5—过滤水排出口；6—电机传动装置；7—卸料口；8—调整辊；9—张紧辊；10—气动控制箱；11—犁耙

带式浓缩机进泥的含水率很高，达到 99.2%以上，经过絮凝、重力脱水后含水率可降到 95%～97%，满足带式压滤机进泥含水率 96%～97%的要求，因此，工程上通常将带式浓缩机与带式压滤机配合使用，经带式浓缩机浓缩后的污泥可直接进入带式压滤机进行脱水。带式浓缩机具有占地面积小、土建投资省的特点，可代替混凝土浓缩池及大型带浓缩栅耙的浓缩池。

10.2.4　板框压滤机

9. 板框压滤机

1. 板框压滤机的结构及其工作原理

板框压滤机主要由滤板、滤框和滤布等组成。各部分的基本构造如图 10.11 所示，滤板和滤布相间排列，在滤板的两面覆有滤布，滤板和滤框用紧压装置压紧，使滤板和滤板之间构成压滤室（图 10.12）。滤框是接纳污泥的部件，滤板的两侧上凸条与凹槽相间，凸条承托滤布，凹槽接纳滤液。凹槽与水平方向的底槽相连，把滤液引向出口。滤布目前多采用合成纤维织布，有多种规格。

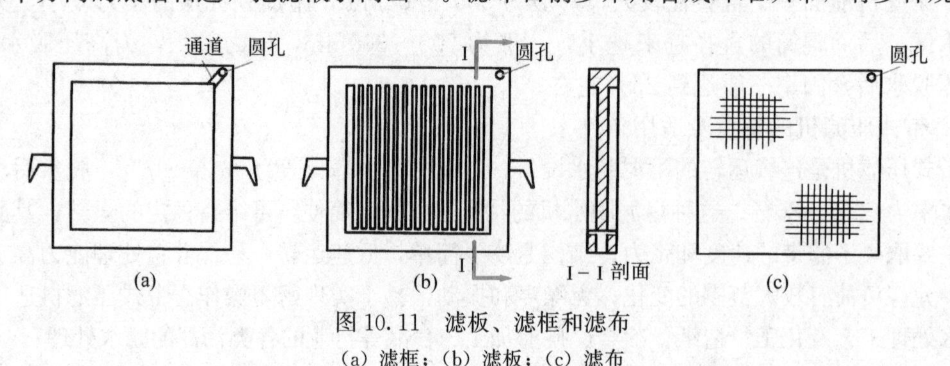

图 10.11　滤板、滤框和滤布

(a) 滤框；(b) 滤板；(c) 滤布

板框压滤机的脱水工作循环进行，一个工作周期包括：板框压紧、进料、压干滤渣、放空（排料卸荷）、正吹风、反吹风、板框拉开、卸料、洗涤滤布九个步骤。首先将滤框和滤板相间放在压滤机上，并在它们之间放置滤布，然后开动电机，经压滤机上的压紧装置压紧滤板与滤框。使滤布和滤框、滤板接触不漏泥。然后用污泥泵把污泥输入气压馈泥罐，同时开启罐上的出泥阀，使污泥流进压滤机内。一般进料压力不大于0.45MPa，进料采用先自流后加压的方法。待气压馈泥罐中的泥面达到一定高度后，停止输泥，随即缓缓开启罐上的压缩空气阀，让空气流入罐内，使泥面上的气压渐渐加到 0.5～1.5MPa，并维持 1～3h（通常为 2h 左右），滤框中的污泥逐渐成为滤饼。

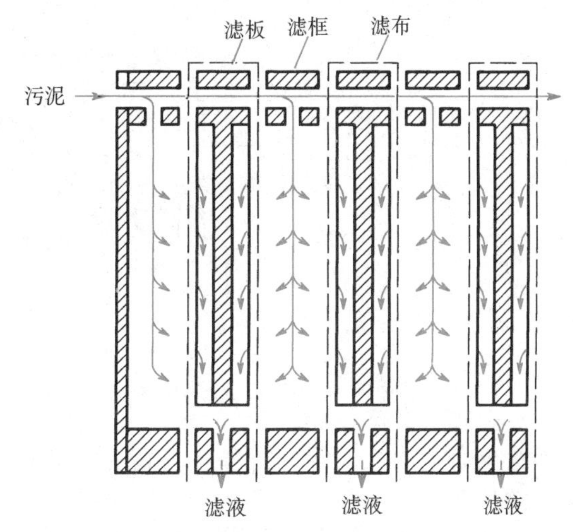

图 10.12 滤板、滤框和滤布组合后的工作状况

过滤结束后，关闭罐上压缩空气阀和出泥阀，同时开启通向压滤机的压缩空气阀，使滤饼吹风 5～10min，进一步脱水。最后，放松压滤机的压紧装置，拆开滤板和滤框，滤饼即从滤布上落下。压滤机就是这样周而复始地工作的。

2. 板框压滤机的特点及适用条件

板框压滤机的优点是：结构简单，操作容易、运行稳定，故障少，保养方便，机器使用寿命长；过滤推动力大，所得滤饼的含水率低；过滤面积的选择范围较宽，且单位过滤面积占地较少；对物料的适应性强，适用于各种污泥；滤液澄清，固相回收率高。其主要的缺点是间歇操作，处理量小、产率低，劳动强度大，滤布消耗大。因此，它更适合于中小型污泥处理场合。

板框压滤机可分为人工板框压滤机和自动板框压滤机两种。人工板框压滤机在卸料时和卸料结束后滤板和滤框的装卸都需人工进行，劳动强度大，效率较低。自动板框压滤机则无须人工装卸，效率较高，有水平式和垂直式两种。

10.2.5 离心脱水机

当装有污泥的容器旋转角速度达到一定值时，其离心加速度大于重力加速度，污泥中的固相和液相就很快分层，这就是离心沉降。应用离心沉降原理进行泥水浓缩或脱水的机械叫离心脱水机。

污泥在离心力场中所受的离心力和它承受的重力的比值称为分离因数 α，它是判别离心机离心分离能力的主要指标。分离因数越大，污泥所受的离心力也大，分离效果越好。按分离因数的大小，可分为高速离心机（分离因数 $\alpha>3000$）、中速离心机（分离因数 α 为 1500～3000）和低速离心机（分离因数 α 为 1000～1500）三类。按离心机的几何形状，可分为转筒式离心机（包括圆锥形、圆筒形、锥筒形三种）、盘式离心机、板式离心机等。在污泥脱水中使用最多的是中、低速转筒式离心机。

转筒式离心机主要由转筒、螺旋输送器及空心轴等组成，其构造如图 10.13 所示。

污泥沿空心轴输入转筒内，在高速旋转产生的离心力作用下，污泥中固相颗粒的密度

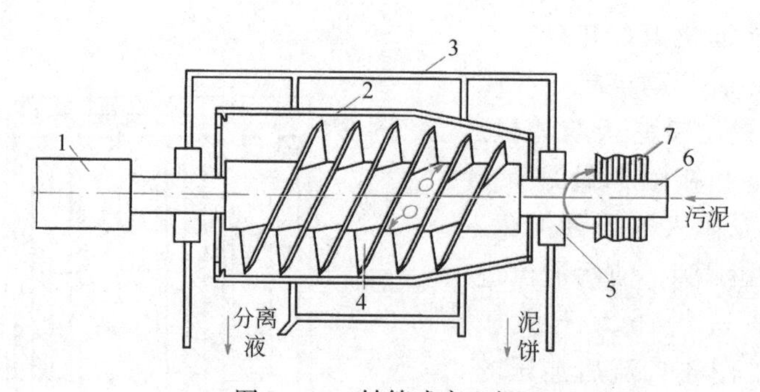

图 10.13 转筒式离心机

1—变速箱；2—转筒；3—罩盖；4—螺旋输送器；5—轴承；6—空心轴；7—驱动轮

大，所受离心力也大，迅速沉降在转筒的内壁上，形成固相层（因呈环状，又称固环层），而水分的密度小，所受离心力也小，只能在固环层内圈形成液体层，称液环层。这样在转筒内就进行了固液分离。由于螺旋输送器与转筒在驱动装置的驱动下，沿同一方向转动，且两者之间有一个小的速度差，依靠这个速度差，输送器能够将固相层内的污泥输送到转筒的锥端，经出口连续排出。液环层内的分离液，由圆柱端堰口溢出，排至转筒外，达到固液分离目的。

离心脱水机可自动控制，能长期连续运行，可封闭操作，环境条件好；对污泥进料含固率变化的适应性强；絮凝剂投量少，常年运行费用低；结构紧凑，占地面积小，维修方便。但污泥必须使用高分子聚合电解质（如高分子聚丙烯酰胺）作为混凝剂进行预处理。

10.2.6 真空过滤机

污泥的过滤脱水是以过滤介质（一种多孔性物质，如滤布）两面的压力差作为推动力，使污泥中的水分强制通过过滤介质，固体颗粒被截留在介质上形成滤饼（或称泥饼），从而达到脱水的目的。过滤介质两侧的压差由真空设备提供动力完成的称为真空过滤机。真空过滤机可分为外滤面和内滤面两大类。外滤面真空过滤机常用的有转鼓式、圆盘式和折带式；内滤面真空过滤机常用的是转鼓式。转鼓真空过滤机是目前使用较为广泛的一种污泥脱水机械，有刮刀卸料式、折带式、辊子卸料式几种形式，图 10.14 为转鼓真空过滤机的结构。主要由空心转鼓、污泥槽和压缩空气管路等组成。覆有滤布的空心转鼓下半部浸在贮泥槽内，转鼓用径向隔板分隔成许多扇形间格。转鼓中心是分配头，分配头由转鼓转动片和转鼓固定片组成。转动片上有通过连通管与各扇形间格相连的孔道，固定片上有与空气压缩管道相连的孔道和一条缝，孔道与真空管路相通，转动片和固定片是紧靠在一起的。

转鼓转动时，在真空负压的作用下，污泥被吸附在滤布上，滤液进入扇形间格后沿真空管路排出，泥饼被转出污泥贮槽后，先后经过滤饼形成区、吸干区、反吹区和休止区，最后滤饼经皮带输送器运走。

真空过滤机曾经是应用较多的一种脱水设备，其特点是能够连续操作，运行平稳，可自动控制，滤液澄清率高，单机处理量大；但是真空过滤机附属设备较多，占地面积大，滤布消耗多，更换清洗麻烦，工序复杂，运行管理费用较高，正逐步被带式压滤机和板框压滤机所代替。

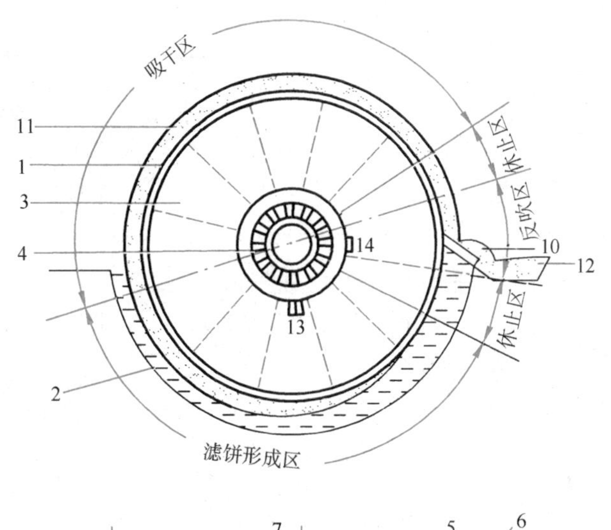

10. 转鼓真空过滤机

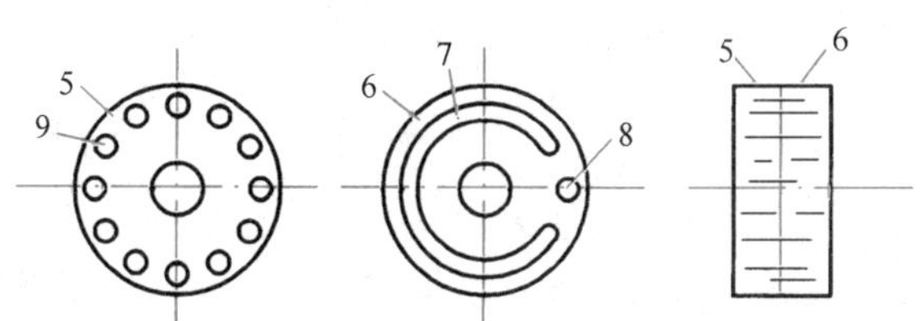

图 10.14 转鼓式真空过滤机

1—空心转鼓；2—贮泥槽；3—扇形间隔；4—分配头；5—转动片；6—固定片；
7—缝；8、9—孔道；10—皮带输送器；11—真空管路；12—压缩空气管道

真空过滤机主要用于初沉池污泥的脱水。其中带式转鼓真空过滤机能处理低浓度、小颗粒、高黏度的污泥。

10.2.7 浓缩脱水一体机

浓缩脱水一体机是一种将浓缩和脱水合二为一的新型高效固液分离机械，常用的一体机形式有带式浓缩脱水一体机和转鼓浓缩带式脱水一体机。

1. 带式浓缩脱水一体机的结构及其工作原理

带式浓缩脱水一体机由带式浓缩机和脱水机组成，整机包括机架、传动系统、滤带、张紧装置、调偏装置、冲洗装置、刮渣装置、过载保护装置等部分。各部分的基本构造如图 10.15 所示。

浓缩环节和脱水环节的结构及工作原理与单独的带式浓缩机或带式压滤机基本相似，污泥经投加絮凝剂后进行充分混合反应，之后流入浓缩段的进料分配器，将污泥均匀分布到倾斜式的浓缩段上，并在泥耙的双向疏导和重力的作用下，污泥随着滤布的移动，迅速脱去污泥的游离水。重力脱水后浓缩污泥经反转机构将污泥输送至带式压滤机的重力脱水段及楔形预压脱水进一步脱水。然后进入“S”形压榨段，污泥被夹在上下两层滤布中间，经若干个不同口径辊筒反复压榨，促使泥饼再一次脱水，最后通过刮刀将干泥饼刮落。上下滤布在运行过程中不断被自动清洗。

根据工艺要求，浓缩脱水一体机还可单独作为浓缩机或脱水机来使用。

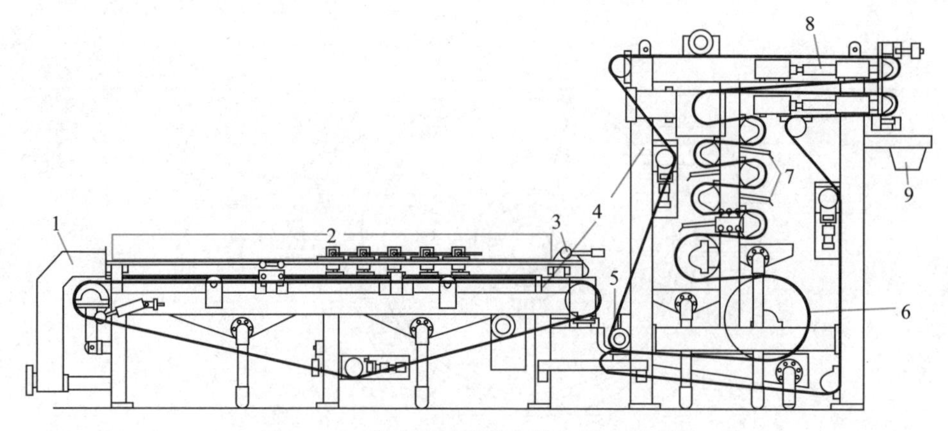

图 10.15　带式浓缩脱水一体机设备示意图

1—浓缩传动；2—布料斗；3—上清洗装置；4—脱水传动；5—卸料装置；
6—接液盘；7—限位开关；8—下清洗装置；9—纠偏装置

2. 转鼓浓缩带式脱水一体机的结构及其工作原理

转鼓浓缩带式脱水一体机主要由机架及机架上安装的转筒浓缩装置与带式压滤机构组成。转筒浓缩装置由浓缩传动装置、浓缩转筒、浓缩水箱、进料斗、导流板、转筒托辊构成；带式脱水机构由滤带、均布泥系统、纠偏装置、滤带张紧机构、压滤辊组合、刮泥装置、滤带传动装置、滤带托架、排水组合、冲洗管路构成。

浓缩转筒由转筒托辊支承安装在机架上，浓缩转筒的滤水区设在机架上的浓缩水箱内，浓缩转筒的内壁上焊有螺旋导流板。污泥和高分子絮凝剂溶液首先进入混合搅拌反应罐底部进口，随后进入缓慢旋转的转鼓完成预浓缩；此时游离的水从转筒缝隙流出进入集水箱，通过转筒上设置的冲水系统将进入箱体的清洁滤液作为转鼓筛网和滤带的冲洗水循环使用。浓缩后的污泥在转筒内螺旋导板的作用下输送至末端出口，滑落到带式压滤机的上下滤带，经带式压滤机处理后形成泥饼，泥饼被刮板卸下，掉入车中或输送机上；污泥经重力区、楔形区、预压区、中压区、剪力区、重力压榨区完成整个过程，达到泥饼低含水率。

3. 浓缩脱水一体机的特点及适用条件

浓缩脱水一体机的优点是：整体性好，结构坚固，调节和维修方便，占地面积小，成本低；对进料介质浓度波动具有较强的适应能力；处理能力大，固体捕获率高达 98%以上；由于污泥浓缩时间短，避免污泥浓缩时磷的释放，从而达到很好的除磷效果；挤出泥饼的含固量高；连续运行处理效果好，无级调速，滤带自动纠偏，自动冲洗，自动化程度高，安全可靠性高。转鼓浓缩带式脱水一体机中的清洗系统利用浓缩段的清洁过滤水作为滤网和滤带的冲洗水，可达到节水环保的目的。

浓缩脱水一体机适用于城市污水处理厂、制药、电镀、造纸、皮革、印染、冶金、化工、屠宰、食品、酒制造业及环保工程中产生的各类物料的固液分离及污泥脱水，特别对冶金污染、浮选精矿、尾矿等微细物料的脱水效果更佳，而且特别能适应 SBR 法、AB 法、AO 法和 A^2O 法等工艺的要求；转鼓浓缩带式脱水一体机尤其适用于进泥浓度较低，而出泥要求含固率较高的情况。

10.3 污泥干化设备

污泥脱水后，含水率还很高，体积很大，为了便于进一步地利用和处置，需对污泥进行干化处理。干化处理后的污泥含水率从 80%左右降至 10%～50%，性能更加稳定，微生物和病菌也大大减少，可用作肥料、土壤改良剂及替代能源等。

污泥干化设备有很多种，目前使用较多的有卧式圆盘干燥机、薄层干化机、桨叶式干燥机和低温带式干燥机等。

10.3.1 卧式圆盘干燥机

1. 构造

圆盘干燥机主要由筒体、圆盘主轴、传动机构和蒸汽加热系统组成。圆盘干燥机的内部结构如图 10.16 所示。

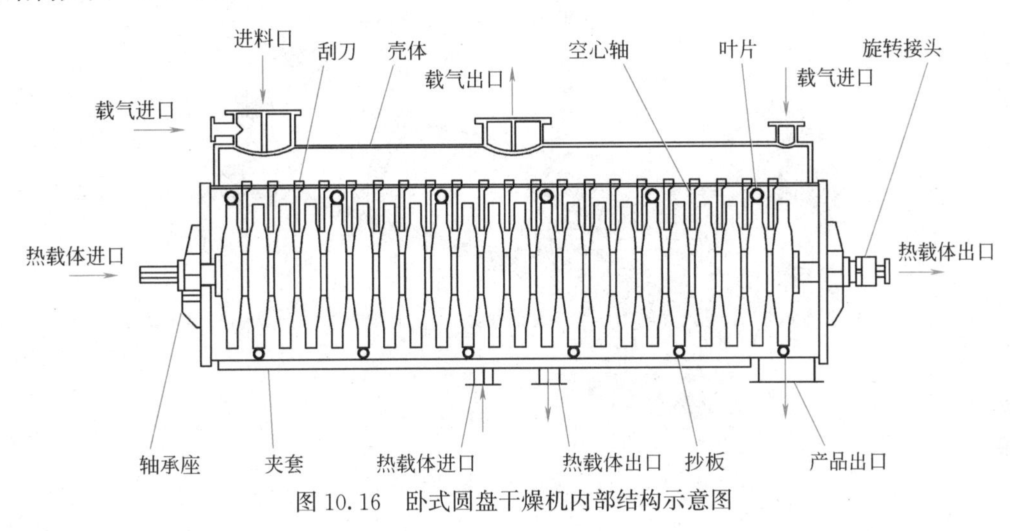

图 10.16 卧式圆盘干燥机内部结构示意图

2. 设备工作原理

圆盘干燥机的工作原理是污泥进入设备中在外壳和空心轴直接的流动，通过空心轴上的空心盘来传热，污泥在设备中被间接加热，设备中加热产生的水蒸气集中在干燥机的顶部排出干燥机外，空心圆盘和轴之间呈垂直状态，对物料进行推动搅拌，不断的搅拌干燥物料，从而实现干燥的目的。

3. 设备特点

优点：

(1) 传热圆盘表面光滑、不易结垢、不易磨损、传热性能好；

(2) 干燥机内叶片埋在物料中，传热面积被可充分利用；

(3) 旋转圆盘上设有刮板，可以清理圆盘表面的物料；

(4) 干燥过程封闭操作，避免有害气体和异味释放；

(5) 设备运行平稳，操作维护简单；可以连续操作，也可以间歇操作；

(6) 传热介质可以是蒸汽、导热油和热水。

缺点：

（1）物料与换热面强制摩擦换热，同等条件下单位水蒸发需要的蒸发面积小；

（2）蒸发比表面积小，水需要通过大量的蒸发热能以外的位移动能消耗才可以从内部迁移到外表面，附加能量消耗大；

（3）挤压干燥过程存在高黏稠状态，使得干燥工段的扭矩（动能）消耗更高；

（4）尾端热传导率差，污泥硬化后摩擦加剧；

（5）出料品质不均，块状物内部水分高，对后续输送及焚烧影响大。

10.3.2　薄层干化机

1. 构造

薄层干化机机身由圆柱形加热壳体和端盖构成，内部配有可拆卸桨叶的搅拌器，两端由轴承带动，外装可变频调速的驱动系统，薄层干化机本体结构如图10.17所示。

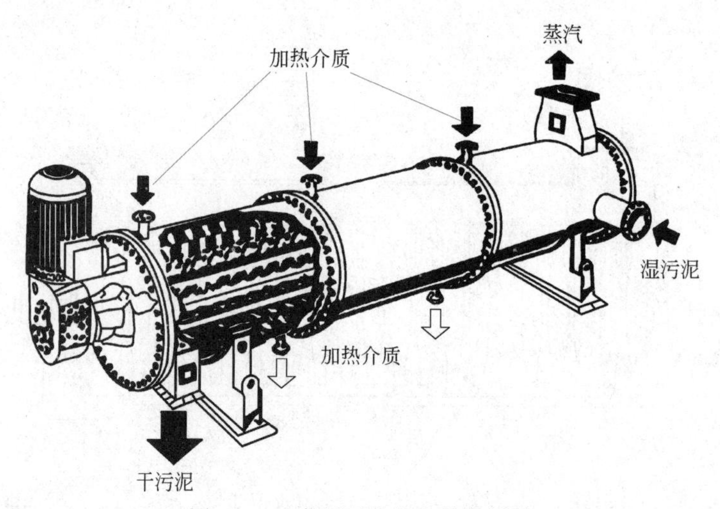

图10.17　薄层干化机本体结构图

2. 设备工作原理

污泥通过干化机给料泵注入干化机，湿污泥被转子打散并分布在薄层干化机的壁面，转子上的叶片对壁面的污泥反复翻混，通过螺旋将污泥输送到排料端。同时，热介质通过干化机夹套对污泥加热，进行水分蒸发，污泥和叶片由于充分的热接触实现了单位面积的最大蒸发率。搅拌器的桨叶决定热壁上的污泥厚度，并将污泥沿着加热壁运送至出口。蒸汽与污泥排放方向相反，蒸汽排放口在临近进料口处。干化机内的转动部件将污泥在加热表面涂成一个薄层，通过污泥在加热壳体内表面不断的混合、脱落，在此过程中湿污泥中的水分被蒸发出来。

3. 设备特点

优点：

（1）适用范围广，可采用各种类型的燃料、余热，实现全干化、半干化等不同要求的污泥处理；

（2）叶片角度和数量都可以调节，在检修时可对干化机中损坏的叶片单独更换；

（3）单台设备处理能力大。

缺点：

（1）薄层干化机的检修需要将整个转轴抽出，因此薄层干化机的安装不仅需要考虑本体的占地，还需要留有足够的检修空间，占地面积较大；

（2）回转直径较大，滑动摩擦面大，机械动力消耗大；

（3）维修时间长，难度高，无法简单替换，对碟片、主轴的任何机械损坏都难以简单修复，需要进行光学校对安装叶片以满足运行同轴度要求，无法低成本更换和修复损坏的设备；

（4）运行成本较高。

10.3.3 桨叶式干燥机

1. 构造

桨叶式污泥干化机是常用的间接传热式污泥干化设备，由带有夹套的ω形壳体和空心桨叶轴及传动装置组成。轴上排列着中空桨叶，轴端装有热介质导入的旋转接头。

桨叶干化机的桨叶设置一般都是铲形或楔形的桨叶叶片，在运转过程中，桨叶可起到自清洁的效果，因此桨叶干化机在运行过程中较少出现污泥在机器内卡顿等现象。结构如图10.18所示。

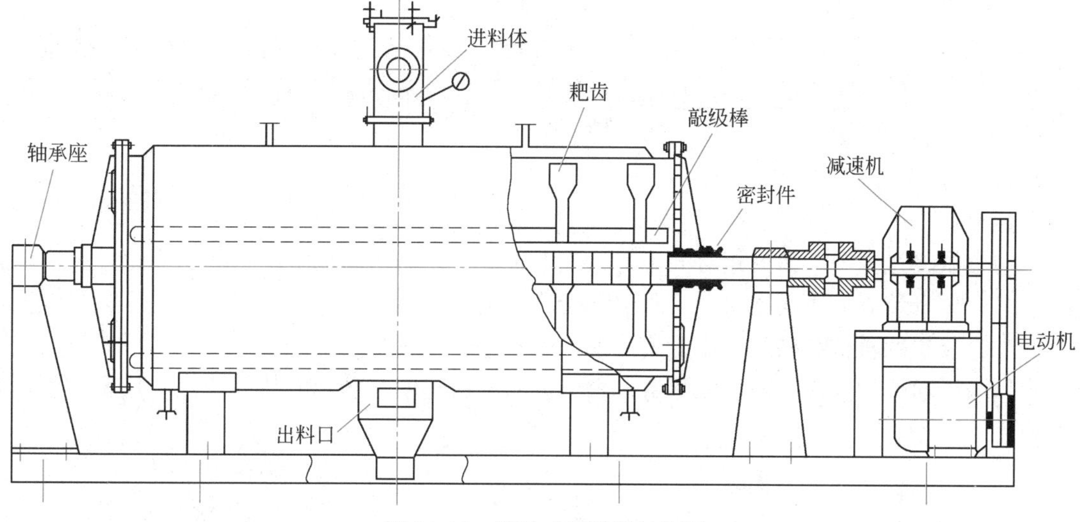

图10.18 桨叶式干燥机结构图

2. 设备工作原理

在运行过程中，湿污泥一侧，含水率75%～85%的湿污泥连续由入料口进入干燥机内，在中空桨叶搅拌、混合与分散的同时，受到来自中空桨叶和夹套双重加热作用，污泥水分蒸发，达到干燥要求的干污泥由中空桨叶输送至出料口并排出干化机外；在热介质一侧，高温蒸气通过ω形槽的内壁和中空桨叶，利用热传导使污泥中的水分蒸发。污泥中蒸出的水分与不凝气体排出后，进入焚烧炉或气体处理系统进行处理。同时，高温蒸汽的热量传递给湿污泥之后冷凝，冷凝的水分进凝结水箱回收再利用。

3. 设备特点

优点：

（1）通过对转轴速度的调整可以简单调整污泥含水率，以满足不同的污泥焚烧炉对污泥含水率的要求；

(2) 维修简单，可采用耐磨喷漆喷涂叶片快速实现桨叶的修复。

缺点：

(1) 污泥同桨叶、内胆之间的摩擦为滑动摩擦，阻力大，因此机械功率消耗大，设备磨损严重，使用寿命短；

(2) 蒸发比表面积极小，必须经过高黏稠区域；

(3) 污泥直接碾压到换热器表面，水和盐生成的离子状态的液体与换热面直接接触，加剧了设备腐蚀；

(4) 运行成本较高。

10.3.4　低温带式干燥机

1. 构造

由主机（配料系统、进料布料系统、料带输料系统、打料或铡料系统、破碎系统、粉碎系统）、辅机（冷水机组、加热系统、压缩空气系统和清洗系统）和 PLC 系统控制箱组成，如图 10.19 所示。

2. 设备工作原理

脱水污泥铺设在透气的烘干带上后，被缓慢输入烘干装置内。通过多台鼓风装置进行抽吸，使烘干气体穿流烘干带，并在各自的烘干模块内循环流动进行污泥烘干处理。污泥中的水分被蒸发，随同烘干气体一起被排出装置。

3. 设备特点

优点：

(1) 烘干过程中，污泥相对静止，粉尘含量低，无需防爆措施或防爆设备；

(2) 烘干装置处于负压状态，基本不会产生臭味外溢；

(3) 装置的机械结构和操作方式简单，保养工作量较小；

(4) 可通过调整输入的污泥流量、烘干带的输送速度和输入的热能，自由设置出泥含固率。

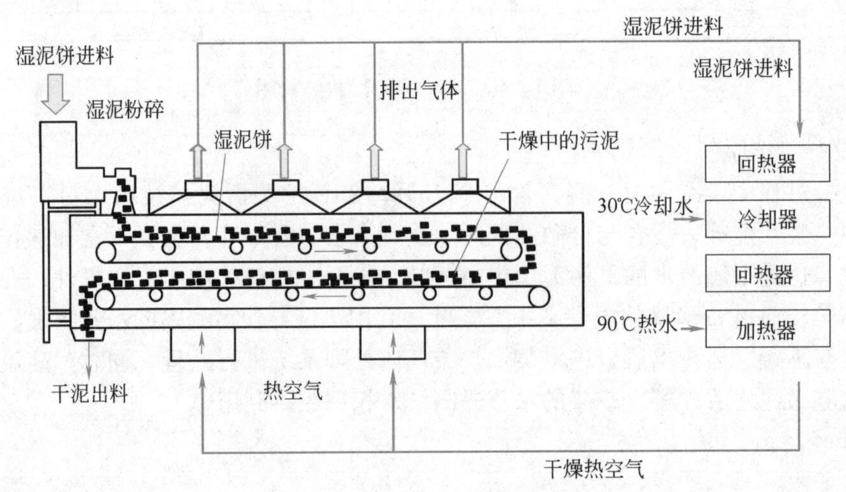

图 10.19　带式干化设备工艺简图

缺点：

（1）单套设备处理能力小，设备占地面积较大；

（2）单位蒸发水量的能耗较其他工艺设备高；

（3）臭气量较大，硫化氢等污染物及不凝性气体的浓度较高，回收有一定难度；

（4）故障非常频繁，一旦出现故障将带来链排的连锁应力影响，需全部拉出逐个检查或全部更换；

（5）系统换热器（铜管铝翅）必须经常清理，而且更换频率极高；

（6）过滤粉尘的滤袋要经常停机清理；

（7）热泵主机维修、更换成本很高。

10.4 污泥焚烧设备

污水处理厂污泥中含有大量的有机物和一定量的纤维素、木质素，具有一定的热值。焚烧法处理是在高温条件下，使污泥中的可燃组分与空气中的氧进行剧烈的化学反应，将其中的有机物转化为水、二氧化碳等无害物质，同时释放能量，产生固体残渣。焚烧处理具有有机物去除率高（99%以上）、污泥速度快，不需要长期储存，可以回收能量、适应性广等特点，但较高的造价和烟气处理问题是制约污泥焚烧工艺发展的主要因素。当用地紧张、污泥中有毒有害物质含量较高、无法采用其他处置方式时，可以考虑污泥的焚烧。

污泥焚烧有垃圾焚烧炉焚烧、工业用炉焚烧、火力烧煤发电厂焚烧、污泥单独焚烧等多种方法。污泥单独焚烧设备有多段炉、回转炉、流化床炉、喷射式焚烧炉、热分解燃烧炉等。在污泥焚烧设备中，多膛式焚烧炉和流化床焚烧炉是应用最广泛的主要炉型。

10.4.1 多膛式焚烧炉

1. 构造

多膛式焚烧炉又称为立式多段焚烧炉，是一个垂直的圆柱形耐火衬里钢制设备，内部有许多水平的由耐火材料构成的炉膛，自上而下布置有一系列水平的绝热炉膛，一层一层叠加。一段多膛焚烧炉可含有 4～14 个炉膛，从炉子底部到顶部有一个可旋转的中心轴，如图 10.20 所示。

2. 设备工作原理

多膛式焚烧炉各层炉膛都有同轴的旋转齿耙，一般上层和下层的炉膛设有四个齿耙，中间层炉膛设有两个齿耙。经过脱水的泥饼从顶部炉膛的外侧进入炉内，依靠齿耙翻动向中心运动并通过中心的孔进入下层，而进入下层的污泥向外侧运动并通过该层外侧的孔进入再下面的一层，如此反复，从而使得污泥呈螺旋形路线自上而下运动。铸铁轴内设套管，空气由轴心下端鼓入外套管，一方面使轴冷却，另一方面空气被预热，经过预热的部分或全部空气从上部回流至内套管进入到最底层炉膛，再作为燃烧空气向上与污泥逆向运动焚烧污泥。

多膛炉的废气可通过文丘里洗涤器、吸收塔、湿式或干式旋风喷射洗涤器进行净化处理。当对排放废气中颗粒物和重金属的浓度限制严格时，可使用湿式静电除尘器对废气进行处理。

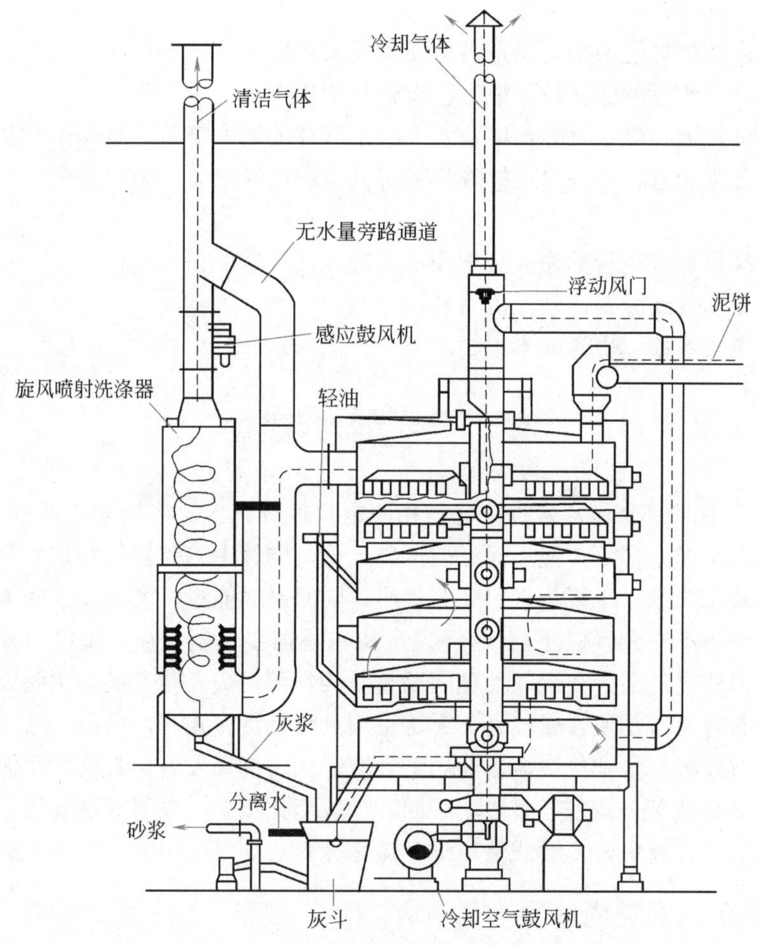

图 10.20　立式多膛式焚烧炉结构简图

3. 设备特点

优点：

(1) 换热表面大，炉身直径可达到 7m，层数可从 4～14 层；

(2) 连续运行，燃料消耗少，而在启动的头 1～2 天内消耗燃料较多；

(3) 金属冶金工业中使用较多，历史也长，已积累了丰富的使用经验。

缺点：

(1) 机械设备较多，维修与保养工作量大；

(2) 热效率较低，为减少燃烧排放的烟气污染，需要增设二次燃烧设备；

(3) 污泥自身热值的提高使炉温上升并产生搅拌臂消耗，由于辅助燃料成本上升和更加严格的气体排放标准，多膛炉越来越失去竞争力。

10.4.2　流化床焚烧炉

1. 构造

流化床焚烧炉内衬耐火材料，下面由布风分配板隔成燃烧室。燃烧室分为两个区域，即上部的稀相区（悬浮段）和下部的密相区，如图 10.21 所示。

2. 设备工作原理

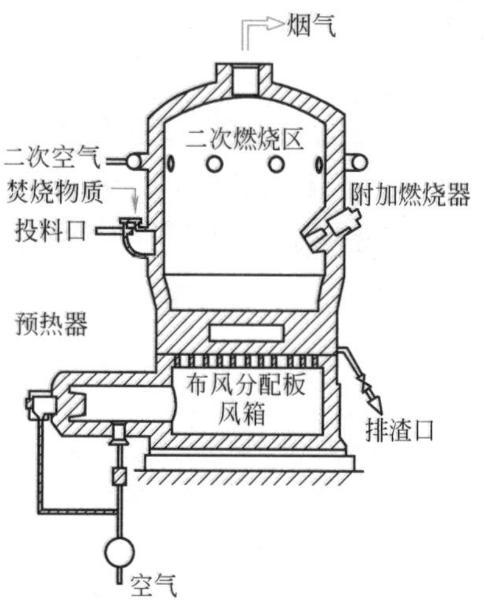

图 10.21 流化床焚烧炉结构图

流化床下部密相区床层中有大量的惰性床料（如煤灰或砂子等），其热容量很大，能够满足污泥水分的蒸发、挥发分热解与燃烧所需大量热量的要求。由布风装置送到密相区的空气使床层处于良好的流化状态，床层内传热工况良好，床内温度均匀稳定，维持在 800～900℃，有利于有机物的分解和燃尽。焚烧后产生的烟气夹带着少量固体颗粒及未燃尽的有机物进入流化床上部稀相区，由二次风送入的高速空气流在炉膛中心形成一个旋转切圆，使扰动强烈，混合充分，未燃尽成分在此可继续进行燃烧。按照流化风速及物料在炉膛内的运动状态，流化床焚烧炉可分为沸腾式流化床和循环流化环两大类。污泥在循环流化床和沸腾流化床焚烧炉中的停留时间分别为数秒和数十秒。焚烧灰与气体一起从炉顶部排出，经旋风分离器进行气固分离后，热气体用于预热空气，热焚烧灰用于预热干燥污泥，以便回收热量。流化床焚烧炉排放废气的净化处理可以采用文丘里洗涤器或吸收塔。

3. 设备特点

优点：

(1) 焚烧效率高。流化床焚烧炉由于燃烧稳定，炉内温度场均匀，加之采用二次风增加炉内的扰动，炉内的气体与固体混合强烈，污泥的蒸发和燃烧在瞬间就可以完成。未完全燃烧的可燃成分在悬浮段内继续燃烧，使得燃烧非常充分。热容量大，停止运行后，每小时降温不到 5℃，因此，在 2 天内重新运行可不必预热载体，可连续或间歇运行；操作可用自动仪表控制并实现自动化。

(2) 对各类污泥的适应性强。由于流化床层中有大量的高温惰性床料，床层的热容量大，能提供低热量、高水分污泥蒸发、热解和燃烧所需的大量热量，所以流化床焚烧炉适合焚烧各种污泥。

(3) 环保性能好。流化床焚烧炉将干燥与焚烧集成在一起，可除臭；采用低温燃烧和分级燃烧过程中 NO_x 的生成量很小，同时在床料中加入合适的添加剂可以消除和降低有害焚烧产物的排放，如在床料中加入石灰石可中和焚烧过程中产生的 SO_x、HCl，使之达到环保要求。

(4) 重金属排放量低。升高焚烧温度将导致烟气中粉尘的重金属含量大大增加，这是因为重金属挥发后转移到粒径小于 10μm 的颗粒上，铅、镉在粉尘中的含量随焚烧温度呈指数增加。由于流化床焚烧炉焚烧温度低于多膛式焚烧炉，因此重金属的排放量较少。

(5) 结构紧凑，占地面积小。由于流化床燃烧强度高，单位面积的废弃物处理能力大，炉内传热强烈，可实现余热回收装置与焚烧炉一体化，所以整个系统结构紧凑，占地面积小。

(6) 事故率低，维修工作量小。由于流化床焚烧炉没有易损的活动零件，所以可减少事故率和维修工作量，进而提高焚烧装置运行的可靠性。

(7) 床焚烧技术的优势还在于有非常大的燃烧接触面积、强烈的湍流强度和较长的停留时间。

缺点：

当焚烧含有碱金属盐或碱土金属盐的污泥时，在床层内容易形成低熔点的共晶体（熔点在 635～815℃之间），如果熔化盐在床内积累，则会导致结焦、结渣，甚至流化失败。如果这些熔融盐被烟气带出，就会粘附在炉壁上固化成细颗粒，不容易用洗涤器去除。

思 考 题

1. 行车式吸泥机是由哪几部分组成的？各组成部分的作用是什么？吸泥方式有哪几种？它们之间有何差别？
2. 污泥在脱水之前为什么还需要进行浓缩？
3. 带式压滤机是如何工作的？有何特点？影响带式压滤机脱水效果的因素是什么？
4. 真空过滤机是如何工作的？有何特点？
5. 常见污泥干化设备有哪几种？各自是如何工作的？
6. 简述多膛式焚烧炉的工作原理。

第11章　计量与投药设备

在水处理工艺中，往往需要投加适量的处理药剂，以增强水中杂质的去除效果。根据去除杂质的不同，所投加的水处理药剂不同。例如，为杀灭水中的病毒和细菌，需投加消毒剂，如二氧化氯和臭氧等。向水中投加处理药剂和消毒剂的设备叫投药设备。投药设备一般由药液调制设备、药剂净化设备、计量设备、稳压设备、投加设备和其他控制附件组成。其中药液调制设备中主要是混合与搅拌设备，包括机械搅拌和气体搅拌，已在第6章介绍。本章主要介绍计量设备和投加设备。

11.1 计量设备

11.1.1 转子流量计

转子流量计主要由转子（浮子）、锥形管及支撑连接部分组成，如图11.1所示。转子一般用铝或不锈钢制成，转子的材料取决于药液的种类和密度。锥形管上阔下窄，一般用高硼硬质玻璃、有机玻璃或金属制成，其锥度根据被测流量大小而定，一般为1：200～1：20，锥形管外刻有百分数或流量刻度线。由其组成材料可分为玻璃转子流量计和金属管浮子流量计。

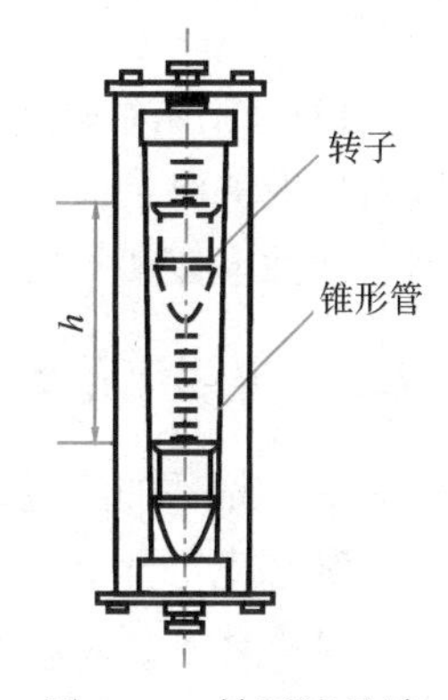

图11.1　转子流量计

转子流量计垂直安装，药液从锥形管与转子间的环形缝隙自下而上通过。转子受到三个力的作用，两个向上的力是浮力和因节流作用产生的压力差，向下的力是转子的重力。开始时，向上的力大于重力，转子向上运动，随着转子的上升，转子与锥形管之间的流通面积增大，流速减小，转子受到流体向上的压力减小。当流体作用在转子上的向上的力与转子的重力平衡时，转子停留在某一高度。当流量发生变化时，转子所停留的高度也随之变化，流量信号被转换成位移信号，从转子上缘所对应的锥形管上的流量刻度值，便可知道被测流量的大小。

在忽略流体对转子摩擦力的情况下，当转子平衡时下式成立

$$\rho_1 V_1 g=\rho_2 V_1 g+\Delta P A_1 \tag{11.1}$$

式中　ρ_1——转子材料密度；

V_1——转子体积；

g——重力加速度；

ρ_2——药液密度；

ΔP——转子上的压差，$\Delta P=P_1-P_2$；

A_1——转子最大横截面积。

整理上式得

$$\Delta P=\frac{1}{A_1}V_1g(\rho_1-\rho_2) \tag{11.2}$$

由伯努利方程可以推导出流体流过转子前后所产生的压差与体积流量之间的关系为

$$Q=\alpha A_0\sqrt{\frac{2\Delta P}{\rho_2}} \tag{11.3}$$

式中　α——流量系数，与转子形状、尺寸有关；

A_0——转子与锥形管壁之间环形通道面积。

因锥形管的锥角较小，所以 A_0 与转子在锥形管中的高度 h 近似成比例关系，即

$$A_0=Ch \tag{11.4}$$

其中 C 是与锥形管锥度有关的比例系数。将式（11.2）、式（11.3）和式（11.4）联立，消去 ΔP 和 A_0 得

$$Q=\alpha Ch\sqrt{\frac{2gV_1}{A_1}}\sqrt{\frac{\rho_1-\rho_2}{\rho_2}} \tag{11.5}$$

上式说明了流量与转子高度的关系，流量系数 α 与转子形状和管道的雷诺数有关。当雷诺数达到某一数值时，流量系数就趋于一个常数。这时，体积流量 Q 与转子高度 h 呈线性关系。

转子流量计结构简单、使用方便、价格便宜、量程比大、刻度均匀、直观性好，既可以直接读出药液的流量值，也可变成标准的电信号或气信号远距离传送。适用于氢氟酸以外的任何非浑浊液体和气体的流量测量。

11.1.2　电磁流量计

电磁流量计是一种测量导电性流体流量的仪表，主要由电磁流量传感器和转换器组成。根据电磁感应定理，导体在磁场中运动并切割磁力线时，在导体中会产生感应电势，同样，当导电液体垂直磁场方向流动切割磁力线时，在液体两侧的电极上也会产生感应电势，其大小为

$$E=BDv \tag{11.6}$$

式中　E——感应电势，V；

B——磁感应强度，T；

D——流体直径（管道直径），m；

v——垂直于磁力线方向的液体流速，m/s。

导电液体流量为

$$Q=\frac{\pi}{4}D^2v \tag{11.7}$$

将上式代入式（11.6）得

$$E=\frac{4B}{\pi D}Q=KQ \tag{11.8}$$

式中 K 称为仪表常数。当管道内径 D 确定，磁感应强度 B 不变时，感应电势 E 与体积流量 Q 具有线性关系。因此，测出管道两侧的感应电势，通过变送器转换为直流电流信号，由二次仪表指示被测流量。

电磁流量计无阻流元件，阻力损失极微，流场影响小，精确度高，直管段要求低，腐蚀性液体和含有固体颗粒的液体都可以测量，这些都是其他流量仪表无法相比的。

11.1.3 超声流量计

超声流量计是一种非接触式流量测量仪表，主要用于测量能导声的液体流量，尤其适用于大口径圆形管道和矩形渠道的流量测量。

超声流量计主要由转换器、换能器及信号电缆等组成，如图 11.2 所示。换能器夹在被测管道的两侧，信号电缆连接转换器和换能器。转换器发出的超声激励信号由信号电缆传输到换能器，换能器把超声激励信号转化为声发射信号，该信号穿过被测液体，由对面的换能器接收并转为电信号后再由信号电缆传给转换器，转换器对接收的电信号进行放大、检测，最后由内部的微型计算机根据时差法测量原理进行运算、补偿，得出相应的流量，同时输出用户所需要的信号。

超声流量计工作原理如图 11.3 所示。从上、下游两个作为发射器的超声波换能器 T_1、T_2 发出两束超声波（其频率大于 2×10^4Hz），各自到达下、上游两个作为接收器的换能器 R_1、R_2。当流体静止时，声速为 c。当流体流速为 v 时，顺流的声速为 $c+v$，传播时间 $t_1=L/(c+v)$，逆流的声速为$c-v$，传播时间 $t_2=L/(c-v)$。当 $c\gg v$ 时，可以认为时间差 $\Delta t=t_2-t_1\approx 2Lv/c^2$。因此，只要测出 Δt 就可知流速 v，这就是时间差。而测量两个连续波之间的相位差 $\Delta\phi=\omega\Delta t=2\omega Lv/c^2$（$\omega$——连续波的角频率），这就是相位差法。

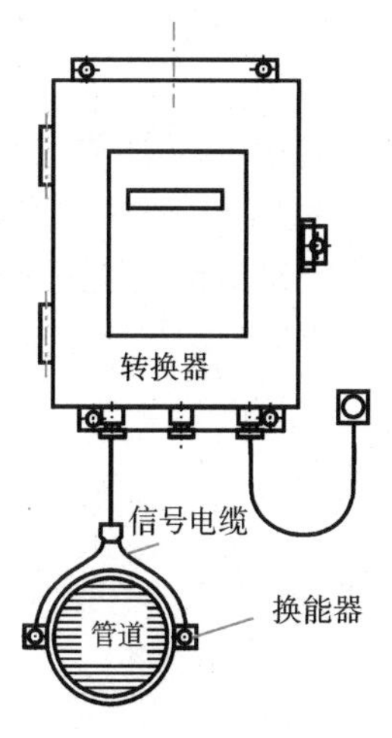

图 11.2 超声流量计

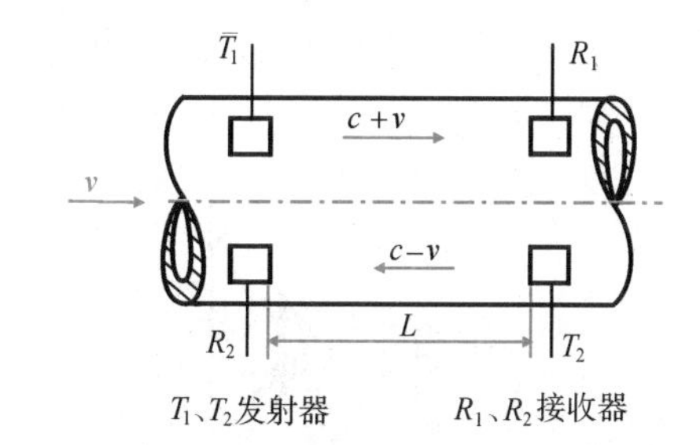

图 11.3 超声流量计工作原理图

声速 c 值会随流体温度的改变产生变化，因此需采用温度补偿装置。为消除声速 c 的影响，可采用因频率差法。因频率是时间倒数，则 $f_1=(c+v)/L$，$f_2=(c-v)/L$，频率差 $\Delta f=2v/L$，与 c 值无关。

流量计探头在被测管道外壁上，无须辅助设备，对管道无压力损失，不干扰流场，是一种比较理想的节能仪表。对传感器无腐蚀、无磨损、无泄漏污染、安装使用极为方便，是传统的机械式流量仪表无法比拟的。转换器以微型计算机为中心，进行各种补偿和运算，并有自诊断功能，测量精确度高。

超声流量计可用于计量给水和含有固体颗粒，悬浮物或气泡的污水，适用于混凝土管以外几乎所有硬质材料制作的多种管径和壁厚的管道。

11.1.4　质量流量计

质量是一种基本的物理参数而不是导出量，它不受其他物理参数的影响，以前，测定流体的质量流量必须分别测出密度和体积流量，然后将此两数值相乘才得到质量流量。这种方法求得的质量流量精度会受到被测流体的密度、压力、温度、黏度、电导率、流动断面的变化以及介质中存在均匀分布的小气泡和固体微粒的影响。

质量流量计可直接测量质量流量，与被测介质的密度、压力、温度、黏度、电导率、流速和流动状态无关。被测介质中均匀分布的气体、固体小颗粒，同样对测量的精度无明显影响。根据质量流量，可以计算并显示被测介质的总质量、部分质量、总体积、部分体积。并可独立地测量和显示被测介质的温度和密度。

质量流量计由传感器、信号转换器和连接传感器、转换器的信号电缆组成。传感器测得的数据由转换器进行处理。传感器的测量原理是科里奥利斯力，当一根管子绕着原点旋转时，让一个质点从原点通过管子向外端流动，（图 11.4a）质点的线速度由零逐渐加大，质点被赋予能量，随之而产生的反作用力 F_c 将使管子的旋转速度减缓，即管子运动发生滞后。相反，当一个质点从外端通过管子向原点流动，质点的线速度由大逐渐减小趋向于零时，质点的能量被释放出来，随之而产生的反作用力 F_c 将使管子的旋转速度加快，即管子运动发生超前。这种能使旋转着的管子运动速度发生超前或滞后的力 F_c 就称为科里奥利斯力。

将绕着同一根轴线以同相位旋转的两根相同的管子外端用同样的管子连接起来（图 11.4b），当管子内没有质点流过时，连接管与轴线是平行的，而当管子内有质点流过时，由于科里奥利斯力的作用，两根旋转管发生相位差，连接管就不再与轴线平行。管子的相位差大小取决于流经管子的流体质量的大小。质量流量计就是利用科里奥利斯力直接测量流体的质量流量的。

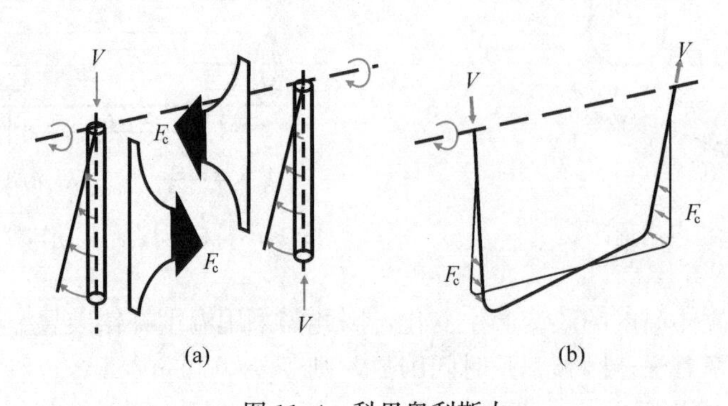

图 11.4　科里奥利斯力

11.1.5 涡街流量计

涡街流量计也叫卡门旋涡流量计，是应用流体振荡原理来测量流体流量的，涡街流量计由涡街流量传感器、转换器和显示仪表组成。涡街流量传感器是根据“卡门涡街”原理制成的，在流体前进的路径上放置一个非流线型柱状物（即检测器，有圆柱形和三角柱形两种），在某一雷诺数范围内，在柱状物后面就会产生一个规则的振荡运动，即在柱状物后面两侧交替产生一种有规律的旋涡，并随着流体一起向下游流去。柱状物后面所形成的两列非对称旋涡列，称为卡门旋涡列。当满足 $h/l=0.281$ 时，旋涡列是稳定的（图 11.5）。通过实验得到旋涡产生的频率 f 与流速 v、柱状物特征长度 d 之间的关系为

$$f=S_{\mathrm{t}}\frac{v}{d} \tag{11.9}$$

式中 S_{t} 称为斯特罗哈尔数。

根据实验结果，当雷诺数 $Re=5\times10^{2}\sim15\times10^{4}$ 范围内时，$S_{\mathrm{t}}\approx0.16$（指三角柱检测器）和 $S_{\mathrm{t}}\approx0.2$（指圆柱体检测器）。通过检测出频率 f，可以得到流速 v，从而得出体积流量。

涡街流量计在管道内无可动部件，结构简单，使用寿命长，容易维修，量程比宽；其测量精度不受介质的温度、压力、黏度和密度等影响；测量元件不直接接触介质，可靠性好；输出脉冲信号，便于远传。涡街流量计可输出电信号，远距离显示瞬时流量或流体总量；也可就地显示被测流量及流体总量，无须外接电源（使用电池），在不便外接电源的地方尤其适用，这种仪表对气体、蒸汽、液体的流量测量均适合。

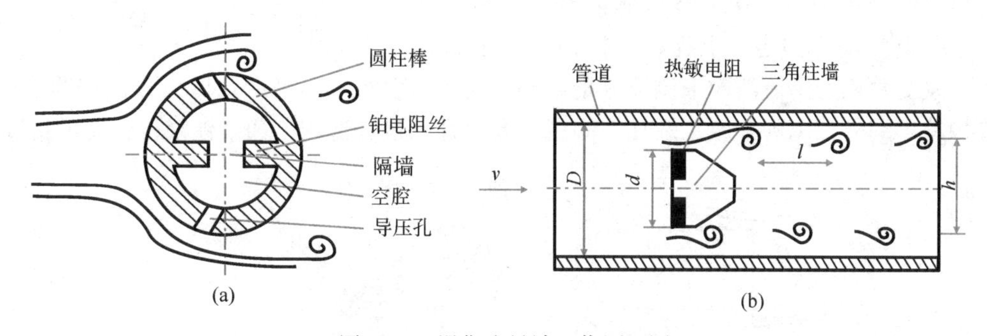

图 11.5 涡街流量计工作原理图

（a）圆柱形检测器；（b）三角柱检测器

11.1.6 涡轮流量计

涡轮流量计是一种速度式流量计，主要由涡轮流量变送器和指示积算仪组成。涡轮流量变送器把流量信号转换成电信号，由指示积算仪显示被测介质的体积流量和流体总量，并输出电信号。

图 11.6 是涡轮流量变送器的结构图，主要由涡轮、导流器、磁电转换装置、支承

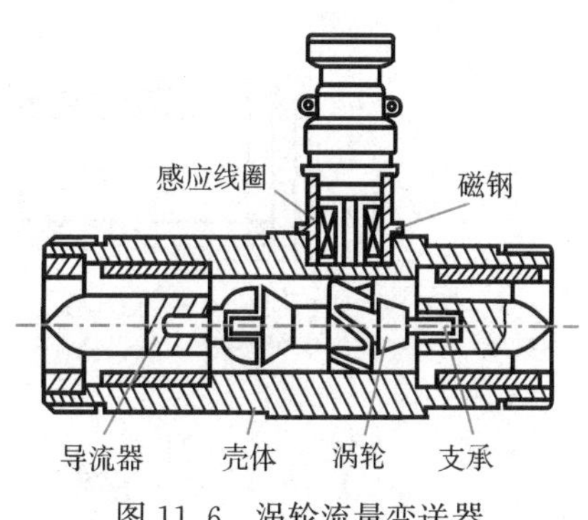

图 11.6 涡轮流量变送器

和壳体组成。

涡轮是检测流量的传感器，置于摩擦力很小的轴承中，涡轮叶片由导磁的不锈钢材料制成。为减小流体作用在涡轮上的轴向推力，采用反推力方法对轴向推力自动补偿。

导流器是由导向环（片）及导向座组成，使流体在进入涡轮前先导直，以避免流体的自旋而改变流体与涡轮叶片的作用角度，从而保证仪表的精度。在导流器上装有轴承，用以支承涡轮。

磁电转换装置由线圈和磁钢组成，装在变送器的壳体上。当流体通过变送器时，涡轮旋转，叶片周期性的改变磁路磁阻，通过线圈的磁通量发生周期性的变化，因而在线圈内感应出与流量成比例变化的脉冲信号。信号经放大器放大后远距离传送到二次仪表。

涡轮流量计具有精度高、压力损失小、量程比大等优点，可测量多种液体或气体的瞬时流量和流体总量，并可输出电信号，与调节仪表配套控制流量。

11.1.7　孔口式计量设备

孔口计量是利用孔口在恒定浸没深度下出流的稳定流量来计量，流量的大小可通过改变孔口面积来调节，由浮体、孔口和加药软管组成，如图 11.7 所示。

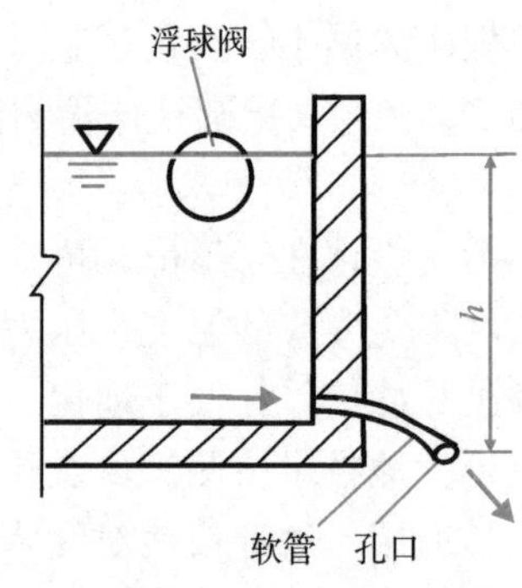

图 11.7　孔口计量示意图

控制加药量方式有孔口、孔板和调节计量阀几种形式，如图 11.8 所示。通过更换不同孔径的孔口或孔板来控制加药量。调节计量阀内有上下两个孔板，下孔板与阀体固定，上孔板可以滑动，通过操作手轮改变两板的出流断面来调节流量。并在指示板上表示出来。孔口、孔板和调节计量阀除橡胶垫圈外都用硬聚氯乙烯加工制成。孔口计量设备适用于药液池液位恒定的情况。

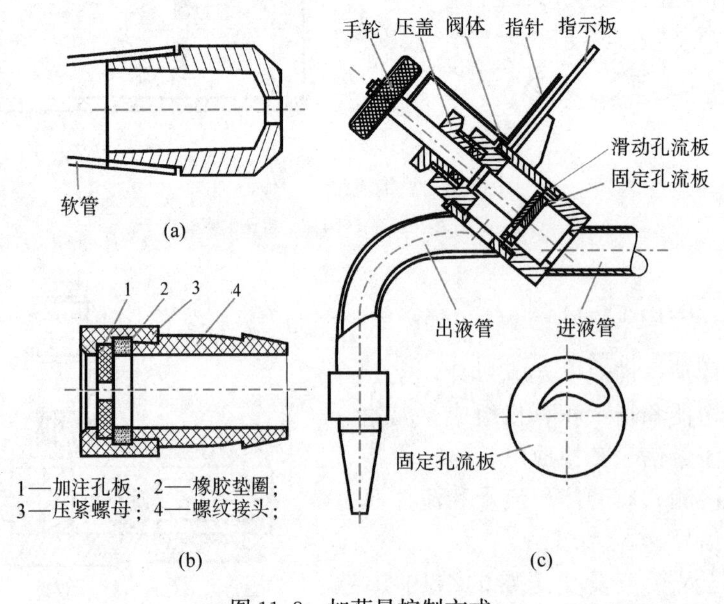

图 11.8　加药量控制方式

（a）孔口；（b）孔板；（c）调节计量阀

11.1.8 三角堰计量设备

三角堰计量是一种设备简单、精确可靠的传统计量方法。三角堰计量设备由计量槽槽体，三角堰板和浮球标尺等组成，如图 11.9 所示。为使加药量准确，三角堰计量设备还需另配置一个恒位药液箱，所以占地面积较大。它适用于大、中流量液体药剂的计量。各零件的材料视药剂的腐蚀情况用钢材或硬聚氯乙烯板。

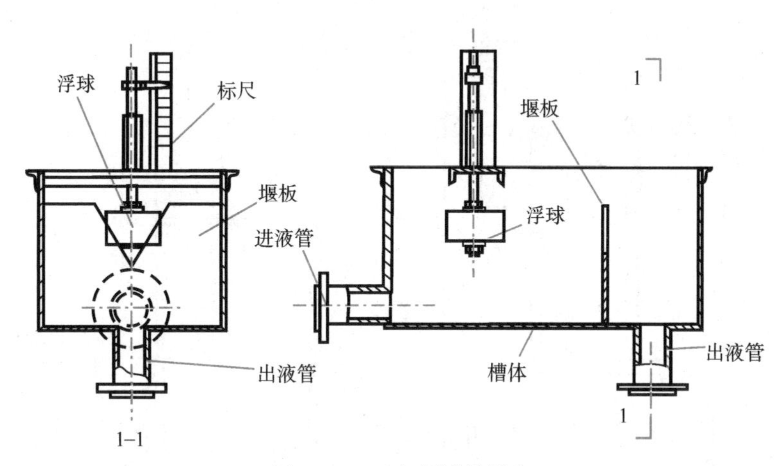

图 11.9 三角堰计量设备

11.1.9 虹吸计量设备

虹吸计量设备是利用调节恒位箱液面与虹吸管出口的高差来控制计量加药量的一种计量设备，主要由调节装置、槽体、虹吸管、漏斗等组成，如图 11.10 所示。虹吸管可用硬聚氯乙烯管或玻璃管，出口段可用塑料软管并配一夹子，其余零部件用钢材制作，设备内壁应进行防腐处理。虹吸计量设备简单、操作方便，但精度较差，适用于中、小水量的药剂计量。

11.1.10 激光多普勒流速计

激光多普勒流速计由光路系统、信号处理系统和记录系统组成。激光多普勒流速计是利用激光器发射出的光，经聚焦后照射在含粒子的流动流体上，根据多普勒效应，散射光（信号光）的频率与未经散射光（参比光）的频率之间发生频移，两束光经光电倍增管混频后输出一个交流信号。该信号输入到频率跟踪器内进行处理，获得与多普勒频率 f_D 相对应的模拟电压信号。测出 f_D 的值，即可得到运动粒子的速度值，从而获得被测流体的流速，由流体的流速可以求出流体的流量。多普勒频率（频差）f_D 与运动粒子流速 v 的关系式为

$$v=\frac{\lambda}{2\sin\frac{\theta}{2}}f_D \tag{11.10}$$

式中 λ——入射光波长；

θ——两束入射光夹角。

激光多普勒流速计的特点是精度高，动态反应快，测量范围宽，线性好，方向灵敏性好，空间分辨率高，属不接触测量，对流场不破坏等，但要求介质有一定的透明度和含有适量散射粒子。

除上述计量设备外，还有测量液、固两相流中固体介质质量流量的电导率式流量计，以及相关流量计、射流流量计、冲量式流量计、核磁共振流量计等，都有各自不同的原理和特点。

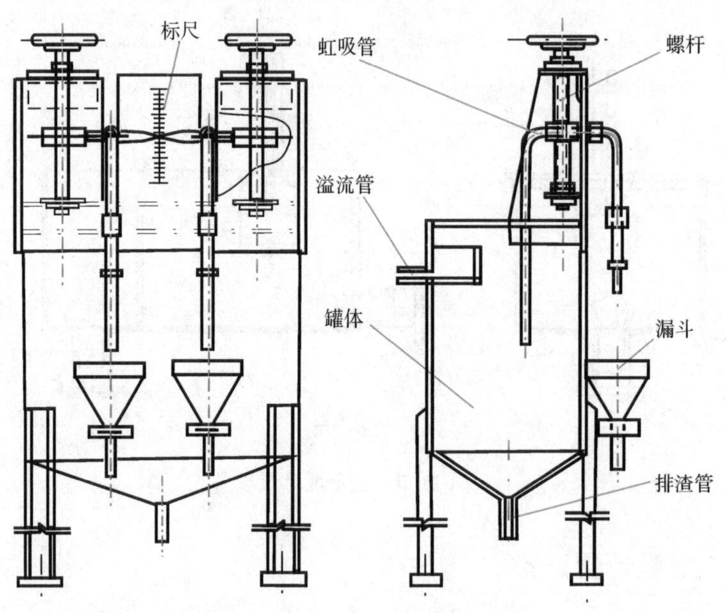

图 11.10　虹吸计量设备

11.2　投 加 设 备

投加设备是将处理药剂加到需处理水中的设备，有干投和湿投两种，湿式投加设备有计量加药泵、蠕动泵和水射器，典型干式投加设备有投矾机。

11.2.1　计量泵

计量泵是一种具有投加功能的计量设备，利用泵内柱塞的往复运动加压并计量流体。通过改变柱塞的行程长度和往复频率来调节流量。按照泵内的构造，计量泵分为柱塞式和隔膜式两种，调节流量的方法有手动、气动、电动和变频几种。有计量一般流体的金属计量泵，也有计量腐蚀性流体的陶瓷计量泵。计量泵计量准确，在零流量和额定最大流量范围内可以任意调节，计量精度高。

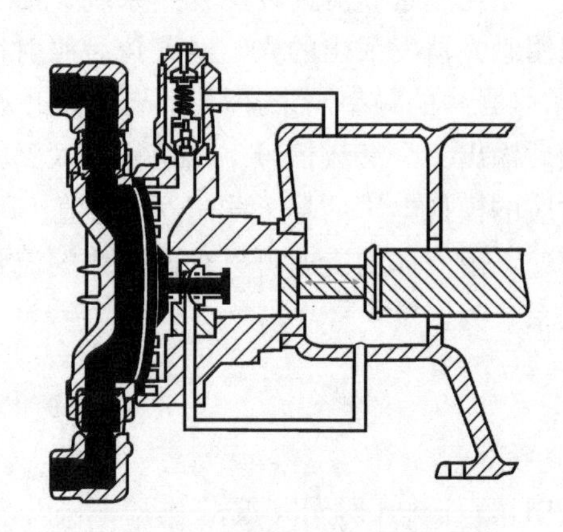

图 11.11　隔膜式计量泵构造图

图 11.11 是一种有自动机械加油系统的隔

膜式计量泵的构造图，主要由泵缸、柱塞、隔膜、吸水和压水单向止回阀、加油系统几部分构成。图 11.12 是这种计量泵的工作原理图。

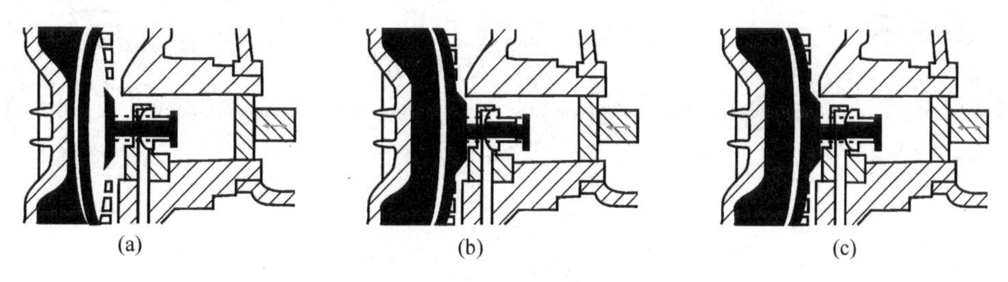

图 11.12 隔膜式计量泵工作原理图

当柱塞在电机带动下由右向左移动时，泵缸内形成高压，隔膜也向左移动，下端的吸水单向止回阀关闭，上端的压水单向止回阀开启，由此将水排出，进入压水管路，完成了压水过程。在这个过程中（图 11.12a），自动机械补油阀向左压，关闭液压油提升阀，阻止补油管内的液压油进入泵缸。

相反，当柱塞在电机带动下由左向右移动时，泵缸内形成低压，隔膜也向右移动，上端的压水单向止回阀关闭，下端的吸水单向止回阀在泵外大气压力作用下推开，液体由吸水管进入泵内，完成了吸水过程。在这个过程的初始阶段（图 11.12b），自动机械补油阀也向右运动，但提升阀关闭表示不需补充液压油。若柱塞再向右运动（图 11.12c），自动机械补油阀也继续向右运动，由于压力降低，提升阀打开，允许液压油通过管路进入泵缸。

柱塞不断进行往复运动，液体就间歇不断地被吸入和排出。柱塞在泵缸内从一顶端位置移至另一顶端位置，这两顶端之间的距离 S 称为柱塞行程长度（也称冲程）。柱塞往复一次（即两冲程），泵缸内只吸入一次和排出一次液体，其流量为

$$Q_T = FSn$$

式中 Q_T——流量，m^3/min；

F——柱塞断面积，m^2；

S——冲程，m；

n——柱塞每分钟往复次数，次/min。

11.2.2 蠕动泵

蠕动泵又称软管泵，主要由驱动器、泵头、软管和控制器四部分组成，其中泵头由泵壳和转辊子组成，利用滚轮对软管交替进行挤压和释放来泵送流体。根据其操作和使用目的，可分为：调速型蠕动泵、流量型蠕动泵、分配型蠕动泵、定制型蠕动泵。图 11.13 是蠕动泵工作原理图。

当转子转动时，由滚轮和泵壳夹挤形成的软管内空腔 A 开始逐渐增大，此腔处于吸液状态（图 11.13a）。转子转至图 11.13（b）所示位置时，已进入 A 腔的液体，被滚轮挤送至封闭空腔 B，到图 11.13（c）位置时，这部分液体又被挤压至泵出口相通的 C 腔，进而排出泵外。转子连续转动，形成了软管的连续“蠕动”，从而不断地将液体从泵的低压入口输送至高压出口。蠕动泵无污染、精度高、维护简单、密封性好、具有

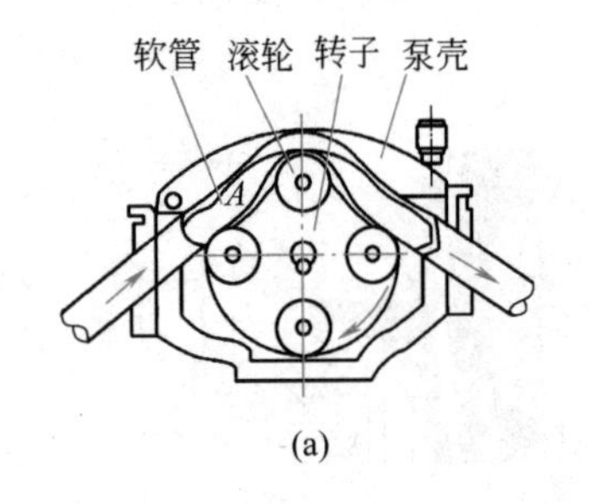

(a)

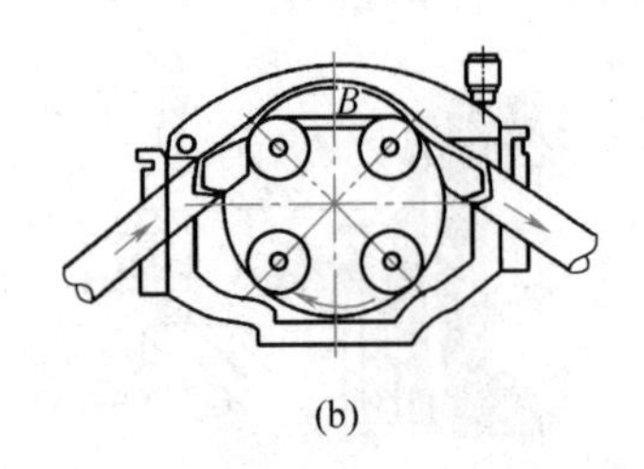

(b)

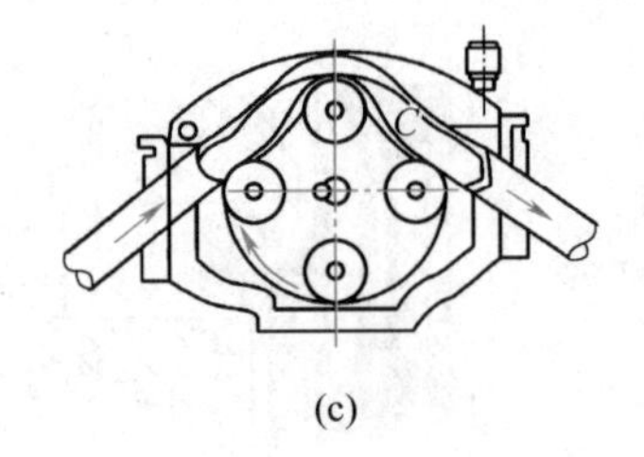

(c)

图 11.13　蠕动泵工作原理图

良好的自吸能力，且对输送介质产生的扰动极小。因此这种泵不仅可以定量输送液体，也可以输送易受扰动破坏的絮体。但蠕动泵工作时会产生脉冲流，随着软管的磨损，流量也会逐渐降低。同时，泵的出口压力也有一定的局限性，通常在 0.1～0.2MPa 之间，不超过 0.3MPa。

11.2.3　水射器

水射器常用于向压力管内投加药液，其结构形式如图 11.14 所示，由压力水入口、吸入室、吸入口、喷嘴、喉管、扩散管、排放口等部分组成。高速水流由喷嘴喷入喉管，使吸入室内产生负压，将药液吸入，药液与压力水混合后进入压力水管道。

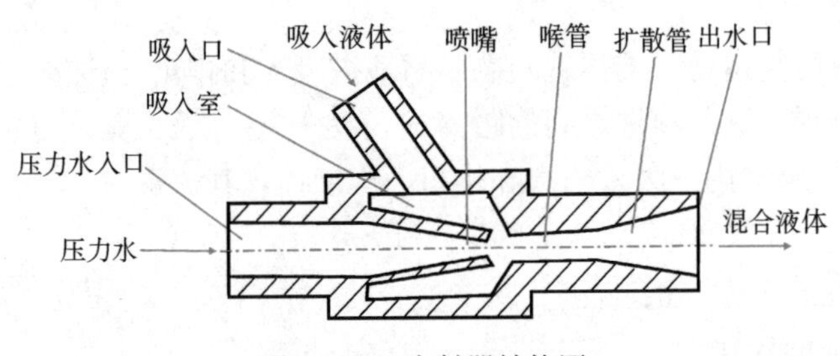

图 11.14　水射器结构图

水射器设备简单、使用方便、工作可靠、效率高，广泛用于混凝剂、消毒剂溶液的加注以及液气加注中的提升，不宜输送带颗粒性杂质的液体。同时因水射器满足不了所需的抽提输液量的要求，有效动压水头和射流的排出压力常受到限制。

11.2.4　干式投矾机

干式投矾机是干投法的典型设备，主要由盛矾漏斗、附着式振动器、电磁振动给料机、调节手柄、底座和外壳等部分组成，如图 11.15 所示。电磁振动给料机由给料槽、激振器、减振器三部分组成，并由时间继电器控制，作连续或间断地振动投加。

干式投矾机用于投加松散的易溶解的颗粒状固体药剂，药剂通过料斗进入盛矾漏斗，堆放在振动式投加槽中，通过时间继电器把药定时定量地直接投入水中。干式投矾机给料均匀、运转可靠、驱动功率和占地面积小、操作管理方便、易于实现自动控制。干式投矾机的安装调试较复杂，不能用于易潮解结块药剂的投加。

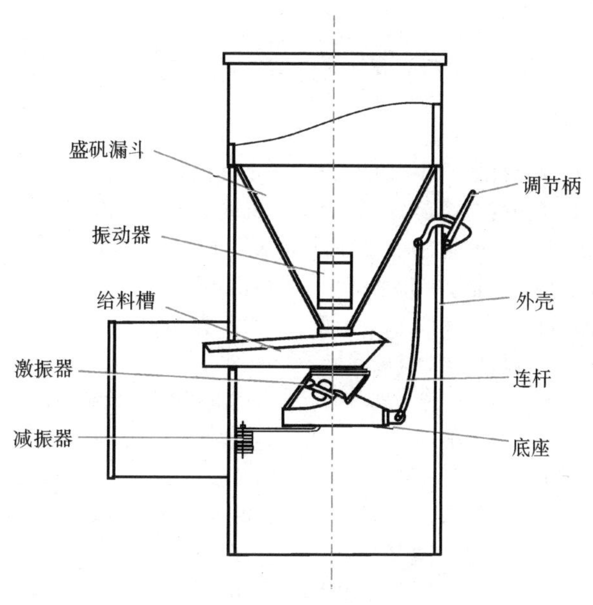

图 11.15　干式投矾机结构图

思　考　题

1. 试述常用计量设备的类型、原理、特点和适用范围。

2. 目前水工艺工程中最常用的投药计量设备有哪几种？

3. 简要说明转子流量计、电磁流量计、超声流量计、涡街流量计、质量流量计、涡轮流量计的工作原理，以及它们在水工艺与水工程中主要适用于哪些流体的计量，适用条件有何差别。

4. 药剂投加主要有哪几种形式？它们各自的适用条件是什么？

5. 蠕动泵主要由哪几部分构成？试述蠕动泵的工作原理和特点。

主要参考文献

[1] 袁志忠，戴起勋. 金属材料学（第3版）. 北京：化学工业出版社，2018.

[2] 李晓刚. 材料腐蚀与防护概论（第2版）. 北京：机械工业出版社，2017.

[3] 朱海，杨慧敏，朱柏林. 先进陶瓷成形及加工技术. 北京：化学工业出版社，2016.

[4] 高长有. 高分子材料概论. 北京：化学工业出版社，2018.

[5] 刘智恩. 材料科学基础（第5版）. 西安：西北工业大学出版社，2019.

[6] 齐乐华主编. 工程材料与机械制造基础（第2版）. 北京：高等教育出版社，2018.

[7] 谢进，万朝燕，杜立杰. 机械原理（第2版）. 北京：高等教育出版社，2010.

[8] 邹慧君，郭为忠. 机械原理（第3版）. 北京：高等教育出版社，2016.

[9] 于文强，汤长清，尹亮，陈立. 机械制造基础（第2版）. 北京：清华大学出版社，2016.

[10] 傅水根主编. 机械制造工艺基础（金属工艺学冷加工部分）. 北京：清华大学出版社，2008.

[11] 潘金生，仝健民，田民波. 材料科学基础. 北京：清华大学出版社，2007.

[12] 吴锵. 材料科学基础. 南京：东南大学出版社，2000.

[13] 胡赓祥，蔡珣. 材料科学基础. 上海：上海交通大学出版社，2000.

[14] 梁成浩主编. 金属腐蚀学导论. 北京：机械工业出版社，2000.

[15] 张宝宏等编. 金属电化学腐蚀与防护. 北京：化学工业出版社，2007.

[16] 赵文轸主编. 材料表面工程导论. 西安：西安交通大学出版社，2000.

[17] 周志安. 化工设备设计基础. 北京：化学工业出版社，2004.

[18] 谭蔚主编. 化工设备设计基础. 天津：天津大学出版社，2000.

[19] 汤善甫，朱思明. 化工设备机械基础. 上海：华东理工大学出版社，2004.

[20] 李建国编著. 压力容器设计的力学基础及其标准应用. 北京：机械工业出版社，2004.

[21] 吴粤燊主编. 压力容器安全技术手册. 北京：机械工业出版社，1999.

[22] 王凯，冯连芳主编. 混合设备设计. 北京：机械工业出版社，2001.

[23] 张大群主编. 污水处理机械设备设计与应用. 北京：化学工业出版社，2003.

[24] 史惠祥主编. 实用水处理设备手册. 北京：化学工业出版社，2000.

[25] 上海市政工程设计研究院主编. 给水排水设计手册（第9册）专用机械. 北京：中国建筑工业出版社，2000. 6.

[26] 史惠祥主编. 实用水处理设备手册. 北京：化学工业出版社，2000.

[27] 何文杰等编著. 安全饮用水保障技术. 北京：中国建筑工业出版社，2006.

[28] 王湛，王志，高学理等编著. 膜分离技术基础. 北京：化学工业出版社，2019.

[29] 北京市市政工程设计研究院主编. 给水排水设计手册（第5册）城镇排水（第二版）. 北京：中国建筑工业出版社，2004.

[30] 中国市政工程西北设计研究院主编. 给水排水设计手册（第11册）常用设备（第二版）. 北京：中国建筑工业出版社，2002.

[31] 中国市政工程华北设计研究院主编. 给水排水设计手册（第12册）专用机械（第二版）. 北京：中国建筑工业出版社，2001.

[32] 金兆丰等编. 环保设备设计基础. 北京：化学工业出版社，2005.

[33] 聂梅生主编. 水工业工程设备. 北京：中国建筑工业出版社，2000.

高等学校给排水科学与工程学科专业指导委员会规划推荐教材

征订号	书名	作者	定价(元)	备注
22933	高等学校给排水科学与工程本科指导性专业规范	高等学校给水排水工程学科专业指导委员会	15.00	
39521	有机化学(第五版)(送课件)	蔡素德等	59.00	住房和城乡建设部“十四五”规划教材
27559	城市垃圾处理(送课件)	何品晶等	42.00	土建学科“十三五”规划教材
31821	水工程法规(第二版)(送课件)	张智等	46.00	土建学科“十三五”规划教材
31223	给排水科学与工程概论(第三版)(送课件)	李圭白等	26.00	土建学科“十三五”规划教材
32242	水处理生物学(第六版)(送课件)	顾夏声、胡洪营等	49.00	土建学科“十三五”规划教材
35065	水资源利用与保护(第四版)(送课件)	李广贺等	58.00	土建学科“十三五”规划教材
35780	水力学(第三版)(送课件)	吴玮 张维佳	38.00	土建学科“十三五”规划教材
36037	水文学(第六版)(送课件)	黄廷林	40.00	土建学科“十三五”规划教材
36442	给水排水管网系统(第四版)(送课件)	刘遂庆	45.00	土建学科“十三五”规划教材
36535	水质工程学 (第三版)(上册)(送课件)	李圭白、张杰	58.00	土建学科“十三五”规划教材
36536	水质工程学 (第三版)(下册)(送课件)	李圭白、张杰	52.00	土建学科“十三五”规划教材
37017	城镇防洪与雨水利用(第三版)(送课件)	张智等	60.00	土建学科“十三五”规划教材
37018	供水水文地质(第五版)	李广贺等	49.00	土建学科“十三五”规划教材
37679	土建工程基础(第四版)(送课件素材)	唐兴荣等	69.00	土建学科“十三五”规划教材
37789	泵与泵站(第七版)(送课件)	许仕荣等	49.00	土建学科“十三五”规划教材
37788	水处理实验设计与技术(第五版)	吴俊奇等	58.00	土建学科“十三五”规划教材
37766	建筑给水排水工程(第八版)(送课件)	王增长、岳秀萍	72.00	土建学科“十三五”规划教材
38567	水工艺设备基础(第四版)(送课件)	黄廷林等	58.00	土建学科“十三五”规划教材
32208	水工程施工(第二版)(送课件)	张勤等	59.00	土建学科“十二五”规划教材
24074	水分析化学(第四版)(送课件)	黄君礼	59.00	土建学科“十二五”规划教材
33014	水工程经济(第二版)(送课件)	张勤等	56.00	土建学科“十二五”规划教材
29784	给排水工程仪表与控制(第三版)(含光盘)	崔福义等	47.00	国家级“十二五”规划教材
16933	水健康循环导论(送课件)	李冬、张杰	20.00	
37420	城市河湖水生态与水环境(送课件素材)	王超、陈卫	40.00	国家级“十一五”规划教材
37419	城市水系统运营与管理(第二版)(送课件)	陈卫、张金松	65.00	土建学科“十五”规划教材

续表

征订号	书名	作者	定价(元)	备注
33609	给水排水工程建设监理(第二版)(送课件)	王季震等	38.00	土建学科“十五”规划教材
20098	水工艺与工程的计算与模拟	李志华等	28.00	
32934	建筑概论(第四版)(送课件)	杨永祥等	20.00	
29663	物理化学(第三版)(送课件)	孙少瑞、何洪	25.00	
24964	给排水安装工程概预算(送课件)	张国珍等	37.00	
24128	给排水科学与工程专业本科生优秀毕业设计(论文)汇编(含光盘)	本书编委会	54.00	
31241	给排水科学与工程专业优秀教改论文汇编	本书编委会	18.00	

以上为已出版的指导委员会规划推荐教材。欲了解更多信息，请登录中国建筑工业出版社网站：www.cabp.com.cn查询。在使用本套教材的过程中，若有任何意见或建议，可发Email至：wangmeilingbj@126.com。